高等职业技术教育系列教材

机电一体化——数控技术应用专业

机械加工工艺及装备

第 2 版

主编 朱淑萍

参编 何祖舜 葛建成

张佐国 夏纫佩

主审 李智康

机械工业出版社

本书主要内容包括金属切削原理与刀具、机械加工工艺、机床夹具等三个方面。在金属切削原理与刀具方面，着重介绍了金属切削的基本知识，如切削运动、切削过程的规律、刀具角度、刀具材料和切削用量等。在机械加工工艺方面，讲述了机械加工工艺规程、典型表面的加工、定位基准、工序尺寸及公差带、工艺尺寸链等。在机床夹具方面，讲述了工件的定位原则、定位方法、定位元件、夹紧机构和典型的机床夹具及专用夹具等。本书对数控机床用的夹具和刀具在相应的章节中有专门论述；对机械加工的质量和提高生产率的方法着重进行了分析。

　　本书为职业技术教育教材，适用于机电一体化专业教学，也可供机电类专业和从事机械加工的有关人员参考。

图书在版编目（CIP）数据

机械加工工艺及装备／朱淑萍主编. —2 版. —北京：机械工业
出版社，2007.1（2023.1 重印）
高等职业技术教育系列教材. 机电一体化——数控技术应用专业
ISBN 978 – 7 – 111 – 09342 – 8

Ⅰ. 机… Ⅱ. 朱… Ⅲ.①机械加工 – 工艺 – 高等学校：
技术学校 – 教材 ②机械加工 – 机械设备 – 高等学校：技术
学校 – 教材 Ⅳ. TG5

中国版本图书馆 CIP 数据核字（2007）第 011474 号

机械工业出版社（北京市百万庄大街22 号　邮政编码100037）
策划编辑：李超群　汪光灿
责任编辑：王英杰　郑　丹　汪光灿
版式设计：冉晓华　责任校对：吴美英
责任印制：李　昂

北京捷迅佳彩印刷有限公司印刷
2023 年 1 月第 2 版第 18 次印刷
184mm×260mm·21. 5 印张·534 千字
标准书号：ISBN 978 – 7 – 111 – 09342 – 8
定价：49. 80 元

电话服务　　　　　　　　　网络服务
客服电话：010-88361066　　机 工 官 网：www. cmpbook. com
　　　　　010-88379833　　机 工 官 博：weibo. com/cmp1952
　　　　　010-68326294　　金 书 网：www. golden-book. com
封底无防伪标均为盗版　机工教育服务网：www. cmpedu. com

第 2 版　编者的话

随着科学技术的飞速发展，传统的机械工业呈现出新的技术发展趋势，进入了智能化领域。机电液一体化的机械加工设备越来越普遍，迫切需要一批生产、服务、管理第一线的高级技术应用型人才。高等职业教育顺应了现代化建设的人才需要，高等职业教育的发展促进了课程体系和内容的改革。本教材体现了"能力为本位"的指导思想，是以"够用为度"的原则编写的，削减了繁琐的理论推导和复杂计算，注重了知识的实际应用和拓展。本教材是根据上海市职业技术教育机械专业教材编审委员会审定的《机械制造工艺与设备课程标准》编写的，适用职业技术教育机械制造类的专业。

本教材的最大特点是以机械加工工艺为主线，把传统的金属切削原理与刀具、机床夹具设计、机械加工工艺三门机械类的专业课程进行了有机的衔接，合三为一，使课程安排科学化，教材内容精练，一改过去课程的门类分得较细，理论知识较多的特点，把机械加工中涉及到的刀具、夹具、工艺安排在一起，消除了三门课程之间的重复部分，更体现其系统性，同时课时数可大大削减。

在总论中强调了制造技术与社会发展的关系，对零件成形方法作了概括的阐述。刀具部分着重讲解刀具几何角度对金属切削的影响，对刀具新材料、新工艺及数控机床刀具也进一步作了介绍。工艺装备部分，注重基本理论的讲解常用机床夹具的特点及专用夹具设计的基本思想及方法。工艺规程部分，介绍工艺的基本术语及概念，从实际出发，通过理论教学和习题的训练，培养学生分析解决实际工艺问题的能力。本课程实践性较强，在学习理论课程后，应安排一到二周的课程设计，选择一个典型的零件，从零件的工艺安排到某道工序的工艺装备须做一个完整的训练。另外，本教材还增加了复习思考题答案。

本教材所涉及的标准为最新的国家标准及行业标准，力求做到内容充实，文字规范，有所创新。本教材的第一章由上海同济大学何祖舜编写，第二、三章由上海同济大学航空力学学院葛建成编写，第四、九章由上海轻工业学校夏纫佩编写，第五章由上海中华新侨职业学院张佐国编写，第六、七、八章由上海科技管理学校朱淑萍编写，并由朱淑萍任主编，上海汽车集团股份公司李智康任主审。

由于编者水平有限，不妥之处恳请广大师生及读者批评指正。

本书配有电子教案，凡使用本书作教材的教师可登录机械工业出版社教育服务网 http://www.cmpedu.com 下载。咨询电话：010 - 88379375。

第1版　编者的话

　　本教材是根据 1998 年 3 月由上海市职业技术教育机械专业教材编审委员会审定的《机械制造工艺与设备课程标准》编写的，适用于职业技术教育机械制造类各专业。

　　本教材主要特点是把传统的《金属切削原理与刀具》、《机床夹具设计》和《机械加工工艺》三门课程有机地合三为一。根据以能力为本位的思想，削减了比较繁琐的理论推导及复杂计算，而注重实际应用知识和拓展学生知识面。在总论中，强调了制造技术与社会发展的关系，对零件成形方法作了概括的阐述；刀具切削部分着重讲解了刀具几何角度对切削的影响，刀具新材料及数控机床刀具；工艺装备方面，比较注重基本知识，以及设计基本思想及方法，通过习题与训练，让学生掌握设计简单夹具的方法，培养动手动脑的能力；工艺知识主要从实际出发，通过理论教学，能分析解决实际工艺问题。

　　本教材所涉及的标准为最新国家标准及机械部标准，力求做到内容充实，文字规范，有所创新。本课程实践性较强，应安排一周课程设计，从零件的工艺安排到某一工序的装备做一个较完整的训练，以达到能力培养的目的。

　　本书第一章由上海市航空工业学校何祖舜编写；第二、三章由上海市航空工业学校葛建成编写；第四、九章由上海市轻工业学校夏纫佩编写；第五章由上海市中华新侨中等专业学校张佐国编写；第六、七、八章由上海市航空工业学校朱淑萍编写。

　　本书由上海市航空工业学校朱淑萍任主编。上海汽车集团公司李智康任主审。

　　由于编者水平有限，不妥之处恳请广大师生批评指正。

目　　录

第一章 总 论

　　人类物质文明的发展是与制造业的进步息息相关的，而制造业的进步又必然以制造技术的提升作为依托。"经济的竞争归根到底是制造技术和制造能力的竞争"；"中国与世界先进水平的差距主要是制造技术的差距"。"重设计、轻制造"是观念上的一个重大误区，它的代价是落后和竞争失败。

　　产品制造的重点是零件制造。零件制造的实质是"用适当的方法，使原材料发生符合要求的改变"。产品制造者的任务是从制造的角度研究和分析零件，安排并实施合理的制造工艺。

　　"成形"与"精度"是零件制造的两个重点。制造工艺本质上是材料的成形工艺，精度取决于所采用的成形工艺，并在成形的过程中加以实现。材料、能量和成形信息是成形工艺过程的三要素。

　　不同制造工艺中，材料流程有材料质量减少、材料质量不变和材料质量增加三种类型。金属切削和磨削目前仍是获得精密零件的主要成形工艺。金属切削加工自动化的发展已不局限于单纯的技术范畴，而是与人的因素密切相关。

第一节　制造技术与社会发展

　　早在五千年前建造庞大的金字塔时，为了开凿、搬运和堆砌每块重达 3～30t 的巨石，先人们就开始寻求扩展、延伸和取代人们体力的方法，杠杆、滚轮、斜面、滑轮、螺旋等作为原始而简单的机械就应运而生，发挥了重要的作用。今天，机械类产品作为现代物质文明的重要载体，已经深深地渗入了人们生活的方方面面，庞大的制造业所提供的产品，不仅有各类轻、重工业所需的各种各样的生产设备、装备和工具，也有科研、国防和建设等所需的各种装置及装备，更有数量巨大的家用产品直接进入千家万户，成为人们日常生活的重要帮手。20 世纪七八十年代以来，由于计算机技术和机电一体化技术的发展，机械产品的结构开始发生质的变化，以机械电子有机结合的崭新面貌迅速发展，大部分机械产品正在或将要被机电一体化的新型产品所取代；制造业的产品正以更快的速度在更高的层次上发展，并开始了拓展、延伸和取代人们脑力的历程。

　　历史已经证明，人类物质文明的发展是与制造业的进步息息相关的，而制造业的进步又必然以制造技术的提升作为依托。人们出于各种需求、追求或探索而不断地产生和提出许多新的、奇妙的、甚至充满幻想的构思和设计，例如达·芬奇在 15 世纪就有过包括飞行器在内的许多理论上正确并留有草图的设计。但是只有通过制造，将这些构思和设计变成了物质产品以后，才能取得实际效果，体现出它的价值。而且更重要的是，制造技术的每次突破，都会引起产品设计的新的飞跃，有力地推动社会的发展和进步。

　　瓦特发明的蒸汽机，引发了第一次工业革命。但他在制造蒸汽机时遇到了汽缸内孔加工的困难，由于没有适当的技术，直径 710mm 的孔，其加工后的尺寸误差竟高达 13mm，无法使活塞和汽缸之间既能灵活地相对运动又无严重漏气，因此蒸汽机不能正常工作而体现不出其效能。直到由维尔金森改进了镗床，使直径为 1828mm （72in）的内孔，加工后的直径尺寸误差仅为 1mm，这不仅在两百二十多年前的当时是很高的加工精度，而且使蒸汽机取得了真正的成功，有了很好的实用价值；更有意义的是这种技术保证了蒸汽机稳定的批量生产，从而真正开始了取代水车作为动力来源的蒸汽机时代，给纺织业和机器制造业提供了可靠的动力来源，进而推动了重工业和交通运输业的发展，引发了工业革命。

维尔金森虽然成功地改进了镗床，但是车床上长期困扰着人们的'用手握持车刀'的难题直到 1797 年莫兹利制成了全金属的大型车床后才得到解决。这是现代车床的雏形：床身上有用丝杠带动的滑动刀架，刀架上有可使刀具径向移动的手柄，齿轮联接了主轴和丝杠，并且通过变换齿轮改变丝杠的转速。这台车床专门用于加工不同螺距的、相当精确的螺纹，从此，金属切削加工机床有了全新的发展。

19 世纪末 20 世纪初，由于内燃机的发明，美、英等国期盼汽车能进入家庭，但是这种愿望只有在 1913 年出现流水生产线技术，可以不需要高技术工人而能大量生产汽车，并且使售价降低了 2/3 以后才成为现实。

二次世界大战后的 1946 年，美国制成了世界第一台电子计算机，一台由 18000 个电子管组成的、重 30t、体积 90m³、耗电 140kW/h、运算速度 5000 次/s、能在 3s/4 内完成十位数乘法运算的电子计算机，人们开始对电子技术寄以厚望。但是很快就认识到如果不能实现电子设备的小型化，任何有关电子器件的美妙设想都只能是幻想。在不懈的努力下，历经了小型电子管和晶体管之后，终于在 1962 年成功地制成了第一块集成电路的正式产品，尽管它只集成了 12 个元件，但已使人们感到电子设备的小型化有了可能，从而迎来了电子时代的曙光。终于，由于超大规模集成电路制造技术的成功出现，1977 年在 30mm² 的硅晶片上集成了 13 万多个晶体管，宣告了超大规模集成电路时代的开始，由它组装的、功能与第一台电子计算机相当的（运算速度 7000 次/s）微型计算机，体积仅为其 $1/30 \times 10^4$，质量为其 $1/7 \times 10^4$，耗电量为其 $1/56 \times 10^3$。电子计算机从此有了极大的发展空间。也正是超大规模集成电路的出现，才使机电一体化技术和产品有了现实的可能。许多行业实现了利用微机对生产过程的控制；传真机、复印机、打印机、电子钟表和许多家用电器等众多机电一体化产品，给人们的工作、生活带来了更多的方便。

值得注意的是：正是对超大规模集成电路的追求，迫使寻求精度更高的加工技术，由此发展了微米级和亚微米级的精细加工技术和超精细加工技术，而超精细加工技术的重大进展，又使超大规模集成电路有了更惊人的发展。根据微软公司出版的计算机辞典，'超大规模集成电路'芯片容纳的元件数不超过 50000 个，而元件数超过 10 万个就是'超巨规模'了，但 Pentium 处理器在 1in²⊖面积的芯片上，竟然封装了 310 万个晶体管，简直难以想象。这样的成果正是由于超精细加工技术的发展，已经成功地使集成电路中的刻线宽度从几十微米降低到了 $0.35 \sim 0.5\mu m$。令人高兴的是，我国现在也已经有了专门生产这类集成电路的企业。

数字技术的发展和引入，使制造业如虎添翼，数控机床和加工中心已成了现代机床的标志；不仅提高了加工品质和自动化程度，更重要的是它解决了中小批量产品的自动化生产问

⊖ 1in = 25.4mm；即 1in² = 645.16mm²，下同。

题，使产品满足个性化的要求成为可能。

长期以来，我们在对待产品的设计和制造上是"重设计、轻制造"，对设计资料要求保密，而对制造技术和工艺则不设防也不重视；把设计工作看得很高尚，而认为制造工作是苦力等。

这是观念上的重大误区。在基于商品经济的工业发达国家的制造业中，由于激烈的市场竞争，对设计和制造的关系有不同的观点。对于产品，设计固然重要，但是在市场经济社会中，除了一些属于国家机密的设计受到严格保密外，任何产品只要一进入市场，竞争对手就很容易从产品本身充分地了解其设计，因而制造水平、制造技术和制造工艺的竞争可能更为激烈。在现代市场竞争中，一般认为有五项要素：产品的功能（F）、交货时间（T）、质量（Q）、价格（C）和服务（S），虽然它们取决于设计、制造和管理的综合因素，但其核心则是制造技术。所以国外许多厂商，常常可以公开其产品的原理，而对于其中一些关键的制造技术和工艺则严加保密。例如，陀螺仪是影响导弹命中精度的重要器件，在原理上没有任何秘密，但是由于其制造精度不同，其实际命中精度真可谓"失之毫厘，差以千里"；又如，据以发动机制造著称的'罗尔斯罗伊斯公司'的资料，使飞机发动机转子叶片的加工精度由 $60\mu m$ 提高到 $12\mu m$，加工表面粗糙度值由 $R_a 0.5\mu m$ 降低到 $R_a 0.2\mu m$，则发动机的压缩效率将会有"戏剧性的改善"；又如，当传动齿轮的齿形及齿距误差从 $3\sim6\mu m$ 降低到 $1\mu m$，可使单位齿轮箱重量所能传递的转矩提高近一倍；再如，在国际市场上，我国的线切割机床曾有由于精度相差一个数量级，其市场价格也相差一个数量级的事例等等。

即使在经济发达的美国，也有过进入这个观念误区的教训。20 世纪 70 年代，由于美国一批学者认为制造业已是'夕阳工业'，因而将经济重心由制造业转向纯高科技产业及服务业等第三产业，许多学者只重视理论成果，不重视实际应用，结果使美国制造业的竞争力不断减弱，美国市场受日本产品的严重冲击，许多原来是美国占绝对优势的产品如汽车、家电、照相机、机床、半导体和复印机等，都在竞争中败给日本，日本产品占领了美国市场，出现了所谓"美国发明，日本发财"的局面，使美国朝野大为震惊。为此，美国政府和企业界花费数百万美元，组织大量专家学者进行调查研究。研究的结论却极为简单明了："一个国家要生活得好，必须生产得好"，"振兴美国经济的出路在于振兴美国的制造业"，明确了"经济的竞争归根到底是制造技术和制造能力的竞争"，美国政府立即据此采取了一系列措施，并于 20 世纪 80 年代末提出了"先进制造技术"的概念，政府、大学、研究所和企业共同努力，已经收到了良好的效果。

从另一个角度看，"轻制造"也有其客观原因。如设计工作一般需要有较高的知识结构，工作环境相对较好等；而传统上的制造工作，其基础理论发展较慢，更多的表现为一种技艺和经验，工作环境也相对较差。但是近 30 年来，世界制造业正发生和经历着巨大而深刻的变化，涉及微电子技术、控制技术、传感技术和计算机技术的广泛应用，使主要依靠技艺和经验来保证制造质量的旧模式，正在变成越来越密切地依赖较高层次的知识结构；生产环境也与传统状况不可同日而语。

毋庸讳言，与发达国家相比，我国的制造业和制造技术存在相当大的差距，而且面对愈来愈激烈的国际市场竞争，挑战是极为严峻的。但是随着改革开放的不断深入和扩大，也存在良好的机遇。首先是明确了认识：在联合国开发计划署和我国外国专家局的支持下，1995 年 4 月在北京召开的《先进制造技术发展战略研讨会》，取得了许多共识，例如，"在未来的竞争中，谁掌握了先进制造技术，谁就掌握了市场"；"先进制造技术已成为当前高技术应用的主战场"；"先进制造技术是工业规模生产的技术支柱，是提高国际竞争力和技术创新能力的根本途径"；"中国与世界先进水平的差距主要是制造技术的差距"等等。其次，进行了必要的调研，确定了研究和开发的重点方向。如1994年国家自然科学基金委员会《自然科学学科发展战略调研报告》中指出："我国机械制造业长期落后的重要原因之一是由于战略研究的欠缺和思想观念的陈旧"，并就此提出了重要对策和战略建议，更确定了近期重点资助的研究方向。国家也已经就此采取了许多相应的政策和措施，努力引进资金、人才和技术，充分发挥科技人员的作用，提高管理水平，大力推进资产重组等，以获得尽可能高的整体效益，并且已经取得了一定成就。应该相信，在新世纪中，我国的经济在制造技术迅速发展推动下必定会有更大的发展。

第二节　零件的构成要素

一、产品与零件

制造业的产品，都是由若干材料、结构、尺寸、精度和力学、理化性能要求不相同的零件组合装配而成的。大多数产品都有成百上千个零件，而一些复杂的产品如一辆汽车则是上万个零件的组合体；一枚大型火箭更有10万个以上的零件。因此，在产品制造中，首先必须按照设计要求制造出合格的全部零件，然后再将这些零件进行正确的组合装配。通常，制造零件所需的工作量大大超过装配工作量。应该说，产品制造的重点是零件的制造。

零件是由产品设计者从产品的使用要求出发确定的，但是作为零件的制造者，必须从制造的角度去研究零件，即根据零件生产的具体情况，评估和分析在制造时的有利条件和不利因素，并据此选定适宜的制造方法和安排并实施合理的工艺过程。

零件生产的具体情况包括两个方面：首先是零件本身的要求，这是由零件设计者在零件图中规定的，主要是零件的材料、几何组成（包括零件的结构、尺寸、精度）和机械理化性能等，它们是在制造过程中必须保证的，因而是需要首先明确的；其次是与零件生产条件有关的情况，主要是零件的生产批量、现有的生产设备装备和操作人员的情况等。只有明确了这些情况，才能使制造工艺安排得更合理，才能据此确定必要的工艺装备。

二、零件的材料

传统上常用的零件材料主要是铸铁、结构钢、工具钢和铝、铜、锌、镁及其合金等金属材料和塑料等非金属材料。零件设计者选用材料主要是考虑强度、韧性、耐磨或耐热等性能是否能满足使用的性能要求；而零件制造者主要关心的是所用材料的工艺特性，如是否适宜铸造、锻造、焊接或冲压；切削性能的优劣；能进行何种热处理等。目的是据此选择适宜的制造方法和进行合理的工艺安排。

随着科技发展对产品的要求，许多零件对材料性能常会有更高的要求，因此也经常遇到如硬质合金、高温合金、钛合金、耐热不锈钢、淬火工具钢、聚晶金刚石、宝石、陶瓷、硅和玻璃等高硬度、高强度、高韧性、高脆性、高熔点、高纯度等难加工的金属和非金属材料，难以用一般工艺方法进行加工，常常需要采用特殊的制造和加工方法。

另外，由于市场上的材料是以不同的形态和规格提供的，所以制造者还需要根据零件的要求，选定原材料的具体形态（如棒材、板材、管材、型材和锭料等）和规格（如直径、厚度等）。

三、零件的几何组成

1. 零件的大小

不同的零件，其大小可以有很大的差别，手表零件的尺寸可以小到几毫米、重量只有几克；而重型机械中的零件可能是大小需以米计、重量可达数吨的庞然大物。显然，不可能用相同的设备和工具来制造或加工大小差别悬殊的零件，而且制造过大或过小的零件都会有更多的困难，在制造方法和工艺设备的选用上都会受到更多的制约。

现在更有一些使人惊叹的称为'微机械'的产品，尺寸仅为几十微米，如喷墨打印机中的墨水喷嘴阵列和用于医疗上的介入治疗，航天、海洋工程及核能工程中的微型温度传感器和微型压力传感器等。最近，我国研制成功世界上最小的"微型电动机"和"微型直升机"。微型电动机号称"1mm 电动机"，仅为"芝麻的四分之一大"，而转速高达 2 万多转；微型直升机的机身仅长 18mm，机重 100mg 可以轻盈起飞。它们不仅尺寸是微型的，而精度要求又很高，可以想象其制造方法也应该是特殊的。

在大型设备方面，钢铁工业、能源工业、交通和汽车工业、造船和海洋工程、航空航天工业等的大型化趋势，要求超大型的产品和零件，如特厚钢板轧钢机的机架重量可达数百吨；60 万 kW 以上的发电机组、30 万 kW 的核电设备；庞大的海洋平台以及各种汽车车身模具等等。显然可以想象，不仅它们本身是属于超重量级的，用于制造它们的设备必定更为庞大；而且它们的制造精度又是很高的。最近有报道说日本准备用六块巨型钢板在东京湾拼装一个"海上漂浮机场"，每块钢板长达 380m，宽度为 60m（见图 1-1），更需要有制造工艺上的突破。

图 1-1　漂浮机场

2. 零件的几何结构

任何一个零件，都是具有特定几何形状的实体。但在很多情况下，如在切削加工中，零件的几何结构经常是用零件的"组成表面"来描述的，如一根轴是一个圆柱体，常描述为一个圆柱面和两个端平面。

虽然不同零件的形状千差万别，但一般零件常常是一些简单几何形体的组合，其表面主要是平面、圆柱面、圆柱孔等。而有的零件上有复杂的表面，如螺旋面、齿形面、锥齿轮和曲线锥齿轮上的齿形曲面、涡轮叶片曲面、叶轮曲面和复杂的模具型腔等三维形面，如图1-2、图1-3所示的螺旋转子和叶轮；喷油嘴、硬质合金喷丝头、金刚石拉丝模和宝石轴承等零件中的小孔、型孔、窄缝以及长径比较大的细长孔等。还有的零件虽无复杂的形面，但可能是刚性很差的薄壁件或弹性件，等等。这些复杂的表面必然会增加制造的难度。

3. 零件的精度和表面粗糙度

零件的精度体现在零件各组成表面上，包括各表面的尺寸精度、形状精度和相互位置精度。一个零件的各组成表面，通常会有不同的精度要求，其中精度要求最高的表面反映了零件精度的高低，它们是决定产品使用性能的主要因素之一，也是确定零件制造工艺的主要依据之一。一般地说，零件的精度要求与制造的难度及制造过程的复杂程度呈正相关关系。需要强调的是，对于相关表面间的相互位置精度的要求，常常需要给予更多的注意。

一般产品的零件中，公差等级IT6、IT5（$10\mu m$左右）表面粗糙度值达到$R_a 0.8 \sim 0.2\mu m$已经是相当高的要求，但在精密机床、量具和模具中，精度为$1\mu m$左右（IT5以上），表面粗糙度值$R_a 0.1\mu m$的表面也很普遍。还有一些零件，如陀螺、精密光学透镜、超大规模集成电路、高压液压活门以及模具中的一些表面，精度要求可达微米级和亚微米级（$<1 \sim 0.01\mu m$），并正向纳米级发展（$1nm = 0.001\mu m$）。

零件的表面粗糙度也体现在各组成表面上，通常与精度要求相一致，但有许多对外观要求较高的装饰件和操作件（如手轮、手柄等），对精度的要求不高，而对表面质量有很高的要求。

图1-2　螺旋转子

图1-3　叶轮

四、零件的力学理化性能

零件的力学理化性能是指零件的强度、硬度、刚度、耐热性、耐磨性、耐腐性、绝缘性等性能。对于大多数零件，这些性能要求已经由设计者通过选用材料或结构设计得到保证，只有较少的零件或零件上的某些表面对硬度、防腐性、耐磨性等有更高的要求，需要通过热处理、表面涂层或镀层等才能满足。对这类要求，在零件制造中也需要作专门的安排。

第三节 零件制造的工艺方法

一、零件制造的实质

1. 成形与精度

"用适当的方法,使原材料发生符合要求的改变",这就是零件制造的实质。从上节的分析可知,最重要的要求是成形与精度。因此,使材料发生符合成形与精度要求的改变是零件制造的两个重点。

需要注意的是,当用一种具体的工艺方法和工艺参数,使材料的整体或局部得到某种形状的表面时,这些表面就同时得到了与该工艺相应的精度。例如,用某种刀具和切削参数的外圆车削工艺车出一个外圆表面时,该外圆表面的尺寸精度、形状精度和与相关表面的相互位置精度也同时得到了确定的值;又如,在注塑工艺中,当塑料在模具中形成确定的形状时,其精度也就相应地确定了,所以零件制造中的各种制造工艺实际上都是材料的成形工艺。

由于零件及其各组成表面的形状千变万化,要得到同样形状的表面可能有多种工艺方法,例如用钻、镗、铰、磨、铸、锻等工艺方法都能得到圆柱孔;而滚齿、插齿、珩齿、磨齿、铸、锻、冲等工艺方法都能得到齿形表面。但它们能够得到的精度范围是不同的,同时各种方法适用的加工范围和加工条件也有区别,因此必须根据具体情况合理地选择。

用一种工艺方法成形某种表面时,其精度也可因不同的工艺参数或传递介质而不同。例如车削外圆时,选用的切削用量或刀具不同,会影响其精度和表面质量;在用模具成形的各种工艺方法中,模具的精度和表面质量会相应地传递给制件表面等。

2. 成形工艺的要素

任何成形工艺都必须包含三个要素:

(1) 材料 是改变的对象。应用最多的是各种金属材料,许多非金属材料也得到越来越多的应用。绝大多数情况下,材料从原始状态开始要依次经过若干种工艺方法的加工后才能完成这种改变而成为零件。例如先将一段棒料锻造成为具有一定形状的毛坯,再经过车、铣、镗、钻、磨等切削加工而成为成品零件。

(2) 能量 要使材料发生改变,必须对材料施加足够的能量,能量的形式不限,可以是机械能、热能、电能、化学能等。这些能量一定要通过某种方式传递到材料。

(3) 信息 最基本的信息是指材料应发生何种改变。如形状、尺寸、精度以及性能改变的信息等。信息需要通过某个介质或某种方式传递到工件。例如,在卧式车床上车削外圆表面时,外圆的形状信息是由主轴的旋转和刀具的纵向进给传递给工件的,而直径尺寸的信息则由横向进刀的数值传递给工件的,在这两个信息的制约下,工件的加工表面变成了某个直径的圆柱面;对于在模具中成形的工艺,信息由模具的工作表面传递。

随着数控技术和加工自动化的发展和应用,信息在工艺过程中的作用越来越重要,也越来越复杂。在开环系统中,信息已经演变成计算机控制的指令,使工艺过程按时间流程或行程流程自动完成各种动作;在闭环系统中,更要从工艺现场采集信息、计算后形成控制指令;在柔性系统和集成系统中,信息的范围更进一步扩大到整个系统。

二、成形工艺的类型

1. 传统的工艺分类

在长期的发展中，产生了许多可以使材料成形的方法，应用较多的主要有铸造、锻造、焊接和金属切削加工等，传统上区分为'热加工'和'冷加工'。没有严格的定义，只是认为加工时不需将材料加热的称冷加工，而需要加热的就是热加工，并且冷加工成了"金属切削加工"的俗称，而热加工是指铸造、锻造、热处理和焊接。但是在使金属材料产生塑性变形的加工方法中，它们还有第二种意思：低于再结晶温度的加工为冷加工，如冷轧、冷压、冷拉和冷挤压等，而高于再结晶温度的加工如热轧、热压和热挤压等则为热加工，由于铅、锡、锌等金属在室温下就可发生再结晶，因此它们在室温下进行的加工也是热加工。

虽然这两个术语现在仍被广泛地使用，但是随着对新产品的追求和科学技术的发展，传统工艺方法有了很大的发展，新的工艺方法也层出不穷地涌现、发展和成熟，已经很难用传统的冷、热加工的概念加以概括。所以现在对冷、热加工已经赋予了更本质的内涵："加热"不再是热加工的基本条件，热加工工艺在成形的前提下，强调的是一种"能改变材料化学成分、微观组织及性能的"加工工艺；而冷加工工艺则不发生这种改变。因此，一些在常温下进行的加工方法如物理和化学的气相沉积等都属于热加工，而将电火花加工、激光加工、超声波加工、电子束加工、离子束加工等不发生上述改变的各种"特种加工"方法则包括在广义的冷加工范畴中。

2. 按材料质量变化状况的分类

零件制造所用的成形工艺难以计数，其工艺特点、加工对象和适用范围有很大差异，而其命名和分类也未能建立统一而严格的规范，因而显得比较零乱，不易从宏观上形成比较完整和系统的概念。但是以成形过程中的"材料流程"为主线，辅以"能量流程"和"信息流程"，来描述成形工艺，还是能够比较系统地归纳各种成形工艺的特点及实质的。

很多人都有过手工小制作的经验，例如制作模型玩具时，用手工刀将木料或竹片削成某个形状；用胶水把几个组件粘接成一个整体；或者浇注过石膏像、蜡像，用橡胶泥捏成某种形状等。这些看似简单的制作，其实包含了使材料成形的基本方式和基本工艺。

在理论上或者常识上，要得到任何形状的几何实体，都有三种基本方式：第一种是在大于所要实体的材料上，去除多余的材料后成形；第二种是使若干小于实体的材料结合成整体而成形；第三种是利用材料的特性使其发生形态或形状的变化而成形，在这个过程中，基本不去除材料，也不增加材料，即材料的体积（或质量）基本没有变化。

正是从这三种"材料流程"的基本方式，结合各自所用的能量形式、能量传递介质和方式，以及传递成形所需信息的不同介质和方式，发展和衍生出为数众多的制造工艺或加工工艺。

（1）材料质量减少的类型　远在石器时代，人们就以这种方法制造工具。在现今的零件制造中，这类工艺仍然得到普遍的应用。由于它是通过去除多余的材料而成形的。这就使这类工艺具有两个先天的特点：首先，由于必定要去除或多或少的材料；其次，成形过程不是整个零件的整体成形，而是各表面逐个地分别成形的（例如，在车床上车削简单的阶梯轴，需要一个端面、一个外圆，一个端面、一个外圆地分别成形），因此成形效率低。这两个先天的特点必然带来材料、能量和时间的非必要消耗。然而有意思的是，直到今天，这类工艺不仅仍旧得到广泛的应用，而且在很多情况下，依然是不可取代的。因为作为这类工艺的典型代表"金属切削加工"，包括用刀具切削、砂轮磨削和磨料研磨等，可以使成形表面得到很高的精度和很低的表面粗糙度值；同时，利用不同表面需要分别加工的特点，正好可以根据设计要求，使零件的不同表面得到不同的精度。

现在，一般的切削加工，其尺寸精度误差可达 $10\mu m$ 左右（相当 IT6 ~ IT5），精密的切削加工，如精密车削、研磨、抛光、精密磨削、镜面磨削等的尺寸精度在 IT5 以上，表面粗糙度值为 $R_a0.1\mu m$ 左右。在金属切削中，磨削的作用和地位越来越重要。

"冲裁"是质量减少工艺中的另一种重要方法，是在较薄的板料上去除材料的主要方法，如图1-4、图1-5所示。

传统的金属切削加工是以机械能通过切削刀具进行的，因此刀具切削部分的材料必须具有比被切材料更高的硬度、耐磨性、强度和韧性，还要有较好的耐热性和化学稳定性。同时，在切削过程中会产生很大的切削力和大量的切削热，这会对整个加工系统产生不利的影响。刀具的材料及其几何参数不仅是影响加工性能和刀具磨损的重要因素，也是影响切削参数和加工质量的重要因素。所以，不断开发更高性能的刀具材料，是发展金属切削加工中的重要课题，这方面也已不断取得很好的成果。

图1-4　电动机定子和转子

但是对于如硬质合金、高温合金、钛合金、耐热不锈钢、淬火工具钢、聚晶金刚石、宝石、陶瓷等高硬度、高强度、高韧性、

图1-5　精冲件

高脆性、高熔点和高纯度的金属、非金属等难切削材料，尤其是难切削材料上的小孔、窄缝、异形孔和细长孔等表面，刀具切削难以进行。这在很大程度上是机械能切削本身的局限所致。因此，人们已经开发出多种利用其他能量形式的、被称为"特种加工"的工艺方法，并已取得了很好的效果。这些工艺方法同样是从实体上去除多余的材料。

例如，利用正、负两极间的脉冲性局部放电产生的微小区域内的瞬间高温，能使具有导电性的材料发生熔化和气化。根据这种电蚀现象，开发出了电火花加工工艺。它不是传统的切削加工，但也是一种使材料质量减少的工艺，可以不受材料硬度的限制加工复杂形面。"电火花线切割加工"和"电火花成形加工"已在模具行业中得到广泛的应用。图1-6、图1-7所示是经电火花一次切割形成的配合和窄缝。

利用超声波超声振动（频率16000Hz以上）能量的"超声波加工"，对电火花加工后的工件进行抛光研磨精加工，尤其在玻璃、石英、宝石、硅石甚至金刚石等硬脆材料上，更显其特色。

"激光"是在激光器中经受激辐射产生的单色光，通过光学系统聚焦成平行度很高的微细光束，具有很高的能量密度和极高的温度（可达10000°C以上）。利用激光的这种特性可以做很多工作，既可以使材料融合焊接、进行表面热处理，也可以在极短的时间内使局部材料气化而去除。当用于去除材料时，可在宝石轴承、陶瓷、玻璃或硬质合金、不锈钢等坚硬材料上用极高的速度（例如0.001s）加工直径 $\phi0.1 \sim 1mm$（最小孔径可达 $\phi0.001mm$，长径比达100）的圆孔或异形孔，精度可达IT7，表面粗糙度值为 $R_a0.16 \sim 0.08\mu m$；也可以用较高的速度以 $0.1 \sim 0.5mm$ 宽的切缝切割金属和非金属等。

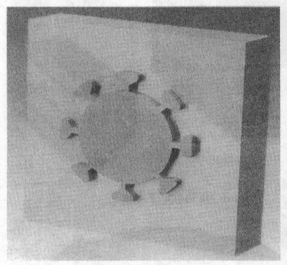 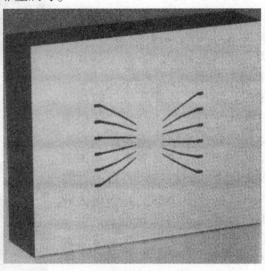

图1-6　电火花一次切割后形成的配合示例　　　图1-7　电火花切割的窄缝示例

利用电子束能量的"电子束加工"去除材料时，不但可以打孔，而且能打斜孔和弯孔；更有价值的是在超大规模集成电路制造中作为光刻电路图的重要手段，所刻图形线条宽度可达 $0.1\mu m$。

利用离子束能量的"离子束加工"进行的光刻，可以认为是'逐个将原子剥离的'。在半导体工艺中已能刻出 $0.1\mu m$ 的线条，用它对非球面透镜研磨和抛光，可得到误差控制在 $5\mu m$ 以下的极光滑表面，是其他加工方法所无法达到的。

与切削加工相比，这些使材料质量减少的"特种加工"，不会使工件和工具受明显的切削力和切削热；对所用的工具也没有硬度的要求，因此在电火花加工中可以用铜质工具加工硬质合金等硬度极高的材料，使前面所述的难切削材料和难成形表面的加工成为可能，并且能得到较高的精度。但是，就目前来说，大面积去除材料并不是特种加工的长处。因此，特种加工尽管能够解决许多困难的加工，但还只是作为切削和磨削加工的一种补充。

（2）材料质量不变的成形工艺类型　设想一下，如果要从整块材料上用切除多余材料的方法加工图1-8所示的壳体和图1-9的浴缸，将会是什么情况。

首先是要切除大量的多余材料,使绝大部分材料变成切屑,同时需要花费大量的切削时间和能量;更重要的是用切除材料的方法还很难得到满意的加工质量。显然,这不是好办法。

但是如果采用材料质量不变的成形工艺,就可以得到比较满意的解决。

成形前后材料质量既不增加也不减少的工艺,称为质量不变工艺。依据不同的成形的原理,传统上有三种类型:

1) 基于材料塑性变形的成形工艺。利用金属在热态或冷态时的良好塑性,对材料施加冲击力、压力或拉力,使之产生所要求的变形。这也是古已有之的常用的金属材料成形工艺。

图 1-8　壳体　　　　　　　　　　　　　图 1-9　浴缸

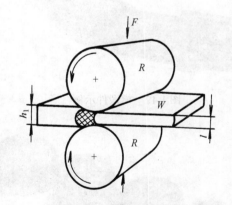

图 1-10　轧制示意图
R—轧辊　W—板材　F—外力

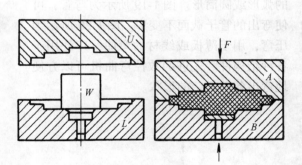

图 1-11　模锻示意图
F—外力　A、B、U、L—锻模　W—板材

适用这类工艺的材料必须在某个温度范围内有良好的塑性,使用的能量一般为机械能,而变形所需的能量和信息一般由所用的模具或工具传递。

为适应差异很大的成形要求,已经发展了许多不同的工艺方法。常用的主要有:

①轧制(滚轧):图 1-10 为轧制示意图。利用材料在成形温度下的良好塑性,通过经轧辊传递的强大机械力的轧压,使沿厚度方向的材料向长度方向延伸。成形信息(本例中是轧制后的厚度信息)由轧辊间的距离传递。轧制是生产各种板材、棒材和型材等原材料的主要

方法。有热轧和冷轧两类，冷轧的厚度尺寸精度和表面粗糙度都较好，通常作热轧所得板材的精轧。所用设备都是专门的重型设备。此外，根据轧制原理，像直柄麻花钻等的成形件也可以由专门的设备轧制。

②锤锻：是一种典型的锻压成形工艺，"打铁"（即手工锤锻）是锤锻工艺的原始形式，在现代的规模生产中已被模锻（见图1-11）取代。整体成形是模锻的成形特点，能够得到比较复杂的形状和很好的纤维结构，模锻件有较好的精度和表面粗糙度，一般只对一些配合表面作进一步的加工。锻压机和锻模是该工艺的主要硬件和制约条件。两个模锻件的示例如图1-12所示。

③拉深：如图1-13所示。典型的工艺是将板料拉深成各种壳形、杯形、盘形、桶形以及弹壳等薄壁件。拉深件实例如图1-14所示。

④冷镦：图1-15所示为冷镦件实例，适用于冷态时有良好塑性的材料，一般用于制造小型（几克到几千克）复杂件。现在应用日广。

⑤挤压：有反挤压（图1-16）和正挤压（图1-17）两类。反挤压主要用于规则或不规则的管状零件；正挤压广泛地用于各种型材。

⑥弯曲：弯曲有三种常用方式。图1-18所示为滚弯，能使板材弯曲成不同半径的弧形或圆筒形。图1-19所示为弯管，可使弯出的管子截面不变形。图1-20所示为压弯，用于薄板或线材的弯曲，广泛用于各种结构件。先进的数控弯曲机可以方便地弯出各种复杂的形状。

图1-12 模锻件示例

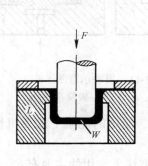

图1-13 拉深示意图
L—模具 W—板料 F—外力

图1-14 拉深件示例

图 1-15 冷镦件示例

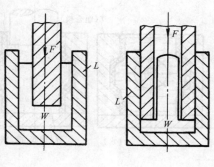

图 1-16 反挤压示意图

L—模具 W—型材 F—外力

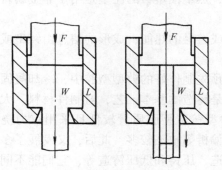

图 1-17 正挤压示意图

L—模具 W—型材 F—外力

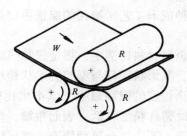

图 1-18 滚弯示意图

W—板材 R—轧辊

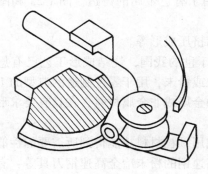

图 1-19 弯管示意图

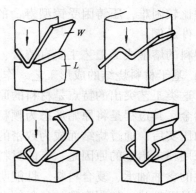

图 1-20 压弯示意图

L—模具 W—板材

⑦胀形：图1-21是胀形工艺示意图。用于不规则管形或"大肚形"薄壁零件。

⑧张拉成形：图1-22为示意图。用于不同曲率的大型面板、罩壳等。

除了金属材料以外，热塑性塑料也有这类基于塑性变形的成形工艺。

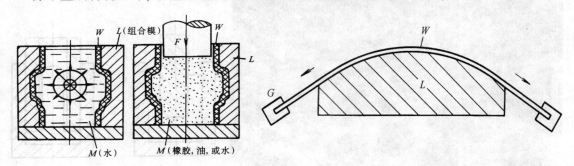

图1-21　胀形示意图　　　　　　　　图1-22　张拉成形示意图

L—组合模具　W—板料　F—外力　　　　L—模具　W—板料　G—锤压铁

2）基于材料形态变化的成形工艺。凡是在加热后能成为液态或具有流动性的熔融态，并在冷却后仍恢复为固态的材料，都可以发展这类工艺。这也是古已有之的工艺，在我国古代用以创造了许多传世的珍品，如商周时代的大量精美的青铜器，铸于1420年的著名明代永乐大钟等。金属材料应用这类工艺的典型是铸造，热塑性塑料的注塑是用于非金属材料的典型工艺。

这种成形工艺所消耗的能量主要是使材料熔化或熔融的热能；成形的信息由铸型或模具传递。

在金属材料铸造中，将金属加热成液态后浇入预先制作好的铸型型腔中，冷却凝固后成为铸件，其形状正好与型腔的形状相反。砂型铸造是铸造的基本工艺，对制件材料、大小和形状复杂程度的限制最少，成本也比较便宜。但砂型铸造型腔质量较低且采用重力浇注方式，因此铸件精度较低，表面粗糙，缩孔、疏松、偏析等缺陷较多。此后，又发展了多种其他的铸造工艺，如金属型铸造、熔模铸造、壳型铸造、压铸和低压铸造等，它们能不同程度地提高铸件精度、降低表面粗糙度值和减少缺陷，但受铸型和设备的限制，不适宜于铸造大型铸件，且所要求的经济批量也较大。熔模铸造和壳型铸造得到的精度最高，但造型材料回收处理比较困难，压铸因受铸型寿命的限制，主要用于有色金属的铸造。图1-23和图1-24为压铸件示例。

塑料的熔融成形工艺主要有铸造、注塑、吹塑和挤压成形等。

3）基于材料烧结的成形工艺。作为以陶瓷闻名于世的我国，烧结成形工艺已有悠久的历史。这类工艺突出的特点是材料的原始形态是颗粒或粉末，用于零件制造的典型的工艺是粉末冶金。其过程是将原始形态为颗粒状或粉末状的金属或非金属材料，在具有要求形状的压型内压实后，通过烧结而成为致密的整体零件。

采用粉末冶金的原因是，有的材料或工件只有使用颗粒材料才能得到所需要的性能，如多孔性的含油轴承、复合材料、性能明显优于熔炼高速钢的粉末冶金高速钢刀具等；有的材料只能是颗粒状，如制陶瓷的材料等；以及用其他方法难以制造的小型零件等。

粉末冶金工艺所用的能量，在粉末压实阶段是机械能，在烧结阶段是热能；成形信息的传递介质是模具。

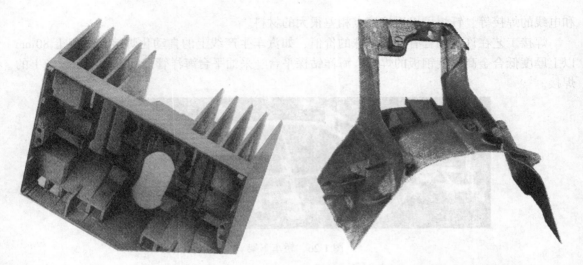

图 1-23　底板——压铸件示例　　　　　　图 1-24　托架——压铸件示例

由于粉末冶金工艺的成形效率高、无废料、免切削加工，生产效率高，可生产形状复杂、有特殊性能的零件，比用其他方法更为经济等原因，粉末冶金零件已得到很广的应用，如硬质合金刀具、泵的转子、齿轮、轴承、凸轮、磁铁、棘爪和金属过滤器等个体不大的零件。图 1-25 为粉末冶金制件示例。

（3）材料质量增加的成形工艺类型　在产品制造中，还会遇到像汽车车架一类的构件。图 1-26 所示为轿车车架，显然，由于构件结构的原因，不论用质量减少工艺或质量不变工艺，都不是可取的制造方法。但是，如果把车架分解，就会发现制造其中每一个构件都并不困难，如果能够把所有的构件正确而牢固地连接起来，就会是合理的工艺。

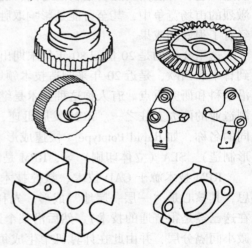

图 1-25　粉末冶金制件示例

这类工艺实际上是把两个或两个以上的零件作永久性连接，以构成新的零件或部件。当制件的形体太大，无法整体制成，如船舶的船身、储油罐或储气罐等，必须由许多块钢板相拼接；或者遇到一些大型的框架如轿车的车身框架等，整体制作不经济甚至不可能，因而分别制成几部分后连成整体；或者一个制件需要用不同材料相连接，如直径较大的麻花钻，切削部分是高速钢，而钻柄材料是低碳钢等。遇到这类情况，材料质量增加的工艺就显出了其特有的价值，往往可能是惟一的合理选择。

材料质量增加工艺的主要方法是焊接，即通过两个零件间的熔接和粘接而形成一个新的整体零件。在制造业中，这也是一类重要的工艺。常用的有熔焊、压焊和钎焊。熔焊是通过加热使待焊处的局部材料熔化而形成熔合。由于材料受高温影响会产生较大的热变形，因此不宜用于薄件焊接。压焊是通过压力和加温的综合作用实现连接的，可以减少热变形。钎焊是通过熔点低于待焊材料的填充料熔化和凝结而实现连接的，如将硬质合金刀片焊在刀体上和电线的焊接等，钎焊可以连接熔点相差很大的材料。

焊接工艺在许多场合有着其特殊的价值，如汽车生产线上的自动化焊接；军舰上 80mm 以上厚度低合金高强度钢板的焊接；海洋钻探平台、采油平台海洋管道铺设等大型设备上的焊接。

图 1-26　轿车车架

三、快速原型/零件制造技术 RPM（Rapid Part Manufacturing）

在新产品的试制中，制造复杂零件的样件常常是一个棘手的问题，因为采用前述的各种制造工艺，可能需要花费很长的时间，几周甚至几月，这不但影响产品更新的速度，而且在激烈的市场竞争中，甚至可能是影响取胜的大问题。有没有更好的方法呢？这方面的探索已经有了很好的成果。

这里介绍的是 20 世纪 80 年代末期出现的一种全新的成形工艺，起源于美国，很快发展到日本和西欧，是近 20 年来制造技术领域的一次重大突破，已成为各国制造科学研究的前沿学科和研究重点。有人称这种技术是继数控技术之后制造业的又一次革命，被认为是未来制造业的两大支柱之一。RPM 发展迅速，目前已成功地开发了十多种工艺方法，各自有不同的名称，如 Rapid Pototype（快速成形、快速原形制造），Freeform Manufacturing（自由成形制造），SLA（立体印刷）等，RPM 是总称。

RPM 技术源于 CAD 技术、数控技术、激光加工技术和材料技术支持下的一种巧妙构思，其核心是"一层一层地"成形。先利用 CAD 技术在计算机中建立制件的三维模型（现在这已经是很普通的技术），然后沿某个选定的坐标轴方向（如 Z 方向），以例如 0.1mm 的微小间隔分层，并由此在计算机中生成每个层面（截面）的二维平面图形信息，再将所有层面的二维数据送入一个专门的设备——快速成形系统，在这个设备中，根据输入的数据，自动地使材料依次得到"一层一层"的精确截面形状，并且在每一层材料成形后，根据材料的不同种类，与前层融合、熔合或粘合，最后得到一个完整的制件。

每个截面的成形方法，根据不同的材料，可以分别是激光切割（材料是纸片或箔片）、固化（对树脂类材料）、或烧结（对粉末材料）。既可以是质量减少的工艺，也可以是质量不变的工艺，而由各截面结合成整体则是质量增加的工艺。

现在已经成功地开发出了可以分别使不同材料成形的多种"快速成形系统"。可以成形的材料有紫外激光固化的树脂、纸片、塑料薄膜或复合材料、金属、陶瓷粉末和蜡等，范围极广。这些成功地应用于生产的成形系统，已经作为商品进入市场，我国也已有引进。

不同的材料可用于不同的目的，如新产品开发、快速单件及小批量制造、复杂形状零件的制造、模具设计与制造、难加工材料的成形、外形设计检查和装配检查等，还可以用于产品的仿制以及零件的放大和缩小等。

快速成形技术将设计和制造集成于一体,对不同的形状有良好的柔性,没有或极少产生废料,有广泛的材料适应性,不需要专用的模具和工装,降低了操作技术的难度,零件的复杂程度对制造成本的影响较小,因此特别适合于形状复杂的零件。1990年以前,这种技术主要用于制造模型和原型,1993年以后已经直接用于制造铸型、低强度模具和快速模具。

四、制造工艺的合理选择

制造任何一种零件,都应在保证其质量、数量和交货期要求的前提下,尽量降低成本,以提高市场竞争力,这就是合理地选择制造工艺的目的。

不同的零件,常常可以采用不同的制造工艺,即所谓制造工艺的多样性,因而使选择有了可能。很难说"选最好的工艺",只能说在种种制约条件下,选择"相对更合理"的工艺。在可能条件下,应尽量选择去除材料较少的工艺,以减少材料、工时和能量的消耗。如使用量很大的直柄高速钢麻花钻,在一般情况下,选用铣削方法加工螺旋槽是合理的,但是如果在工具厂内大量生产时,采用成形轧制是更合理的选择,因为这虽然要添置专门的设备,但综合效率要高得多,质量稳定,也能大幅度地降低成本。

要使选择更合理,零件制造者应对各种制造工艺有尽可能多的了解,特别在当今科技迅速发展的年代,应更多地关心和了解新产品、新工艺技术的发展。例如,图1-27为涡轮机叶片,材料为高温合金,过去由于铸造或锻造无法保证质量,只能无奈地采用切削加工工艺,但是现在国外采用了"气压铸造法",使叶片缩孔由17%降为0%;用另一种新的精密铸造技术制造叶片,可以得到定向单晶组织,大大提高了耐高温蠕变性能,情况发生了根本的改变。

图1-27 涡轮叶片

近年来,工业发达国家已经提出,用精密铸造和精密塑性成形工艺及由"自由成形制造技术"制造的工件,应该由"接近净成形制件"向"净成形制件"方向发展。这将会引起新的工艺变革。但是在可以预见的将来,将"接近净成形制件"进行必要的金属切削加工,仍是零件制造的主要模式。

第四节 金属切削加工自动化

一、刚性自动化——加工自动化的第一阶段

分析一下在卧式车床上进行的切削加工过程,可以发现,即使是最简单的加工,如车削一个光轴,也需要进行一系列的操作;除了直接进行切削加工的操作外,还有如工件装夹、刀具安装调整、开车、刀具移向工件、确定进给量、接通自动进给、切断自动进给、退刀、停车、测量、……、卸工件等许多操作,都是必不可少的。这些操作中,除了切削加工的进给由机床自动进行外,其他操作都是由手工进行的。这不仅影响着加工效率,更影响着加工质量的稳定以及对高水平操作者的依赖,严重地制约了生产的发展。希望改变这种状况的人们开始研究自动化加工。

研究发现,自动化的加工过程,实际上是一种严格的程序控制过程。根据加工过程的全

部内容，设定一个严格的程序，使各种动作和运动在这个程序的控制下有序地进行。为此，要有传递程序指令的介质，将各种指令传递给各种动作和运动的执行装置；同时，执行装置要能够接受指令并产生相应的动作和运动。

1873 年诞生了世界上最早的凸轮式自动车床，一组凸轮作为传递程序指令的介质，一系列自动动作在其控制下，严格地按照程序进行自动加工循环，成为一台自动化单机。它能以极高的效率对同一种工件进行大量的重复加工，并且其加工质量不再依赖操作者而只取决于凸轮，从而改变了生产的面貌。但凸轮是根据所加工的一个具体制件专门设计制造，并经过仔细安装和调整的，如果要改变加工对象（包括形状、尺寸等），必须另行设计制造一组专用凸轮。由于一组凸轮所体现的程序不能改变，所以称其为刚性自动化。

1913 年前后，美国福特汽车公司通过设计制造大量的专用机床，建立了流水线生产方式。在流水生产线上配置了若干专用机床，将一个零件的全部加工内容分解成若干工序（工序分散），每台自动机床进行其中一个工序的自动加工，实现了汽车的大规模生产。其最重要的结果是不需要大量高技术工人而生产出大量质量稳定的零件，从而开始了以刚性自动生产线的历史。

20 世纪 40 年代后，人们通过设计各种高效的自动化机床，并用物料自动输送装置将单机连接起来，形成了以单一品种、大批量生产为特征的成熟的刚性自动化生产方式。

二、加工中心——加工自动化的第二阶段

当以大量生产方式制造的产品使市场趋于饱和时，人们提出了产品多样化的要求。对于产品制造者，这又是一个新的课题：既要保证高的生产质量（特别是要求很高的表面间相互位置精度）和效率，又要有能迅速更新、调整产品的灵活性，变单一品种、大批量生产为多品种的中、小批量生产。由此开始了使刚性自动化向柔性自动化发展的历程。

人们作过许多探索和尝试，找到了一种称为组合机床的形式，其中液压式组合机床比较容易实现控制程序的改变。组合机床自动线得到了成功的应用。但是，由于一个工件的加工过程需要依此在多台机床上装卸，制约了表面间相互位置精度的提高。

20 世纪 50 年代，集成电路、计算机技术的发展，使数控技术应运而生，并开发了能执行多种加工工作的、复杂的机床控制器，它彻底改变了过去的各种模式，以数字信息为指令，控制能够接受数字信息的执行装置的动作和运动。控制器中的控制程序，由手工按照一定的规范编写以后，以代码形式做成穿孔纸带或其他介质，输入控制器后，机床就能根据控制器发出的数字指令工作。理论上说，只要另外编写一个控制程序，就能方便地改变加工内容。

但是，手工编程并制成穿孔介质仍然是相当麻烦的事情，并且很容易出错，对于复杂的加工内容更是如此。所幸的是人们清楚地看到了潜在的巨大发展。随着计算机性能的提高，积极地开发了各种计算机辅助编程软件，使车床、线切割和铣床等机床都能方便地进行二维以至三维的数控加工，实现了单机柔性自动化加工。

从第一台凸轮自动车床出现，经过了七八十年的时间，才有成熟的刚性自动线的应用，但是数控机床出现以后带来的变化可谓日新月异。软件方面，CAD/CAM 技术的发展，已经可以方便地在计算机上建立零件模型，通过后置处理确定加工工艺，自动编制加工程序，并将相关指令直接送入数控机床进行自动加工。硬件方面，突破了传统机床受刀具数量和运动自由度限制的有限加工能力，设计制造了带有可以存放多达数十把刀具的刀库和自动换刀装置以及可以多达五轴联动的各种加工中心，大大扩大了工件在一次装夹中可以加工的范围，

从而可以采用"工序集中"方式的自动加工；由于高性能的刀具和精确控制的刀具位置，以及诸多表面的加工能在一次安装中进行，工件各表面能得到很高的尺寸精度和相互位置精度。所有这些进展，很好地实现了柔性加工。

我国目前正在为进入这一阶段而努力。

三、柔性制造系统 FMS——自动化的第三阶段

单机柔性加工发展的必然结果是向自动化的更高的阶段——以柔性生产线和柔性制造系统的方式组织生产。1968 年诞生了世界第一条柔性生产线。后来就进一步出现了柔性制造系统。

作为柔性制造系统，除了生产线上各种设备对工件进行自动加工外，还包括了材料、工件、刀具、工艺装备等物料的自动存放、自动传输和自动更换。生产线的自动管理和控制；工况的自动监测和自动排故；各种信息的收集、处理和传递等。显然，它已经开始了对与生产直接有关的过程和物流的柔性控制和管理。上海通用汽车厂（SGM）的柔性装配线，已经在我国首次实现了在一条装配线上，进行轿车和公务车两种不同车型的装配。

四、计算机集成制造系统 CIMS——自动化的第四阶段

计算机集成制造系统的概念是美国人哈林顿在 1974 年提出的，其中包含两个基本观点，这两个基本观点至今仍是 CIMS 的核心内容。

·企业生产的各个环节，即从市场分析、产品设计、加工制造、经营管理到售后服务的全部生产活动是一个不可分割的整体，要紧密连接，统一考虑。

·整个生产过程实质上是一个数据的采集、传递和加工处理的过程。最终形成的产品可以看作是数据的物质表现。

这个概念到 20 世纪 80 年代初才被广泛接受，并将 CIMS 作为制造业的新一代生产方式，这是技术发展的可能和市场竞争的需要共同推动的结果。

1985 年，美国科学院对美国在 CIMS 方面处于领先地位的五家公司（麦道飞机公司、迪尔拖拉机公司、通用汽车公司、英格索尔铣床公司和西屋电气公司）进行长期调查和分析，认为采用 CIMS 可以获得如下效益：

·产品质量提高   200% ~500%

·生产率提高   40% ~70%

·设备利用率提高   200% ~300%

·生产周期缩短   30% ~60%

·在制品减少   30% ~60%

·工程设计费用减少   15% ~30%

·人力费用减少   5% ~20%

·提高工程师的工作能力   300% ~3500%

这是因为集成度的提高，使各种生产要素的配置可以更好的优化，潜力可以更大的发挥；实际存在的各种资源的明显的或潜在的浪费可以得到最大限度的减少甚至消除，从而可以获得更好的整体效益。

但是，经过近 20 年的研究和实践，人们对 CIMS 有了更全面和更准确的认识，认为它不应以"全盘自动化"作为其固有特征和先决条件，而更应该属于企业组织结构和生产运行管理的范畴；认为 CIMS 的实施也不是单纯的技术问题，而与人的因素密切相关。有资料介

绍，实施 CIMS 的阻力 70% 来自与人有关的因素；更重要的是，认为 CIMS 的实施需要良好的社会条件。

世界上一些大公司和工业发达国家，如美国、日本、欧盟成员国的有关政府部门，都把 CIMS 作为科技发展的一个战略目标，深入地进行研究。我国在 1986 年制订的"高技术研究发展计划纲要"中，也列入了 CIMS 课题，一些部门、企业、研究所和高等院校也成立了相应的机构，积极地进行适合我国国情的有关研究和开发。可以预计，CIMS 在新世纪中将给制造业带来全新的面貌，作为新世纪的技术人才，必须对此予以足够的关注。

复习思考题

1. 请你举例阐明关于制造技术和社会发展关系的看法。
2. 你是否见过（包括从电视等媒体上）实际的制造过程？请举例。
3. 对按材料质量变化状况分类的成形工艺作个小结。
4. 试从自行车上的选取几个零件，分析各以哪类成形工艺制造为好？

第二章 金属切削的基本知识

金属切削的基本知识主要阐述切削加工过程中的基本理论,包含切削运动、刀具切削部分的几何角度、切削变形、切削力、切削热、刀具磨损、刀具几何参数的合理选择,以及切削用量的合理选择等。以这些理论为指导,可以解决生产中的许多实际问题,从而提高产品的质量,降低生产成本,提高生产率。因此,学习好、掌握好金属切削的基本知识是十分重要的。

车刀是一种最常见、最普通、最典型的刀具,特别是外圆车刀切削部分的形状,可以说是其他各类刀具切削部分的基本形态。为此,本章以车床车削为例,介绍车刀的基本知识,掌握了这些知识内容,就可为进一步了解其他各类刀具的工作原理打好基础。

第一节 切削运动与切削用量

一、切削运动

在金属切削加工过程中,除了刀具的材料必须比工件材料硬之外,刀具与工件之间还必须有相对运动,这样刀具才能切除工件上多余的金属层,这种相对运动就称为切削运动。

切削运动必须具备主运动和进给运动两种运动。

1. 主运动

主运动是指由机床或人力提供的主要运动,它使刀具和工件之间产生相对运动,使刀具前面接近工件,从而使多余的金属层转变为切屑。

主运动的速度最高,消耗功率最大。主运动只有一个,主运动可以是工件的运动,如车削,如图2-1所示;也可以是刀具的运动,如刨削,如图 2-2 所示。

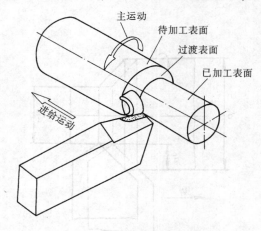

图 2-1 车削运动和工件上的表面   图 2-2 刨削

2. 进给运动

进给运动是指由机床或人力提供的运动,它使刀具和工件之间产生附加的相对运动,加上主运动,即可不断地或连续地切除切屑,并得出具有所需几何特性的已加工表面,如图

2-1、图 2-2 所示。

进给运动的速度较低，消耗功率较小。进给运动可以是一个，也可以是几个也可以没有，例如拉削；进给运动可以是工件的运动，如刨削；也可以是刀具的运动，如车削。

3. 合成切削运动

合成切削运动是主运动和进给运动的组合。

二、切削过程中的工件表面

在切削加工过程中，工件上始终有三个不断变化着的表面，如图 2-1 所示。

待加工表面：工件上有待切除的表面。

已加工表面：工件上经刀具切削后产生的表面。

过渡表面：工件上由切削刃形成的那部分表面，它在下一切削行程，即刀具或工件的下一转里被切除，或者由下一切削刃切除。

三、切削用量三要素

切削用量三要素由切削速度 v_c、进给量 f（或进给速度 v_f）和背吃刀量 a_p 组成，它是调整机床、计算切削力、切削功率和工时定额的重要参数。

（1）切削速度 v_c 指刀具切削刃上选定点相对于工件的主运动的瞬时速度，如图 2-3 所示。其计算公式

$$v_c = \frac{\pi d_w n}{1000}$$

式中　　v_c——切削速度（m/min）；

　　　　d_w——工件待加工表面直径（mm）；

　　　　n——主运动的转速（r/min）。

（2）进给量 f　指刀具在进给运动方向上相对于工件的位移量，可用刀具或工件每转或每行程的位移量来表述，如图 2-4 所示。

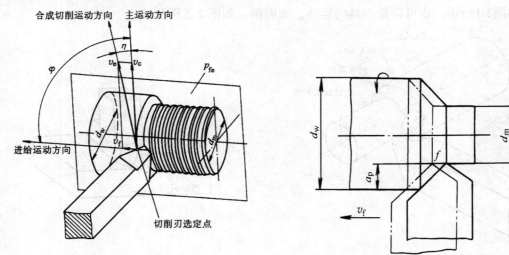

图 2-3　车削的切削速度和进给速度

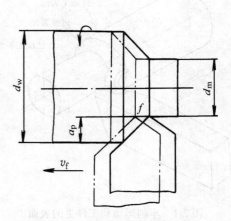

图 2-4　车削进给量和背吃刀量

进给速度 v_f：指刀具切削刃上选定点相对于工件进给运动的瞬时速度，如图 2-3 所示。其计算公式

$$v_f = fn$$

式中　v_f——进给速度（mm/min）；

f——进给量（mm/r）。

（3）背吃刀量 a_p　指工件上待加工表面与已加工表面之间的垂直距离，如图 2-4 所示。其计算公式

$$a_p = \frac{d_w - d_m}{2}$$

式中　a_p——背吃刀量（mm）；

d_m——工件已加工表面直径（mm）。

第二节　刀具切削部分的几何角度

一、车刀的组成

车刀由刀柄和刀头组成，如图 2-5 所示。刀柄是车刀上的夹持部分，刀头是车刀的切削部分。切削部分一般由三个刀面、两条切削刃和一个刀尖共六个要素组成。

（1）前面 A_γ　切屑流出经过的表面。

（2）主后面 A_α　与工件上过渡表面相对的表面。

（3）副后面 A_α'　与工件上已加工表面相对的表面。

（4）主切削刃 S　前面与主后面的相交线，担负主要的切削任务。

（5）副切削刃 S'　前面与副后面的相交线，配合主切削刃最终形成已加工表面。

（6）刀尖　主切削刃与副切削刃的连接部分。刀尖的一般形式如图 2-6 所示。图 2-6a 为尖角，图 2-6b 为圆弧过渡刃，图 2-6c 为直线过渡刃。后两种形式可增强刀尖的强度和耐磨性。

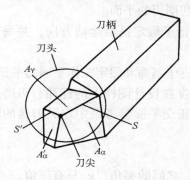

图 2-5　车刀的组成

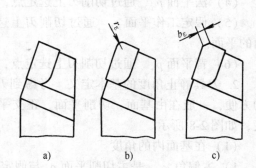

图 2-6　刀尖形式

二、刀具的静止角度

确定刀具的角度，仅靠车刀刀头上的几个面、几条线是不够的，还必须人为地在刀具上建立静止参考系。刀具静止参考系是指用于刀具设计、制造、刃磨和测量几何参数的参考系。建立刀具静止参考系时，不考虑进给运动的影响，并假定车刀刀尖与工件的中心等高；安装时车刀刀柄的中心线垂直于工件的轴线。在这样一个刀具静止参考系中的刀具角度定义为静止角度。

1. 刀具静止参考系的平面

刀具静止参考系是由参考平面组成的，如图 2-7 所示。参考平面有：

（1）基面 p_r　通过切削刃上选定点，并垂直于该点切削速度方向的平面。

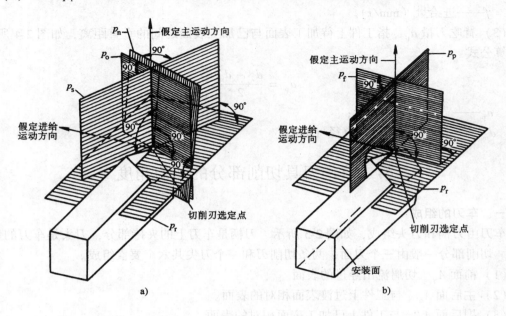

图 2-7　刀具静止参考系平面

（2）主（副）切削平面 $p_s(p'_s)$　通过主（副）切削刃上选定点，与主（副）切削刃相切并垂直于基面的平面。在无特殊情况下，切削平面就是指主切削平面。

（3）正交平面 p_o　通过切削刃上选定点，并同时垂直于基面和切削平面的平面。

（4）法平面 p_n　通过切削刃上选定点，并垂直于切削刃的平面。

（5）假定工作平面 p_f　通过切削刃上选定点，平行于假定进给运动方向，并垂直于基面的平面。

（6）背平面 p_p　通过切削刃上选定点，并同时垂直于基面和假定工作平面的平面。

2. 刀具静止角度的基本定义　考虑到刀具静止角度在设计图样上的标注、刃磨和测量的方便，一般在由基面、切削平面、正交平面组成的正交平面参考系中定义刀具的静止角度，如图 2-8 所示。

（1）在基面内的角度

1）主偏角 κ_r　是主切削平面 p_s 与假定工作平面 p_f 之间的夹角，κ_r 只有正值。

2）副偏角 κ'_r　是副切削平面 p'_s 与假定工作平面 p_f 之间的夹角，κ'_r 只有正值。

3）刀尖角 ε_r　是主切削平面 p_s 与副切削平面 p'_s 之间的夹角，ε_r 只有正值。

ε_r、κ_r、κ'_r 满足如下关系式

$$\varepsilon_r = 180° - (\kappa_r + \kappa'_r)$$

ε_r 不是一个独立角度，而是一个派生角度，其大小是有 κ_r 和 κ'_r 决定的。

（2）在正交平面内的角度

1）前角 γ_o　是前面 A_r 与基面 p_r 之间的夹角，前角有正、负和零度之分。若基面与前面有间隙，为正值；无间隙也不重合，为负值；基面与前面重合，为零度。

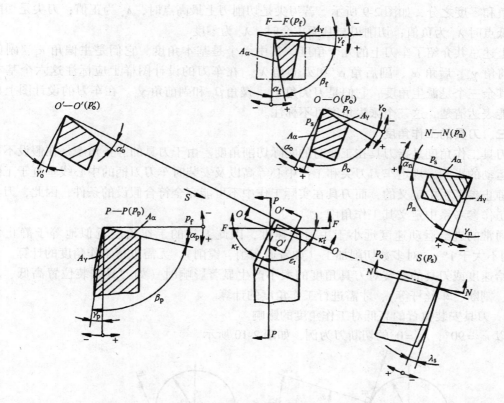

图 2-8　车刀的静止角度

2）后角 α_o　是主后面 A_α 与切削平面 p_s 之间的夹角，后角有正、负和零度之分。若切削平面与后面有间隙，为正值；无间隙也不重合为负值；切削平面与后面重合为零度。

3）楔角 β_o　是前面 A_r 与后面 A_α 之间的夹角。β_o 是一个派生角度，只有正值。

β_o，γ_o，α_o 满足如下关系式

$$\beta_o = 90° - (\gamma_o + \alpha_o)$$

γ_o，α_o，β_o 是指在主切削刃上正交平面内的角度，而在副切削刃上正交平面内也有类似的角度，它们是：

4）副后角 α_o'　是副后面 A_α' 与副切削刃平面 p_s' 之间的夹角。

5）副前角 γ_o'　是前面 A_r 与基面 p_r 之间的夹角。若主、副切削刃共一个平面型的前面时，其角度的大小随 γ_o 而定，因此，γ_o' 是派生角度。

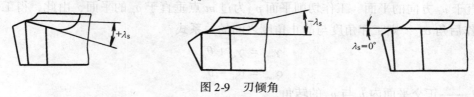

图 2-9　刃倾角

（3）在切削平面内的角度　刃倾角 λ_s：是主切削刃 S 与基面 p_r 之间的夹角。刃倾角有

正、负和零度之分，如图 2-9 所示。若刀尖是切削刃上最高点时，λ_s 为正值；刀尖是切削刃上最低点时 λ_s 为负值；切削刃与基面重合时，λ_s 为零度。

上述总共介绍了车刀上的九个角度，其中六个是基本角度。它们是主偏角 κ_r、副偏角 κ_r'、前角 γ_o、后角 α_o、副后角 α_o' 和刃倾角 λ_s。在车刀的设计图样上应标注这六个基本角度。其余三个是派生角度，它们是刀尖角 ε_γ、楔角 β_o 和副前角 γ_o'。在车刀的设计图上只要角度能表达清楚，这三个派生角度可不标注。

三、刀具的工作角度

刀具工作角度是指刀具在工作时的实际切削角度。由于刀具的静止角度是在假设不考虑进给运动的影响、规定车刀刀尖和工件中心等高以及安装时车刀刀柄的中心线垂直于工件轴线的静止参考系中定义的，而刀具在实际工作中不可能完全符合假设的条件，因此，刀具必须在工作参考系中定义其工作角度。

通常的进给运动速度远小于主运动速度，因此刀具的工作角度近似地等于静止角度（差别不大于 1°），对多数切削加工（如普通车削、镗削），无需进行工作角度的计算。只有在进给速度或刀具的安装对刀具角度的大小产生显著影响时（如刀具安装位置高低、左右倾斜、割断、车丝杆等），才需进行工作角度的计算。

1. 刀具安装位置的高低对工作角度的影响

以 $\kappa_r = 90°$，$\lambda_s = 0°$ 的切断刀为例，如图 2-10 所示。

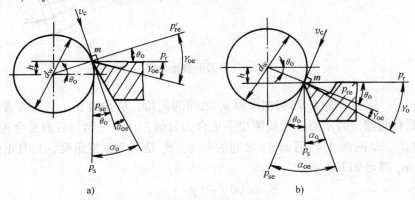

图 2-10　切断刀安装高低对工作角度的影响

1）当刀尖高于工件中心时，如图 2-10a 所示，切削刃与工件接触 m 点，当工件不运动时，刀具基面为 p_r（与安装平面平行），切削平面为 p_s，由此得静止前角 γ_o 和静止后角 α_o。当工件运动时，主运动速度 v_c 方向为过 m 点圆弧的切线方向，这时，刀具工作基面 p_{re} 为过 m 点垂直于 v_c 方向的平面，工作切削平面 p_{se} 为过 m 点垂直于 p_{re} 的平面，由此，得工作前角 γ_{oe} 和工作后角 α_{oe}，则工作角度与静止角度之间的关系式

$$\gamma_{oe} = \gamma_o + \theta_o$$
$$\alpha_{oe} = \alpha_o - \theta_o$$

式中　θ_o——正交平面内 p_r 与 p_{re} 的转角。

2）当刀尖低于工件中心时，如图 2-10b 所示。与上述同理，得工作角度与静止角度之间的关系式

$$\gamma_{oe} = \gamma_o - \theta_o$$
$$\alpha_{oe} = \alpha_o + \theta_o$$

转角 θ_o 的计算公式

$$\sin\theta_o = 2h/d_w$$

式中　h——刀尖高于或低于工件中心线的距离（mm）；

　　　d_w——工件的直径（mm）。

　　上式说明：当 d_w 接近于零时，即使 h 值很小，θ_o 也是存在的，而且对工作角度 γ_{oe} α_{oe} 影响较大，因此，安装刀具时刀尖应尽可能对准工件中心。

　　2. 刀柄中心线与进给运动方向不垂直对工作角度的影响

　　如图 2-11 所示，当刀柄中心线与进给运动方向不垂直时，刀具主切削平面与假定工作平面（相当于进给运动方向）之间的夹角为工作主偏角；刀具副切削平面与假定工作平面之间的夹角为工作副偏角。工作主偏角与静止主偏角、工作副偏角与静止副偏角之间的关系式

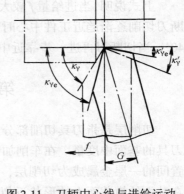

$$\kappa_{\gamma e} = \kappa_\gamma \pm G \qquad (2\text{-}1)$$
$$\kappa_{\gamma e}' = \kappa_\gamma' \mp G \qquad (2\text{-}2)$$

式中　G——刀柄中心线与进给运动方向的垂线之间的夹角。

　　当刀柄中心线绕刀尖逆时针转动时，式（2-1）取"＋"号，式（2-2）取"－"号。

　　当刀柄中心线绕刀尖顺时针转动时，式（2-1）取"－"号，式（2-2）取"＋"号。

图 2-11　刀柄中心线与进给运动方向不垂直时对工作角度的影响

　　3. 横向进给运动对工作角度的影响

　　以 $\kappa_\gamma = 90°$，$\lambda_s = 0°$，刀尖与工件中心等高，切断刀的切削为例，如图 2-12 所示。

　　当不考虑进给运动时，刀具切削刃与工件任一接触点的运动轨迹为一圆周，主运动速度 v_c 方向为过该点的圆周切线方向。此时，刀具基面 p_r 是过该点并垂直于 v_c 方向的平面，切削平面 p_s 是过该点并垂直于基面 p_r 的平面。由此得静止前角 γ_o 和静止后角 α_o。

　　当考虑横向进给运动时（即有 v_f），刀具切削刃与工件任一接触点的运动轨迹为一条阿基米德螺旋线。其合成运动速度 v_e 方向为过该

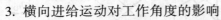

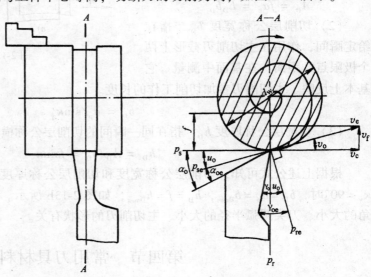

图 2-12　切断刀横向进给时对工作角度的影响

点的阿基米德螺旋线的切线方向。此时，刀具工作基面 p_{re} 是过该点并垂直于 v_e 方向的平面，工作切削平面 p_{se} 是过该点并垂直于工作基面 p_{re} 的平面，由此得工作前角 γ_{oe}、工作后角 α_{oe}、工作前角、工作后角与静止前角、静止后角之间的关系式

$$\gamma_{oe} = \gamma_o + u_o$$
$$\alpha_{oe} = \alpha_o - u_o$$

式中　u_o——主运动速度方向和合成运动速度方向之间的夹角。

u_o 的计算式

$$\tan u_o = \frac{v_f}{v_c} = \frac{nf}{\pi d_w n} = \frac{f}{\pi d_w}$$

上式说明，当进给量 f 较大或工件直径 d_w 较小时，应注意 u_o 值对工作角度的影响。随着切断刀切削逐渐趋近工件中心时，u_o 值逐渐增大。当切断刀离工件中心约 1mm 时，u_o 约等于 1°40′。当切断刀再进一步靠近中心时，u_o 值会急剧增大，使工作后角变为负值，工件被挤断。

第三节　切削层横截面要素

切削层是指刀具切削部分的一个单一动作所切除的工件材料层。它的形状和尺寸规定在刀具的基面中度量。在车削加工中，工件每转一圈，刀具移动 f 距离，主切削刃相邻两个位置间的一层金属成为切削层，切削层在基面的横截面上的形状近似地等于平行四边形，如图 2-13 所示。

（1）切削层公称横截面积 A_D 指在给定瞬间，切削层在基面内的实际横截面积。

$$A_D = f a_p = h_D b_D$$

（2）切削层公称宽度 b_D　指在给定瞬间，作用在主切削刃截形上两个极限点的距离，在基面中测量。它基本上反映了主切削刃参加切削工作的长度。

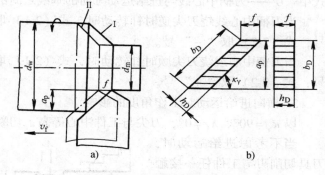

图 2-13　切削层要素

$$b_D = a_p / \sin \kappa_\gamma$$

（3）切削层公称厚度 h_D　指在同一瞬间的切削层公称横截面积与切削层公称宽度之比。

$$h_D = A_D / b_D = f \sin \kappa_\gamma$$

根据上述公式可知，切削层公称宽度和切削层公称厚度随主偏角值的改变而变化，当 $\kappa_\gamma = 90°$ 时，$b_D = a_p = b_{Dmin}$，$h_D = f = h_{Dmax}$，如图 2-13b 所示。切削层公称横截面形状与主偏角的大小、刀尖圆弧半径的大小、主切削刃的形状有关。

第四节　常用刀具材料

一、刀具材料必须具备的性能

（1）高的硬度　硬度是指材料表面抵抗其他更硬物体压入的能力。刀具材料的硬度必须

高于工件材料的硬度，这样，刀具才能切除工件上多余的金属，目前在室温条件下刀具材料的硬度应大于或等于60HRC。

（2）高的耐磨性　耐磨性指材料抵抗磨损的能力，耐磨性与材料的硬度、化学成分、显微组织有关。一般而言，刀具材料硬度越高，耐磨性越好。刀具材料组织中的硬质点的硬度越高，数量越多，分布越均匀，耐磨性越好。

（3）足够的强度和韧性　强度是指材料在静载荷作用下，抵抗永久变形和断裂的能力，刀具材料的强度一般指抗弯强度。韧性是指金属材料在冲击载荷作用下，金属材料在断裂前吸收变形能量的能力，金属的韧性通常用冲击韧度表示。而刀具材料的韧性一般指冲击韧度。在切削加工过程中，刀具总是受到切削力、冲击、振动的作用，当刀具材料有足够的强度和韧性，就可避免刀具的断裂、崩刃。

（4）高的耐热性　耐热性指材料在高温下仍能保持原硬度的性能。刀具材料耐热性越好，允许切削加工时的切削速度越高，有利于改善加工质量和提高生产率，有利于延长刀具寿命。

（5）良好的工艺性　工艺性指材料的切削加工性、锻造、焊接、热处理等性能。刀具材料有良好的工艺性，便于刀具的制造。

二、常用刀具材料的种类

在金属切削加工中，刀具材料的种类有许多。而数控机床，由于其自身的特点，所以，常用的刀具有：

1. 高速钢

高速钢是指含较多钨、铬、钼、钒等合金元素的高合金工具钢，俗称锋钢或白钢。高速钢有较高的硬度（63～66HRC）、耐磨性和耐热性（约600～660℃）；有足够的强度和韧性；有较好的工艺性。目前，高速钢已作为主要的刀具材料之一，广泛用于制造形状复杂的铣刀、钻头、拉刀和齿轮刀具等。

常用高速钢的牌号与性能见表2-1。

表2-1　常用高速钢的牌号与性能

类　别		牌　　　　号	硬度 （HRC）	抗弯强度 /GPa	冲击韧度 /（MJ/m²）	高温硬度 （600℃） HRC
通用高速钢		W18Cr4V	62～66	≈3.34	0.294	48.5
		W6Mo5Cr4V2	62～66	≈4.6	≈0.5	47～48
		W14Cr4VMn-RE	64～66	≈4	≈0.25	48.5
高性能高速钢	高碳	9W18Cr4V	67～68	≈3	≈0.2	51
	高钒	W12Cr4V4Mo	63～66	≈3.2	≈0.25	51
	超硬	W6Mo5Cr4V2Al	68～69	≈3.43	≈0.3	55
		W10Mo4Cr4V3Al	68～69	≈3	≈0.25	54
		W6Mo5Cr4V5SiNbAl	66～68	≈3.6	≈0.27	51
		W2Mo9Cr4VCo8（M42）	66～70	≈2.75	≈0.25	55

高速钢按其性能可分为通用高速钢（普通高速钢）和高性能高速钢。按其制造工艺方法的不同又可分为熔炼高速钢和粉末冶金高速钢。

（1）通用高速钢　通用高速钢综合性能好，能满足一般金属材料的切削加工要求。常用的牌号有：

1）W18Cr4V 属钨系高速钢。其综合性能好，可制造各种复杂刀具。淬火时过热倾向小，碳化物含量较高，塑性变形抗力较大。但碳化物分布不均匀，影响精加工刀具的寿命，且强度与韧度不够。另外，热塑性差，不适于制造热轧刀具。

2）W6Mo5Cr4V2 属钨钼系高速钢。与 W18Cr4V 高速钢相比，其抗弯强度提高约 30%，冲击韧度提高约 70%，且热塑性较好，适用于制造受冲击力较大的刀具和热轧刀具。但是，其有脱碳敏感性大、淬火温度范围窄等缺点。

（2）高性能高速钢　高性能高速钢是在通用高速钢中加入一些钴、铝等合金元素，使耐磨性和耐热性进一步提高的一种新型高速钢，高性能高速钢主要用于对不锈钢、耐热钢、钛合金、高温合金和超高强度钢等难加工工件材料的切削加工。高性能高速钢只有在规定的使用范围和切削条件下才能取得良好的加工效果，加工一般钢时其优越性并不明显。常用牌号有：

1）W2Mo9Cr4VCo8 属钴高速钢。它具有良好的综合性能，允许有较高的切削速度，特别适用于加工高温合金和不锈钢等难加工材料，但是其含钴量较高，故价格昂贵。

2）W6Mo5Cr4V2Al 属铝高速钢。铝高速钢是我国独创的新型高速钢。它是在通用高速钢中加入少量的铝，提高了其耐热性和耐磨性，具有良好的切削性能，耐用度比 W18Cr4V 大 1 ~ 4 倍，价格低廉。但是，铝高速钢有淬火温度范围窄，氧化脱碳倾向较大，磨削性能较差等缺点。

（3）粉末冶金高速钢　一般高速钢都是通过熔炼得到的，而粉末冶金高速钢是将高速钢钢液雾化成粉末，再用粉末冶金方法制成。这种钢完全避免了碳化物偏析，具有细小均匀的结晶组织，有良好的力学性能，其抗弯强度、冲击韧度分别是熔炼高速钢的 2 倍及 2.5 ~ 3 倍，适用于对普通钢、不锈钢、耐热钢和其他特殊钢的切削加工，但是其价格昂贵。

2. 硬质合金

硬质合金是由高硬度、高熔点的金属碳化物（WC、TiC、TaC、NbC 等）和金属粘结剂（Co、Ni、Mo 等）用粉末冶金的方法制成的。碳化物决定了硬质合金的硬度、耐磨性和耐热性。粘结剂决定了硬质合金的强度和韧度。硬质合金常温硬度为 89 ~ 93HRA，耐热温度为 800 ~ 1000°C，与高速钢相比，硬度高，耐磨性好，耐热性高。允许的切削速度比高速钢高 5 ~ 10 倍。但是，硬质合金的抗弯强度只有高速钢的 1/2 ~ 1/4，冲击韧度比高速钢低数倍至数十倍。制造工艺性差。但硬质合金有许多与其他刀具材料不可相比的长处，因此，目前硬质合金已被广泛地应用于金属切削加工之中。

常用硬质合金的种类：

（1）钨钴类硬质合金　钨钴类硬质合金的代号是 YG，由 Co 和 WC 组成。常用牌号是 YG3、YG6 等。牌号中的数字表示 Co 的质量分数（含 Co 量），其余为含 WC 的质量分数（含 WC 量），如 YG3 表示 $w(Co) = 3\%$，$w(WC) = 97\%$。

钨钴类硬质合金的硬度为 89 ~ 91HRA，耐热温度为 800 ~ 900°C，抗弯强度为 1.1 ~ 1.5GPa。钨钴类硬质合金中含 Co 量越多，则其韧度越大，抗弯强度越高，越不怕冲击，但是，其硬度和耐热性越下降。钨钴类硬质合金适用于加工铸铁、青铜等脆性材料。

（2）钨钛钴类硬质合金　钛钴类硬质合金的代号是 YT，由 WC、TiC 和 Co 组成。常用牌号是 YT14、YT30 等。牌号中的数字表示 TiC 的质量分数，其余为含 WC + Co 的质量分数。如 YT14 表示 $w(TiC) = 14\%$，$w(WC) = 78\%$，$w(Co) = 8\%$。

钨钛钴类硬质合金的硬度为 89 ~ 93HRA，耐热温度为 800 ~ 1000°C，抗弯强度为 0.9 ~ 1.4GPa。钨钛钴类硬质合金中含 TiC 量越多，则其抗弯强度、冲击韧度越下降，但是，其硬度、耐热性、耐磨性、抗氧化能力越高。钨钛钴类硬质合金适用于加工碳钢、合金钢等塑性材料。

（3）钨钽（铌）钴类硬质合金　钨钽（铌）钴类硬质合金的代号是 YGA，由 WC、TaC（NbC）和 Co 组成。

由于在 YG 类硬质合金中加入适量的 TaC（NbC），使它既保持了原来的抗弯强度和韧度，又提高了硬度、耐磨性、耐热性，弥补了 YG 类硬质合金的不足。钨钽（铌）钴类硬质合金适用于加工铸铁、青铜等脆性材料，也可加工碳钢和合金钢。

（4）钨钛钽（铌）钴类硬质合金　钨钛钽（铌）钴类硬质合金的代号是 YW，由 WC、TiC、TaC（NbC）和 Co 组成。

由于在 YT 类硬质合金中加入了适量的 TaC（NbC），使它既保持了原来的硬度、耐磨性，又提高了抗弯强度、韧度和耐热性，弥补了 YT 类硬质合金的不足。钨钛钽（铌）钴类硬质合金适用于加工碳钢、合金钢等塑性材料，也可加工脆性材料。

常用硬质合金的牌号及性能见表 2-2。

3. 涂层刀具材料

硬质合金或高速钢刀具通过化学或物理方法在其表面上涂覆一层耐磨性好的难熔金属化合物，这样，既能提高刀具材料的耐磨性，又不降低其韧度。

对刀具表面进行涂覆的方法有化学气相沉积法（CVD 法）和物理气相沉积法（PVD 法）两种。CVD 法的沉积温度约 1000°C，适用于硬质合金刀具；PVD 法的沉积温度约 500°C，适用于高速钢刀具。一般涂覆的厚度为 $5 \sim 12 \mu m$。

（1）涂层材料

1）TiC 涂层　TiC 涂层呈银白色，硬度高（3200HV）、耐磨性好和有牢固的粘着性。但是，涂层不宜过厚（一般为 $5 \sim 7 \mu m$），否则涂层与刀具基体之间会产生脱碳层而使其变脆。

2）TiN 涂层　TiN 涂层呈金黄色，硬度为 2000HV，有很强的抗氧化能力和很小的摩擦因数，抗刀具前面（月牙洼）磨损的性能比 TiC 涂层强，涂层与刀具基体之间不易产生脆性相，涂层厚度为 $8 \sim 12 \mu m$。

3）Al_2O_3 涂层　Al_2O_3 涂层硬度为 3000HV，耐磨性好、耐热性高、化学稳定性好和摩擦因数小，适用于高速切削。

4）TiN 和 TiC 复合涂层　里层为 TiC，外层为 TiN，从而使其兼有 TiC 的高硬度、高耐磨性和 TiN 的不粘刀的特点，复合涂层的性能优于单层。

另外，还有 TiN-Al_2O_3-TiC 三涂层硬质合金等。

一般而言，在相同的切削速度下，涂层高速钢刀具的耐磨损比未涂层的提高 $2 \sim 10$ 倍；涂层硬质合金刀具的耐磨损比未涂层的提高 $1 \sim 3$ 倍。所以，一片涂层刀片可代替几片未涂层刀片使用。

（2）选用涂层刀片　需注意以下几点：

1）硬质合金刀片在涂覆后，强度和韧性都有所下降，不适合负荷或冲击大的粗加工，也不适合高硬材料的加工。

2）为增加涂层刀片的切削刃强度，涂层前，切削刃都经钝化处理，因此，刀片刃口锋利程度减小，不适合进给量很小的精密切削。

3）涂层刀片在低速切削时，容易产生剥落和崩刃现象，适合于高速切削场合。

4. 超硬刀具材料

32

表2-2 常用硬质合金牌号、性能和用途

类型	牌号	化学成分(质量分数%)					物理力学性能				性能比较	用途
		WC	TiC	TaC NbC	Co	其他	密度/(g/cm³)	热导率/[W/(m·K)]	硬度 HRA (HRC)	抗弯强度/GPa		
钨钴类	YG3	97	—	—	3	—	14.9~15.3	87.92	91(78)	1.08		铸铁、有色金属及其合金的精加工、半精加工，要求无冲击
	YG6X	93.5	—	0.5	6	—	14.6~15.0	79.6	91(78)	1.37		铸铁、冷硬铸铁、高温合金的精加工、半精加工
	YG6	94	—	—	6	—	14.6~15.0	79.6	89.5(75)	1.42		铸铁、有色金属及其合金的半精加工与粗加工
	YG8	92	—	—	8	—	14.5~14.9	75.36	89(74)	1.47	硬度 耐磨性 → 抗弯强度 韧性 进给量 →	铸铁、有色金属及其合金的粗加工，也可用于断续切削
钨钛钴类	YT30	66	30	—	4	—	9.3~9.7	20.93	92.5(80.5)	0.88		碳钢、合金钢的精加工
	YT15	79	15	—	6	—	11~11.7	33.49	91(78)	1.13		碳钢、合金钢连续切削时粗加工、半精加工，也可用于断续切削时精加工
	YT14	78	14	—	8	—	11.2~12.0	33.49	90.5(77)	1.2		碳钢、合金钢连续切削粗加工，半精加工、精加工
	YT5	85	5	—	10	—	12.5~13.2	62.80	89(74)	1.37		碳钢、合金钢的粗加工。可用于断续切削
添加钽(铌)类	YW1	84	6	4	6	—	12.8~13.3	—	91.5(79)	1.18		不锈钢、高强度钢与铸铁的半精加工与精加工
	YW2	82	6	4	8	—	12.6~13.3	—	90.5(77)	1.32		不锈钢、高强度钢与铸铁的粗加工与半精加工

(1) 陶瓷 陶瓷材料的主要成分是 Al_2O_3。陶瓷是在高压下成形，在高温下烧结而成。陶瓷的硬度高（90～95HRA），耐磨性好，耐热性高，在 1200°C 时，硬度为 80HRA，摩擦因数小，化学稳定性好。但是，陶瓷的脆性大，抗弯强度低，只有一般硬质合金的 1/3 左右，不能承受冲击负荷。陶瓷刀具只用于精车、半精车。近年来，一些新型复合陶瓷刀具的使用性能已大大提高，可用于粗车、刨削、铣削，甚至间断切削等。被认为是提高产品质量、生产率的最有希望的刀具材料之一。

(2) 金刚石 金刚石分为天然和人造两种，天然金刚石数量稀少，所以价格昂贵，应用极少。人造金刚石是在高压、高温条件下，由石墨转化而成，价格相对较低，应用较广。

金刚石的硬度极高（10000HV），是目前自然界已发现的最硬物质。耐磨性很好，摩擦因数是目前所有刀具材料中最小的。但是，金刚石耐热性较差，在 700～800°C 时，将产生碳化，抗弯强度低，脆性大，与铁有很强的化学亲和力，故不宜用于加工钢铁；工艺性差，整体金刚石的切割、刃磨都非常困难，不可能做成任意角度的刀片。目前，金刚石主要用于制成磨具如金刚石砂轮、金刚石锉刀以及作磨料使用。

(3) 立方氮化硼 立方氮化硼是由软的六方氮化硼在高压、高温条件下加入催化剂转变而成。立方氮化硼的硬度仅次于金刚石（8000～9000HV），耐磨性好，耐热性高（1400°C），摩擦因数小，与铁系金属在（1200～1300）°C 时还不易起化学反应，但是在高温下与水易发生化学反应。所以，立方氮化硼一般在干切削条件下，对钢材、铸铁进行加工。

立方氮化硼可比金刚石在更大的范围上发挥其硬度高、耐磨性好、耐热性高的特点。目前在生产上制成了以硬质合金为基体的立方氮化硼复合刀片，主要用于对淬硬钢、冷硬铸铁、高温合金、热喷涂材料等难加工材料的精加工和半精加工。其刀具的耐用度是硬质合金或陶瓷刀具的几十倍。

第五节 金属切削过程的规律

一、金属切削过程的变形区

金属切削过程的实质是指金属切削层在刀具挤压作用下，产生塑性剪切滑移变形的过程。这是一个极复杂的过程，为了研究的方便，通常把金属切削过程的变形划分为三个变形区，如图 2-14 所示。

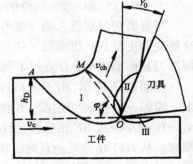

图 2-14　切削变形区

1. 第一变形区

如图 2-15 所示，在金属切削过程中，当切削层中的某点 P 逐渐向切削刃逼近时，在刀具前面的挤压作用下，工件材料的切应力逐渐增大，当点 P 到达 OA 面上的 1 点位置时，切应力达到了工件材料的屈服点，此时工件材料开始产生塑性变形，则点 1 在向前滑移的同时，也向上滑移，其合成运动使点 1 流动到点 2，2—2′就是它的滑移量。随着工件相对刀具的连续运动，切应力继续增大，点 P 移动方向不断改变，滑移量相应为 3—3′，4—4′，当点 P 到达 OM 面时，切应力达到最大值，滑移变形到此基本结束，切屑开始形成。

由曲线 AO、MO、AM 包围的区域是塑性剪切滑移区，称为第一变形区，用 Ⅰ 表示。第一变形区是金属切削过程中主要的变形区，消耗大部分功率并产生大量的热量。

曲线 OA 称为始滑移面，曲线 OM 称为终滑移面。实验证明，始滑移面到终滑移面之间的距离（即剪切区）非常窄，约为 $0.02 \sim 0.2mm$，且切削速度越快距离越近。为使问题简化，常用一个平面 OM 代替第一变形区，平面 OM 称为剪切平面。剪切平面与切削速度之间的夹角称为剪切角（用 φ 表示），如图 2-14 所示。

2. 第二变形区

金属切削层经过第一变形区后绝大部分开始成为切屑，切屑沿着刀具前面流出。由于受刀具前面挤压和摩擦的作用，切屑将继续发生强烈的变形，这个变形区域称为第二变形区，用 Ⅱ 表示，（见图 2-14）。第二变形区的变形特点是：靠近刀具前面的切屑底层附近纤维化，切屑流动速度趋缓，甚至滞留在刀具前面上；切屑产生弯曲变形；由摩擦而产生的热量，使刀屑接触面附近温度升高等。第二变形区的变形，直接关系到刀具的磨损，也会影响第一变形区的变形大小。

3. 第三变形区

在研究第一、第二变形区的变形时，是把刀具切削刃视为绝对锋利的，而且也不考虑刀具的磨损。但是，实际上再锋利的刃口把它放大来看，总是钝圆的，钝圆半径用 r_n 表示。锋利的切削刃，一经切削，马上在靠近刃口的后面上被磨损，形成后角 $\alpha_{oe} = 0°$ 的小棱面 BE，如图 2-16 所示。在研究第三变形区时，必须考虑切削刃口钝圆半径 r_n 和后角 $\alpha_{oe} = 0°$ 的小棱面 BE 的影响。

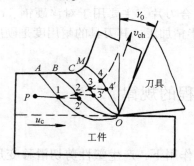

图 2-15　第一变形区的滑移变形

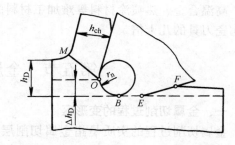

图 2-16　第三变形区已加工表面形成

当金属切削层进入第一变形区，便发生了塑性剪切滑移变形，而在切削刃口钝圆部分处这种变形更复杂，更激烈。切削层在刃口钝圆 O 点处分离为两部分：O 点以上部分成为切屑沿刀具前面流出；O 点以下部分绕过切削刃沿刀具后面流出，成为已加工表面。

如图 2-16 所示，由于刃口钝圆半径 r_n 的存在，在整个切削厚度 h_D 中，O 点以下厚度为 Δh_D 的那一层金属切削层，不能沿 OM 方向剪切滑移，只能受刃口钝圆 OB 的挤压；接着与 $\alpha_{oe} = 0°$ 的小棱面 BE 相接触，受挤压和摩擦；然后，其弹性要恢复，又受刀具后面 EF 的挤压和摩擦。从刃口 O 点处一直到已加工表面的形成，那一层金属切削层一次次反复的受到剧烈的挤压和摩擦，产生塑性变形，这个变形区域称为第三变形区，用 Ⅲ 表示，如图 2-14 所示。

第三变形区的变形，会造成已加工表面的加工硬化和产生残余应力，对已加工表面的质量影响密切。

金属切削过程中的三个变形区，虽然各自有其特征，但是，三个变形区之间有着紧密的互相联系和互相影响。

二、切屑类型

在金属切削过程中，由于工件材料的不同和切削条件的不同，切削产生的切屑，可分为四种类型，如图 2-17 所示。

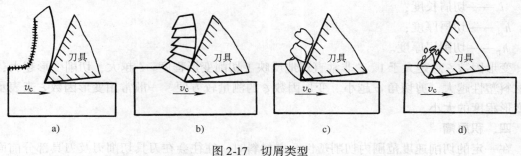

图 2-17 切屑类型
v_c—切削速度

1. 带状切屑

切屑连续呈较长的带状，底面光滑，背面无明显裂纹，呈微小锯齿形，如图 2-17a 所示。这种切屑是较常见的。出现带状切屑时，切削力波动小，切削过程较平稳，加工表面质量较好。但必须采取有效的断屑、排屑措施，否则会产生切屑缠绕以至损坏刀具、破坏加工质量，造成人身伤害等后果。

2. 节状切屑

切屑背面有时有较深的裂纹，呈较大的锯齿形，如图 2-17b 所示。出现节状切屑时，切削力波动较大、切削过程不太平稳，加工表面质量较差。

3. 粒状切屑

切屑裂纹贯穿整个切屑断面，切屑成梯形粒状，如图 2-17c 所示。这是切削应力超过工件材料的强度极限，裂纹扩展的结果。这种切屑较少见。出现粒状切屑时，切削力波动大，切削过程不平稳，加工表面质量差。

上述三种切屑，是在切削塑性金属材料时才能产生的，这些不同的切屑形态与切削条件有密切关系，当改变切削条件，可使切屑形态相互转换，切屑形态相互转换的切削条件是：

（1）增大刀具前角　可使粒状切屑——→节状切屑——→带状切屑。

（2）增大切削速度　可使粒状切屑——→节状切屑——→带状切屑。

（3）减小进给量　可使粒状切屑——→节状切屑——→带状切屑。

4. 崩碎切屑

切屑呈不规则的碎块状，如图 2-17d 所示。这种切屑，是在切削脆性金属材料时才会产生的。出现崩碎切屑时，切削过程不太平稳，易损坏刀具，加工表面较粗糙。当采取减小进给量、减小刀具主偏角、适当提高切削速度等措施，可使崩碎切屑转换为针状或片状切屑，切削过程中的不良现象，得到改善。

三、切削变形程度的度量方法

在金属切削过程中，切削层转变为切屑，其形状变化如图 2-18 所示。长度缩短，即切削层长度 l 变为切屑长度 l_c；厚度增大，即切削层厚度 h_D 变为切屑厚度 h_{ch}；宽度变化极小，可忽略不计。这种现象能在一定程度上反映切削变形的大小，根据材料变形前后体积不变的规律，可用变形系数 ξ 来度量切削变形的大小。变形系数 ξ 的计算式

$$\xi = \frac{l}{l_c} = \frac{h_{ch}}{h_D}$$

式中　l——切削层长度；

　　　l_c——切屑长度；

　　　h_{ch}——切屑厚度；

　　　h_D——切削层厚度。

变形因数 ξ 总是大于 1。ξ 非常直观地反映了切削变形程度。ξ 越大，切削变形越大，工件材料塑性越大，剪切角 φ 越小。变形因数 ξ 的测量较方便。一般常用变形因数 ξ 来表示切削变形程度的大小。

四、积屑瘤

在一定的切削速度范围内切削塑性金属材料时，往往会在刀具切削刃及刀具部分前面上粘结堆积一楔状或鼻状的高硬度金属块。这金属块称为积屑瘤，如图 2-19 所示。

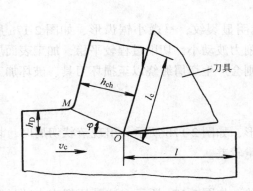

图 2-18　变形因数的度量

图 2-19　带有积屑瘤的切削根部显微照片

工件材料：20 钢

切削条件：$v_c = 29\text{m/min}$　$a_v = 0.2\text{mm}$ 干切削

1. 积屑瘤的生长及消失

如图 2-20 所示。在一定的切削速度范围内切削塑性金属材料时，切屑与刀具前面有剧烈的摩擦，使切屑底层流动缓慢。流动缓慢的称为滞流层。在刀-屑接触界面处，滞流层的流速接近于零，于是，滞流层与刀具前面发生粘结，这是形成积屑瘤的基础。随后，新的滞流层又在这基础上不断地粘结堆积，最后生成积屑瘤。

积屑瘤在生长的过程中，一直受到工件材料与切屑的挤压摩擦，受到切削的冲击振动，受到切削温度的升高等因素的作用和影响。因此，积屑瘤会随时破碎、脱落、消失。可以认为，积屑瘤的不断生成的过程，也是积屑瘤不断破碎、脱落和消失的过程。

2. 积屑瘤对切削过程的影响

（1）增大刀具前角　积屑瘤使刀具实际工作前角增大（γ_b 可至 30°），减小切削变形和切削力，如图 2-21 所示。

（2）提高刀具硬度　积屑瘤是由受了剧烈塑性变形而强

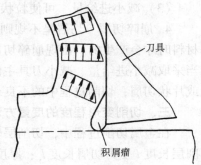

图 2-20　切削层流动示意图

化的被切材料堆积而成，其硬度是工件材料硬度的 $2 \sim 3$ 倍。它可代替刀具切削刃进行切削。

（3）增大切削厚度　积屑瘤前端伸出于切削刃外，如图 2-21 所示，伸出量为 H_b，导致切削厚度增大了 Δh_D，不利于加工尺寸的精度。

（4）对刀具寿命的影响　积屑瘤包围着刀具切削刃及刀具部分前面，减少了刀具磨损，提高了刀具寿命。但是，积屑瘤的生长是一个不稳定的过程，积屑瘤随时会产生破裂、脱落的现象。脱落的碎片会粘走刀面上的金属材料，或者严重擦伤刀面，使刀具寿命下降。

（5）降低工件表面质量　由于积屑瘤的外形不规则，使被切削的工件表面不平整。又由于积屑瘤在不断地破碎和脱落，脱落的碎片使工件表面粗糙，产生缺陷。

根据上述积屑瘤对加工的影响说明，精加工时应防止积屑瘤的产生，粗加工时积屑瘤也显不出有多大的好处。因此，通常在切削加工中，不希望出现积屑瘤。

3. 控制积屑瘤的措施

（1）降低工件材料的塑性　可减小刀——屑间的摩擦因数，减少粘结，抑制积屑瘤的生长。

（2）控制切削速度　取 $v_c < 5\text{m/min}$ 的低切削速度，使切削温度低于 $300\,^{\circ}\text{C}$，刀-屑间不会发生粘结，不会产生积屑瘤。或者，取 $v_c > 100\text{m/min}$ 的高切削速度，使切削温度超过 $500 \sim 600\,^{\circ}\text{C}$，导致金属的加工硬化和变形硬化消失，也不会产生积屑瘤。

（3）增大刀具前角　可减小切削变形和切削温度，从而可抑制积屑瘤的生长。

（4）合理使用切削液　既可减少切削摩擦，又可降低切削温度，从而使积屑瘤的生长得到抑制。

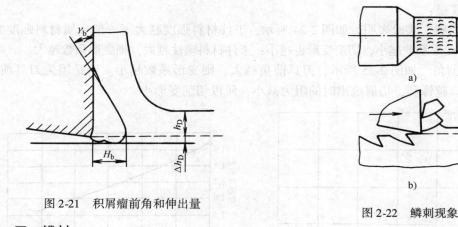

图 2-21　积屑瘤前角和伸出量

图 2-22　鳞刺现象

五、鳞刺

鳞刺是在已加工表面上呈鳞片状有裂口的毛刺，如图 2-22 所示。

切削塑性金属材料时，若切削速度 v_c 较低，常常会产生鳞刺。鳞刺使已加工表面质量下降，表面粗糙度值增大 $2 \sim 4$ 级。鳞刺形成的过程，可以分为四个阶段，如图 2-23 所示。

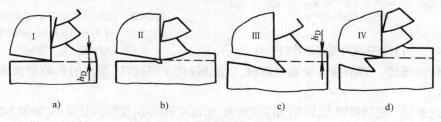

图 2-23　鳞刺现象的形成

（1）图 2-23a 为抹拭阶段　金属切削加工时，切屑沿着刀具前面流出，逐渐擦净刀具前面上的润滑膜，使切屑与刀具前面之间的摩擦因数逐渐增大，摩擦因数增大到一定值时，使切屑在刀具前面作短暂的停留。

（2）图 2-23b 为开裂阶段　由于停留的切屑代替刀具前面推挤切削层，导致切削区产生裂口。

（3）图 2-23c 为层积阶段　随着推挤切削层的继续，裂口逐渐增大，同时，切削力也在逐渐增大。

（4）图 2-23d 为刮成阶段　当切削力增大到一定值时，从而使切屑能克服在刀具前面上的摩擦粘结时，切屑又开始沿刀具前面流出，一个鳞刺就这样刮成了。

第二个、第三个……鳞刺的形成，就是重复上述的过程。

控制鳞刺的措施：

在低的切削速度（$v_c \approx 10\text{m/min}$）时，减小进给量，增大刀具前角，采用润滑性能好的切削液，可抑制鳞刺的形成。

在较高的切削速度（$v_c \approx 30\text{m/min}$）时，工件材料调质处理，减小刀具前角，可抑制鳞刺的形成。

高速切削，切削温度达 500°C 以上，便不会产生鳞刺。

六、影响切削变形的主要因素

金属切削过程，是切削层极其复杂的变形过程。了解影响切削变形的主要因素和切削变形的规律，可在金属切削过程中采取有效措施，使切削过程处于一种较好的状态。影响切削变形的主要因素是：

（1）工件材料　实验表明，如图 2-24 所示，工件材料强度越大（一般金属材料强度大，硬度也高），则变形系数越小，切削变形也越小；工件材料塑性越大，则变形系数越大。

（2）刀具前角　如图 2-25 所示，刀具前角越大，则变形系数越小。这是因为刀具前角越大，切削刃口越锋利，切屑流出时的阻力减小，所以切削变形小。

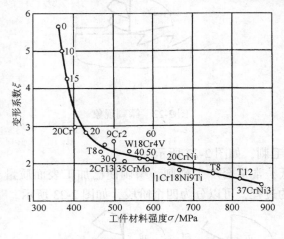

图 2-24　工件材料强度对变形系数的影响

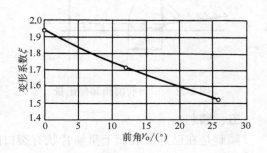

图 2-25　前角对变形系数 ξ 的影响

工件材料：45 钢　刀具类别：外圆车刀

几何参数：$\kappa_r = 75°$

（3）切削速度　切削塑性金属材料时，切削速度 v_c 对切削变形的影响呈波浪形，如图 2-26 所示。

（4）进给量　进给量增大，则切削厚度增大，切削变形减小，变形因数减小，如图 2-27 所示。

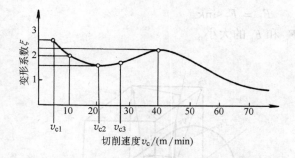

图 2-26   切削速度 v_c 对变形系数 ξ 的影响

加工条件：工件材料 45 钢，刀具材料 W18Cr4V，

$\gamma_o = 5°$，$f = 0.23\text{mm/r}$，直角自由切削

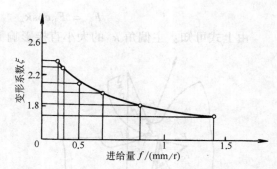

图 2-27   进给量 f 对变形系数 ξ 的影响

加工条件：硬质合金刀具，$\gamma_o = 10°$，$\lambda_s = 0°$

$r_c = 1.5\text{mm}$，$v_c = 100\text{m/min}$，工件材料 50 钢

第六节   切   削   力

切削力是金属切削过程中重要的物理现象之一。它直接影响着工件质量、刀具寿命、机床动力消耗。它是设计机床、刀具、夹具不可缺少的要素之一。学习和掌握切削力的知识和规律，是很有实际意义的。

一、切削力的产生

切削加工时，工件材料抵抗刀具切削所产生的阻力，称为切削力。

如图 2-28 所示，切削加工时，在刀具的作用下，切削层、切屑和工件都要产生弹性变形和塑性变形，这些变形产生的力，将转变为正压力 $F_{n\gamma}$ 和 $F_{n\alpha}$，分别作用于刀具的前面和刀具的后面上。同时，又因为切屑与刀具前面、工件与刀具后面有相对运动，在正压力作用下，会产生摩擦力 $F_{f\gamma}$ 和 $F_{f\alpha}$，分别作用于刀具的前面和刀具的后面上。把刀具前面上的力 $F_{n\gamma}$、$F_{f\gamma}$ 合成为 F_γ，把刀具后面上的力 $F_{n\alpha}$、$F_{f\alpha}$ 合成为 F_α，然后，再把力 F_γ 和 F_α 合成为 F，F 就称为总切削力。

综上所述，总切削力来源于两个方面：一是三个变形区的变形力；二是切屑与刀具前面、工件与刀具后面之间的摩擦力。

二、总切削力的分解

根据生产实际需要及测量方便，通常将总切削力 F 分解为三个互相垂直的分力，即：主切削力 F_c，背向力 F_p，进给力 F_f，如图 2-29 所示。

主切削力 F_c 是总切削力在主运动方向上的分力。F_c 使机床消耗的功率最多，是计算机床功率、刀具强度、设计机床夹具、选择切削用量的不可少的参数。

背向力 F_p 是总切削力在垂直于进给运动方向上的分力。F_p 不消耗机床功率，是校验工件刚性、机床刚性的不可少的参数。

进给力 F_f 是总切削力在进给运动方向上的分力。F_f 使机床消耗的功率很少，是计算机床进给功率、设计机床进给机构、校验机床进给机构强度的不可少的参数。

总切削力 F 与三个互相垂直的分力 F_c、F_p、F_f 的关系，如图 2-29 所示其表达式为

$$F = \sqrt{F_c^2 + F_D^2} = \sqrt{F_c^2 + F_p^2 + F_f^2}$$

$$F_{\mathrm{p}} = F_{\mathrm{D}}\cos\kappa_{\gamma} \qquad F_{\mathrm{f}} = F_{\mathrm{D}}\sin\kappa_{\gamma}$$

由上式可知：主偏角 κ_{r} 的大小直接影响 F_{p} 和 F_{f} 的大小。

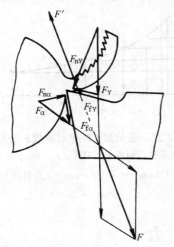 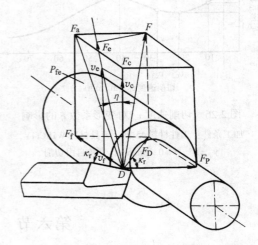

图 2-28　切削力的产生和合成　　　　　图 2-29　切削力的分解

三、切削力的测量与计算

切削力的大小数值，可以用仪器测量的方法获得，也可以用公式计算的方法获得。

1. 切削力的测量　用仪器测量切削力，主要是用测力仪测量。测力仪的种类很多，有机械式、液压式、电感式、电阻式和压电晶体式等等。目前常用的有电阻式测力仪。

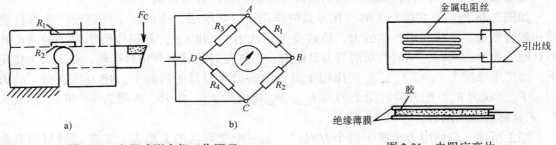

图 2-30　电阻式测力仪工作原理　　　　　图 2-31　电阻应变片

电阻式测力仪工作原理如图 2-30 所示。车刀装在测力仪的弹性元件上，这一弹性元件实质上是一个特殊形式的刀柄，上面粘贴着具有一定电阻值的电阻应变片，如图 2-31 所示。将电阻应变片联接成电桥，如图 2-30b 所示。设电桥各臂的电阻为 R_1、R_2、R_3、R_4，如果 $R_1/R_2 = R_3/R_4$，则电桥平衡，电路中 B、D 两点间的电位差为零，电流表中无电流通过。在切削力作用下，弹性元件产生变形，粘接在它上面的电阻应变片也随之受到拉伸或压缩，从而使应变片的电阻值发生变化，如图 2-30a 所示。在 F_c 作用下，电阻应变片 R_1 受张力，其长度增加，截面积减小，电阻值增大；电阻应变片 R_2 受压力，其结果相反。因此，电桥失去平衡，B、D 两点间产生了电位差，于是电流表中有电流通过。切削力越大，弹性元件产生的变形越大，电桥输出端的电位差和电流也相应增大，通过标定，可以得到电压或电流读数与切削力之间的关系曲线（标定曲线）。测量时，只要测得电压或电流读数，就能从标定曲线上查出相应切削力的数值。

测力仪有可测单向的、两向的和三向的几种。单向的只能测量一个切削分力；三向的能测量三个方向的切削分力。

2. 切削力的计算

（1）指数公式

主切削力：$F_c = 9.81 C_{F_c} a_p^{x_{F_c}} f^{y_{F_c}} v_c^{n_{F_c}} K_{F_c}$（N）

背向力：$F_p = 9.81 C_{F_p} a_p^{x_{F_p}} f^{y_{F_p}} v_c^{n_{F_p}} K_{F_p}$（N）

进给力：$F_f = 9.81 C_{F_f} a_p^{x_{F_f}} f^{y_{F_f}} v_c^{n_{F_f}} K_{F_f}$（N）

式中　　　　C_{F_c}、C_{F_p}、C_{F_f}——决定切削条件和工件材料的因数，可查表2-3；

$x_{F_c} y_{F_c} n_{F_c} x_{F_p} y_{F_p} n_{F_p} x_{F_f} y_{F_f} n_{F_f}$——分别为三个分力公式中 a_p、f、v_c 的指数，可查表2-3；

K_{F_c}、K_{F_p}、K_{F_f}——分别为三个分力的总修正系数，可分别用下式表示

$$K_{F_c} = K_{m F_c} K_{\gamma_o F_c} K_{\kappa_\gamma F_c} K_{\lambda_s F_c} K_{\gamma_\varepsilon F_c}$$

$$K_{F_p} = K_{m F_p} K_{\gamma_o F_p} K_{\kappa_\gamma F_p} K_{\lambda_s F_p} K_{\gamma_\varepsilon F_p}$$

$$K_{F_f} = K_{m F_f} K_{\gamma_o F_f} K_{\kappa_\gamma F_f} K_{\lambda_s F_f} K_{\gamma_\varepsilon F_f}$$

各系数可分别由表2-4、表2-5查得。

表 2-3　车削时的切削分力及切削功率的计算公式

计　算　公　式	
切削力 F_c/N	$F_c = 9.81 C_{F_c} a_p^{x_{F_c}} f^{y_{F_c}} v_c^{n_{F_c}} K_{F_c}$
背向力 F_p/N	$F_p = 9.81 C_{F_p} a_p^{x_{F_p}} f^{y_{F_p}} v_c^{n_{F_p}} K_{F_p}$
进给力 F_f/N	$F_f = 9.81 C_{F_f} a_p^{x_{F_f}} f^{y_{F_f}} v_c^{n_{F_f}} K_{F_f}$
切削时消耗的功率 P_c/kW	$P_c = F_c v_c \times 10^{-3}$

加工材料	刀具材料	加工形式	公式中的因数和指数											
			切削力 F_c				背向力 F_p				进给力 F_f			
			C_{F_c}	x_{F_c}	y_{F_c}	n_{F_c}	C_{F_p}	x_{F_p}	y_{F_p}	n_{F_p}	C_{F_f}	x_{F_f}	y_{F_f}	n_{F_f}
结构钢及铸钢 $\sigma_b = 0.637$GPa	硬质合金	外圆纵车、横车及车孔	270	1.0	0.75	−0.15	199	0.9	0.6	−0.3	294	1.0	0.5	−0.4
		车槽及切断	367	0.72	0.8	0	142	0.73	0.67	0	—	—	—	—
		切螺纹	133	—	1.7	0.71	—	—	—	—	—	—	—	—
	高速钢	外圆纵车、横车及车孔	180	1.0	0.75	0	94	0.9	0.75	0	54	1.2	0.65	0
		车槽及切断	222	1.0	1.0	0	—	—	—	—	—	—	—	—
		成形车削	191	1.0	0.75	0	—	—	—	—	—	—	—	—
不锈钢 1Gr18Ni9Ti, ≤187HBS	硬质合金	外圆纵车、横车及车孔	204	1.0	0.75	0	—	—	—	—	—	—	—	—
灰铸铁 190HBS	硬质合金	外圆纵车、横车及车孔	92	1.0	0.75	0	54	0.9	0.75	0	46	1.0	0.4	0
		车螺纹	103	—	1.8	0.82	—	—	—	—	—	—	—	—
	高速钢	外圆纵车、横车及车孔	114	1.0	0.75	0	119	0.9	0.75	0	51	1.2	0.65	0
		车槽及切断	158	1.0	1.0	0	—	—	—	—	—	—	—	—

（续）

加工材料	刀具材料	加工形式	公式中的因数和指数											
			切削力 F_c				背向力 F_p				进给力 F_f			
			C_{F_c}	x_{F_c}	y_{F_c}	n_{F_c}	C_{F_p}	x_{F_p}	y_{F_p}	n_{F_p}	C_{F_f}	x_{F_f}	y_{F_f}	n_{F_f}
可锻铸铁 170HBS	硬质合金	外圆纵车、横车及车孔	81	1.0	0.75	0	43	0.9	0.75	0	38	1.0	0.4	0
	高速钢	外圆纵车、横车及车孔	100	1.0	0.75	0	88	0.9	0.75	0	40	1.2	0.65	0
		车槽及切断	139	1.0	1.0	0	—	—	—	—	—	—	—	—
中等硬度不均质铜合金 120HBS	高速钢	外圆纵车、横车及车孔	55	1.0	0.66	0	—	—	—	—	—	—	—	—
		车槽及切断	75	1.0	1.0	0	—	—	—	—	—	—	—	—
铝及铝硅合金	高速钢	外圆纵车、横车及车孔	40	1.0	0.75	0	—	—	—	—	—	—	—	—
		车槽及切断	50	1.0	1.0	0	—	—	—	—	—	—	—	—

表 2-4　钢和铸铁的强度和硬度改变时切削力的修正系数 K_{mF}

加工材料	结构钢和铸钢	灰铸铁	可锻铸铁
系数 K_{mF}	$K_{mF}=\left(\dfrac{\sigma_b}{0.637}\right)^{n_F}$	$K_{mF}=\left(\dfrac{HBS}{190}\right)^{n_F}$	$K_{mF}=\left(\dfrac{HBS}{150}\right)^{n_F}$

上列公式中的指数 n_F

加工材料	车削时的切削力						钻削	
	F_c		F_p		F_f		M 及 F	
	刀具材料							
	硬质合金	高速钢	硬质合金	高速钢	硬质合金	高速钢	硬质合金	高速钢
	指数 n_F							
结构钢及铸钢： $\sigma_b \leqslant 0.588\,GPa$ $\sigma_b > 0.588\,GPa$	0.75	0.35 0.75	1.35	2.0	1.0	1.5	0.75	
灰铸铁及可锻铸铁	0.4	0.55	1.0	1.3	0.8	1.1	0.6	

表 2-5　加工钢及铸铁时刀具几何参数改变时切削力的修正系数

参数		刀具材料	修正系数			
名称	数值		名称	切削力		
				F_c	F_p	F_f
主偏角 $\kappa_\gamma/(°)$	30	硬质合金	$K_{\kappa_\gamma F}$	1.08	1.30	0.78
	45			1.0	1.0	1.0
	60			0.94	0.77	1.11
	75			0.92	0.62	1.13
	90			0.89	0.50	1.17
	30	高速钢		1.08	1.63	0.7
	45			1.0	1.0	1.0
	60			0.98	0.71	1.27
	75			1.03	0.54	1.51
	90			1.08	0.44	1.82

（续）

参 数		刀具材料	修 正 系 数			
名 称	数 值		名 称	切 削 力		
				F_c	F_p	F_f
前角 $\gamma_o/(°)$	-15	硬质合金	$K_{\gamma_{oF}}$	1.25	2.0	2.0
	-10			1.2	1.8	1.8
	0			1.1	1.4	1.4
	10			1.0	1.0	1.0
	20			0.9	0.7	0.7
	$12 \sim 15$	高速钢		1.15	1.6	1.7
	$20 \sim 25$			1.0	1.0	1.0
刃倾角 $\lambda_s/(°)$	$+5$	硬质合金	$K_{\lambda_{sF}}$	1.0	0.75	1.07
	0				1.0	1.0
	-5				1.25	0.85
	-10				1.5	0.75
	-15				1.7	0.65
刀尖圆弧半径 r_ε/mm	0.5	高速钢	$K_{\gamma_{\varepsilon F}}$	0.87	0.66	1.0
	1.0			0.93	0.82	
	2.0			1.0	1.0	
	3.0			1.04	1.14	
	5.0			1.1	1.33	

（2）单位切削力

单位切削力 K_c：是指单位切削面积上的主切削力。其计算式

$$K_c = \frac{F_c}{A_D} = \frac{F_c}{a_p f} = \frac{F_c}{b_D h_D}$$

式中　K_c——单位切削力（N/mm²）；

　　　F_c——主切削力（N）；

　　　A_D——切削层公称横截面积（mm²）；

　　　a_p——背吃刀量（mm）；

　　　f——进给量（mm/r）；

　　　b_D——切削层公称宽度（mm）；

　　　h_D——切削层公称厚度（mm）。

若已知单位切削力 K_c，且 a_p, f 也确定，可求切削力 F_c

$$F_c = K_c a_p f = K_c b_D h_D$$

式中的 K_c 是指 $f = 0.3mm/r$ 时的单位切削力，不同材料的单位切削力可查表2-6。
当实际进给量 f 大于或小于 $0.3mm/r$ 时，计算式需乘以一个修正系数 K_{fkc}，可查表2-7。

四、切削功率的计算

金属切削时，在变形区内所消耗的功率，是由主切削力 F_c 消耗的切削功率和进给力 F_f 消耗的进给功率两部分组成。由于进给功率值很小，所占总的消耗功率只有 1% ~ 5%，可以忽略不计。因此，切削功率的计算式

$$P_c = \frac{F_c v_c}{6} \times 10^{-4}$$

式中　P_c——切削功率（kW）；

$\quad\quad F_c$——主切削力（N）；

$\quad\quad v_c$——切削速度（m/min）。

所需机床电动机功率 P_E 为：

$$P_E = P_c/\eta_m$$

式中　η_m——机床传动效率，一般取 $\eta_m = 0.75 \sim 0.85$。

表 2-6　硬质合金外圆车刀切削常用金属时单位切削力和单位切削功率（$f = 0.3\text{mm/r}$）

加工材料				实验条件		单位切削力	单位切削功率
名称	牌号	制造热处理状态	硬度（HBS）	车刀几何参数	切削用量范围	$K_c/(\text{N/mm}^2)$	$P_s/(\text{kW/mm}^3 \cdot \text{s})$
碳素结构钢 合金结构钢	Q235	热轧或正火	$134 \sim 137$	$\gamma_o = 15°$ $\kappa_r = 75°$ $\lambda_s = 0°$ $b_{\gamma1} = 0$ 前面带卷屑槽	$a_p = 1 \sim 5\text{mm}$ $f = 0.1 \sim 0.5\text{mm/r}$ $v_c = 90 \sim 105\text{m/min}$	1884	1884×10^{-6}
	45		187			1962	1962×10^{-6}
	40Cr		212			1962	1962×10^{-6}
	45	调质	229	$b_\gamma = 0.2\text{mm}$ $\gamma_o = -20°$ 其余同上		2305	2305×10^{-6}
	40Cr		285			2305	2305×10^{-6}
不锈钢	1Cr18Ni9Ti	淬火回火	$170 \sim 179$	$\gamma_o = 20°$ 其余同上		2453	2453×10^{-6}
灰铸铁	HT200	退火	170	前面无卷屑槽 其余同上	$a_p = 2 \sim 10\text{mm}$ $f = 0.1 \sim 0.5\text{mm/r}$ $v_c = 70 \sim 80\text{m/min}$	1118	1118×10^{-6}
可锻铸铁	KHT300—06	退火	170	前面带卷屑槽 其余同上		1344	1344×10^{-6}

表 2-7　进给量 f 对单位切削力或单位切削功率的修正系数 K_{fkc}

f	0.1	0.15	0.2	0.25	0.3	0.35	0.4	0.45	0.5	0.6
K_{fkc}	1.18	1.11	1.06	1.03	1	0.97	0.96	0.94	0.925	0.9

五、计算切削力、切削功率举例

已知车刀车削外圆：工件材料 45 钢（抗拉强度 $\sigma_b = 0.588\text{GPa}$）；刀具材料 YT15；刀具几何参数 $\gamma_o = 10°$，$\kappa_r = 60°$，$\lambda_s = 0°$，$\gamma_\varepsilon = 0.5\text{mm}$；切削用量 $v_c = 100\text{m/min}$，$f = 0.4\text{mm/r}$，$a_p = 2\text{mm}$。

求：各切削分力，切削功率和机床功率。

解　各切削分力计算公式为

$$F_c = 9.81 C_{F_c} a_p^{x_{F_c}} f^{y_{F_c}} v_c^{n_{F_c}} K_{F_c} \tag{2-3}$$

$$F_p = 9.81 C_{F_p} a_p^{x_{F_p}} f^{y_{F_p}} v_c^{n_{F_p}} K_{F_p} \tag{2-4}$$

$$F_f = 9.81 C_{F_f} a_p^{x_{F_f}} f^{y_{F_f}} v_c^{n_{F_f}} K_{F_f} \tag{2-5}$$

查表 2-3，决定切削条件和工件材料的因数值和 α_p、f、v_c 的指数值。

$$C_{F_c} = 270 \quad\quad C_{F_p} = 199 \quad\quad C_{F_f} = 294$$

$$x_{F_c} = 1 \quad\quad\quad y_{F_c} = 0.75 \quad\quad n_{F_c} = -0.15$$

$$x_{F_p} = 0.9 \quad\quad y_{F_p} = 0.6 \quad\quad\; n_{F_p} = -0.3$$

$$x_{F_f} = 1 \qquad y_{F_f} = 0.5 \qquad n_{F_f} = -0.4$$

总修正系数计算式为

$$K_{F_c} = K_{mF_c} K_{\gamma_o F_c} K_{\kappa_r F_c} K_{\lambda_s F_c} K_{\gamma_\varepsilon F_c} \qquad (2\text{-}6)$$

$$K_{F_p} = K_{mF_p} K_{\gamma_o F_p} K_{\kappa_r F_p} K_{\lambda_s F_p} K_{\gamma_\varepsilon F_p} \qquad (2\text{-}7)$$

$$K_{F_f} = K_{mF_f} K_{\gamma_o F_f} K_{\kappa_r F_f} K_{\lambda_s F_f} K_{\gamma_\varepsilon F_f} \qquad (2\text{-}8)$$

查表 2-4、2-5 得各因数值

$$K_{mF_c} = \left(\frac{\sigma_b}{0.637} \right)^{n_{F_c}} = \left(\frac{0.588}{0.637} \right)^{0.75} = 0.94$$

$$K_{mF_p} = \left(\frac{0.588}{0.637} \right)^{1.35} = 0.90$$

$$K_{mF_f} = \left(\frac{0.588}{0.637} \right)^{1} = 0.92$$

$$K_{\gamma_o F_c} = 1 \qquad K_{\gamma_o F_p} = 1 \qquad K_{\gamma_o F_f} = 1$$

$$K_{\kappa_r F_c} = 0.94 \qquad K_{\kappa_r F_p} = 0.77 \qquad K_{\kappa_r F_f} = 1.11$$

$$K_{\lambda_s F_c} = 1 \qquad K_{\lambda_s F_p} = 1 \qquad K_{\lambda_s F_f} = 1$$

$$K_{\gamma_\varepsilon F_c} = 0.87 \qquad K_{\gamma_\varepsilon F_p} = 0.66 \qquad K_{\gamma_\varepsilon F_f} = 1$$

（$K_{\gamma_\varepsilon F_p}$、$K_{\gamma_\varepsilon F_f}$、$K_{\gamma_\varepsilon F_c}$ 为参照高速钢刀具材料得到）

把上述计算、查表所得数值代入式（2-6）、式（2-7）、式（2-8）

$$K_{F_c} = 0.94 \times 1 \times 0.94 \times 1 \times 0.87 = 0.77 \qquad (2\text{-}9)$$

$$K_{F_p} = 0.9 \times 1 \times 0.77 \times 1 \times 0.66 = 0.46 \qquad (2\text{-}10)$$

$$K_{F_f} = 0.92 \times 1 \times 1.11 \times 1 \times 1 = 1.02 \qquad (2\text{-}11)$$

把查表 2-3 所得数值和式（2-9）、式（2-10）、式（2-11）分别代入式（2-3）、式（2-4）、式（2-5），即得各切削分力

$$F_c = 9.81 \times 270 \times 2^1 \times 0.4^{0.75} \times 100^{-0.15} \times 0.77 = 1028 \text{N}$$

$$F_p = 9.81 \times 199 \times 2^{0.9} \times 0.4^{0.6} \times 100^{-0.3} \times 0.46 = 243 \text{N}$$

$$F_f = 9.81 \times 294 \times 2^1 \times 0.4^{0.5} \times 100^{-0.4} \times 1.02 = 590 \text{N}$$

切削功率为

$$P_c = \frac{F_c v_c}{60000} = \frac{1028 \text{N} \times 100 \text{m/min}}{60000} = 1.7 \text{kW}$$

机床功率为

$$P_E = \frac{P_c}{\eta_m} = \frac{1.7 \text{kW}}{0.8} = 2.13 \text{kW}$$

六、影响切削力的主要因素

1. 工件材料的影响

工件材料的性能是决定切削力大小的主要因素之一。一般来说，工件材料的强度、硬度越高，则切应力越大，切削力越大。在强度、硬度相近的情况下，工件材料的塑性、冲击韧度越大，则加工硬化越高，切削变形越大，切削力越大。例如不锈钢 1Cr18Ni9Ti 的硬度接近 45 钢（229HBS），但伸长率是 45 钢的 4 倍，所以，在切削时加工硬化严重，产生的切削力比 45 钢增大 25%。加工铜、铝等有色金属，虽然塑性也很大，但因为其加工硬化的能力差，所以切削力小。加工铸铁，由于其强度和塑性均比钢小，且切削时崩碎切屑与刀具前面的接

触面积小，产生的摩擦力小，所以，切削力比钢小。

2. 切削用量的影响

（1）背吃刀量　背吃刀量 a_p 增大，切削力 F_c 也增大，这从切削力的指数计算公式及表 2-3 已证明。并且，a_p 增大 1 倍时，F_c 增大约 1 倍。其主要原因是，a_p 增大 1 倍时，切削厚度 h_D 不变，而切削宽度 b_D 增大 1 倍，切削刃上的切削载荷随之增大 1 倍，即第一、二变形区的变形和摩擦按比例增大，所以导致切削力 F_c 增大约 1 倍。

（2）进给量　进给量 f 增大，切削力 F_c 也增大。这从切削力的指数计算公式及表 2-3 已证明。但是，f 增大 1 倍时，F_c 仅增大 75% 左右。其主要原因是，f 增大 1 倍时，切削宽度 b_D 不变，而切削厚度 h_D 增大 1 倍，切削变形减少，使第一、二变形区的变形和摩擦不能按比例增长，所以，使切削力 F_c 只能增大 75% 左右。

（3）切削速度　切削一般钢的材料，切削速度 v_c 对切削力 F_c 的影响呈波浪形，如图 2-32 所示。

切削铸铁等脆性材料，因塑性变形小，切削速度 v_c 对切削力 F_c 无明显影响。

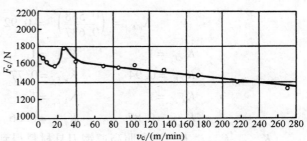

图 2-32　切削速度对切削力的影响

工件材料：45 钢（正火），187HBS；
刀具几何参数：$\gamma_o = 18°$，$\alpha_o = 6° \sim 8°$，$\kappa_r = 75°$，
$\lambda_s = 0°$，$r_\varepsilon = 0.2mm$；切削用量：$a_p = 3mm$，$f = 0.25mm/r$

3. 刀具几何参数的影响

（1）前角　如图 2-33 所示。前角 γ_o 增大，若后角 α_o 不变，楔角 β_o 减小，则刀具锋利，切削变形减小，使切削力下降。加工塑性大的材料，增大前角，切削力下降明显；加工脆性的材料，增大前角，切削力下降不显著。增大前角，使各分力 F_c，F_p，F_f 都减小。

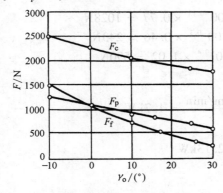

图 2-33　前角对 F_c，F_p，F_f 的影响

工件材料：45 钢，187HBS；刀具材料：YT15；
切削用量：$v_c = 100m/min$，$a_p = 4mm$，
$f = 0.25mm/r$

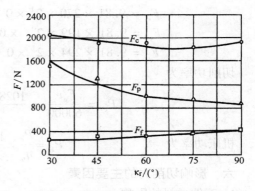

图 2-34　主偏角对 F_c，F_γ，F_f 的影响

工件材料：45 钢（正火），187HBS；刀具结构：焊接平前面外圆车刀；刀具材料：YT15；刀具几何参数：$\gamma_o = 18°$，$\alpha_o = 6°$，$\lambda_s = 0°$，$b_{\gamma 1} = 0$，$r_\varepsilon = 0.2mm$；切削用量：$v_c = 95.5 \sim 103.5m/min$，$a_p = 3mm$，$f = 0.3mm/r$

（2）主偏角　如图 2-34 所示。切削一般钢时，当主偏角 $\kappa_\gamma < 60° \sim 75°$ 时，随着 κ_γ 的增大，切削力 F_c 减小。当 $\kappa_\gamma = 60° \sim 75°$ 时，F_c 减小至最小。当 $\kappa_\gamma > 60° \sim 75°$ 时，随着 κ_γ 的增

大，F_c 增大。F_c-κ_r 曲线变化的原因是，当主偏角 κ_r 增大时，切削厚度 h_D 增大，使切削变形减小，切削力减小，在 $\kappa_r = 60° \sim 75°$ 以前，这种影响起主要作用；另外，由于车刀均有刀尖圆弧半径 r_ε，当 κ_r 增大时，刀尖处圆弧部分长度增加。如图 2-35 所示，当 κ_r 分别为 30°、45°、60°、75°时，刀尖处圆弧部分长度分别为 $\overset{\frown}{AB}$、$\overset{\frown}{AC}$、$\overset{\frown}{AD}$、$\overset{\frown}{AE}$ 递增，其切削变形也随之增大，从而使切削力增大。在 $\kappa_r = 75°$ 以后，这种影响起主导作用。

在切削铸铁等脆性材料时，主偏角对切削力的影响很小，可忽略。

背向力 F_p 随 κ_r 增大而减小；进给力 F_f 随 κ_r 增大而增大。

（3）刃倾角　刃倾角 λ_s 对切削力 F_c 的影响较小，而对背向力 F_p 和进给力 F_f 影响较大，如图 2-36 所示。

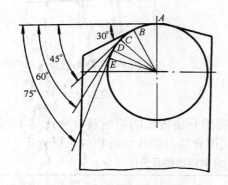

图 2-35　主偏角对圆弧过渡刃长度的影响

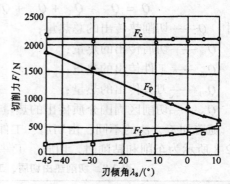

图 2-36　λ 对 F_c，F_f，F_p 的影响

（4）刀尖圆弧半径　刀尖圆弧半径 r_ε 增大，刀尖处圆弧部分参加切削的长度增大。因此，切削变形增大，切削力增大。

另外，刀尖处圆弧部分上各点的 κ_r 角不同，其平均角度值小于主切削刃直线部分的 κ_r 值，因此，使背向力 F_p 增大，进给力 F_f 减小。

4. 切削液的影响

切削液具有冷却、润滑、清洁、防锈的作用。选用润滑性能好的切削液，可以减小刀具前面与切屑、刀具后面与工件之间的摩擦，从而降低切削力。如矿物油、植物油、极压切削油都有良好的润滑性能。

第七节　切削热与切削温度

切削热是金属切削过程中又一重要的物理现象之一。切削热使切屑、工件、刀具的温度升高，从而影响工件的质量、刀具的寿命、切削速度的提高等。为此，学习掌握切削热和切削温度的知识及规律，具有重要的实用意义。

一、切削热的产生与传出

1. 切削热的产生

在金属切削过程中，刀具切削工件，产生切屑和形成已加工表面，需要消耗功。这些功在克服切削层的三个变形区的弹性变形、塑性变形和摩擦的过程中，绝大部分转换成热量，这种热量就称为切削热。切削热的产生来自于三个变形区，如图 2-37 所示。其表达式

$$Q = Q_{弹} + Q_{塑} + Q_{前摩} + Q_{后摩}$$

式中　Q——切削热产生的总热量；

　　　$Q_{弹}$——切削层的弹性变形所消耗的功转换成的热量（所占比例很小，可略去不计）；

　　　$Q_{塑}$——切削层的塑性变形所消耗的功转换成的热量；

　　$Q_{前摩}$——刀具前面与切屑摩擦所产生的热量；

　　$Q_{后摩}$——刀具后面与工件摩擦所产生的热量。

2. 切削热的传出

切削热是由切屑、工件、刀具和周围介质传出扩散，其表达式为

$$Q = Q_{屑} + Q_{工} + Q_{刀} + Q_{介}$$

式中　Q——切削热传出的总热量；

　　　$Q_{屑}$——切屑传出的热量；

　　　$Q_{工}$——工件传出的热量；

　　　$Q_{刀}$——刀具传出的热量；

　　　$Q_{介}$——切削区周围介质传出的热量。

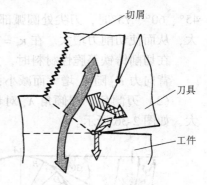

图 2-37　切削热的产生和传出

随着加工方法的不同，由切屑、工件、刀具和周围介质传出的切削热百分比是不同的。表 2-8 所示为车削和钻削时，切屑、工件、刀具和周围介质分别传出的切削热百分比。

表 2-8　切削热由切屑、工件、刀具、介质传出的百分比（%）

加工方法 ＼ 散热渠道	Q_c（切屑）	Q_t（刀具）	Q_w（工件）	Q_s（介质）
车削	50～86	40～10	9～3	1
钻削	28	52.5	14.5	5

二、切削温度及温度分布

切削温度是指刀具前面与切屑接触区域的平均温度。在一定条件下，通过测量可以得到切屑、工件、刀具温度的分布情况，如图 2-38 所示。刀具前面的温度高于刀具后面的温度。刀具前面上的最高温度不在切削刃上，而是在离切削刃的一定距离处。这是因为切削塑性材料时，刀-屑接触长度较长，切屑沿刀具前面流出，摩擦热逐渐增大的缘故。而切削脆性材料时，因为切屑很短，切屑与刀具前面相接触所产生的摩擦热都集中在切削刃附近。所以，刀具前面上的最高温度集中在切削刃附近。

三、影响切削温度的主要因素

1. 工件材料的影响

工件材料的强度、硬度高，切削时，所需的切削力大，产生的切削热也多，切削温度就高。

工件材料的塑性大，切削时，切削变形大，产生的切削热多，切削温度就高。

工件材料的热导率大，其本身吸热、散热快，温度不易积聚，切削温度就低。

2. 切削用量的影响

（1）背吃刀量　背吃刀量 a_p 增大，切削温度略有增加。其原因是，当 a_p 增大 1 倍时，切削力、切削热也增大约 1 倍。但是，切削宽度 b_D 增长 1 倍，使刀具主切削刃与切削层的接触长度也增长 1 倍，从而，极大地改善了刀头的散热条件。因此，背吃刀量 a_p 对切削温度的影响很小，如图 2-39a 所示。

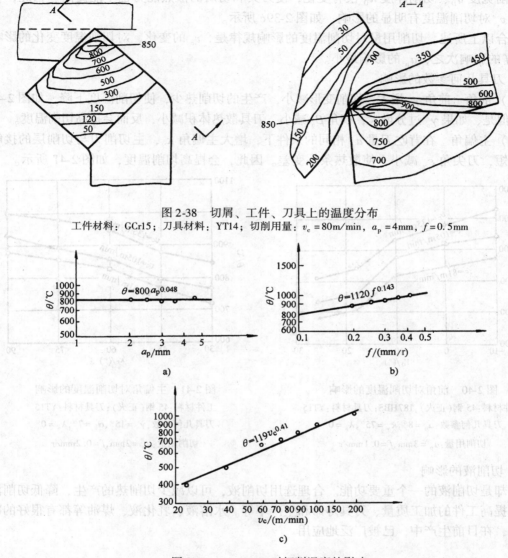

图 2-38 切屑、工件、刀具上的温度分布

工件材料：GCr15；刀具材料：YT14；切削用量：$v_c = 80$m/min，$a_p = 4$mm，$f = 0.5$mm

$$\theta = 800 a_p^{0.048}$$

a)

$$\theta = 1120 f^{0.143}$$

b)

$$\theta = 119 v_c^{0.41}$$

c)

图 2-39 v_c、f、a_p 对切削温度的影响

工件材料：45 钢（正火），187HBS；刀具材料：YT15

刀具几何参数：$\gamma_o = 15°$，$\alpha_o = 6° \sim 8°$，$\kappa_\gamma = 75°$，$\lambda_s = 0°$，$\gamma_1 = -10°$，$r_s = 0.2$mm

a) 背吃刀量与切削温度的关系（$f = 0.1$mm/r，$v_c = 107$mm/min） b) 进给量与切削温度的

关系（$a_p = 3$mm，$v_c = 94$mm/min） c) 切削速度与切削温度的关系（$a_p = 3$mm，$f = 0.1$mm/r）

（2）进给量 进给量 f 增大，切削温度就增加。其原因是，当 f 增大时，切削厚度 h_D 增厚，切屑的热容量增大，切屑带走的热量也增多。另外，h_D 增厚，使切削变形减小，刀-屑接触面积增大，改善了散热条件。但是，切削宽度 b_D 不变，使刀具主切削刃与切削层的接触长度未增加，刀头的散热条件没有改善。所以，进给量 f 对切削温度有影响，如图 2-39b 所示。

（3）切削速度 切削速度 v_c 增大，切削温度明显增大。其原因是，当 v_c 增大时，在单位时间内切除的工件余量增多，由切削消耗的变形功、摩擦功所转换成的切削热增多；另外，切削宽度 b_D、切削厚度 h_D 没有变化，使刀具和切屑的散热能力也不能提高。因此，切削速度 v_c 对切削温度有明显的影响，如图 2-39c 所示。

综合以上所述，切削用量对切削温度的影响规律是，v_c 的变化，对切削温度变化的影响最大，f 的影响次之，a_p 的影响最小。

3. 刀具几何参数的影响

（1）前角　前角 γ_o 增大，切削变形减小，产生的切削热少，使切削温度下降，如图 2-40 所示。但是，如果 γ_o 过分增大，楔角 β_o 减小，刀具散热体积减小，反而会提高切削温度。

（2）主偏角　在背吃刀量 a_p 相同的条件下，增大主偏角 κ_γ，主切削刃与切削层的接触长度减短，刀尖角 ε_γ 减小，使散热条件变差。因此，会提高切削温度，如图 2-41 所示。

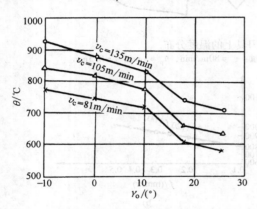

图 2-40　前角对切削温度的影响
工件材料:45 钢(正火),187HBS;刀具材料:YT15
刀具几何参数:$\alpha_o = 8°$,$\kappa_\gamma = 75°$,$\lambda_s = 0°$
切削用量:$a_p = 3mm$,$f = 0.1mm/r$

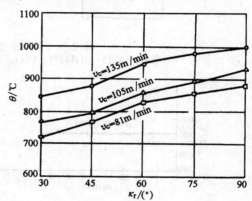

图 2-41　主偏角对切削温度的影响
工件材料:45 钢(正火);刀具材料:YT15
刀具几何参数:$\gamma_o = 15°$,$\alpha_o = 7°$,$\lambda_s = 0°$
切削用量:$a_p = 2mm$,$f = 0.2mm/r$

4. 切削液的影响

冷却是切削液的一个重要功能。合理选用切削液，可以减少切削热的产生，降低切削温度，能提高工件的加工质量、刀具寿命和生产率等。水溶液、乳化液、煤油等都有很好的冷却效果，在目前生产中，已被广泛地应用。

第八节　刀具磨损

刀具磨损是金属切削过程中又一重要的物理现象之一，刀具在切削金属材料的同时，其自身也在磨损，当磨损到一定程度时，会引起切削力增大，切削温度上升，刀具磨损加剧，工件质量下降。因此，学习掌握刀具磨损的知识和规律是十分重要的。

一、刀具磨损的方式

刀具磨损有正常磨损和非正常磨损之分。正常磨损是指刀具与工件、切屑的相互摩擦，在刀具的前面、后面、切削刃上的金属微粒不断被工件、切屑带走，使刀具逐渐丧失切削能力的现象。这种现象在金属切削中每时每刻都在产生，所以，正常磨损是本节主要讨论的内容。非正常磨损是指在设计、制造、使用刀具时，由于失误而造成的刀具裂纹、崩刃、卷刃、破碎的现象。这种现象应尽量避免发生。

刀具正常磨损有以下两种方式：

1. 前面磨损

前面磨损是指在刀具的前面上距切削刃一定距离处出现月牙洼的磨损现象，如图 2-42 所示。月牙洼是刀具前面与切屑之间发生剧烈摩擦的结果，也是刀具前面上的最高温度部位。随着切削继续进行，月牙洼的宽度 KB 及深度 KT 逐渐增大，月牙洼边缘与切削刃之间的小狭面逐渐减小，最终导致崩刃。前面磨损量的大小，是用月牙洼的宽度 KB 和深度 KT 表示的。

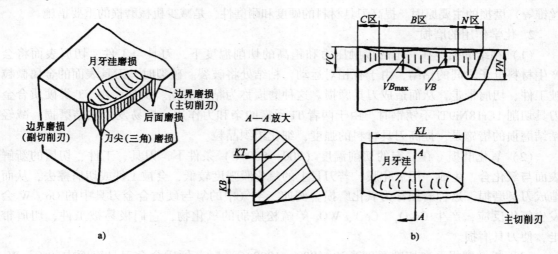

图 2-42　刀具正常磨损
a）前面磨损　b）后面磨损

2. 后面磨损

后面磨损是指刀具的后面上出现后角为零度的小棱面，如图 2-42 所示。小棱面是刀具后面与工件之间严重摩擦的结果。随着切削不断地进行，小棱面的面积逐渐增大。后面磨损是不均匀的，一般分为三个区域：

（1）C 区　刀尖部分的磨损区域。由于刀尖部分受力较大，散热条件较差，所以磨损较严重。磨损量用 VC 表示。

（2）N 区　靠近工件待加工表面处的磨损区域。毛坯表面存在硬皮或上一次切削形成的加工硬化层，使磨损强烈，甚至磨出深沟。磨损量用 VN 表示。

（3）B 区　磨损较均匀区域。一般用平均磨损量（磨损宽度）VB 表示。也可用最大磨损量 VB_{max} 表示。

刀具切削塑性金属材料时，刀具的最高温度在前面上离切削刃一段距离处，所以会在刀具前面产生月牙洼。而切削脆性金属材料时，刀具的最高温度在切削刃附近，所以不会在刀具前面产生月牙洼。刀具不论是切削塑性金属材料，还是切削脆性金属材料，刀具后面与工件始终接触摩擦，因此，必然产生后面磨损。

二、刀具磨损的原因

在金属切削过程中，刀具是在高温(700～1200°C)和高压(大于材料的屈服应力)下工作，受到机械和热化学的作用容易发生磨损，但刀具磨损的原因是比较复杂的。经过大量实验研究，发现机械的、温度的、化学的作用是造成刀具磨损的主要原因。现将其具体原因叙述如下：

1. 机械作用的磨损

工件材料的硬度虽然远远小于刀具材料的硬度，但是工件材料中的碳化物（如 TiC）、氮化物（如 TiN）、氧化物（如 SiO$_2$）等所产生的硬质点以及积屑瘤的碎片等，都有很高的硬度，有的甚至超过刀具材料的硬度。在切削中，这些硬质点将对刀具表面摩擦刻划，从而使刀具磨损。这种磨损称为机械磨损。

无论切削速度的高低，机械磨损总是存在的，机械磨损是低速切削刀具（如拉刀、铰刀、丝锥等）磨损的主要原因。提高刀具材料的硬度和耐磨性，是减少机械磨损的重要措施。

2. 化学作用的磨损

（1）粘结磨损 在一定的接触压力和稍高的切削温度下，刀具与工件、切屑表面将会产生材料分子之间的粘结，由于有相对运动，粘结处将破裂。破裂时，刀具表面的金属微粒被工件、切屑带走，从而造成刀具磨损。这种磨损称为粘结磨损。例如，用 YT 类硬质合金刀具切削 1Cr18Ni9Ti 不锈钢时，由于两者 Ti 元素的亲和力作用，极易发生粘结磨损。减轻粘结磨损的措施是，提高刀具材料的强度，细化组织晶粒。

（2）氧化磨损 在一定的切削温度（700～800°C）条件下，刀具、工件、切屑的新鲜表面与氧化合，生成一层氧化膜，若刀具上的氧化膜强度较低，会被工件或切屑擦去，从而造成刀具磨损。这种磨损称为氧化磨损。例如，空气中的氧与硬质合金刀具中的 Co、W 会发生氧化反应，产生 Co$_3$O$_4$、CoO、WO$_3$ 等疏松脆弱的氧化物，它们极易被工件、切屑带走，使刀具磨损。

（3）扩散磨损 在切削温度高达（900～1000°C）时，硬质合金刀具表面中的 C、W、Co、Ti 等元素向工件、切屑中扩散，使刀具表面产生贫碳、贫钨、贫钴现象，而工件、切屑中的 Fe 元素则会向硬质合金刀具表面中扩散，使刀具表面形成低硬度、高脆性的复合碳化物，从而改变了硬质合金刀具表层的化学成分，使刀具表层的硬度、强度降低，刀具磨损加快。这种磨损称为扩散磨损。

（4）相变磨损 刀具材料因切削温度升高达到相变温度（金属加热到一定温度时，内部结构组织发生变化，这时的温度称为相变温度）时，使刀具表层金相组织发生变化，硬度显著降低，从而造成刀具迅速磨损。这种磨损称为相变磨损。如高速钢刀具在切削温度达到 550～600°C 时，就会发生相变，使回火马氏体组织变为贝氏体、托氏体或索氏体等组织，硬度降低，磨损加快。

综合以上所述可知，温度越高，刀具磨损越快。这是因为温度越高，造成刀具磨损的原因越多。

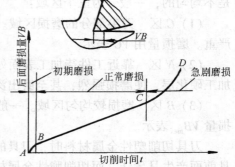

图 2-43 刀具后面磨损的三个阶段

三、刀具磨损的过程

刀具后面磨损的过程一般可分为三个阶段，如图 2-43 所示。

（1）初期磨损阶段 图 2-43 中 AB 段。这个阶段磨损较快。原因是新刃磨的刀具刚开始切削，其后面与工件表面之间的接触面积很小，后面压强大；另外，刚刃磨的刀具，由于后面粗糙度值影响，其表层组织不耐磨，所以磨损较快。

（2）正常磨损阶段 图 2-43 中 BC 段，这个阶段磨损明显缓和。经过初期磨损阶段，刀具后面与工件表面的接触面积增大，后面压强减小；另外，后面粗糙度值减小，耐磨性提高，所以磨损速度较缓慢。这个阶段是刀具的有效工作阶段。

（3）急剧磨损阶段 当超过图 2-43 中 C 点后继续切削，刀具后面的磨损宽度 VB 迅速增大，使摩擦加剧，切削力增大，切削温度上升，刀具快速磨损，变钝，损坏，直至完全丧失切削能力。

四、刀具磨损限度（刀具磨钝标准）

从刀具磨损的过程可知，在刀具磨损即将到达急剧磨损阶段，如果继续使用刀具，则刀具将马上出现严重损坏的后果。为此，国内外标准规定：把刀具磨损达到正常磨损阶段结束（对应于磨损曲线上的 C 点）前的后面磨损量 VB 值作为刀具磨损限度（磨钝标准）。因此，刀具越慢达到其磨损限度，说明刀具磨损越慢；反之，刀具磨损越快。

选取刀具后面磨损量 VB 作为磨损限度，是因为一般刀具后面都会发生磨损，具有普遍性，而且也便于测量。

根据磨损限度，可以明确地判断刀具是否磨钝，从而决定刀具是否需要重新刃磨。而一把新刀具从投入使用起，其间经多次刃磨（多次达到磨损限度后重新刃磨），直至完全报废（即不能再刃磨使用）为止，所经历的总切削时间，称为刀具寿命。因此，刀具磨损限度对刀具寿命的长短有直接的影响。表 2-9 列出了硬质合金、高速钢车刀的磨损限度。

表 2-9 硬质合金与高速钢车刀磨损限度

车刀类型	工件材料	加工性质	磨 损 限 度 VB/mm	
			高速钢	硬质合金
外圆车刀、端面车刀、车孔刀	碳钢、合金钢	粗　车	1.5～2.0	1.0～1.4
		精　车	1.0	0.4～0.6
	灰铸铁、可锻铸铁	粗　车	2.0～3.0	0.8～1.0
		半精车	1.5～2.0	0.6～0.8
	耐热钢、不锈钢	粗、精车	1.0	1.0
	钛合金	粗、半精车		0.4～0.5
	淬火钢	精　车		0.8～1.0
	陶瓷刀	精　车		0.5

磨损限度应根据加工条件及工件的技术要求来确定。磨损限度有两种。一种称为经济磨损限度，即根据刀具不经修磨，使用时间最长的要求所制定的磨损限度。从刀具磨损曲线可知，经济磨损限度取在急剧磨损阶段的起始点 C 前一些的位置较为合理。经济磨损限度适用于粗加工、半精加工。另一种称为工艺磨损限度，即根据被加工工件的技术要求所制定的磨损限度。例如，在切削加工中，当工件的已加工表面粗糙度值将开始不符合技术要求，这时，刀具后面的磨损量 VB 值就是工艺磨损限度。工艺磨损限度适用于精加工。

五、影响刀具磨损限度的主要因素

1. 切削用量的影响 随着切削速度 v_c 的提高，进给量 f 的增大，背吃刀量 a_p 的增加，刀具磨损限度加快到达。切削用量对刀具磨损限度的影响顺序与对切削温度的影响顺序是完全相同的，即：切削速度 v_c 对刀具磨损限度的影响最大，进给量 f 次之，背吃刀量 a_p 影响最小。

2. 刀具几何参数的影响

（1）前角 γ_o 前角增大，使切削力减小，切削温度下降，刀具磨损限度减缓到达；但是，前角不能过分增大，否则使楔角减小，刀具散热体积减小，从而使刀具磨损限度加快到达。

（2）主偏角 κ_r　主偏角减小，使刀尖强度增大，刀头散热条件改善，从而使刀具磨损限度减缓到达。

3. 工件材料的影响　工件材料的强度、硬度越大，导热性越低，切削加工时，切削温度越高，刀具越易磨损，刀具磨损限度加快到达。

第九节　刀具几何参数的合理选择

刀具几何参数包括刀具角度、切削刃的剖面形式（刃口形状）、切削刃形式等内容。刀具几何参数对切削力大小，切削温度升降，刀具磨损快慢都有很大影响。为此，合理地选择刀具几何参数非常重要。合理的刀具几何参数，可以保证工件加工质量，获得较高的刀具寿命，提高生产效率，降低生产成本。

一、前角

1. 前角的作用

增大前角 γ_o 使刀具锋利，切削变形减小，切削力减小，切削温度降低，刀具磨损减缓，加工表面质量提高。但是，前角过大，反而使切削刃强度和散热能力下降，引起崩刃。

2. 前角选择的原则

（1）工件材料　切削钢等塑性材料时，切削变形大，切削力集中在离切削刃较远处，因此，可选取较大前角，以减小切削变形；切削铸铁等脆性材料时，得到崩碎切屑，切削刃处受力大，因此，应选取较小前角，以增强切削刃强度；切削强度、硬度高的材料时，为使刀具有足够的强度和散热面积，应选取小前角，甚至是负前角。

（2）刀具材料　强度和韧性高的刀具材料，切削刃承受载荷和冲击的能力大，因此，可选取较大的前角。例如，在相同的切削条件下，高速钢刀具可采用较大前角，而硬质合金刀具则只能采用较小前角。

（3）加工性质　粗加工时，切削以切除工件余量为主，且锻件、铸件毛坯表面有硬皮，形状往往不规则，使刀具受力大，为保证刀具的强度和冲击韧度，刀具的前角应选得小些；精加工时，切削余量明显减小，切削以提高工件表面质量为主，所以，刀具的前角应选得大些。

表2-10所列为硬质合金车刀合理前角的参考值。

表 2-10　硬质合金车刀合理前角的参考值

工　件　材　料	合理前角/（°）		工　件　材　料	合理前角/（°）	
	粗车	精车		粗　车	精车
低碳钢 Q235	18～20	20～25	马氏体不锈钢（>250HBS）	-5	
45钢（正火）	15～18	18～20	40Cr（正火）	13～18	15～20
45钢（调质）	10～15	13～18	40Cr（调质）	10～15	13～18
45钢、40Cr铸钢件或钢锻件断续切削	10～15	5～10	40钢、40Cr钢锻件	10～15	
			淬硬钢（40～50HRC）	-15～-5	
灰铸铁 HT150、HT20-40、青铜 QSn7-0.2、脆黄铜、HPb59-1	10～15	5～10	灰铸铁断续切削	5～10	0～5
			高强度钢（σ_b<180MPa）	-5	
铝1050A（L3）及铝合金 2A12（LY12）	30～35	35～40	高强度钢（σ_b≥180MPa）	-10	
			锻造高温合金	5～10	
纯铜 T1～T3	25～30	30～35	铸造高温合金	0～5	
奥氏体不锈钢（<185HBS）	15～25		钛及钛合金	5～10	
马氏体不锈钢（<250HBS）	15～25		铸造碳化钨	-10～-15	

3. 倒棱

增大前角，有使切削变形减小，切削力降低，加工表面质量提高等有利的作用，但是，也有使切削刃强度下降，散热条件变差等不利的作用。如果在前角的前面上磨出倒棱如图 2-44 所示，就可实现既保持增大前角的有利作用，又克服增大前角的不利作用的目的。

倒棱指沿着切削刃在前面上磨出负前角的小棱面。倒棱有两个参数：倒棱前角 γ_{o1} 和倒棱宽度 b_{r1}。

倒棱前角 γ_{o1} 的大小与刀具材料有关，高速钢刀具一般取 $\gamma_{o1} = 0$，硬质合金刀具一般取 $\gamma_{o1} = -5° \sim -15°$。

倒棱宽度 b_{r1} 与加工性质、进给量的大小有关。粗加工时，进给量较大时，b_{r1} 取较大值；精加工时，进给量较小时，b_{r1} 取较小值，一般 $b_{r1} = (0.2 \sim 1)\,\text{mm}$。

二、后角、副后角

1. 后角的作用

适当大的后角 α_o 使刀具后面与工件表面之间的摩擦减小，降低刀具磨损，提高工件表面质量；使切削刃钝圆半径 r_n 减小，刃口锋利；使刀具磨损所需磨掉后面上的金属体积大（当刀具磨损限度 VB 值一定时），如图 2-45 所示，减缓了刀具磨损。但是，后角过大，反而使楔角减小，刀具强度下降，散热体积减小。

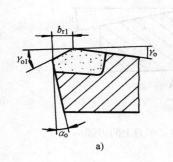 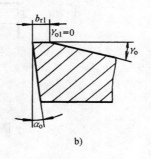 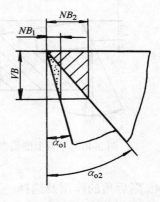

图 2-44　车刀上的倒棱　　　　　　图 2-45　后角与磨损体积的关系

2. 后角选择的原则

1）粗加工时，切削余量大，对刀具切削刃的强度要求高，因此，应选取较小的后角；精加工时，为保证工件表面质量，应选取较大后角。

2）加工塑性材料时，为减少刀具后面与工件表面之间的摩擦，应选取较大后角；加工脆性材料时，为提高切削刃的强度，应选取较小后角。

3）以刀具尺寸直接控制工件尺寸精度的刀具（如铰刀），为减小因刀具磨损后重新刃磨，而使刀具尺寸明显变化的现象，应选取较小的后角。

表 2-11 所列为硬质合金车刀合理后角的参考值。

3. 双重后角

为了避免、减小因后角增大后，切削刃强度降低、散热体积减小的弊端，可在刀具后面上磨出双重后角。

表 2-11　硬质合金车刀合理后角的参考值

工件材料	合理后角/(°)		工件材料	合理后角/(°)	
	粗车	精车		粗车	精车
低碳钢	8~10	10~12	灰铸铁	4~6	6~8
中碳钢	5~7	6~8	铜及铜合金（脆）	6~8	6~8
合金钢	5~7	6~8	铝及铝合金	8~10	10~12
淬火钢	8~10		钛合金 $\sigma_b \leq 1.177GPa$（120kgf/mm²）	10~15	
不锈钢（奥氏体）	6~8	8~10			

（1）消振棱　消振棱是指沿着切削刃在后面上磨出负后角的小棱面，如图 2-46 所示。消振棱不仅有强化切削刃、减缓刀具磨损的作用，而且还有消振作用。消振主要是通过增加后面与工件表面之间的接触面积，增加阻尼作用而达到的。

消振棱有两个参数：消振棱后角 α_{o1} 和消振棱宽度 $b_{\alpha 1}$。一般取 $\alpha_{o1} = -5° \sim -20°$，$b_{\alpha 1} = 0.1 \sim 0.3mm$。

（2）刃带　刃带是指沿着切削刃在后面上磨出后角为零度的小棱面，如图 2-47 所示。刃带可以避免直接控制工件尺寸精度的刀具，如铰刀等，因重新刃磨而使刀具尺寸精度迅速变化的现象。在切削时，刃带起稳定、导向、消振、强化切削刃的作用。刃带宽度 $b_{\alpha 1}$ 不宜过宽，否则会增大摩擦作用，一般取 $0.02 \sim 0.2mm$。

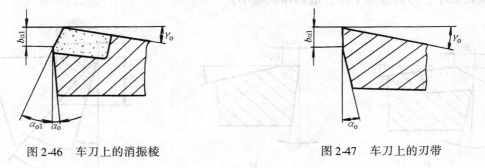

图 2-46　车刀上的消振棱　　　　　　图 2-47　车刀上的刃带

4. 副后角的作用及选择

副后角的作用主要是减少副后面与工件已加工表面之间的摩擦。其数值一般与主后角相同，但对于切断刀、割槽刀等，为保证刀头的强度，一般副后角取较小值 $\alpha_o' = 1° \sim 3°$。

三、主偏角、副偏角

1. 主偏角的作用

减小主偏角，使刀尖强度提高，散热条件改善，切削宽度增长，使切削刃单位长度上的载荷减小，刀具磨损减缓，加工表面粗糙度质量提高，进给力 F_f 减小，但是背向力 F_p 增大，切削厚度减薄，切屑不易折断。

2. 主偏角选择的原则

1）当工艺系统刚性不足时，为了减小、避免切削中的振动，应减小背向力，因此，应选取较大主偏角。当工艺系统刚性足够时，应设法减缓刀具磨损，使刀具的磨损限度减缓到达。所以，应选取较小主偏角。

2）工件材料强度大，硬度高时，为了提高刀尖强度，减小切削刃单位长度上的载荷，应选取较小主偏角。

3）根据工件形状或工艺加工要求进行合理选择。例如，切削有阶梯的轴时，一般主偏角选用 $\kappa_r = 90°$。若要一刀多用（车外圆、车端面、车倒角），通常主偏角 $\kappa_r = 45°$。

表 2-12 所示为硬质合金车刀合理偏角的参考值。

表 2-12　硬质合金车刀合理偏角的参考值

加　工　情　况		主偏角数值/（°）	
		主偏角 κ_γ	副偏角 κ_γ'
粗车，无中间切入	工艺系统刚性好	45、60、75	5～10
	工艺系统刚性差	65、75、90	10～15
车削细长轴，薄壁零件		90、93	6～10
精车，无中间切入	工艺系统刚性好	45	0～5
	工艺系统刚性差	60、75	0～5
车削冷硬铸铁、淬火钢		10～30	4～10
从工件中间切入		45～60	30～45
切断刀、车槽刀		60～90	1～2

3. 副偏角的作用及选择

减小副偏角，使加工残留面积高度降低，可使已加工表面粗糙度质量提高，并能增大刀尖角，改善刀尖强度和散热条件。但副偏角过分小，将增大副后面与已加工表面之间的摩擦，使已加工表面粗糙度值增大，使背向力增大，容易引起振动。

在不引起振动的前提下，副偏角通常取小值，$\kappa_\gamma' = 5° \sim 15°$，见表 2-12。

4. 刀尖与过渡刃

刀尖是切削刃上工作条件最恶劣、结构最薄弱、强度和散热条件最差的部位。若在主、副切削刃之间磨出刀尖过渡刃，如图 2-48 所示，这样，既可使刀尖角 ε_r 增大，提高刀尖强度，改善散热条件，又可不使背向力增加许多，不易产生振动。

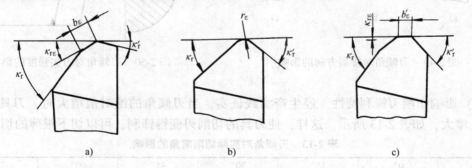

图 2-48　各种刀尖和过渡刃

a）直线过渡刃　b）圆弧过渡刃　c）修光刀

过渡刃的形式和特点：

（1）直线过渡刃　如图 2-48a 所示，直线过渡刃偏角一般取 $\kappa_{r\varepsilon} \approx \kappa_r/2$，直线过渡刃宽度一般取 $b_\varepsilon \approx 0.5 \sim 2mm$。直线过渡刃常用于粗加工和强力加工。

（2）圆弧过渡刃　如图 2-48b 所示，圆弧过渡刃的半径 r_ε 增大，使圆弧过渡刃上各点的主偏角减小，刀具磨损减缓，加工表面粗糙度值减小。但是，背向力增大，容易产生振动。所以，圆弧过渡刃的半径 r_ε 不能过分大，一般高速钢刀具 $r_\varepsilon = 0.2 \sim 5mm$，硬质合金刀具 $r_\varepsilon = 0.2 \sim 2mm$。

（3）修光刃　如图2-48c所示，当直线过渡刃平行于进给方向时即为修光刃。此时修光刃偏角 $\kappa_{re}=0$。修光刃宽度一般取 $b'_\varepsilon=(1.2\sim1.3)f$，修光刃宽度 b'_ε 应略大于进给量 f，这样，在进给切削时，可获得较好的加工表面粗糙度质量。但是，b'_ε 过分大时，背向力增大会引起振动。

四、刃倾角

1. 刃倾角的作用

（1）影响排屑方向　当刃倾角 $\lambda_s=0°$ 时，切屑垂直于切削刃流出；当 λ_s 为负值时，切屑向已加工表面流出；当 λ_s 为正值时，切屑向待加工表面流出，如图2-49所示。

（2）影响刀尖强度　在切削断续表面的工件时，负刃倾角因刀尖位于切削刃的最低点，使离刀尖较远部分的切削刃首先接触工件，这样，避免了刀尖受冲击，起了保护刀尖的作用。而正刃倾角因刀尖位于切削刃的最高点，刀尖首先与工件接触，受到冲击载荷，容易引起崩刃，如图2-50所示。

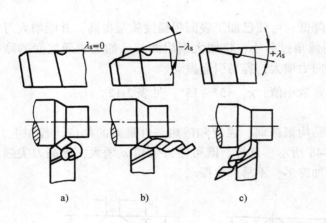

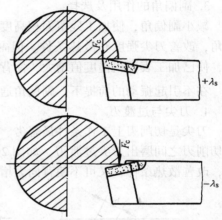

图2-49　刃倾角对排屑方向的影响　　　图2-50　刃倾角对刀尖强度的影响

（3）影响切削刃锋利特性　经生产实践证实，当刃倾角的绝对值增大时，刀具的实际前角 γ_{oe} 增大，如表2-13所示。这样，使刀具的切削刃变得锋利，可以切下很薄的切削层。

表2-13　刃倾角对实际切削前角的影响

λ_s	0°	15°	30°	45°	60°	75°
λ_{oe}	10°	13°11′	22°22′	35°37′	52°31′	70°

（4）影响工件的加工质量　减小刃倾角，使背向力 F_p 增大，进给力 F_f 减小。特别当刃倾角为负值时，被加工的工件容易产生弯曲变形（车削外圆件）和振动，使工件质量下降。

2. 刃倾角选择的原则　粗加工时，为保证刀具的强度，通常刃倾角选取较小值，$\lambda_s=0°\sim-5°$；若是断续切削，或是切削高强度、高硬度的工件材料，刃倾角还应选取更小些。

精加工时，为了提高工件的表面质量，不让切屑流向已加工表面，一般刃倾角选取较大值，$\lambda_s=0°\sim5°$。

表2-14所示为硬质合金车刀刃倾角的参考值。

表 2-14　硬质合金车刀刃倾角的参考值

工　件　材　料	合理刃倾角/（°）	
	粗　车	精　车
低碳钢	0	0 ~ 5
45 钢正火	−5 ~ 0	0 ~ 5
45 钢调质	−5 ~ 0	0 ~ 5
40Cr 正火	−5 ~ 0	0 ~ 5
40Cr 调质	−5 ~ 0	0 ~ 5
45 钢锻件	−5 ~ 0	
40Cr 钢锻件	−5 ~ 0	
铸铁件、45、40Cr 钢断续切削	−10 ~ −5	0
不锈钢	−5 ~ 0	0 ~ 5
45 钢淬火（40 ~ 50HRC）	−12 ~ −5	
灰铸铁（HT150、HT200）、青铜、脆黄铜	−5 ~ 0	0
HT150、HT200 灰铸铁断续切削	−15 ~ −10	0
铝及铝合金、纯铜	5 ~ 10	5 ~ 10

第十节　切削用量的合理选择

切削用量由切削速度、进给量和背吃刀量三要素组成。在切削加工中，切削用量将直接影响加工工件的质量、刀具的磨损限度、机床的功率、生产率、加工成本等。因此，切削用量的选择显得特别重要。本节将着重讨论切削用量合理选择的原则和步骤。

一、切削用量选择原则

在切削加工中，采用不同的切削用量会得到不同的切削效果，有时，甚至会得到截然相反的切削结果。为此，必须选用合理切削用量。所谓的合理切削用量，是指在保证加工工件质量和刀具磨损限度的前提下，充分发挥机床、刀具的切削性能，达到提高生产率，降低加工成本的一种切削用量。

1. 粗加工切削用量的选择原则

粗加工以切除工件余量为主，而对加工工件质量要求不高。为了增大对工件余量的切除，根据金属切除率计算公式

$$Q = a_p f v_c \times 10^3 (\text{mm}^3/\text{min})$$

由上式可知，切削用量三要素 a_p、f、v_c 均与金属切除率保持线性关系，增大任何一要素的值，都能使工件余量切除增大，但是，随着金属切除率的增大，刀具磨损加快。因而切削用量的增大受到刀具磨损限度的限制。所以粗加工切削用量的选择应以保证刀具磨损限度足够为主要依据。

切削用量对刀具磨损限度的影响顺序是：切削速度 v_c 对刀具达到磨损限度的影响最大，进给量 f 次之，背吃刀量 a_p 影响最小。如果增大 v_c，则切削温度迅速上升，刀具很快达到磨损限度，造成重新刃磨刀具、换刀次数增多，刀具消耗增加，辅助时间增长，不利于提高生产率和降低加工成本。所以，在粗加工时，不宜选择较高的切削速度。如果增大 f，虽然也使刀具加快达到磨损限度，但程度稍缓，同时由于进给速度加快，缩短了切削时间，有利于提高生产率。如果增大 a_p，加快刀具磨损的影响明显地减少，且减少了进给次数，缩短了切削时间，所以，粗加工时宜选择较大的进给量和大的背吃刀量。

综合以上所述，粗加工切削用量选择原则是：首先采用大的背吃刀量，其次采用较大的进给量，最后根据刀具磨损限度合理选择切削速度。

2. 精加工（半精加工）切削用量的选择原则

精加工切除工件余量较少，而对加工工件尺寸精度要求较高，表面粗糙度值要求较小。因此，精加工切削用量的选择应以保证加工工件质量为主要依据。

如果增大 a_p，则切削力增大最快，容易引起切削振动，使加工工件表面质量下降。但是，a_p 也不能太小，太小的 a_p，使刀具刃口钝圆半径 r_n、刀尖圆弧半径 r_ε 作用明显，刃口、刀尖处挤压、摩擦增大，切削变形增大，使已加工表面粗糙度增大。所以，在精加工中，较大、太小的背吃刀量 a_p 都不利于加工工件质量提高。如果增大 f，根据已加工表面粗糙度的轮廓算术平均偏差 R_a 与进给量 f 的关系式（$R_a = 0.0321 f^2 / r_\varepsilon$）可知，已加工表面粗糙度值增大。但是 f 也不能太小，太小的 f，使切削厚度 h_D 很小，切削变形增大，使已加工表面粗糙度值增大，所以，在精加工中，较大、太小的进给量 f 都不利于加工工件质量提高。而如果增大 v_c，当其增大到一定值以后，就不会产生积屑瘤和鳞刺，有利于提高加工工件质量。

综上所述，精加工切削用量选择原则是：采用较小的背吃刀量和进给量，在保证刀具磨损限度的条件下，尽可能采用大的切削速度。

二、切削用量选择步骤（以车削加工为例）

1. 粗加工切削用量选择步骤

（1）背吃刀量　一般是先把精加工（半精加工）余量扣除，然后把剩下的粗加工余量尽可能一次切除。如果毛坯精度较差，粗加工余量较大，刀具强度较低，机床功率不足，可分几次切除余量。通常取：

$$a_{p1} = (2/3 \sim 3/4)Z, \quad a_{p2} = (1/4 \sim 1/3)Z$$

式中　Z——单边粗加工余量。

（2）进给量　背吃刀量确定后，进给量 f 的选择主要受刀杆、刀片、工件及机床进给机构等的强度、刚性的限制，表 2-15 为在上述限制下制订的硬质合金车刀粗加工的进给量。

表 2-15　硬质合金车刀粗车外圆及端面的进给量

工件材料	车刀刀杆尺寸/mm	工件直径/mm	背　吃　刀　量 a_p/mm				
			≤3	>3~5	>5~8	>8~12	>12
			进　给　量 f/(mm/r)				
碳素结构钢、合金结构钢及耐热钢	16×25	20	0.3~0.4	—	—	—	—
		40	0.4~0.5	0.3~0.4	—	—	—
		60	0.5~0.7	0.4~0.6	0.3~0.5	—	—
		100	0.6~0.9	0.5~0.7	0.5~0.6	0.4~0.5	—
		400	0.8~1.2	0.7~1.0	0.6~0.8	0.5~0.6	—
	20×30 25×25	20	0.3~0.4	—	—	—	—
		40	0.4~0.5	0.3~0.4	—	—	—
		60	0.5~0.7	0.5~0.7	0.4~0.6	—	—
		100	0.8~1.0	0.7~0.9	0.5~0.7	0.4~0.7	—
		400	1.2~1.4	1.0~1.2	0.8~1.0	0.6~0.9	0.4~0.6

（续）

工件材料	车刀刀杆尺寸 /mm	工件直径 /mm	背 吃 刀 量 a_p/mm				
			≤3	>3 ~ 5	>5 ~ 8	>8 ~ 12	>12
			进 给 量 f/(mm/r)				
铸铁及铜合金	16 × 25	40	0.4 ~ 0.5	—	—	—	—
		60	0.6 ~ 0.8	0.5 ~ 0.8	0.4 ~ 0.6	—	—
		100	0.8 ~ 1.2	0.7 ~ 1.0	0.6 ~ 0.8	0.5 ~ 0.7	—
		400	1.0 ~ 1.4	1.0 ~ 1.2	0.8 ~ 1.0	0.6 ~ 0.8	—
铸铁及铜合金	20 × 30 25 × 25	40	0.4 ~ 0.5	—	—	—	—
		60	0.6 ~ 0.9	0.5 ~ 0.8	0.4 ~ 0.7	—	—
		100	0.9 ~ 1.3	0.8 ~ 1.2	0.7 ~ 1.0	0.5 ~ 0.8	—
		400	1.2 ~ 1.8	1.2 ~ 1.6	1.0 ~ 1.3	0.9 ~ 1.1	0.7 ~ 0.9

(3) 切削速度 背吃刀量和进给量确定后,根据已知的刀具耐用度,可求出切削速度,其计算式为

$$v_c = \frac{C_v}{T^m a_p^{x_v} f^{y_v}} K_v$$

式中 v_c——切削速度(m/min);

T——刀具耐用度 = 刀具寿命/重新刃磨次数(min);

m——刀具耐用度指数,见表2-16;

a_p——背吃刀量(mm);

f——进给量(mm/r);

C_v——切削速度因数,见表2-16;

$x_v y_v$——分别表示背吃刀量、进给量对 v_c 影响的指数,见表2-16;

K_v——切削速度修正系数,它等于工件材料、毛坯表面状态、刀具材料、加工方法、车刀主偏角等因素的乘积,见表2-16。

切削速度 v_c 不仅可以通过上述计算式得到,也可以通过查表2-17得到。

根据切削速度 v_c,可求出工件转速,其计算式

$$n = 1000 v_c / \pi d_w$$

式中 n——工件转速(r/min);

v_c——切削速度(m/min);

d_w——工件待加工表面直径(mm)。

根据机床说明书选择相近的较低档的机床主轴转速 n,然后根据选择的机床主轴转速,再计算出实际切削速度 v_c。

(4) 校验机床功率 切削功率计算式

$$P_c = F_c v_c / 6 \times 10^4$$

机床有效功率计算式

$$P_E' = P_E \eta_m$$

式中　P'_E——机床有效功率（kW）；

　　　P_E——机床功率（即机床电动机功率，由机床说明书提供）（kW）；

　　　η_m——机床传动效率，一般 $\eta_m = 0.75 \sim 0.85$；

　　　P_c——切削功率（kW）。

若 $P'_E > P_c$，则所选切削用量可以在原确定的机床上使用。

表 2-16　计算 v_c 的因数、指数和修正系数

工 件 材 料	进给量 f /(mm/r)	硬质合金牌号	因 数 及 指 数			
			C_v	m	x_v	y_v
结构钢 $\sigma_b = 0.736$GPa (75kgf/mm²)	≤0.75	YT5	227	0.2	0.15	0.35
铸铁（190HBS）	≤0.4	YG6	292	0.2	0.15	0.2

修　正　系　数								
工件材料	加工材料		钢			灰铸铁		
	$K_{料v}$		$\dfrac{0.736}{\sigma_b}$			$\left[\dfrac{190}{\text{HBS}}\right]^{1.5}$		
主偏角 κ_r	κ'_r	10	20	30	45	60	75	90
	κ_{kv} 钢	1.55	1.3	1.13	1.0	0.92	0.86	0.81
	κ_{kv} 铸铁	—	—	1.2	1.0	0.88	0.83	0.73
前刀面形状	前刀面形状	带倒棱型				平面型（负前角）		
	$\kappa_{前v}$	1.0				1.05		
毛坯表面	表面状况	锻件，无外皮			锻件，有外皮		铸件，有外皮	
	$\kappa_{皮v}$	1.0			0.8 ~ 0.85		0.5 ~ 0.6	
刀片牌号	切钢时 牌号	YT30		YT15		YT14		YT5
	$K_{刀v}$	2.15		1.54		1.23		1.0
	切铸铁时 牌号	YG3			YG6		YG8	
	$K_{刀v}$	1.15			3.0		0.83	
加工方法	加工方法	车外圆	车孔	车端面 d/D				
				0 ~ 0.4		0.5 ~ 0.7	0.8 ~ 1.0	
	$K_{工v}$	1.0	0.9	1.25		1.20	1.05	

若 $P'_E \gg P_c$，则说明机床有效功率未得到充分利用，可通过采用切削性能良好的刀具，提高切削速度，使机床功率得到充分利用。

若 $P'_E < P_c$，则说明机床有效功率不够，要更换功率大的机床，或采取降低切削速度等方法以减小切削功率。

2. 精加工（半精加工）切削用量的选择步骤

（1）背吃刀量　精加工（半精加工）余量较小，一般为：

半精加工：$R_a 1.6 \sim 6.3\mu m$，取 $0.5 \sim 2.5mm$（单边余量）。

精加工：$R_a 0.8 \sim 1.6\mu m$，取 $0.05 \sim 0.8mm$（单边余量）。

精加工：（半精加工）余量原则上一次进给全部切除。

（2）进给量　精加工（半精加工）的进给量主要受工件表面粗糙度的限制，如表 2-18 为按表面粗糙度制订的进给量。在使用表 2-18 时，要根据具体情况，先预估一个切削速度，可按下列情况预估：

硬质合金车刀：$v_{预} > 50m/min$；

高速钢车刀：$v_{预} < 50m/min$；

表 2-17　车削加工的切削速度参考数值

加工材料		硬度(HBS)	背吃刀量 a_p/mm	高速钢刀具 v_c/(m/min)	高速钢刀具 f/(mm/r)	硬质合金刀具 未涂层 v_c/(m/min) 焊接式	可转位式	未涂层 f/(mm/r)	材料	涂层 v_c/(m/min)	涂层 f/(mm/r)	陶瓷(超硬材料)刀具 v_c/(m/min)	陶瓷 f/(mm/r)	说　明
易切碳钢	低碳	100~200	1	55~90	0.18~0.2	185~240	220~275	0.18	YT15	320~410	0.18	550~700	0.13	
			4	41~70	0.40	135~185	160~215	0.50	YT14	215~275	0.40	425~580	0.25	
			8	34~55	0.50	110~145	130~170	0.75	YT5	170~220	0.50	335~490	0.40	
	中碳	175~225	1	52	0.20	165	200	0.18	YT15	305	0.18	520	0.13	
			4	40	0.40	125	150	0.50	YT14	200	0.40	395	0.25	
			8	30	0.50	100	120	0.75	YT5	160	0.50	305	0.40	
碳钢	低碳	125~225	1	43~46	0.18	140~150	170~195	0.18	YT15	260~290	0.18	520~580	0.13	切削条件较好时可用冷压 Al_2O_3 陶瓷，切削条件较差时宜用 Al_2O_3 + TiC 热压混合陶瓷
			4	34~33	0.40	115~125	135~150	0.50	YT14	170~190	0.40	365~425	0.25	
			8	27~30	0.50	88~100	105~120	0.75	YT5	135~150	0.50	275~365	0.40	
	中碳	175~275	1	34~40	0.18	115~130	150~160	0.18	YT15	220~240	0.18	460~520	0.13	
			4	23~30	0.40	90~100	115~125	0.50	YT14	145~160	0.40	290~350	0.25	
			8	20~26	0.50	70~78	90~100	0.75	YT5	115~125	0.50	200~260	0.40	
	高碳	175~275	1	30~37	0.18	115~130	140~155	0.18	YT15	215~230	0.18	460~520	0.13	
			4	24~27	0.40	88~95	105~120	0.50	YT14	145~150	0.40	275~335	0.25	
			8	18~21	0.50	69~76	84~95	0.75	YT5	115~120	0.50	185~245	0.40	
合金钢	低碳	125~225	1	41~46	0.18	135~150	170~185	0.18	YT15	220~235	0.18	520~580	0.13	
			4	32~37	0.40	105~120	135~145	0.50	YT14	175~190	0.40	365~395	0.25	
			8	24~27	0.50	84~95	105~115	0.75	YT5	135~145	0.50	275~335	0.40	
	中碳	175~275	1	34~41	0.18	105~115	130~150	0.18	YT15	175~200	0.18	460~520	0.13	
			4	26~32	0.40	85~90	105~120	0.40~0.50	YT14	135~160	0.40	280~360	0.25	
			8	20~24	0.50	67~73	82~95	0.50~0.75	YT5	105~120	0.50	220~265	0.40	
	高碳	175~275	1	30~37	0.18	105~115	135~145	0.18	YT15	175~190	0.18	460~520	0.13	
			4	24~27	0.40	84~90	105~115	0.50	YT14	135~150	0.40	275~335	0.25	
			8	18~21	0.50	66~72	82~90	0.75	YT5	105~120	0.50	215~245	0.40	
高强度钢		225~350	1	20~26	0.18	90~105	115~135	0.18	YT15	150~185	0.18	380~440	0.13	>300HBS 时宜用 W12Cr4V5Co5 及 W2Mo9Cr4VCo8
			4	15~20	0.40	69~84	90~105	0.40	YT14	120~135	0.40	205~265	0.25	
			8	12~15	0.50	53~66	69~84	0.50	YT5	90~105	0.50	145~205	0.40	

表 2-18　按表面粗糙度选择进给量的参考值

工 件 材 料	表面粗糙度 $R_a/\mu m$	切削速度范围 $v_c/(m/min)$	刀 尖 圆 弧 半 径 r_ε/mm		
			0.5	1.0	2.0
			进给量 $f/(mm/r)$		
铸铁、青铜、铝合金	3.2 ~ 6.3	不　限	0.25 ~ 0.40	0.40 ~ 0.50	0.50 ~ 0.60
	1.6 ~ 3.2		0.15 ~ 0.25	0.25 ~ 0.40	0.40 ~ 0.60
	0.8 ~ 1.6		0.10 ~ 0.15	0.15 ~ 0.20	0.20 ~ 0.35
碳钢及合金钢	3.2 ~ 6.3	< 50	0.30 ~ 0.50	0.45 ~ 0.60	0.55 ~ 0.70
		> 50	0.40 ~ 0.55	0.55 ~ 0.65	0.65 ~ 0.70
	1.6 ~ 3.2	< 50	0.18 ~ 0.25	0.25 ~ 0.30	0.30 ~ 0.40
		> 50	0.25 ~ 0.30	0.30 ~ 0.35	0.35 ~ 0.50
	0.8 ~ 1.6	< 50	0.10	0.11 ~ 0.15	0.15 ~ 0.22
		50 ~ 100	0.11 ~ 0.16	0.16 ~ 0.25	0.25 ~ 0.35
		> 100	0.16 ~ 0.20	0.20 ~ 0.25	0.25 ~ 0.35

待实际切削速度 v_c 确定后，如发现 $v_预$ 与其相差较大，再修正进给量 f。

（3）切削速度　精加工（半精加工）的切削速度可通过公式

$$v_c = \frac{C_v}{T^m a_p^{x_v} f^{y_v}} K_v$$

v_c 可计算获得，也可通过查表 2-17 获得。然后计算出工件的转速 n，再对照机床说明书选取相近的、较低一档的主轴转速 n，最后再计算出实际切削速度 v_c。

三、切削用量选择举例

已知：

工件材料：45 钢，$\sigma_b = 0.637GPa$。

毛坯尺寸：$\phi 56mm \times 310mm$，装夹如图 2-51 所示。

加工要求：车工件外圆至 $\phi 50mm$，长度至 300mm，表面粗糙度为 $R_a 1.6\mu m$。

机床：CA6140 卧式车床。

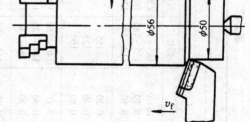

图 2-51　装夹图

刀具：焊接式硬质合金外圆车刀，刀片材料为 YT14，刀杆截面尺寸为 16mm × 25mm，刀具几何参数：$\gamma_o = 10°$，$\alpha_o = 8°$，$\kappa_r = 75°$，$\kappa_r' = 10°$，$\lambda_s = 0$，$r_\varepsilon = 1mm$。

求：车削工件外圆的切削用量。

解：因工件表面粗糙度有一定要求，所以应分粗车和半精车两道工序进行切削。

1. 粗车时的切削用量

（1）背吃刀量　单边加工余量 $Z = (56mm - 50mm)/2 = 3mm$，粗车取 $a_{p粗} = 2.5mm$，半精车取 $a_{p精} = 0.5mm$。

（2）进给量　根据工件材料，刀杆截面尺寸，工件直径及背吃刀量，查表 2-15 得 $f \approx 0.5 ~ 0.7mm/r$，按机床说明书选取实际进给量 $f = 0.51mm/r$。

（3）切削速度　切削速度可用公式计算得到，也可通过查表得到。现根据已知条件查表2-17得

$$v_c = 90 \text{m/min}$$

再根据 v_c 和已知条件，计算工件转速

$$n = \frac{1000 v_c}{\pi d_w} = \frac{1000 \times 90 \text{m/min}}{56 \text{mm} \times \pi} = 511 \text{r/min}$$

按机床说明书选取实际主轴转速 $n = 500 \text{r/min}$，为此，实际切削速度为

$$v_c = \frac{\pi d_w n}{1000} = \frac{3.14 \times 56 \text{mm} \times 500 \text{r/min}}{1000} = 87.9 \text{m/min}$$

（4）机床功率校验

切削力
$$F_c = 9.81 C_{F_c} a_p^{x_{F_c}} f^{y_{F_c}} v_c^{n_{F_c}} K$$

根据已知条件和查表2-3、表2-4、表2-5得

$$F_c = 9.81 \times 270 \times 2.5 \text{mm} \times 0.51^{0.75} \text{mm} \times 87.9 \text{m/min}^{-0.15} \times$$
$$1 \times 0.92 \times 1 \times 1 \times 0.93 = 1747.2 \text{N}$$

切削功率
$$P_c = \frac{F_c v_c}{60000} = \frac{1747.2 \text{N} \times 87.9 \text{m/min}}{60000} = 2.56 \text{kW}$$

从机床说明书可知，车床电动机功率 $P_E = 7.5 \text{kW}$

取机床传动效率 $\eta_m = 0.8$，则机床有效功率为

$$P_E' = P_E \eta_m = 7.5 \text{kW} \times 0.8 = 6 \text{kW}$$

因为 $P_c = 2.56 < P_E' = 6$，所以机床功率足够。

粗车时的切削用量为：$a_p = 2.5 \text{mm}$，$f = 0.51 \text{mm/r}$，$v_c = 87.9 \text{m/min}$

2. 半精车时的切削用量

（1）背吃刀量　$a_p = 0.5 \text{mm}$

（2）进给量　根据工件表面粗糙度 $R_a 1.6 \mu m$，$r_\varepsilon = 1 \text{mm}$，工件材料为45钢。

查表2-18（预估切削速度 $v_{c预} > 50 \text{m/min}$）得：$f = 0.16 \sim 0.25 \text{mm/r}$。

按机床说明书选取实际进给量 $f = 0.20 \text{mm/r}$

（3）切削速度　根据已知条件查表2-17得 $v_c = 130 \text{m/min}$，再根据 v_c 和已知条件，计算工件转速

$$n = \frac{1000 v_c}{\pi d_w} = \frac{1000 \times 130 \text{m/min}}{\pi(56 \text{mm} - 5 \text{mm})} = 811 \text{r/min}$$

按机床说明书选取实际主轴转速 $n = 710 \text{r/min}$，为此，实际切削速度为

$$v_c = \frac{\pi d_w n}{1000} = \frac{3.14 \times (56 \text{mm} - 5 \text{mm}) \times 710 \text{r/min}}{1000} = 113.8 \text{m/min}$$

半精车时的切削用量为：$a_p = 0.5 \text{mm}$，$f = 0.2 \text{mm/r}$，$v_c = 113.8 \text{m/min}$。

四、数控机床加工的切削用量选择

数控机床加工的切削用量选择原则与非数控机床加工的相同，具体选择时，还要考虑刀具、数控机床加工的特点等因素。

数控机床现在正向高速度、高精度、高刚度、大功率方向发展，如中等规格的加工中心，其主轴转速已达到5000～10000r/min，一些高速轻载机床甚至达到20000～30000r/min，

而与之配套使用的刀具，由于新材料、新技术的不断涌现和运用，如涂层硬质合金刀具、超硬刀具、陶瓷刀具、可转位刀具等等，使刀具的切削性能、刀具的寿命都有了很大的提高。这样，在数控机床上无论进行粗加工，还是进行精加工，都能大大提高切削用量，提高工件质量，缩短加工时间，提高生产率。

复习思考题

1. 车刀切削工件内孔，如图 2-52 所示，指明工件和刀具各做什么运动？标出已加工表面、过渡表面、待加工表面、背吃刀量、切削层公称宽度。

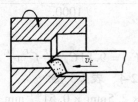

图 2-52　题图

2. 试述基面、切削平面、正交平面、法平面的定义，正交平面与法平面的区别。

3. 正交平面参考系中有哪几个静止参考平面？它们之间的关系如何？

4. 车刀切削部分在正交平面参考系中定义的几何角度共有哪些？哪些角度是基本角度？哪些角度是派生角度？

5. 什么是刀具的工作角度？哪些因素影响刀具的工作角度？

6. 刀具材料必须具备哪些性能？目前常用的刀具材料有哪几类？

7. 试比较高速钢、硬质合金的性能、用途。

8. 试比较 YG 类和 YT 类硬质合金的性能、用途。

9. 试述涂层刀具的特点及种类。

10. 金属切削过程的实质是什么？

11. 切削过程的三个变形区各有何特点？它们之间有什么关系？

12. 试述切屑的类型、特点，各种类型切屑相互转换的条件。

13. 什么是积屑瘤？积屑瘤的作用是什么？简述控制积屑瘤的措施。

14. 什么是鳞刺？鳞刺形成的过程，如何控制鳞刺？

15. 切削力是怎样产生的？为什么将切削力分解为三个相互垂直的分力？

16. 在 C6140 卧式车床上车削工件的外圆表面，工件材料为 45 钢，$\sigma_b = 0.735\text{GPa}$；选择 $a_p = 6\text{mm}$，$f = 0.6\text{mm/r}$，$v_c = 160\text{m/min}$；刀具几何角度：$\gamma_o = 10°$，$\kappa_r = 75°$，$\lambda_s = 0°$；刀具材料选用 YT15；求切削力、切削功率和所需机床功率（机床传动效率 $0.75 \sim 0.85$）。若车削时发生闷车（即主轴停止转动），这是何故？应采取什么措施？

17. 影响切削力的因素有哪些？

18. 在 $a_{p1}f_1 = a_{p2}f_2$ 的情况下，当 $f_2 > f_1$ 时，哪组切削力要大些？这一规律对生产有什么积极意义？

19. 切削塑性较好的钢材时，刀具上最高切削温度在何处？切削铸铁时，刀具上最高切削温度在何处？

20. 切削用量对切削温度的影响规律如何？试说明理由。

21. 试述刀具磨损方式和磨损的原因。

22. 什么是刀具磨损限度？

23. 切削用量对刀具磨损限度的影响规律如何？

24. 刀具几何参数包括哪些内容？

25. 试述前角、后角、主偏角的作用。

26. 减小加工表面粗糙度与刀具上哪些几何角度有直接关系？且各角度的大小怎样确定？

27. 试述粗加工切削用量选择原则，精加工切削用量选择原则。

28. 已知：工件材料45钢，187HBW，$\sigma_s = 0.598\text{GPa}$；毛坯尺寸 $\phi70\text{mm} \times 370\text{mm}$；加工要求：车削工件外圆至 $\phi62\text{mm} \times 350\text{mm}$，表面粗糙度 $R_a2.5\text{mm}$；所用机床：CA6140卧式车床，电动机功率7.5kW；所用刀具：可转位式车刀，刀片材料为YT15，刀杆截面尺寸为16mm×25mm；刀具角度：$\gamma_o = 15°$，$\alpha_o = 5°$，$\kappa_\gamma = 75°$，$\kappa_\gamma' = 15°$，$\lambda_s = -5°$，$r_\varepsilon = 0.5\text{mm}$。

求：切削用量。

29. 数控机床加工的切削用量选择原则是什么？

第三章 金属切削刀具

本章主要介绍在金属切削加工中最常用的车刀、孔加工刀具、铣刀、数控机床刀具和砂轮的结构、材料、规格及加工范围等内容。这些内容实践性很强，并且又与金属切削的基本知识紧密相连，所以在学习上要理论联系实际，通过学习，要达到能根据生产实际情况，正确地选择刀具和使用刀具的目的。

第一节 车 刀

车刀是金属切削加工中应用最广泛的一种刀具。它可用于卧式车床、立式车床、转塔式车床、自动车床和数控车床上加工外圆、内孔、端面、成形回转表面等。车刀的种类很多，按用途可分为外圆车刀、端面车刀、螺纹车刀、镗孔刀、切断刀及成形刀等，如图3-1所示。按结构的不同，又可分为整体式车刀、焊接式车刀、机夹车刀、可转位车刀和成形车刀等，如图3-2所示。

整体式车刀一般用高速钢制造，它刃磨方便，使用灵活，但硬度、耐热性较低，通常用于车削有色金属工件，小型车床上车削较小的工件。

焊接式车刀、机夹车刀、可转位式车刀应用广泛，成形车刀结构较复杂，本节将分别对这些车刀进行介绍。

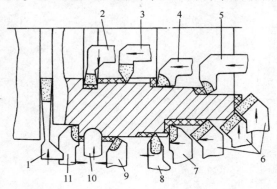

图 3-1 按用途分类的车刀

1—车槽刀 2—内孔车槽刀 3—内螺纹车刀 4—闭孔车刀 5—通孔车刀 6—45°弯头车刀 7—90°车刀 8—外螺纹车刀 9—75°外圆车刀 10—成形车刀 11—90°左外圆车刀

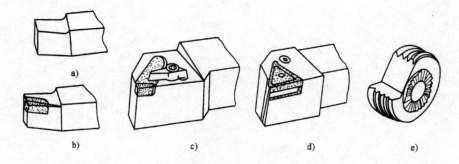

图 3-2 按结构分类的车刀

a）整体式车刀 b）焊接式车刀 c）机夹车刀 d）可转位车刀 e）成形车刀

一、焊接式车刀

焊接式车刀是由硬质合金刀片和普通结构钢或铸铁刀杆通过焊接连接而成。

焊接式车刀结构简单、紧凑；刚性好、抗振性能强；制造、刃磨方便；使用灵活。目前应用仍十分普遍。但是，刀片经过高温焊接，强度、硬度降低，切削性能下降；刀片材料产生内应力，容易出现裂纹等缺陷；刀柄不能重复使用，浪费原材料；换刀及对刀时间较长，不适用于自动车床和数控车床。

焊接式车刀质量的好坏，不仅与刀片材料的牌号、刀具的几何参数有关，还与刀片型号的选择，刀柄形状等有密切关系。

表 3-1 硬质合金车刀片 （单位：mm）

图　形	型号	尺　寸				图　形	型号	尺　寸			
		l	t	s	r			l	t	s	r
A 型						C 型	C5	5	3	2	
							C6	6	4	2.5	
							C8	8	5	3	
							C10	10	6	4	
							C12	12	8	5	
	A5	5	3	2	2		C16	16	10	6	
	A6	6	4	2.5	2.5		C20	20	12	7	
	A8	8	5	3	3		C25	25	14	8	
	A10	10	6	4	4		C32	32	18	10	
	A12	12	8	5	5		C40	40	22	12	
	A16	16	10	6	6		C50	50	25	14	
	A20	20	12	7	7	D 型					
	A25	25	14	8	8		D3	3.5	8	3	
	A32	32	18	10	10		D4	4.5	10	4	
	A40	40	22	12	12		D5	5.5	12	5	
	A50	50	25	14	14		D6	6.5	14	6	
							D8	8.5	16	8	
							D10	10.5	18	10	
							D12	12.5	20	12	
B 型											
	B5	6	3	2	2						
	B6	5	4	2.5	2.5						
	B8	8	5	3	3						
	B10	10	6	4	4						
	B12	12	8	5	5	E 型	E4	4	10	2.5	
	B16	16	10	6	6		E5	5	12	3	
	B20	20	12	7	7		E6	6	14	3.5	
	B25	25	14	8	8		E8	8	16	4	
	B32	32	18	10	10		E10	10	18	5	
	B40	40	22	12	12		E12	12	20	6	
	B50	50	25	14	14		E16	16	22	7	
							E20	20	25	8	
							E25	25	28	9	
							E32	32	32	10	

1. 刀片

刀片的形状和尺寸用刀片型号来表示。国家对硬质合金刀片型号制订了专门的标准 GB/T 5244—1985，见表3-1。

刀片型号由一个字母和一个或二个数字组成。字母表示刀片形状，数字表示刀片的主要尺寸，如：

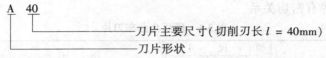

硬质合金刀片的形状分为 A、B、C、D、E 五类。A 类主要用于 90°外圆车刀、端面车刀、镗孔刀；B 类主要用于左切的 90°外圆车刀等；C 类主要用于 $\kappa_\gamma < 90$°外圆车刀、镗孔刀、宽刃精车刀；D 类主要用于切断刀、切槽刀；E 类主要用于螺纹车刀、精车刀。

刀片的型号，对于刀片形状，主要应根据车刀用途及主偏角的大小来选择。对于刀片尺寸，外圆车刀的刀片长度 l，一般应使参加工作的切削刃长度不超过刀片长度 l 的（60% ~ 70%。切断刀或切槽刀的刀片长度 l 可按 $l = 0.6\sqrt{d}$ 估算（d 为工件直径）。刀片宽度 t 关系到后面重新刃磨次数和刀头结构尺寸的大小，当切削空间较大时，t 应选择大些。刀片厚度 s 关系到刀片强度和前面重新刃磨的次数，若被加工的材料强度较大，切削层公称横截面积较大，则 s 可大些。

2. 刀柄

刀柄的截面形状一般有矩形、正方形、圆形。矩形刀柄广泛用于外圆、端面和切断等车刀。当刀柄高度受到限制时，可采用正方形刀柄。圆形刀柄主要用于镗孔刀。矩形和正方形刀柄的截面尺寸，一般按机床中心高选取，见表3-2。

表 3-2　车刀刀柄的选择

1. 刀柄尺寸

截面形状	尺寸 B/mm × H/mm						
矩形刀柄	10 × 16	12 × 20	16 × 25	20 × 30	25 × 40	30 × 45	40 × 60	50 × 80
方形刀柄	12 × 12	16 × 16	20 × 20	25 × 25	30 × 30	40 × 40	50 × 50	65 × 65

2. 根据机床中心高选择刀柄尺寸

车床中心高/mm	150	180 ~ 200	260 ~ 300	350 ~ 400
刀柄截面尺寸（矩形） B/mm × H/mm	12 × 20	16 × 25	20 × 30	25 × 40
刀柄截面尺寸（方形） B/mm × H/mm	16 × 16	20 × 20	25 × 25	30 × 30

刀柄长度可按刀柄高度 H 的 6 倍左右估算，并选用标准尺寸系列，如 100mm、125mm、150mm、175mm 等。

为了使硬质合金刀片与刀柄能牢固地连接，在刀柄的头部必须开出各种形状的刀槽用来安放刀片，进行焊接。常用的刀槽形状有开口式、半封闭式、封闭式和切口式四种，如图 3-3 所示。

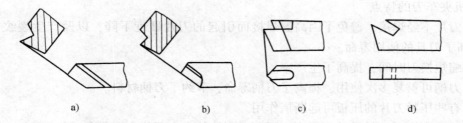

图 3-3　刀槽的形状

a) 开口式　b) 半封闭式　c) 封闭式　d) 切口式

开口式：制造简单，焊接面积小，焊接应力也小，适用于 C 型刀片。

半封闭式：焊接后刀片较牢固，但焊接应力较大，适用于 A、B 型刀片。

封闭式：增加了焊接面积，使焊接后刀片牢固，但焊接应力大，刀槽制造较困难，适用于 E 型刀片。

切口式：使刀片焊接牢固，但刀槽制造复杂，适用于 D 型刀片。

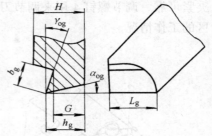

刀槽的尺寸一般有 h_g、b_g、L_g，如图 3-4 所示。这些尺寸可通过计算求得或按刀片配制得到。为了便于刃磨，一般要使刀片露出刀槽 0.5～1mm，刀槽前角 $\gamma_{og} = \gamma_o + (5° ～ 10°)$，刀槽后角 $\alpha_{og} = \alpha_o + (2° ～ 4°)$。

图 3-4　刀槽的尺寸

刀柄的头部一般有两种形状，分别称为直头和弯头，如图 3-5 所示。直头形状简单，制造方便。弯头通用性好，能车外圆、端面、倒角等。头部尺寸主要有刀头有效长度 L 和刀尖偏距 m，可按下式估算

直头车刀：　　　　　$m > l\cos\kappa_\gamma$ 或 $(B - m) > t\cos\kappa'_\gamma$

90°外圆车刀：　　　　$m \approx B/4$，$L \approx 1.2l$

45°弯头车刀：　　　　$m > l\cos45°$

切断刀：　　　$m \approx l/3$，$L > R$（R 为工件半径）

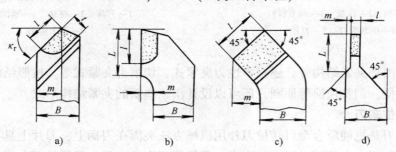

图 3-5　常用车刀头部的形状尺寸

a) 直头车刀　b) 90°外圆刀　c) 45°弯头刀　d) 切断刀

二、机夹车刀

机夹车刀是将普通硬质合金刀片用机械方法夹固在刀柄上，刀片磨钝后，卸下刀片，经重新刃磨，可再装上继续使用。

1. 机夹车刀的特点

1) 刀片不经焊接，避免了因高温焊接而引起的刀片硬度下降，以及产生裂纹等缺陷，因此提高了刀具的使用寿命。

2) 缩短换刀时间，提高了生产率。

3) 刀柄可重复多次使用，提高了刀柄寿命，节约了刀柄材料。

4) 有些压紧刀片的压板可起断屑作用。

5) 刀片磨钝后，仍需重新刃磨，因此，裂纹的产生不能完全避免。

2. 机夹车刀的夹紧结构　常用的机夹式车刀夹紧结构有如下几种：

（1）上压式　如图 3-6 所示，通过压板 2 和压紧螺钉 4 从顶面压紧刀片 5，夹紧可靠。刀垫 6 用来保护刀柄，调节刀片上下位置。调节螺钉 3 可用来调节刀片的纵向和横向位置，调节简便。但其缺点是压板与压紧螺钉有碍观察切削区的工作情况。

（2）侧压式　如图 3-7 所示。通过紧固螺钉 3 和楔块 2 将刀片从侧面压紧在刀柄槽内，夹紧可靠。调节螺钉 4 用来调节刀片 1 的位置，调节方便，刀片上无障碍物，便于观察切削区的工作情况。

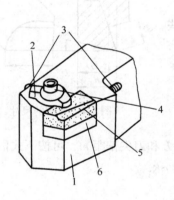

图 3-6　上压式车刀

1—刀柄　2—压板　3—调节螺钉
4—压紧螺钉　5—刀片
6—刀垫

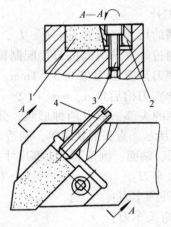

图 3-7　侧压式外圆车刀

1—刀片　2—楔块　3—紧固螺钉
4—调节螺钉

除了上述两种夹紧结构外，还有弹性力夹紧式、切削力夹紧式等。按照结构简单，夹紧可靠，装卸方便，调整快捷等原则，还可以设计出一些新的夹紧结构形式。

三、可转位车刀

可转位车刀是把硬质合金可转位刀片用机械方法夹固在刀柄上，刀片上具有合理的几何参数和多条切削刃。在切削过程中，当某一条切削刃磨钝以后，只要松开夹紧机构，将刀片转换一条新的切削刃，夹紧后又可继续切削，只有当刀片上所有的切削刃都磨钝了，才需更换新刀片。

1. 可转位车刀的特点

（1）寿命提高　刀片不需焊接和刃磨，完全避免了因高温引起的刀具材料应力和裂纹等缺陷。

73

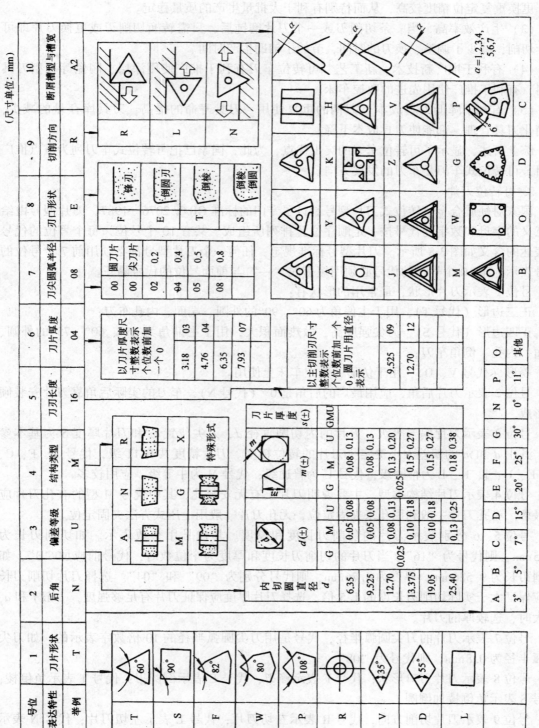

图3-8 可转位车刀刀片型号的代号涵义及举例

（2）加工质量稳定　刀片、刀柄是专业化生产的，刀具的几何参数稳定可靠，刀片调整、更换重复定位精度较高，从而特别有利于大批量生产的质量稳定。

（3）生产效率高　当一条切削刃或一个刀片磨钝后，只需转换切削刃或更换刀片即可继续切削，减少了调整、换刀的时间，节约了辅助生产时间。

（4）有利于推广新技术、新工艺　可转位车刀有利于推广使用涂层、陶瓷等新型刀具材料，有利于推广使用先进的数控车床。

（5）有利于降低刀具成本　刀柄的重复使用，刀具寿命的提高，刀具库存量的减少，可简化刀具管理，都能使刀具成本下降。

综上所述，显示了可转位车刀的突出优点，为此，国家已把可转位式车刀列为重点推广项目，可转位式车刀是车刀的发展方向。

2. 可转位刀片

国家对硬质合金可转位式刀片型号制订了专门的标准 GB/T 2076—1987，刀片型号由给定意义的字母和数字的代号按一定顺序位置排列所组成。共有 10 个号位，每个号位的代号所表达的含义如图 3-8 所示。刀片型号标准规定，任何一个刀片型号都必须用前 7 个号位的代号表示，第 10 个号位的代号必须用短横线 "—" 与前面号位的代号隔开。

号位 1 表示刀片形状，最常用的形状有：

正三边形（代号 T），用于主偏角为 60°、90°的外圆、端面、内孔车刀；

正四边形（代号 S），刀尖强度高，散热面积大，用于主偏角为 45°、60°、75°的外圆、断面、内孔、倒角车刀；

菱形（代号 V、D），用于仿形、数控车床上使用。

号位 2 表示刀片后角，应用最广的后角是 0°（代号 N），车刀的实际后角靠刀片安装倾斜形成。

号位 3 表示刀片偏差等级，刀片的内切圆直径 d，刀尖位置 m 和刀片厚度 S 为基本参数，其中 d 和 m 的偏差大小决定了刀片的转位精度。刀片精度共有 11 级，代号 A、F、C、H、E、G、J、K、L 为精密级；代号 U 为普通级；代号 M 为中等级，应用较多。

号位 4 表示刀片结构类型。主要说明刀片上有无安装孔，其中代号 M 型的有孔刀片应用最多。有孔刀片一般利用孔来夹固定位，无孔刀片一般用上压式方法夹固定位。

号位 5、6 分别表示刀片的切削刃长度和厚度。其代号用整数表示。如切削刃长为 16.5mm，则代号为 "16"。当刀片的切削刃长度和厚度为个位数时，代号前应加 "0"，如切削刃长为 9.526mm，厚度为 4.76mm，则代号分别为 "09" 和 "04"。选择刀片切削刃长度应保证大于实际切削刃长度的 1.5 倍，选择刀片厚度应保证刀片有足够强度，一般 f 和 a_p 较大时，选较厚的刀片。

号位 7 表示刀片的刀尖圆弧半径，代号是用刀尖圆弧半径的 10 倍数字表示的，如刀尖圆弧半径为 0.8mm，则代号为 "08"。

号位 8 表示刀片刃口形状；代号 F 表示锋刃；代号 E 表示倒圆刃；代号 T 表示负倒棱；代号 S 表示负倒棱加倒圆。

号位 9 表示刀片切削方向，代号 R 表示右切刀片；代号 L 表示左切刀片；代号 N 表示既能右切也能左切的刀片。

号位 10 表示刀片断屑槽槽型和槽宽。断屑槽有 16 种槽型，用字母表示；槽宽有 7 种，用数字 1~7 表示。

3. 可转位车刀的夹紧结构

可转位式车刀的夹紧结构应能满足刀片重复定位精度好，夹紧可靠；转换切削刃和更换刀片方便、迅速；结构简单，制造容易等要求。常用的夹紧结构有：

（1）偏心式　偏心式夹紧机构（见图3-9）所示是利用偏心自锁力来夹紧刀片的。刀片用偏心销定位，旋转偏心销，使偏心销上端将刀片夹紧在刀槽的侧面上。该结构的特点是结构简单、紧凑，装卸刀片方便快速，但是自锁力不强，一般适用于在中小车床上进行连续平稳的切削。

（2）杠杆式　杠杆式（见图3-10）是利用杠杆原理来夹紧刀片的。通过旋转压紧螺钉，使之朝下移动，推动杠杆摆动，使杠杆的另一端将刀片定位夹紧在刀槽的侧面上。该结构的特点是定位精度高、夹紧可靠；刀片调整、装卸方便；但是结构复杂，制造成本高。

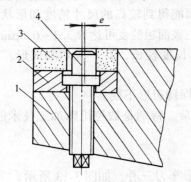

图 3-9　偏心式夹紧机构
1—刀柄　2—刀垫　3—刀片
4—偏心销

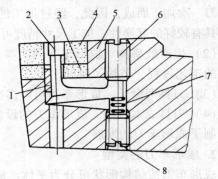

图 3-10　杠杆式夹紧机构
1—弹簧套　2—杠杆　3—刀垫　4—刀片
5—刀柄　6—压紧螺钉　7—弹簧
8—调节螺钉

（3）楔块式　楔块式（见图3-11）的结构为刀片用圆柱销定位，通过旋紧压紧螺钉，带动带有斜面的楔块朝下压，由于楔块有斜面的一侧与刀槽的斜侧面紧贴，使楔块另一侧面将刀片顶向圆柱销，从而将刀片夹紧。该结构的特点是夹紧可靠，能承受冲击；刀片调整、更换方便；但是定位精度较低。

（4）上压式　上压式（见图3-12），主要用于不带孔的刀片，通过压紧螺钉和压板将刀片夹紧。该结构的特点是定位可靠，夹紧力大；结构简单，制造方便；但是对排屑有阻碍作用，适用于粗加工或间断切削的场合。

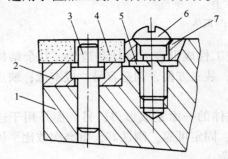

图 3-11　楔块式夹紧机构
1—刀柄　2—刀垫　3—圆柱销　4—刀片
5—弹簧垫圈　6—压紧螺钉　7—楔块

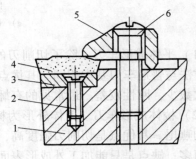

图 3-12　上压式夹紧机构
1—刀柄　2—螺钉　3—刀垫　4—刀片
5—压板　6—压紧螺钉

四、成形车刀

随着现代科学技术和生产的发展，具有一定精度和互换性要求的回转体成形表面的工件被广泛地应用。对于这些工件，如果仍然采用普通车刀来加工，不但要求工人有较高的技术水平，而且劳动强度大，生产率低，质量又不易保证，而采用成形车刀来加工，情况就大不一样了。

成形车刀是加工回转体成形表面的专用刀具，其切削刃形是根据工件廓形设计的，可用在各类车床上加工出回转体的内、外成形表面。

1. 成形车刀的特点

（1）加工质量稳定　成形车刀刃形的设计是根据工件的廓形，制造时又规定了一定的精度要求，这样，使刃形能保证与工件成形表面的形状和尺寸相对应。另外，工件成形表面由成形车刀一次加工而成，因此，经过加工的工件成形表面能得到较高的尺寸精度和形状位置精度，具有较好的互换性，加工尺寸精度可达 IT8 ~ IT10，表面粗糙度可达 R_a3. 2 ~ 6. 3μm。

（2）生产效率高　成形车刀同时参加切削的刀刃长度较长，且一次切削成形，减少了复杂的工艺过程，节约了时间。

（3）刀具寿命长　成形车刀可经多次重磨，仍能保持刃形不变。

（4）刀具成本较高　成形车刀的设计和制造较复杂。特别是数控机床加工技术的运用，更限制了成形车刀的发展。

2. 成形车刀的类型

成形车刀按结构形状可分为平体、棱体和圆体成形车刀三种，如图 3-13 所示。

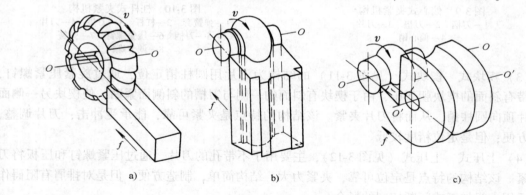

图 3-13　成形车刀
a）平体　b）棱体　c）圆体

（1）平体成形车刀　除了切削刃的形状必须按工件成形表面设计制造外，其余结构和装夹方法与普通车刀基本相同。其优点是结构简单，装夹方便，制造容易，成本低；缺点是重磨次数少，刚性较差。最常见的有螺纹车刀等。

（2）棱体成形车刀　刀体外形为棱柱体，棱柱体的一面是成形刃，另一面是用于连接刀柄的燕尾。其优点是切削刃强度高，散热条件好，固定可靠，刚性好，重磨次数比平体成形车刀多；缺点是只能加工外成形表面，制造较复杂。

（3）圆体成形车刀　刀体外形为回转体，轴心有安装孔，在回转体上开出缺口，形成切削部分。其优点是重磨次数最多，可加工内、外成形表面，制造较容易；缺点是切削刃强度较低，散热条件较差，加工精度比棱体成形车刀差。

3. 成形车刀的几何角度

（1）前角和后角的表示　如图 3-14 所示，成形车刀必须具有合理的前、后角才能有效地工作。由于成形车刀的切削刃形复杂，使切削刃上各点的正交平面方向均不同，因此，不能像普通车刀一样，将前角、后角定义在正交平面内。为此，规定在假定工作平面（即垂直于工作轴线的平面）p_f 内确定前角和后角，并且将切削刃上最外点（离工件中心最近点）"1'"处的前角和后角，定义为该成形车刀的名义前角和后角，分别用 γ_f 和 α_f 表示。

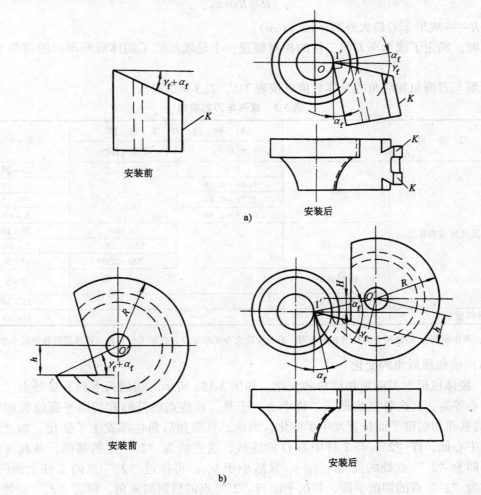

图 3-14　成形车刀的前角和后角
a）棱体　b）圆体

（2）前角和后角的形成　棱体和圆体成形车刀的前角和后角的形成方法与普通车刀不同，它们是经安装后才形成前角和后角的。

1）棱体成形车刀前角和后角的形成如图 3-14a 所示。制造时，将棱体成形车刀的后面磨成与燕尾安装基面 K 平行，将前面磨成与水平面呈倾斜（$\gamma_f + \alpha_f$）的角度。安装时，将切削刃上最外点"1'"调整至与工件中心等高，将刀体倾斜 α_f 角，由此，确定了成形车刀与工件的相对位置,于是就形成了棱体成形车刀的前角 γ_f 和后角 α_f。

2)圆体成形车刀前角和后角的形成,如图 3-14b 所示。制造时,将圆体成形车刀前面做成低于刀具中心 O' 一段距离 h 的平面。h 值可由下列公式求出。

$$h = R\sin(\gamma_f + \alpha_f)$$

安装时,将切削刃上最外点"$1'$"调整至与工件中心 O 等高,使刀具中心 O' 高于工件中心 O 一段距离 H。H 值可由下列公式求出:

$$H = R\sin\alpha_f$$

式中 R——成形车刀最大外圆半径(mm)。

这时,确定了成形车刀与工件的相对位置,于是就形成了圆体成形车刀的前角 γ_f 和后角 α_f。

成形车刀前角和后角的具体数值可按表 3-3、表 3-4 查取。

表 3-3 成形车刀的前角

车刀类型	加工材料	材料的力学性能		前角 γ_f/(°)
		σ_b/GPa	硬度(HBS)	
棱体及圆体成形车刀	钢	0.49	—	20 ~ 25
		0.40 ~ 0.78		15 ~ 20
		0.78 ~ 0.98		10 ~ 15
		0.98 ~ 1.18		5 ~ 10
	铸铁	—	< 150	10 ~ 15
			150 ~ 200	5 ~ 10
			200 ~ 250	0 ~ 5
	铅铜 铝青铜	—		0 ~ 5
	纯铜、铝	—		25 ~ 30
平体成形车刀				0 ~ 10

注:表中所列 γ_f 角适用于高速钢成形车刀。若为硬质合金成形车刀,在加工钢料时,可将表列数值减小 5°。

(3)前角和后角的变化

1)棱体成形车刀前角和后角的变化,如图 3-15a 所示。切削刃上只有最外点"$1'$" 和工件中心等高,其余各点均低于工件中心,于是,这些点的基面和切削平面位置相对于点"$1'$"的基面和切削平面位置发生了变化,因此,其前角后角也都发生了变化。如"$2'$"点比工件中心低,作"$2'$"与工件中心 O 的连线,这连线为"$2'$"点的基面,基而与前面的夹角,即为"$2'$"点处的前角 γ_{f2},γ_{f2} 显然小于 γ_{f1};再作过"$2'$"点的工件上圆的切线,这切线为"$2'$"点的切削平面,切削平面与"$2'$"点的后面的夹角,即为"$2'$"点处的后角 α_{f2},α_{f2} 显然大于 α_{f1}。由此可得前角与后角变化的规律是,切削刃上离最外点越远的点,前角越小,后角越大,楔角不变。

2)圆体成形车刀前角和后角的变化,如图 3-15b 所示。由于切削刃上只有最外点与工件中心等高,使切削刃上其余点的前角变小,后角变大。又由于切削刃上任意点的后角是由切削平面和刀具上该点的切线(即后面)后构成,随着该点远离切削刃上最外点,其

表 3-4 成形车刀的后角

刀具类型		后角 α_f/(°)
棱体成形车刀		10 ~ 17
圆体成形车刀		8 ~ 16
平体的	普通成形车刀	12 ~ 15
	铲齿车刀	25 ~ 30

切削平面与切线朝相反的方向变化，使后角变得更大，楔角变小。由此可得前角和后角变化的规律是，切削刃上离最外点越远的点，前角越小，后角越大，楔角也越小。

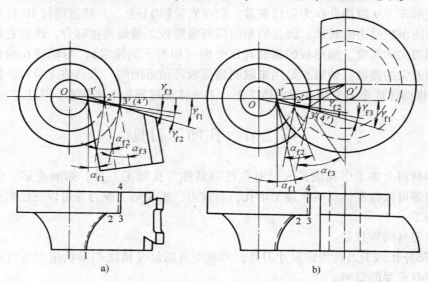

图 3-15　切削刃上各点前角、后角的变化
a）棱体　b）圆体

4. 成形车刀的装夹

工件成形表面的加工质量，不仅与成形刀具的设计制造有关，而且与成形刀具的安装有关。成形车刀是通过专门刀夹安装在机床上的。常用的棱体、圆体成形车刀的装夹结构形式如图 3-16、图 3-17 所示。

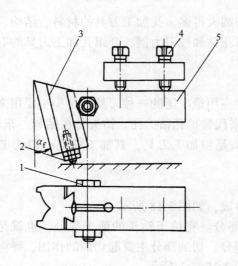

图 3-16　棱体刀的装夹
1—夹紧螺钉　2—调节螺钉　3—刀体
4—螺钉　5—刀夹

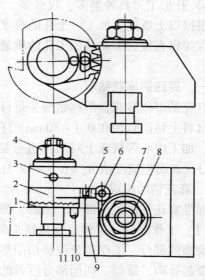

图 3-17　圆体刀的装夹
1—齿盘　2—扇形板　3、5、10—销钉
4—螺母　6—蜗杆　7—刀夹　8—螺钉
9—刀体　11—安装轴

棱体成形车刀 3 以燕尾作为定位基准，装夹在刀夹 5 的燕尾槽内，并用夹紧螺钉 1 夹固，车刀底部的调节螺钉 2 可用来调整刀尖高度，并可增强刀具工作时的刚性。

圆体成形车刀 9 以内孔作为定位基准，套在安装轴 11 上，并通过销钉 10 与齿盘 1 的端面联接，以防车削受力时转动。齿盘的断面齿与扇形板 2 端面齿相啮合，改变它们之间的位置，可粗调刀尖的高度。扇形板的侧面有几个齿（相当于蜗轮齿），与蜗杆 6 啮合，转动蜗杆，可微调刀尖的高度。销钉 5 是用来限制扇形板转动范围的。当调整完毕后，拧紧夹紧螺母 4，就可将圆体成形刀夹固在刀夹体 7 上，刀夹体通过螺钉 8 夹固在机床上。

第二节　孔加工刀具

从实体材料上加工出孔或扩大已有孔的刀具称为孔加工刀具。如麻花钻、中心钻、扁钻、深孔钻等可以在实体材料上加工出孔，而铰刀、扩孔钻、镗刀等可以在已有孔的材料上进行扩孔加工。

孔加工刀具的特点是：

1）大部分孔加工刀具为定尺寸刀具，刀具本身的尺寸精度和形状精度不可避免地对孔的加工精度有重要的影响。

2）孔加工刀具尺寸由于受到被加工孔直径的限制，刀具横截面尺寸较小，特别是用于加工小直径孔和深径比（孔的深度与直径之比的数值）较大的孔的刀具，其横截面尺寸更小，所以刀具刚性差，切削不稳定，易产生振动。

3）孔加工刀具是在工件已加工表面的包围之中进行切削加工，切削呈封闭或半封闭的状态，因此排屑困难，切削液不易进入切削区，难以观察切削中的实际情况，对工件质量、刀具寿命都将产生不利的影响。

4）孔加工刀具种类多、规格多。

根据以上所述，加工一个孔的难度要比加工外圆大得多。孔加工刀具的材料、结构、几何要素等将直接会影响被加工孔的质量。本节以麻花钻和铰刀为例，介绍孔加工刀具的有关知识。

一、高速钢麻花钻

麻花钻形似麻花，俗称钻头，是目前孔加工中应用最广泛的一种刀具。钻头主要用来在实体材料上钻削直径在 0.1 ~ 80mm 的孔，也可用来代替扩孔钻扩孔。钻头是在钻床、车床、铣床、加工中心等机床上对工件进行钻削的。钻头是粗加工刀具，其加工精度一般为 IT10 ~ IT13，表面粗糙度值 $R_a = 6.3 ~ 12.5 \mu m$。

1. 麻花钻的组成

标准麻花钻由工作部分、柄部、颈部三部分组成，如图 3-18 所示。

（1）工作部分　工作部分是钻头的主要组成部分。它位于钻头的前半部分，也就是具有螺旋槽的部分，工作部分包括切削部分和导向部分。切削部分主要起切削的作用，导向部分主要起导向、排屑、切削部分后备的作用，如图 3-18a、b 所示。

为了提高钻头的强度和刚性，其工作部分的钻心厚度（用一个假设圆直径——称为钻心直径 d_c 表示）一般为 0.125 ~ 0.15d_0（d_0 为钻头直径），并且钻心成正锥形，如图 3-18d 所示，即从切削部分朝后方向，钻心直径逐渐增大，增大量在每 100mm 长度上为 1.4 ~ 2mm。

为了减少导向部分和已加工孔孔壁之间的摩擦，对直径大于 1mm 的钻头，钻头外径从切削部分朝后方向制造出倒锥，形成副偏角 κ'_γ，如图 3-18c 所示。倒锥量在每 100mm 长度上为 0.03～0.12mm。

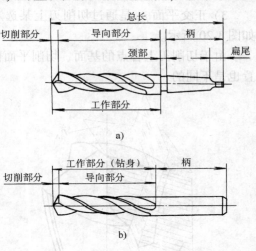

a)

（2）柄部　柄部位于钻头的后半部分，起夹持钻头、传递转矩的作用，如图 3-18a、b 所示。柄部有直柄（圆柱形）和莫氏锥柄（圆锥形）之分，钻头直径在 ϕ13mm 以下做成直柄，利用钻夹头夹持住钻头；直径在 ϕ12mm 以上做成莫氏锥柄，利用莫氏锥套与机床锥孔连接，莫氏锥柄后端有一个扁尾榫，其作用是供楔铁把钻头从莫氏锥套中卸下，在钻削时，扁尾榫可防止钻头与莫氏锥套打滑。

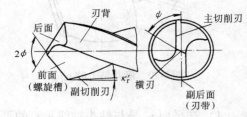

b)

（3）颈部　如图 3-18a、b 所示，颈部是工作部分和柄部的联接处（焊接处）。颈部的直径小于工作部分和柄部的直径，其作用是便于磨削工作部分和柄部时砂轮的退刀；颈部也起标记打印的作用。小直径的直柄钻头没有颈部。

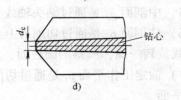

c)

2. 麻花钻切削部分的组成（见图 3-19）

（1）前面 A_γ　靠近主切削刃的螺旋槽表面。

（2）后面 A_α　与工件过渡表面相对的表面。

（3）副后面 A'_α　又称刃带，是钻头外圆上沿螺旋槽凸起的圆柱部分。

（4）主切削刃 S　前面与后面的交线。

（5）副切削刃 S'　前面与副后面的交线。

（6）横刃　两个后面的交线。

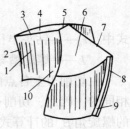

d)

图 3-18　高速钢麻花钻

钻头的切削部分由两个前面、两个后面、两个副后面、两条主切削刃、两条副切削刃和一条横刃组成。

3. 麻花钻的几何参数

（1）麻花钻的参考面　为了能定义麻花钻的几何角度，必定要引入参考面。

1）基面 p_γ 是通过切削刃上某选定点，并垂直于该点切削速度方向的平面，也是通过该点又包含钻头轴线的平面，如图 3-20 所示。

因切削刃不通过钻头轴线，切削刃上各点的切削速度方向不同，所以切削刃上各点的基面位置是不同的，如图 3-21 所示。

2）切削平面 p_s 是通过切削刃上某选定点，并与该点切削速度方向重合的平面，如图 3-20 所示。

由于切削刃上各点的切削速度方向是不同的，因此切削刃上各点的切削平面位置也是不同的，如图 3-21 所示。但是，切削刃上任一点

图 3-19　麻花钻切削
部分的组成

1—前面　2、8—副切削刃
（棱边）　3、7—主切削刃
4、6—后面　5—横刃
9—副后面　10—螺帽槽

的切削平面与该点基面始终是相互垂直的。

3）正交平面 p_0 是通过切削刃上某选定点，并同时与基面、切削平面互相垂直的平面，如图 3-20 所示。

由于切削刃上各点的基面、切削平面位置是不同的，因此，切削刃上各点的正交平面位置也是不同的。

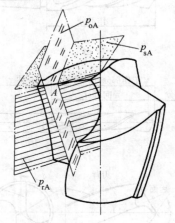

图 3-20　麻花钻上的 $p_r p_s p_o$

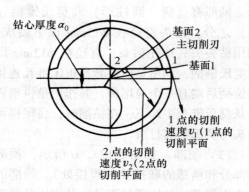

图 3-21　切削刃上各点速度与基面的关系

4）端平面 p_t 是与钻头轴线垂直的平面，如图 3-22 所示。

5）中剖面 p_c 是通过钻头轴线并与主切削刃平行的平面，如图 3-22 所示。

6）柱剖面 p_z 是通过切削刃上某选定点，并在该点作平行于钻头轴线的直线，直线绕钻头轴线旋转一圈，所得的圆柱面，如图 3-22 所示。

7）假定工作平面 p_f 是通过切削刃上某选定点，与钻头进给运动方向平行，且垂直于基面的平面。

（2）麻花钻的几何角度

1）螺旋角 β 为钻头外圆柱与螺旋槽表面的交线（螺旋线）上任意点的切线与钻头轴线之间的夹角，如图 3-23 所示。螺旋角的计算式为

$$\tan\beta = \frac{2\pi r_o}{L}$$

式中　r_o——钻头半径；

L——螺旋槽导程。

主切削刃上各点的螺旋槽导程是相同的，但主切削刃上各点至钻头轴线的距离 r_x 是不相同的，因此，切削刃上各点的螺旋角是不相同的。由图 3-23 可知，主切削刃上任一点 x 的螺旋角 β_x 的计算式为

$$\tan\beta_x = \frac{2\pi r_x}{L} = \frac{r_x}{\gamma_o}\tan\beta$$

从上式可知，钻头上的螺旋角从外径向钻心逐渐变小，即外缘处最大，近钻心处最小。通常所指的螺旋角是指外缘处的螺旋角。

螺旋角大，钻头锋利，排屑容易。螺旋角太大，主切削刃强度降低，钻头刚性减弱，散

热条件变差。一般高速钢麻花钻的螺旋角为：当钻头直径小于10mm，$\beta = 18° \sim 28°$；当钻头直径在 10 ~ 80mm 之间，$\beta = 30°$。

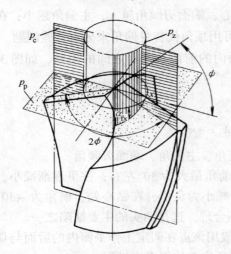

图 3-22　麻花钻上的 $p_t p_c p_z$

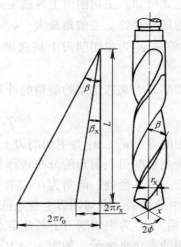

图 3-23　麻花钻的螺旋角

2）顶角 2ϕ 为两主切削刃在中剖面内投影的夹角，如图 3-24 所示。

减小顶角，可使主切削刃长度增长，单位长度切削刃上的切削载荷减轻，轴向力减小，刀尖角 ε_r 增大，有利于主、副切削刃相交处强度的提高和散热条件的改善。但是，顶角太小，将使钻尖强度降低，切削厚度减小，切屑卷曲严重，不利于排屑。标准麻花钻的顶角为 $2\phi = 118°$。顶角的大小可根据钻削工件材料而选择：如加工钢和铸铁时，顶角取 $118°$ 左右；加工黄铜和软青铜时，顶角取 $130°$ 左右；加工硬橡胶、硬塑料和胶木时，顶角取 $50° \sim 90°$ 之间。

3）端面刃倾角 λ_t 为主切削刃上某选定点的基面与主切削刃在端平面内投影的夹角，如图 3-24 所示。主切削刃上某选定点 x 的端面刃倾角的计算式为

$$\sin\lambda_{tx} = -(r/r_x)$$

式中　　r——钻心半径（mm）；

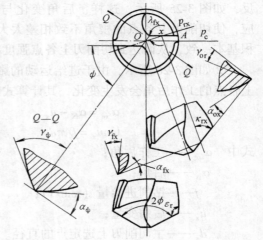

图 3-24　麻花钻的几何角度

　　　　r_x——主切削刃上某选定点至钻头轴线的距离（mm）。

从上式可知，主切削刃上各选定点，越靠近钻心，端面刃倾角越大。规定端面刃倾角为负值。

4）主偏角 κ_r 为主切削刃上某选定点的切线在基面内的投影与进给方向之间的夹角，如图 3-24 所示。

主切削刃上某选定点的主偏角的计算式为

$$\tan\kappa_{\gamma x} = \tan\varphi \cos\lambda_{tx}$$

式中 φ——钻头顶角的 1/2；

λ_{tx}——主切削刃上同一点的端面刃倾角。

从上式可知，主切削刃上各选定点，越接近钻心，端面刃倾角越大，主偏角越小；在主切削刃的最外缘处，主偏角最大，$\kappa_{rx} \approx \phi$，这时，可用顶角代替主偏角来分析某些问题。

5）前角 γ_o 为主切削刃上某选定点在正交平面内的前面与基面之间的夹角，如图 3-24 所示。

主切削刃上某选定点的前角的计算式为

$$\tan\gamma_{ox} = \frac{\tan\beta_x}{\sin\kappa_{\gamma x}} + \tan\lambda_{tx}\cos\kappa_{\gamma x}$$

式中的 β_x、κ_{rx}、λ_{tx} 为主切削刃上选定点的螺旋角、主偏角、端面刃倾角。

钻头主切削刃上前角的分布规律是：最外缘处前角最大为 30°左右；往里逐渐减小，约在离钻心 1/3 半径处，前角为 0°左右；再往里前角减小为负值，在钻心处，前角为 −30° ~ −54°。由此说明，主切削刃上各点前角的分布极不合理，这是钻头的主要缺陷之一。

6）后角 α_f 为主切削刃上某选定点的后角，一般用该点在假定工作平面内的后面与切削平面之间的夹角来表示，如图 3-24 所示。而测量则通常在柱剖面内进行。

后角由刃磨获得。后角的刃磨应满足如下要求：主切削刃上最外缘处，后角磨得小一些，$\alpha_f \approx 8° ~ 20°$，往里逐渐增大，靠近钻心处后角磨得大一些，$\alpha_f \approx 36°$。其原因是：

①后角数值沿主切削刃上各点的变化正好与前角相反，如图 3-25 所示，这样，后角变化与前角变化相适应，使切削刃上各点的楔角不致相差太大，刃口散热体积基本一致，从而达到切削刃上各点强度相对平衡。

②如图 3-26 所示，由于进给运动的影响，主切削刃上各点的工作后角会发生变化，其计算式为

$$\alpha_{fxe} = \alpha_{fx} - u_x$$
$$\tan u_x = f/\pi d_x$$

式中 α_{fxe}——工作后角；

α_{fx}——后角；

f——钻削进给量（mm/r）；

u_x——后角变量；

d_x——主切削刃上选定点的直径。

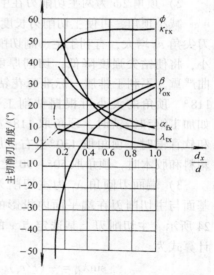

图 3-25　麻花钻几何角度的变化情况

由上式可知，由于 f 是常数，随着 d_x 的减小，u_x 将增大，致使工作后角 α_{fxe} 更小。为使接近钻头中心处工作后角不致太小，影响钻削，应将该处的后角 α_{fx} 刃磨得大些。

通常，钻头的后角是指切削刃外缘处的后角，其数值一般为 $\alpha_f = 8° ~ 20°$，钻头直径大，后角取小值；反之则取大值。

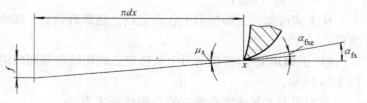

图 3-26　钻头的工作后角

7）横刃斜角 φ 为横刃与主切削刃在端平面内投影的夹角，如图 3-24 所示。

标准麻花钻的横刃斜角为 $\varphi = 50° \sim 55°$，φ 减小，横刃锋利程度增大，但横刃长度增长，使钻心定心不稳，轴向力增大。

如图 3-24 所示，在横刃上任意一点的正交平面 $Q—Q$ 内，由于横刃前面已位于基面的前方，所以横刃前角 γ_φ 为负值，横刃后角 $\alpha_\varphi = 90° - |\gamma_\varphi|$。标准麻花钻 $\gamma_\varphi = -54° \sim -60°$，$\alpha_\varphi = 30° \sim 36°$。由此可知，麻花钻在这样大的负前角条件下进行钻削，必然会产生严重的摩擦和挤压以及较大的轴向力，对加工质量产生很不利的影响。

综上所述，钻头的几何角度，有些是制造确定的，使用者是不便改变的，如螺旋角；有些是刃磨确定的，使用者可以根据需要进行调整，如顶角、后角和横刃斜角；有些是制造和刃磨两个因素确定的，如主偏角、端面刃倾角和前角。

4. 改善麻花钻切削性能的措施

麻花钻有许多长处，但也存在着一些缺陷。这些缺陷是：

1）主切削刃上前角分布不合理，从外缘处 30°左右变化到靠近钻心处 –30°左右，使切削刃上各点的切削条件差异较大，外缘处前角过大，刀刃强度较差，靠近钻心处前角又太小，钻削挤压严重。

2）横刃较长，且有很大的横刃负前角，钻削时，横刃处的摩擦挤压严重，轴向力增大，定心不稳，钻削条件恶劣。

3）主切削刃太长，会使切削宽度增大，使切屑在各点处流出的速度相差很大，造成切屑呈螺旋形，而螺旋形的切屑占有较大空间，因此，排屑不顺利，切削液也难以进入切削区。

4）在主、副切削刃的交汇处，刃口强度最低，切削速度最高，且副后角为零度，从而使该处的摩擦严重，热量骤增，磨损迅速。

为了克服钻头的上述缺陷，改善钻头的切削性能，一般可采取如下两种措施：

（1）麻花钻的修磨　根据麻花钻存在的缺陷，一般采用下列修磨方法：

1）修磨主切削刃　把原来的直线主切削刃修磨成折线或圆弧形，如图 3-27 所示。其优点是刀尖角由 ε_r 增大至 ε_o，使刀尖强度增加和散热条件得到改善，切削刃单位长度上的切削载荷减小，刀具磨损减缓。

2）修磨横刃　如图 3-28 所示，把原来较长的横刃和很小的横刃前角，修磨成较短的横刃（图 3-28a）或较大的横刃前角（图 3-28b、c）。其优点是，钻削时减少了横刃处的摩擦和挤压，使轴向力显著减小，定心平稳，从而提高钻孔精度和生产效率。

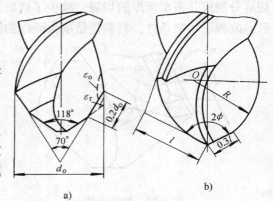

图 3-27　修磨主切削刃

3）修磨前面　如图 3-29 所示，把原来的前面修磨成不同形状，可得到不同的效果。如图 3-29a 所示，修磨主、副切削刃交汇处的前面，将此处的前角磨小，可以增强该处切削刃的强度，避免"扎刀"现象的产生；图 3-29b 所示，沿主切削刃的前面上磨出倒棱，以增强切削刃的强度，改善切削性能。图 3-29c 所示，在前面上磨出断屑台，以利于断屑排屑。

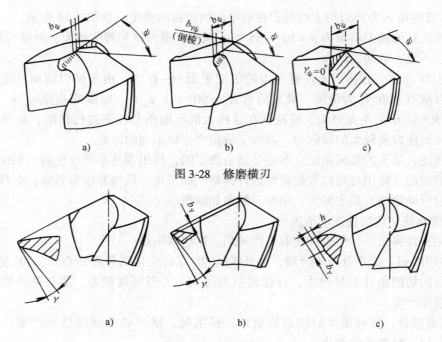

图 3-28 修磨横刃

图 3-29 修磨前面

4）修磨刃带 把原来刃带上零度的副后角修磨成 6°～8° 的副后角，如图 3-30 所示，其结果是减少了刃带与孔壁之间的摩擦，减小了刃带的磨损，有利于提高孔加工的质量。

5）开分屑槽 在两个主后面上交错地磨出分屑槽，如图 3-31 所示，钻削时，分屑槽将切屑分割成几条窄而厚的切屑，减少了切屑的卷曲，使排屑通畅，切削液能容易地进入切削区，改善了切削条件，特别是钻削大而深的孔时效果更明显。

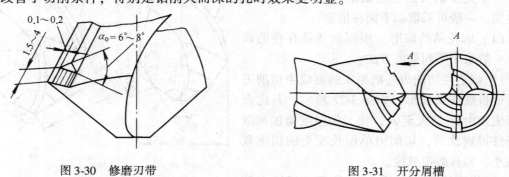

图 3-30 修磨刃带   图 3-31 开分屑槽

（2）群钻 群钻是我国机械工人在长期的生产实践中，针对标准麻花钻存在的缺陷，综合各种修磨方法和成功经验，设计出的一种先进钻头。为了适应不同工件材料、不同孔径的钻削需要，群钻已形成了多种系列。

如图 3-32 所示，为加工一般钢件、直径为 $\phi15～\phi40\text{mm}$ 的基本型群钻。它是用标准高速钢麻花钻修磨而成。其结构的主要特征是切削刃由七条构成，即内直刃（两条）、圆弧刃（两条）、外直刃（两条）、横刃（一条）；钻尖三个，即原来的钻尖（称中心钻尖）、圆弧刃和外直刃的交点（两个）；分屑槽在一侧的外直刃上磨出，或在两侧外直刃上交错地磨出。中心钻尖的横刃仅比另两个钻尖高（h）出 $0.03d_0$（d_0 为钻头外径），中心钻尖的横刃长度仅为原长的 $1/4 \sim 1/7$。基本型群钻在结构上对标准麻花钻作了较大改进，具有以下一些优点：

1）圆弧刃、内直刃和横刃上的前角分别增大 $10°$、$25°$、$4° \sim 6°$ 左右，使刃口锋利，而且使切削刃上的前角分布趋向合理，提高了切削性能。

2）不仅使横刃的长度缩短，横刃高度降低，而且有三个钻尖，钻削时，轴向力降低了 $35\% \sim 50\%$，转矩降低了 $10\% \sim 30\%$，使定心、导向作用明显增强。

3）圆弧刃和分屑槽把切屑的分段变窄，充分改善切屑的卷曲、折断、排出的效果，使切削液能顺利的进入切削区。

4）磨损减缓，钻削时轻快省力，生产效率高，可获得较好的加工精度和表面粗糙度。

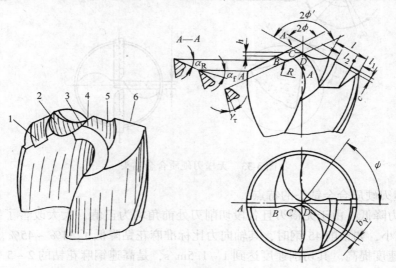

图 3-32　基本型群钻结构与几何参数
1—分屑槽　2—月牙槽　3—内直刃　4—横刃　5—圆弧刃　6—外直刃

二、硬质合金钻头

在机械加工中，钻削约占 25%。目前，钻孔的刀具仍以高速钢麻花钻为主，但是，随着高速度、高刚性、大功率的数控机床、加工中心的应用日益增多，高速钢麻花钻已满足不了先进机床的使用要求。于是在 20 世纪 70 年代出现了无横刃硬质合金钻头和硬质合金可转位浅孔钻头等，其结构和参数与高速钢麻花钻相比发生了根本的变革，适用于高速度、大功率的切削，因此，硬质合金钻头日益受到人们的重视。

1. 无横刃硬质合金钻头

（1）无横刃硬质合金钻头的结构（见图 3-33）　无横刃硬质合金钻头的外形与标准高速钢麻花钻相似，在合金钢钻体上开出螺旋槽，其螺旋角比标准麻花钻略小（$\beta = 20°$），钻心直径略粗，在钻体顶部焊有两块韧性好、抗粘结性强的硬质合金刀片，两块刀片在钻头轴心处留有 $b = 0.8 \sim 1.5\text{mm}$ 的间隙。为了保证钻尖的强度，在靠近钻头轴心处的两块刀片切削刃被磨成圆弧形或折线形，而不靠近钻头轴心处的两块刀片切削刃被磨成直线形；圆弧刃或折线刃 B 处前角 $\gamma_{oB} = 18° \sim 20°$，直线刃 A 处前角为 $\gamma_{oA} = 25° \sim 28°$，在切削刃上磨出一定宽度的倒棱 $b_{\gamma1}$，以改善刃口的强度和散热条件；在前面处开出断屑台，以利于断屑排屑；两条切削刃所形成的顶角为 $2\phi = 125° \sim 145°$，硬质合金刀片外缘处留有刃带，而合金钢钻体直径比硬质合金刀片外缘直径小，从而减少了钻削时无横刃硬质合金钻头与孔壁的摩擦。

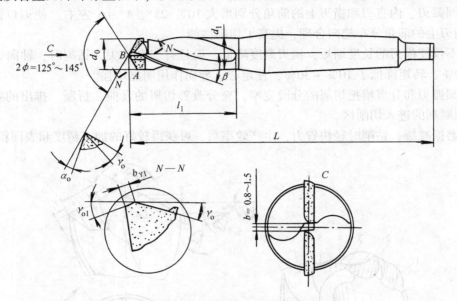

图 3-33　无横刃硬质合金钻头

（2）无横刃硬质合金钻头的特点

1）轴向力降低。由于无横刃且各段切削刃处前角均为正值，大大改善了钻削条件，使轴向力明显减小，如钻削 45 钢时，其轴向力比标准麻花钻降低了 34% ~ 45%。

2）切削速度提高。其切削速度达到 $1 \sim 1.5\text{m/s}$，是高速钢麻花钻的 2 ~ 5 倍，使生产率提高。

3）刀具磨损小。由于刀具采用了硬质合金材料，且有较合理的几何参数，所以，刀具磨损显著减缓。如钻 100 件 45 钢工件，如用高速钢麻花钻加工，后面磨损量 $VB = 0.9 \sim 1.2\text{mm}$，而用无横刃硬质合金钻头钻削，后面磨损量 $VB = 0.1 \sim 0.2\text{mm}$。

4）加工质量提高。由于刀具无横刃，切削刃上前角分布趋向合理，刃带与孔壁接触面积减小，所以能使工件加工质量提高。

5）刀具制造复杂。对硬质合金刀片的焊接要求高。另外，刀具仅适于在工艺系统刚性好的条件下进行钻削。

2. 硬质合金可转位浅孔钻

（1）硬质合金可转位浅孔钻的结构　如图 3-34 所示，硬质合金可转位浅孔钻的钻体为合金钢，在钻体上开有两条螺旋槽或直槽。在槽的前端开有凹坑，通过沉头螺钉装夹两块硬质合金可转位刀片，也可装夹切削性能更好的涂层刀片。刀片的形状常采用凸三边形（等边不等角六边形）、三边形、四边形等。两块刀片径向位置相互错开，以便切除孔底全部金属，如图 3-35 所示。靠近钻体轴心的刀片称为内刀片，远离钻体轴心的刀片称为外刀片。内、外刀片不是按 180°对称配置的，而是如图 3-35 中的 A 向视图所示，采取偏置 θ 角的方法来配置的。内、外刀片应

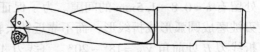

图 3-34　硬质合金可转位浅孔钻

有搭接量 Δr（径向交错量），如图 3-36 所示。一般 $\Delta r = 2 \sim 5\mathrm{mm}$，预设搭接量的目的是切除孔底的全部金属。为了能保护外刀片的后备刀尖不发生磨损（即后备刀尖不参加切削工作。因为刀片转位以后，后备刀尖将成为钻头的刀尖，保护它，对于刀片转位后的加工质量、钻头的寿命至关重要），内刀片的后备刀尖不通过钻头轴心，而与钻头轴心保持 Δh 的距离，一般 $\Delta h = 0.01 \sim 0.02d_0$（$d_0$ 为钻头直径）。Δh 的作用也是保护内刀片的后备刀尖不发生磨损。

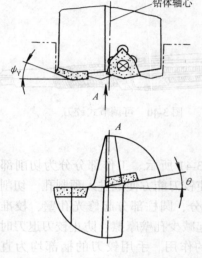

图 3-35　两块刀块的位置

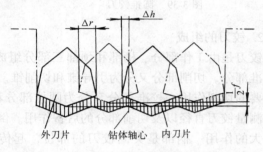

图 3-36　两块刀片切削时的图形

（2）硬质合金可转位浅孔钻的特点　切削速度高，$v_c = (150 \sim 300)\mathrm{m/min}$，是高速钢钻头的 $3 \sim 10$ 倍；切削性能好，主要原因是采用了先进的刀具材料，如硬质合金刀片、涂层刀片和陶瓷刀片等；更换调整刀片方便，大大节约了辅助时间；目前硬质合金可转位浅孔钻的加工孔径范围是 $\phi16 \sim \phi60\mathrm{mm}$，孔深最高不超过 $3.5 \sim 4d_0$。该钻头不仅可用于实心材料上的钻孔，也可用于扩孔；它特别适用于数控机床和加工中心上使用。

三、铰刀

铰刀是对已有孔进行精加工的一种刀具。铰削切除余量很小，一般只有 $0.1 \sim 0.5\mathrm{mm}$。铰削后的孔精度可达 IT6 ～ IT9，表面粗糙度可达 $R_a 0.4 \sim 1.6\mu\mathrm{m}$。铰刀加工孔直径的范围从 $\phi1 \sim \phi100\mathrm{mm}$，它可以加工圆柱孔、圆锥孔、通孔和盲孔。它可以在钻床、车床、数控机床等多种机床上进行铰削，也可以用手工进行铰削。铰刀是一种应用十分普遍的孔加工刀具。

图 3-37　手用铰刀

1. 铰刀的种类

铰刀的种类很多，通常是按使用方式把铰刀分为手用铰刀和机用铰刀，如图 3-37、图 3-38 所示。手用铰刀的刀齿部分较长，用专用扳手套在铰刀尾部的方榫上，通过手动旋转和进给，使铰刀进行切削，由于手用铰刀切削速度低，所以加工孔的精度和表面粗糙度质量较好；机用铰刀的刀齿部分较短，由机床夹住铰刀的柄部，并带动旋转和进给（或工件旋转，铰刀进给），使铰刀进行切削。由于机用铰刀的切削速度相对较高，所以生产效率高。

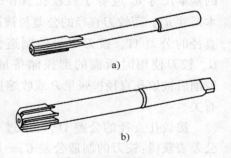

a)

b)

图 3-38　机用铰刀

此外，铰刀还可按刀具材料分为高速钢铰刀和硬质合金铰刀；按加工孔的形状分为圆柱铰刀（图3-37）和圆锥铰刀（图3-39）；按铰刀直径调整方式分为整体式铰刀和可调式铰刀，如图3-39、图3-40所示。

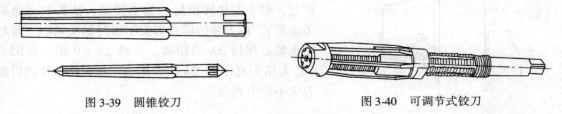

图3-39　圆锥铰刀　　　　　　　　　　　图3-40　可调节式铰刀

2. 铰刀的组成

铰刀是由工作部分、柄部和颈部三部分组成，如图3-41所示。工作部分分为切削部分和校准部分。切削部分又分为引导锥和切削锥。引导锥使铰刀能方便地进入预制孔。切削锥起主要的切削作用。校准部分又分为圆柱部分和倒锥部分，圆柱部分起修光孔壁、校准孔径、测量铰刀直径以及切削部分的后备作用。倒锥部分起减少孔壁摩擦、防止铰刀退刀时孔径扩大的作用。柄部是夹固铰刀的部位，起传递动力的作用。手用铰刀的柄部均为直柄（圆柱形），机用铰刀的柄部有直柄和莫氏锥柄（圆锥形）之分。颈部是工作部分与柄部的连接部位，用于标注打印刀具尺寸。

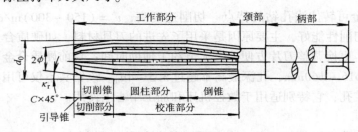

图3-41　铰刀的组成

3. 铰刀的结构要素

以图3-42所示的整体圆柱机用铰刀为例：

（1）直径与公差　铰刀的直径和公差是指校准部分中圆柱部分的直径和公差。由于被铰孔的尺寸和形状的精度最终是由铰刀的直径和公差决定的，因此，铰刀直径的基本尺寸 d_0 应等于被铰孔直径的基本尺寸 d_w，而铰刀直径的公差与被铰孔直径的公差 IT、铰刀本身的制造公差 G、铰刀使用时所需的磨损储备量 N、铰削后被铰孔直径扩张量 P 或收缩量 P_a 有关。

被铰孔直径的公差 IT，可通过查阅公差表获得；铰刀的制造公差 G，一般取被铰孔直径公差的 $1/3 \sim 1/4$；铰刀的磨

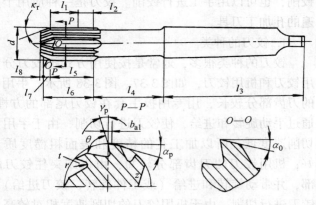

图3-42　铰刀结构

损储备量 N，是通过与铰刀的制造公差合理调节而确定，因为铰刀的制造公差大了，就会减少铰刀的磨损储备量，使铰刀寿命缩短，反之就会增大铰刀的磨损储备量，使铰刀的制造难度增加；被铰孔直径的扩张量 P 或收缩量 P_a，可通过实验得到。（如铰刀安装偏离机床旋转中心，刀齿径向跳动较大，切削余量不均匀，机床主轴间隙过大等，都会使被铰孔直径扩张；而当铰削薄壁工件，硬质合金铰刀高速铰削时，由于弹性变形和热变形，被铰孔直径会收缩。）

当铰削后被铰孔直径产生扩张量时，根据图 3-43a 所示，铰刀在制造时的极限尺寸应为：

$$d_{0max} = d_{wmax} - P_{max}$$

$$d_{0min} = d_{wmax} - P_{max} - G = d_{max} - G$$

当铰削后被铰孔直径产生收缩量时，根据图 3-43b 所示，铰刀在制造时的极限尺寸应为：

$$d_{0max} = d_{wmax} + P_{amin}$$

$$d_{0min} = d_{wmax} + P_{amin} - G = d_{0max} - G$$

铰削后，被铰孔直径不管是扩张还是收缩，随着铰刀的使用，铰刀的外径磨损至 d_{0min}-N 时，即为铰刀使用的最小极限尺寸。此时，被铰出的孔直径为最小极限尺寸 d_{wmin}，若铰刀再继续使用，被铰孔直径小于 d_{wmin}，属于不合格孔径，此时的铰刀外径已属于报废的尺寸。

（2）齿数　齿数是指铰刀工作部分的刀齿数量。一般而言，齿数多，则每齿切削载荷小，工作平稳，导向性好，铰孔精度提高，表面粗糙度降低；但齿数太多，反而使刀齿强度下降，容屑空间减小，排屑不畅。

齿数是根据铰刀直径和工件材料确定的，铰刀直径大，齿数取多些；反之，齿数取少些。铰削脆性材料，齿数取多些，铰削塑性材料，齿数取少些。在常用铰刀直径 d_o = 6 ~ 40mm 范围内，齿数一般取（4 ~ 8）个。

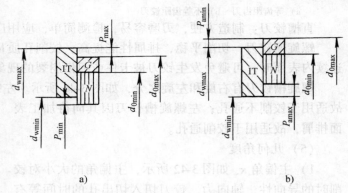

图 3-43　铰刀直径公差的分布

d_{wmax}—孔的最大极限尺寸　d_{wmin}—孔的最小极限尺寸
d_{0max}—铰刀最大极限尺寸　d_{0min}—铰刀最小极限尺寸
P_{max}—孔的最大扩张量　P_{min}—孔的最小扩张量
P_{amax}—孔的最大收缩量　P_{amin}—孔的最小收缩量
IT—孔的公差　G—铰刀制造公差　N—铰刀磨合储备量

齿数有偶数和奇数之分，一般齿数取偶数，是为了测量铰刀的直径方便。有时齿数也取奇数，这是为了增大小直径铰刀的刀齿强度，扩大容屑空间。

（3）刀齿的分布　刀齿在圆周上的分布有等齿距和不等齿距两种形式，如图 3-44 所示。

等齿距铰刀，如图 3-44a 所示。齿间角 W 均相等，制造容易，测量方便，应用广泛。但是在铰削过程中，当铰刀的刀齿遇到粘滞在孔壁上的切屑或工件材料中夹杂着硬点或软点时，刀齿所受的载荷将发生周期性的变化，即每一刀齿会周期性地进入前一刀齿所形成的刀痕中去，使加工表面留下纵向刻痕，降低了孔壁质量。

不等齿距铰刀，如图 3-44b 所示。相邻的齿间角 W 不相等，但对顶角相等，在铰削过程中，由于每瞬时各刀齿都处在新的位置，避免了每一刀齿周期性地进入前一刀齿所形成的刀痕中去，从而提高了铰削孔的质量，在铰削大直径的孔时，质量的提高更会明显。

（4）齿槽方向　铰刀的齿槽方向有直槽（直齿）和螺旋槽（螺旋齿）两种形式，如图3-45所示。

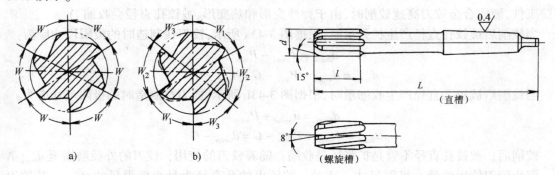

图3-44　刀齿的分布
a）等齿距齿刀　b）不等齿距铰刀

图3-45　铰刀齿槽的方向

直槽铰刀：制造方便，刃磨容易，检测简单，应用广泛。

螺旋槽铰刀：切削平稳，排屑性能提高，铰削孔质量好，特别是铰削孔壁上有键槽或不连续内表面时，可避免发生铰刀被卡住或刀齿崩裂的现象。

螺旋槽铰刀有右旋和左旋之分，如图3-46所示。左螺旋槽铰刀因其向已加工表面排屑，故适用于铰削不通孔；左螺旋槽铰刀因其向待加工表面排屑，故适用于铰削通孔。

（5）几何角度

1）主偏角 κ_γ　如图3-42所示，主偏角的大小对铰削时的导向性、轴向力、铰刀切入切出孔的时间等有影响。主偏角较小时，铰刀的导向性好，轴向力小，铰削平稳，有利于被铰孔的精度和表面粗糙度的质量提高。但铰刀切入切出孔的时间增加，不利于生产率的提高，难以铰出孔的全长。

主偏角大小的确定，主要取决于铰刀的种类、孔的结构、工件的材料等。手用铰刀 $\kappa_\gamma = 1°$ 左右；机用铰刀加工钢件时 $\kappa_\gamma = 12° \sim 15°$，加工铸铁时 $\kappa_\gamma = 3° \sim 5°$，加工盲孔时 $\kappa_\gamma = 45°$ 左右。

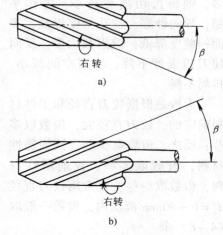

图3-46　螺旋槽铰刀
a）右螺旋槽　b）左螺旋槽

2）前角 γ_p　铰刀前角规定在背平面内度量，如图3-42所示。由于铰削余量很小，切屑也就很小很薄，铰削时，切屑与铰刀前面接触很少。因此前角大小对切削变形影响不明显，为增强刀齿强度和制造方便，前角一般取 $\gamma_p = 0°$。

3）后角 α_p（α_o）铰刀校准部分的后角规定在背平面内度量，切削部分的后角规定在正交平面内度量，如图3-42所示。铰削时，由于切削厚度很小，铰刀磨损主要发生在后面上，为减轻磨损，按理应取较大后角。但是，铰刀是定尺寸刀具（即刀具尺寸直接决定工件尺寸），过大的后角在铰刀重磨后其直径很快减小，从而降低铰刀的使用寿命。为此，铰刀的后角在切削部分一般取 $6° \sim 10°$，校正部分略大些，取 $10° \sim 15°$。

第三节　铣　　刀

铣刀是一种在回转体表面上或端面上分布有多个刀齿的多刃刀具。

铣刀是金属切削加工中应用非常广泛的一种刀具。铣刀的种类多，主要用于卧式铣床、立式铣床、数控铣床、加工中心机床上加工平面、台阶面、沟槽、切断、齿轮和成形表面等，如图 3-47 所示。

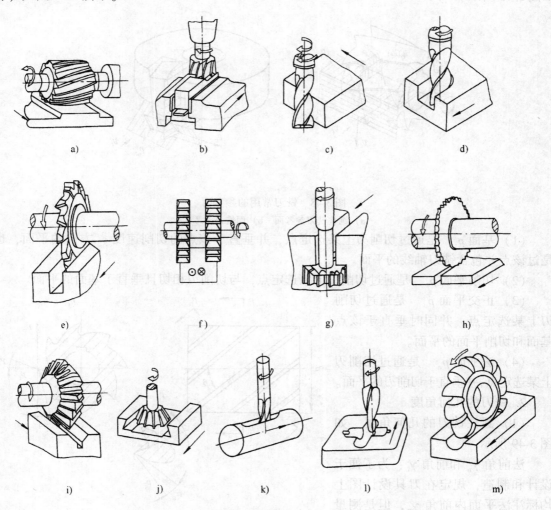

图 3-47　铣刀加工的部分内容

a) 圆柱铣刀铣平面　b) 面铣刀铣平面　c) 立铣刀铣侧平面　d) 立铣刀铣槽　e) 三面刃铣刀　f) 三面刃铣刀铣台阶面　g) T 形铣刀铣 T 形槽　h) 锯片铣刀切断工件　i) 角度铣刀铣角度　j) 角度铣刀铣燕尾槽
k) 键槽铣刀铣键槽　l) 模具铣刀铣型腔　m) 成形铣刀铣圆弧面

铣刀是多齿刀具，每一个刀齿相当于一把车刀，因此采用铣刀加工工件，生产效率高。目前铣刀是属于粗加工和半精加工刀具，其加工精度为 IT8 ~ IT9，表面粗糙度值为 R_a 1.6 ~ 6.3 μm。

一、铣刀的几何参数

铣刀的种类很多，结构也各有千秋，但是，圆柱铣刀和面铣刀是较具代表性的铣刀。能够了解掌握它们的一些几何参数，其他种类铣刀的几何参数也就比较容易了解掌握了。

1. 铣刀的参考面

铣刀相当于多把车刀的组合，为分析方便，选取一个刀齿（相当于一把车刀）进行分析讨论。

铣刀几何角度的确定与车刀一样，必须要规定一些参考面。常用的参考面有以下几个，如图 3-48 所示。

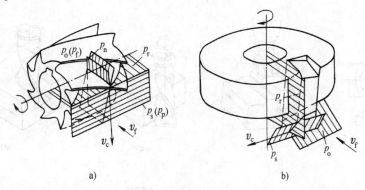

图 3-48　铣刀常用的参考面

a）圆柱铣刀参考面　b）面铣刀参考面

（1）基面 p_r　是通过切削刃上某选定点，并垂直于该点的切削速度 v_c 方向的平面，也是过该点并包含铣刀轴线的平面。

（2）切削平面 p_s　是通过切削刃上某选定点，与切削刃相切且垂直于基面的平面。

（3）正交平面 p_o　是通过切削刃上某选定点，并同时垂直于该点基面和切削平面的平面。

（4）法平面 p_n　是通过切削刃上某选定点，并垂直于切削刃的平面。

2. 铣刀的几何角度

（1）圆柱铣刀的几何角度　如图 3-49 所示。

法前角 γ_n 和前角 γ_o：为了便于设计和制造，规定在刀具设计图上均标注法平面内前角 γ_n，但是测量前角时，一般常用正交平面内前角 γ_o，两者的关系式为

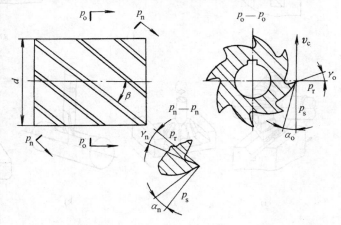

图 3-49　圆柱铣刀的几何角度

$$\tan\gamma_o = \tan\gamma_n / \cos\beta$$

式中　β——圆柱铣刀的外圆螺旋角。

后角 α_o：为了便于测量，规定在刀具设计图上均标注正交平面内后角 α_o。

螺旋角 β：是螺旋切削刃展开成直线后，与铣刀轴线间的夹角。螺旋角也是圆柱铣刀的刃倾角 λ_s。β 能使刀齿逐渐切入和切离工件，使冲击减少，切削平稳；β 能增大实际工作前

角，使刃口锋利，切削轻快；β 能形成长螺旋形切削，排屑容易。

（2）面铣刀的几何角度 （见图 3-50） 面铣刀的每一个刀齿相当于一把车刀，与车刀相同，面铣刀的几何角度规定在正交平面参考系中表达。其基本角度有：前角 γ_o、后角 α_o、副后角 α_o'、主偏角 κ_r、副偏角 κ_r'、刃倾角 λ_s。

3. 铣刀几何角度的选择

（1）前角的选择 铣刀前角的选择原则与车刀基本相同。工件材料软，塑性高，前角取大些；工件材料强度大硬度高，前角取小些；刀具材料是硬质合金，前角取小些；刀具材料是高速钢，前角取大些。由于铣削是断续切削，铣刀切入和切离工件都有冲击，所以，前角数值一般比车刀前角略小，其具体数值可参考表 3-5。

（2）后角的选择 由于铣刀是多齿刀具，每一个刀齿的切削厚度相对比车削要小，铣刀切削时，使刀齿后面挤压，磨损严重。因此，铣刀

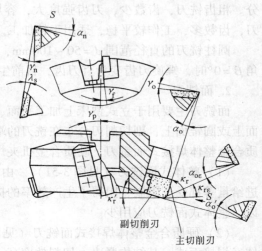

图 3-50　面铣刀的几何角度

后角数值一般比车刀后角稍大，这样，可以减少后面磨损。常用铣刀后角 $\alpha_o = 6° \sim 16°$。工件材料软取大值，工件材料硬取小值；粗齿铣刀取小值，细齿铣刀取大值。

表 3-5　铣刀的前角 （圆柱铣刀为 γ_n，面铣刀为 γ_o）

工件材料　铣刀材料	钢　料　σ_b/GPa			铸　铁 （HBS）		铝镁合金
	< 0.589	0.589 ~ 0.981	> 0.981	≤150	>150	
高速钢铣刀	20°	15°	10° ~ 12°	5° ~ 15°	5° ~ 10°	15° ~ 35°
硬质合金铣刀	5° ~ 10°	5° ~ -5°	-5° ~ -10°	5°	-5°	20° ~ 30°

（3）刃倾角的选择 圆柱铣刀的刃倾角就是螺旋角。增大螺旋角，可减小铣削的冲击，加强铣削的平稳，增大实际工作前角。但是，铣削轴向力增大，使机床主轴轴承受力增大，为此，目前一般细齿圆柱铣刀 $\beta = 30° \sim 35°$，粗齿圆柱铣刀 $\beta = 40° \sim 45°$，而最大螺旋角一般不超过 75°。

面铣刀铣削时，刀齿受冲击较大，为保护刀尖，防止崩刃，硬质合金铣刀的刃倾角常取负值 $\lambda_s = -5° \sim -15°$，工件材料强度越大，$\lambda_s$ 取得越小。在铣削铸铁、铝合金等低强度工件材料时，刃倾角取 $\lambda_s = 0 \sim 5°$。

（4）主偏角的选择 面铣刀主偏角的选择原则与车刀基本相同。面铣刀常用的主偏角有 45°、60°、75° 和 90°。当工艺系统刚性好时，主偏角应取小值，同时也可使刀具磨损减小。当工艺系统刚性差时，主偏角只能取大值。

（5）副偏角的选择 面铣刀副偏角的选择原则与车刀基本相同。副偏角一般取得较小，$\kappa_\gamma' = 3° \sim 10°$。这样有利于工件表面质量的提高。

二、铣刀的种类及结构

铣刀种类繁多，按用途分类，铣刀大致可分为以下几种：

1. 圆柱铣刀

圆柱铣刀主要用于卧式铣床上加工平面。圆柱铣刀一般为整体式，如图 3-48a、3-49 所示，该铣刀材料为高速钢，主切削刃分布在圆柱上，无副切削刃。该铣刀有粗齿和细齿之分。粗齿铣刀，齿数少，刀齿强度大，容屑空间大，重磨次数多，适用于粗加工；细齿铣刀，齿数多，工作较平稳，适用于精加工。

圆柱铣刀的直径范围 $d = 50 \sim 100mm$，齿数 $Z = 6 \sim 14$ 个，螺旋角 $\beta = 30° \sim 45°$。当螺旋角 $\beta = 0°$ 时，螺旋刀齿变为直刀齿，目前生产上应用少。

2. 面铣刀

面铣刀主要用于立式铣床上加工平面、台阶面等。面铣刀的主切削刃分布在铣刀的圆柱面上或圆锥面上，副切削刃分布在铣刀的端面上。面铣刀按结构可以分为整体式面铣刀、硬质合金整体焊接式面铣刀、硬质合金机夹焊接式面铣刀、硬质合金可转位式面铣刀等形式。

（1）整体式面铣刀（见图 3-51）　由于该铣刀往往是采用高速钢材料，使其切削速度、进给量等都受到限制，阻碍了生产效率的提高。又由于该铣刀的刀齿损坏后，很难修复，所以，整体式面铣刀应用少。

（2）硬质合金整体焊接式面铣刀（见图 3-52）　该铣刀是由硬质合金刀片与合金钢刀体经焊接而成，其结构紧凑，切削效率高，制造较方便。但是，刀齿损坏后，很难修复，所以该铣刀应用不多。

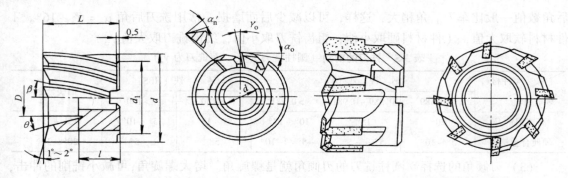

图 3-51　整体式面铣刀　　　　　　　　　图 3-52　整体焊接式面铣刀

（3）硬质合金机夹焊接式面铣刀　如图 3-53 所示。该铣刀是将硬质合金刀片焊接在小刀头上，再采用机械夹固的方法将小刀头装夹在刀体槽中，其切削效率高。刀头损坏后，只要更换新刀头即可，延长了刀体的使用寿命。所以，该铣刀应用较多。

（4）硬质合金可转位式面铣刀　该铣刀是将硬质合金可转位刀片直接装夹在刀体槽中，切削刃用钝后，将刀片转位或更换新刀片即可继续使用。

装夹转位刀片的机构形式有多种，图 3-54 所示的是上压式中的压板螺钉装夹机构。该机构刀片采用六点定位方法，即除了刀片底面由刀垫（图 3-54 中未示出）支承而限制三个自由

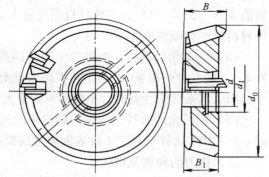

图 3-53　硬质合金机夹焊接式面铣刀

度外，其径向和轴向的三个自由度则分别由刀垫 1 上的两个支承点和轴向支承块 2 上的一个支承点限制，从而控制了切削刃的径向和端面跳动量，使该刀片的重复定位精度达 0.02 ~ 0.04mm。该机构采用螺钉压板夹固刀片，螺钉的夹紧力大，且夹紧可靠。

硬质合金可转位式铣刀与可转位式车刀一样，具有加工质量稳定，切削效率高，刀具寿命长，刀片调整、更换方便，刀片重复定位精度高等特点。适合于数控铣床或加工中心上使用。该铣刀是目前生产上应用最广泛的刀具之一。

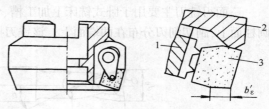

图 3-54 硬质合金可转位式面铣刀

1—刀垫 2—轴向支承块 3—可转位刀片

3. 立铣刀

立铣刀主要用于立式铣床上加工凹槽、台阶面、成形面（利用靠模）等。图 3-55 所示为高速钢立铣刀。该立铣刀的主切削刃分布在铣刀的圆柱面上，副切削刃分布在铣刀的端面上，且端面中心有顶尖孔，因此，铣削时一般不能沿铣刀轴向作进给运动，只能沿铣刀径向作进给运动。该立铣刀有粗齿和细齿之分，粗齿齿数 3 ~ 6 个，适用于粗加工；细齿齿数 5 ~ 10 个，适用于半精加工。该立铣刀的直径范围是 $\phi2 \sim \phi80mm$。柄部有直柄、莫氏锥柄、7:24 锥柄等多种形式。该立铣刀应用较广，但切削效率较低。

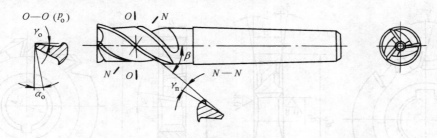

图 3-55 高速钢立铣刀

图 3-56 所示为硬质合金可转位式立铣刀，其基本结构与高速钢立铣刀相差不多，但切削效率大大提高，是高速钢立铣刀的 2 ~ 4 倍，且适合于数控铣床、加工中心上的切削加工。

4. 键槽铣刀

键槽铣刀主要用于立式铣床上加工圆头封闭键槽等，如图 3-57 所示。该铣刀外形似立铣刀，端面无顶尖孔，端面刀齿从外圆开至轴心，且螺旋角较小，增强了端面刀齿强度。端面刀齿上的切削刃为主切削刃，圆柱面上的切削刃为副切削刃。加工键槽时，每次先沿铣刀轴向进给较小的量，然后再沿径向进给，这样反复多次，就可完成键槽的加工。由于该铣刀的磨损是在端面和靠近端面的外圆部分，所以修磨时只要修磨端面切削刃，这样，铣刀直径可保持不变，使加工键槽精度较高，铣刀寿命较长。

键槽铣刀的直径范围 $\phi2 \sim \phi63mm$，柄部有直柄

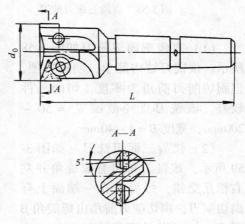

图 3-56 可转位立铣刀

和莫氏锥柄。

5. 三面刃铣刀

三面刃铣刀主要用于卧式铣床上加工槽、台阶面等。三面刃铣刀的主切削刃分布在铣刀的圆柱面上,副切削刃分布在两端面上。该铣刀按刀齿结构可分为直齿、错齿和镶齿三种形式。

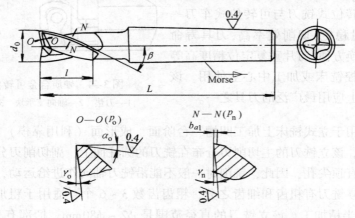

图 3-57 键槽铣刀

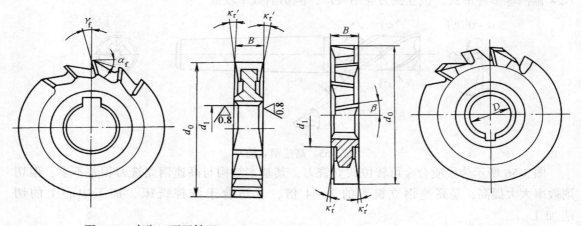

图 3-58 直齿三面刃铣刀

图 3-59 错齿三面刃铣刀

（1）直齿三面刃铣刀如图 3-58 所示。该铣刀结构简单、制造方便,但副切削刃前角为零度,切削条件较差。该铣刀直径范围 $d_0 = 50 \sim 200\text{mm}$;宽度 $B = 4 \sim 40\text{mm}$。

（2）错齿三面刃铣刀 如图 3-59 所示,该铣刀每齿有螺旋角并左右相互交错,每齿只在一端面上有副切削刃,副切削刃前角由螺旋角 β 形成。与直齿三面刃铣刀相比,该铣刀切削平稳、轻快、排屑容易,

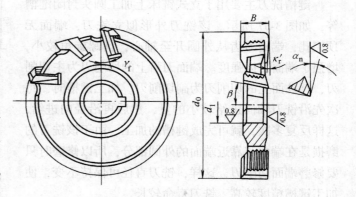

图 3-60 镶齿三面刃铣刀

生产上应用广泛。

（3）镶齿三面刃铣刀　如图3-60所示，该铣刀的刀齿分布、作用和效果与错齿三面刃铣刀相同，不同的是刀齿用高速钢材料做成背面带有齿纹的楔形刀片，并把刀片镶入用优质结构钢材做成刀体的带有齿纹的刀槽内，这样，一方面节约了大量高速钢等优良材料；另一方面当铣刀经多次重磨后宽度变小时，只要将同向刀片取出，错动一个齿纹，再依次装入同向齿槽内，铣刀宽度就增大了，从而提高了刀具寿命。镶齿三面刃铣刀的直径范围 $d_。 = 80 \sim 315mm$；宽度 $B = 12 \sim 40mm$。

除了高速钢三面刃铣刀外，还有硬质合金焊接三面刃铣刀、硬质合金机夹三面刃铣刀等。

6. 角度铣刀

角度铣刀主要用于卧式铣床上加工各种角度槽、斜面等。角度铣刀的材料一般是高速钢。角度铣刀根据本身外形不同，可分为单刃铣刀、不对称双角铣刀和对称双角铣刀三种。

（1）单角铣刀　如图3-61所示，圆锥面上切削刃是主切削刃，端面上的切削刃是副切削刃。该铣刀直径范围 $d = 40 \sim 100mm$；角度范围 $\theta = 18° \sim 90°$。

（2）不对称双角铣刀　如图3-62所示。两圆锥面上切削刃是主切削刃，无副切削刃。该铣刀直径范围 $d = 40 \sim 100mm$；角度范围 $\theta = 50° \sim 100°$，$\delta = 15° \sim 25°$。

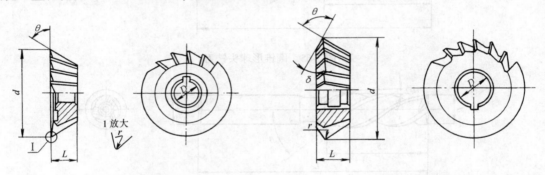

图3-61　单角铣刀　　　　　　　　　图3-62　不对称双角铣刀

（3）对称双角铣刀　如图3-63所示，两圆锥面上的切削刃是主切削刃，无副切削刃。该铣刀直径范围 $d = 50 \sim 100mm$；角度范围 $\theta = 15° \sim 90°$。

角度铣刀的刀齿强度较小，铣削时，应选择恰当的切削用量，防止振动，防止崩刃。

7. 模具铣刀

模具铣刀主要用于立式铣床上加工模具型腔、三维成形表面等。模具铣刀按工作部分形状不同，可分为圆柱形球头铣刀、圆锥形球头铣刀和圆锥形立铣刀三种形式。

圆柱形球头铣刀如图3-64所示。圆锥形球头铣刀如图3-65所示。在该两种铣刀的圆柱面、圆锥面和球面上的切削刃均为主切削刃，铣削时不仅能沿

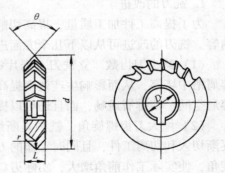

图3-63　对称双角铣刀

铣刀轴向作进给运动，也能沿铣刀径向作进给运动，而且球头与工件接触往往为一点，这样，

该铣刀在数控铣床的控制下，就能加工出各种复杂的成形表面，所以该铣刀用途独特，很有发展前途。

圆锥形立铣刀如图 3-66 所示。圆锥形立铣刀的作用与立铣刀基本相同，只是该铣刀可以利用本身的圆锥体，方便地加工出模具型腔的出模角。

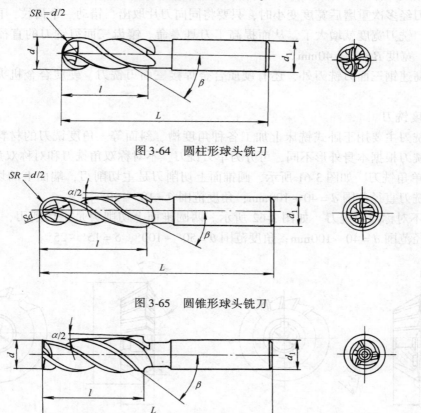

图 3-64　圆柱形球头铣刀

图 3-65　圆锥形球头铣刀

图 3-66　圆锥形立铣刀

三、铣刀的改进与先进铣刀

1. 铣刀的改进

为了提高工件加工质量，提高切削效率，延长刀具寿命，对铣刀改进是一项非常重要的内容。铣刀的改进可从以下几个方面进行。

（1）减少刀齿数　立铣刀、锯片铣刀等，在粗加工或铣削塑性钢材时，切屑很容易在容屑槽中堵塞，从而影响生产效率提高，甚至会产生崩刃的现象。而减少刀齿数，可以增大容屑空间，使排屑通畅，而且还可以提高刀齿的强度和刚性。

（2）增大刀齿螺旋角　铣削是断续切削，铣刀是多齿刀具，增大刀齿螺旋角使刀齿能逐渐切入和切离工件，且同时工作的刀齿数增多，使切削力波动小，切削平稳。增大刀齿螺旋角，使实际工作前角增大，实际刃口钝圆半径减小，使铣刀变得锋利，切削变形减小，从而可提高加工表面质量，减小刀齿的磨损；增大刀齿螺旋角，容易形成长螺旋形切屑，使排屑方便。但是，螺旋角不能过分大，否则制造和刃磨都很困难。目前，螺旋角最大一般不超过 75°。

（3）改善切削刃形。圆柱铣刀、立铣刀等铣刀的切削刃较长，切下的切屑往往很宽，使切屑卷曲,排出困难。为此,在切削刃上开出若干分屑槽,如图 3-67 所示,使原来切下宽而薄的切屑变成若干条窄而厚的切屑,改善了切屑的卷曲和排出;另外,窄而厚的切屑,使切削变形减小,切削力和切削热降低,从而,可以采用较大的切削用量,有利于生产率的提高。

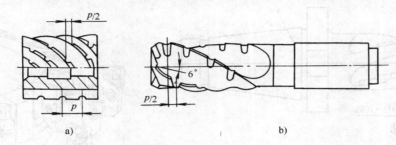

图 3-67　分屑铣刀

(4) 采用硬质合金材料　采用硬质合金材料是提高铣刀切削性能的重要途径之一。用硬质合金材料做成的铣刀,其切削速度是高速钢铣刀的 5 倍以上,其磨损比高速钢铣刀慢得多;另外,有些工件的加工,高速钢已难于或无法胜任,而硬质合金铣刀能进行切削。因此,在大批量生产或要求高效率的加工场合,应尽可能采用硬质合金铣刀。

2. 先进刀具

随着刀具领域里的科技不断发展,研究不断深入,目前已经出现了许多各具特点、能够满足不同加工要求的先进刀具。下面介绍几把较先进的铣刀:

(1) 波形刃立铣刀　如图 3-68 所示,将普通立铣刀的螺旋前面或后面加工成波浪形的螺旋面,从而使切削刃成为一条波浪形的曲线,并使立铣刀相邻切削刃上的波峰与波谷沿轴向错开。铣削时,波形刃立铣刀把原来由一条切削刃切除的宽切屑,分割成很多小块,大大减小了切削宽度,增加了切削厚度,使切屑变形减小,铣削力和铣削功率下降。因此,波形刃立铣刀适用于大的切削用量下工作,生产效率高。但该铣刀加工出的表面粗糙度较大,故只宜用于粗加工。

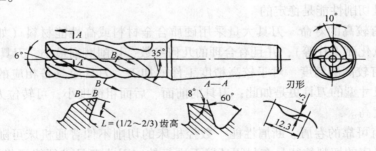

图 3-68　波形刃立铣刀

(2) 硬质合金可转位式螺旋立铣刀　如图 3-69 所示,该铣刀的刀片沿刀体螺旋槽间隔排列,并且相邻螺旋槽上的刀片沿刀体轴向相互错开,使分屑性能提高,排屑顺利。刀片为有沉孔的可转位刀片,用沉头螺钉偏心压紧,联接可靠,调整、更换刀片方便。刀片为硬质合金材料,使切削性能大大提高。该铣刀螺旋角 $\beta = 25° \sim 30°$,减小了铣削过程中的冲击振动,增大了实际工作前角,使切削轻快。但是该铣刀的切削刃上各点不在同一圆柱面上,使加工表面粗糙度较大。因此,硬质合金可转位式螺旋立铣刀是一种高切削效率,适合粗加工的刀具。

（3）硬质合金可转位模块式铣刀（见图 3-70）　该铣刀的基本特点是：在同一铣刀刀体上，可以安装多种形状的小刀头模块，安装在小刀头上的硬质合金刀片，不仅几何参数可不同，而且刀片的形状也可不同，以满足不同用途的需要。

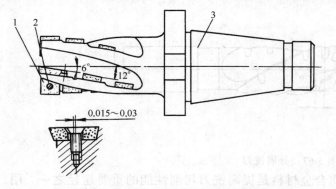
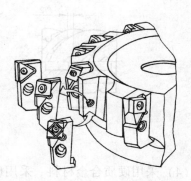

図 3-69　硬质合金可转位螺旋立铣刀　　　　　　　図 3-70　硬质合金可转位
1—可转位刀片　2—刀片夹紧螺钉　3—刀体　　　　　　　模块式铣刀

第四节　数控机床刀具

数控机床具有高效率、高精度、高柔性的性能，是现代机械加工的先进工艺装备，也是体现现代化机械加工工艺水平的重要标志。随着我国机械加工的飞速发展，数控机床的使用日益增多，为了保证数控机床能正常运行，只有配置了与数控机床性能相适应的刀具，才能使其性能得到充分的发挥。为此，本节将主要介绍数控机床刀具（简称数控刀具）的特点、种类、工具系统等有关知识。

一、数控机床刀具的特点

（1）具有良好、稳定的切削性能　刀具不仅能进行一般的切削，还能承受高速切削和强力切削，并且切削性能是稳定的。

（2）刀具有较高的寿命　刀具大量采用硬质合金材料或高性能材料（如涂层刀片、陶瓷刀片、立方氮化硼刀片等），并且有合理的几何参数，切削磨损最小，刀具寿命最长。

（3）刀具有较高的精度　对于较高精度工件的加工，刀具应具备相应的形状和尺寸精度，特别对定尺寸型的刀具更是如此；刀具的前面、后面粗糙度小，可转位刀片的转位，更换重复定位精度高。

（4）刀具有可靠的卷屑、断屑性能　数控机床的切削不像普通机床可随意停机进行排屑，而且数控机床的切削往往是在封闭环境下进行的，因此刀具必须能可靠地将切屑卷曲、折断，并顺利排屑，以避免不必要的停机。

（5）刀具能快速、自动更换　刀具能实现快速更换或自动更换。

（6）刀具有调整尺寸的功能　以实现机外预调（对刀）或机内补偿。

（7）刀具能实现标准化、系列化、模块化　由于数控机床柔性大，加工工件形状复杂、工艺范围广，所以需要的刀具品种繁、规格多，而刀具的标准化、系列化、模块化，就能有利于生产，有利于管理，有利于降低成本。

二、数控机床常用的刀具

1. 常用数控机床刀具

通用标准刀具，如麻花钻、铰刀、丝锥、立铣刀、面铣刀、镗刀等。为了进一步发挥数控机床高速度、高刚性、高功率的特性，数控机床还经常地使用各种高效刀具。如：

（1）高刚性麻花钻 这种钻头采用大螺旋角（有时可达35°～45°）、大钻心厚度（可达0.35倍～0.4倍钻头直径）和新的容屑槽形状，可以连续进给加工，大大提高加工效率。

（2）硬质合金可转位浅孔钻 如图3-34所示。

（3）硬质合金可转位式螺旋立铣刀 如图3-69所示。

（4）机夹硬质合金单刃铰刀 这种铰刀在圆周方向只有一条切削刃和2～3条导向块，切削刃直径比导向块直径略大，导向块不仅起导向、支承的作用，还起挤光孔壁的作用。该铰刀的铰削余量、铰削速度均可比普通铰刀大，而加工孔的精度和表面粗糙质量好，如图3-71所示。

（5）微调镗刀片 这类镗刀的最大特点是镗刀头的径向尺寸可以在加工现场进行精确的微调，通用性好，加工精度高。

（6）球头铣刀 常用于各种成形表面的加工，如图3-64、3-65所示。

（7）复合刀具 对有一定批量工件的加工，为了能集中工序，可以使用专用复合刀具，实现多刀多刃加工，如复合阶梯钻、钻孔锪孔复合钻、多级扩孔钻、复合镗刀等。由于它们与工件形状直接相关，所以专用性强，往往需要特殊设计、特殊制造和刃磨。

图 3-71 机夹硬质合金单刃铰刀

2. 选择数控刀具的一般原则

1）尽量采用硬质合金或高性能材料制成的刀具。

2）尽量采用机夹或可转位式刀具。

3）尽量采用高效刀具。

三、数控机床刀具的快换方式

数控机床具有高效率的性能，其中要求用较少的时间更换刀具，而数控刀具有四种常用的快速更换（快换）方式，如图3-72所示。

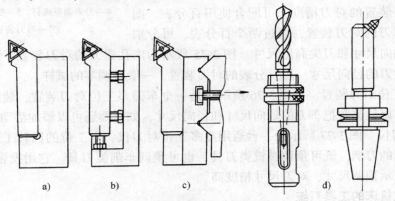

图 3-72 快速换刀方式
a) 更换刀片 b) 更换刀具 c) 更换刀夹 d) 更换刀柄

（1）更换刀片　刀片小，更换轻便，换刀精度主要取决于刀片精度和刀片的定位精度。

（2）更换刀具　换刀精度较高，换刀轻便、迅速，但是需要在数控机床外用对刀装置预先调好刀具尺寸。

（3）更换刀夹　换刀精度高，能实现自动换刀，刀夹在同类型机床上可以通用，便于刀夹的标准化和系列化；但是需要在数控机床外用对刀装置预先调好刀具尺寸，刀夹设计、制造复杂，且精度要求高。

（4）更换刀柄　能实现自动换刀，能使用标准刀具，刀柄在同类机床上可以通用，便于刀柄的标准化和系列化；但是刀具与刀柄的联接往往要用莫氏锥套等中间环节，影响刀具的定位精度和刚性，锥柄、锥套精度要求高，制造上有一定难度。另外需要在数控机床外用对刀装置预先调好刀具尺寸。

四、数控机床刀具尺寸的预调（对刀）

为实现刀具的快换，一般要求在数控机床外预先调好刀具尺寸，预调刀具尺寸主要是指轴向尺寸（长度）、径向尺寸（直径）、切削刃的形状、位置等内容。这样，在换刀时不需作任何附加调整，换刀后即可进行加工，并能保证加工出合格的零件尺寸。

如图 3-73 所示，是刀具在机床外对刀时的尺寸和刀具装到机床上时的尺寸之间的关系。工件的尺寸 $D/2$ 是通过调整尺寸 L 和 l 来保证的，调试时，先把刀具放在对刀装置上用螺钉 3 调到尺寸 l 值以后，然后把刀具装到机床上试切，通过调节螺钉 4 改变左端面的位置，可以获得工件所需的尺寸 $D/2$，并在机床上定出 L 值。这时，拧紧螺母 5，把螺钉 4 位置固定。这样，以后凡是在对刀装置上调整到 l 尺寸的刀具，装到机床上都能加工出工件尺寸 $D/2$。

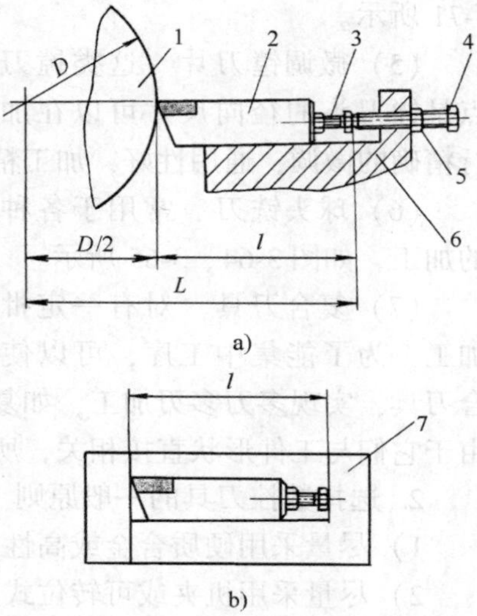

以下介绍几种对刀装置：

（1）使用百分表的对刀装置　为了提高如图 3-73b 所示简易对刀装置的对刀精度，可配合使用百分表。图 3-74 所示为车刀的对刀装置，通过两个百分表，可分别调整车刀的轴向尺寸和刀尖高度尺寸。图 3-75 所示为内孔镗刀的对刀装置，通过一个百分表，可调整镗刀的径向尺寸。用百分表的对刀装置，一般有调零的试样。

（2）多工位对刀装置　如图 3-76 所示，是一个车刀多工位对刀装置，装置中固定有三块对刀板，可以调整数把车刀的轴向尺寸和径向尺寸，如需要还可以添加活动对刀板。

（3）对刀仪　图 3-77 所示为一台通用型多工位对刀仪，六工位的回转工作台可安装不同规格和类型的刀柄，既可预调镗铣类刀具，也可预调车削类刀具。它用投影屏刻线对刀，用数显装置显示预调尺寸，对刀尺寸精度高。

五、数控机床的工具系统

数控机床工具系统（简称数控工具系统）是指连接机床和刀具的一系列工具，有刀柄、连接杆、连接套和夹头等组成。

图 3-73　车刀在工作时与
对刀时的尺寸关系
a) 工作状态　b) 对刀状态
1—工件　2—刀具　3—刀具调整螺钉
4—刀夹调整螺钉　5—螺母　6—刀架
7—对刀装置

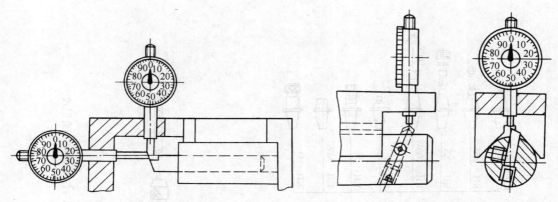

图 3-74　车刀的对刀装置　　　　　　　　　　图 3-75　内孔镗刀对刀装置

由于数控机床所要完成的加工内容多，必需配备许多不同品种、不同规格的刀具，众多数量的刀具只有通过数控工具系统才能与机床连接；同时，数控工具系统还能实现刀具的快速、自动装夹。因此，在数控机床切削加工中，数控工具系统是必不可少的。随着数控工具系统应用的与日俱增，我国已经建立了标准化、系列化的数控工具系统，为普及、发展数控工具系统打下了良好的基础。

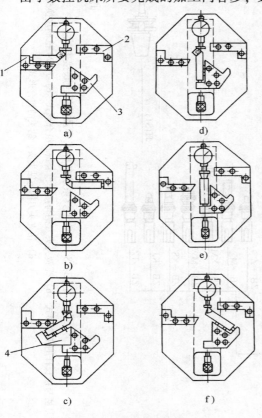

图 3-76　车刀多工位对刀装置
1、2、3—对刀板　4—活动对刀板

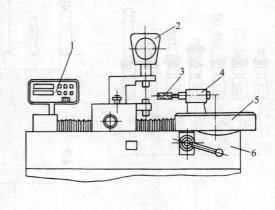

图 3-77　通用型多工位对刀仪
1—数显装置　2—投影屏　3—刀具　4—刀夹
5—回转工作台　6—机身

数控工具系统按系统的结构不同，可分为整体式和模块式两类。

1. 整体式

TSG82 是我国已经实行标准化的整体式工具系统，其组合联接方式如图 3-78 所示。该系统结构简单，使用方便，装卸灵活，更换迅速。但是，该系统中各种工具的品种、规格繁多，共有 12 个类，45 个品种，674 个规格，给生产、使用和管理都带来不便。

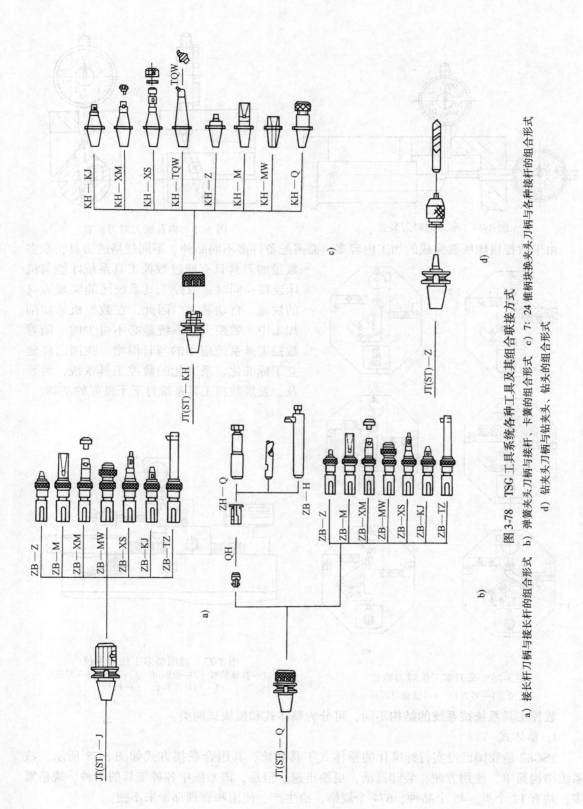

图3-78 TSG工具系统各种工具及其组合联接方式

a) 接长杆刀柄与接长杆的组合形式 b) 弹簧夹头刀柄与接杆、卡簧的组合形式 c) 7: 24锥柄换块换头夹头刀柄与各种接杆的组合形式

d) 钻夹头刀柄与钻夹头、钻头的组合形式

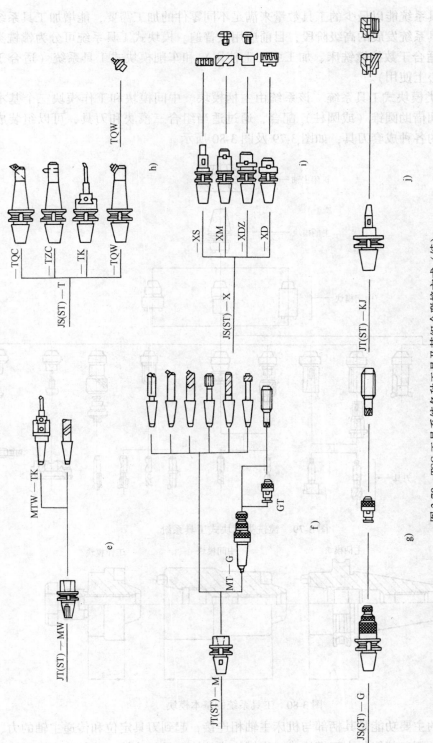

图 3-78　TSG 工具系统各种工具及其组合联接方式（续）

e）无偏尾莫氏锥孔刀柄　f）有偏尾莫氏锥孔刀柄、接杆和刀具组合形式　g）攻螺纹夹头刀柄、攻螺纹夹头刀柄的组合形式
h）镗刀类刀柄与镗刀头的组合形式　i）铣刀类刀柄与铣刀的组合形式　j）套式扩孔钻、铰刀刀柄与刀具的组合形式

2. 模块式

模块式工具系统能以最少的工具数量来满足不同零件的加工需要，能增加工具系统的柔性，是数控工具系统发展的高级阶段，目前应用较普遍。模块式工具系统可分为镗铣类模块式工具系统（适合于数控镗铣床、加工中心上使用）和车削模块式工具系统（适合于数控车床、车削中心上使用）。

（1）镗铣类模块式工具系统　该系统由主柄模块、中间模块和工作模块三个基本模块组成，模块之间借助圆锥（或圆柱）配合，通过适当组合三模块和刀具，可以组装成满足特定加工要求的各种成套刀具，如图 3-79 及图 3-80 所示。

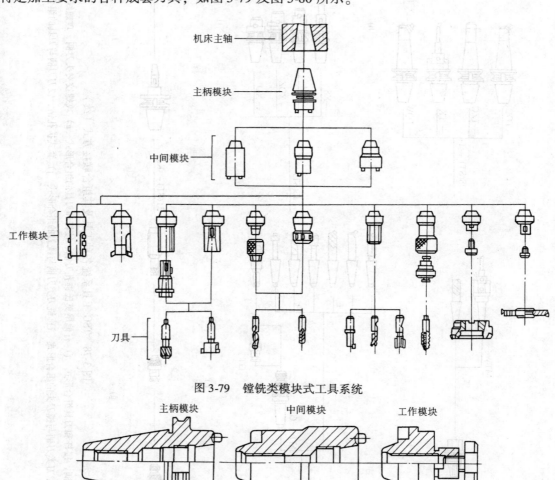

图 3-79　镗铣类模块式工具系统

图 3-80　工具系统的基本模块

主柄模块的主要功能是其柄部与机床主轴相连接，起到刀具定位和传递主轴的力、扭矩和运动的作用；而口部能与中间模块或工作模块或整体刀具相连接。此外，主柄模块还起自动换刀被夹持、提供切削液通道等的作用。

中间模块的主要功能是在主柄模块和工作模块、专用工具之间起适配和安装的作用。工作模块的主要功能是安装刀具。

（2）车削模块式工具系统　该系统是由主柄模块、中间模块和工作模块组成。为了适应车削较小的切削区空间，一般较少使用中间模块，如图 3-81 所示。

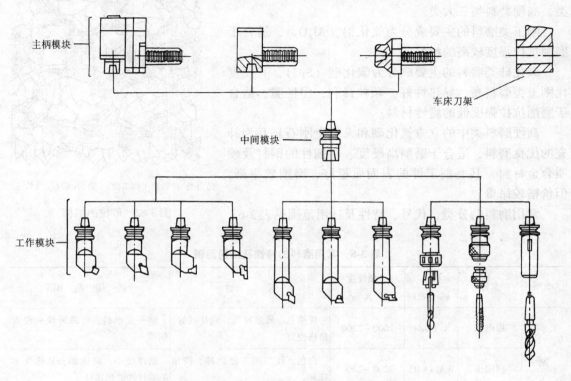

图 3-81　车削模块式工具系统

第五节　砂轮及磨削

本节所述的磨削是指用旋转的砂轮对工件表面进行切削的一种加工方法。其中，砂轮是由磨料（也称磨粒）和结合剂经混合、压制、干燥、焙烧而制成的一种特殊刀具。砂轮的切削机理与一般刀具的切削机理不同。但是，磨削已经成为现代机械制造中应用最广泛的加工方法之一。而且，磨削在机械加工中所占的比重日益增加，磨削的技术已经引起了国内外专家的重视，正沿着高效率、高精度、高自动化的方向迅速发展。

一、砂轮结构的要素

如图 3-82 所示，砂轮结构由磨粒、结合剂和气孔组成。磨粒的形状呈不规则的多面体，面与面之间的微刃在磨削中起着切削的作用，结合剂起着粘固无数磨粒的作用，气孔起着容纳磨屑和散热的作用。磨粒、结合剂、气孔组成了砂轮结构的三要素。

二、砂轮特性的要素

砂轮特性的要素由下列五个要素组成：磨料、粒度、结合剂、硬度和组织。

（1）磨料　磨料是硬度极高的非金属晶体，是砂轮的主要成分。磨料必须具有高的硬度、耐磨性、耐热性、适当的韧性和比较锋利的形状等的性能。

磨料分天然磨料和人工磨料两大类。天然磨料有刚玉和金刚石等。天然刚玉含杂质多，质地不匀；天然金刚石虽好，但资源稀少，价格昂贵，所以很少采用。目前制造砂轮用的磨料主要是各种人造磨料，人造磨料分刚玉类、碳化硅类、高硬磨料类三大类。

刚玉类磨料的主要成分为氧化铝（Al_2O_3），适合于磨削抗拉强度较高的材料。

碳化硅类磨料的主要成分为碳化硅（SiC），其硬度比刚玉类磨料高，导热性好，颗粒锋利，但性脆，适合于磨削抗拉强度低的脆性材料。

高硬磨料类中的立方氮化硼和人造金刚石是互为补充的优良磨料，适合于磨削高硬度、高韧性的钢材及硬质合金材料，其磨削工件的表面质量好，磨削效率高，但价格较昂贵。

常用磨料的分类、代号、特性及适用范围见表3-6。

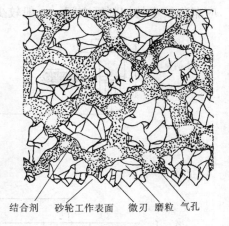

结合剂　砂轮工作表面　微刃　磨粒　气孔

图 3-82　砂轮的结构

表 3-6　常用磨料的特性及适用范围

类别	名称	代号 新（老）	显微硬度 $10^7 N/m^2$	特性	适用范围
刚玉类	棕刚玉	A（GZ）	2000～2200	棕褐色。硬度较低，韧性较好，价格便宜	磨一般钢料，可锻铸铁和硬青铜等
	白刚玉	WA（GB）	2200～2400	白色。较棕刚玉硬而脆，棱角锋利	磨淬硬钢、高速钢、易热变形的零件和成形零件
	铬刚玉	PA（GG）	2200～2300	玫瑰红或紫红色。韧性比白刚玉高，磨削粗糙度小	磨淬硬钢、高速钢；高精度和小粗糙度磨削（如磨削量具、仪表零件等精密零件）
碳化硅类	黑碳化硅	C（TH）	2840～3320	黑色有光泽。性脆，棱角锋利，导热性好	磨铸铁、黄铜、铝合金等抗拉强度低的材料
	绿碳化硅	GC（TL）	3280～3400	绿色有光泽。比黑碳化硅硬而脆，导热性好	磨硬质合金、宝石、陶瓷、玻璃等硬而脆的材料
高硬磨料类	立方氮化硼	（CBN）	8000～9000	黑色或淡白色。硬度仅次于金刚石，强度较高，有良好的导热性和热稳定性，对铁元素的化学惰性高	磨各种高钼、高钒、高钴的高速钢，镍基合金和钛合金等难加工材料
	人造金刚石	SD（JR）	10600～11000	无色透明或呈淡黄、淡绿色。有较好的导热性，刃口锋利，但韧性、热稳定性及化学惰性差	磨硬质合金、宝石、光学玻璃、半导体等硬脆材料

（2）粒度　粒度是指磨料颗粒（磨粒）的大小。根据国家标准（GB/T2477—1983），磨料颗粒的尺寸大小用粒度号表示，见表3-7。

表 3-7　磨料粒度号及尺寸

粒度号	磨粒颗粒尺寸/μm	粒度号	磨粒颗粒尺寸/μm	粒度号	磨粒颗粒尺寸/μm	粒度号	磨粒颗粒尺寸/μm
4	5600 ~ 4750			40	500 ~ 425	W2.5	2.5 ~ 1.5
5	4750 ~ 4000	W63	63 ~ 50	46	425 ~ 355	W1.5	1.5 ~ 1.0
6	4000 ~ 3350	W50	50 ~ 40	54	355 ~ 300		
7	3350 ~ 2800			60	300 ~ 250	W1.0	1.0 ~ 0.5
8	2800 ~ 2360	W40	40 ~ 28	70	250 ~ 212	W0.5	0.5 及更细
10	2360 ~ 2000	W28	28 ~ 20	80	212 ~ 180		
12	2000 ~ 1700	W20	20 ~ 14	90	180 ~ 150		
14	1700 ~ 1400	W14	14 ~ 10	100	150 ~ 125		
16	1400 ~ 1180	W10	10 ~ 7	120	125 ~ 106		
20	1180 ~ 1000			150	106 ~ 90		
22	1000 ~ 850	W7	7 ~ 5	180	90 ~ 75		
24	850 ~ 710			220	75 ~ 63		
30	710 ~ 600	W5	5 ~ 3.5	240	63 ~ 50		
36	600 ~ 500	W3.5	3.5 ~ 2.5				

磨粒尺寸大于 50μm，粒度是用筛网来筛分的，即粒度号表示了磨粒能通过的筛网在每英吋⊖长度上所含的孔眼数。例如：粒度号 46#，指的是磨粒能通过每英吋长度上有 46 个孔眼的筛网，但不能通过每英吋长度上有 54 个孔眼的筛网。所以粒度号越大，磨粒就越细。磨粒粒度号的范围是 4# ~ 240#。

磨粒尺寸小于 63μm，称为微粉。微粉的粒度是将磨粒放入一定的水流或风流中，视其沉降区域不同进行区分，然后再用显微镜测量其尺寸来确定的。粒度号用 W 表示微粉，后面的数字表示该粒度号微粉的最大实际宽度尺寸。因此，粒度号越大，微粉就越粗。微粉粒度号的范围是 W63 ~ W0.5。

砂轮的粒度对加工工件表面的粗糙度和磨削效率有很大的影响。磨料粒度选择原则为：粗磨时以提高生产率为主要目的，应选小的粒度号，一般为 36# ~ 46#；精磨时以减小表面粗糙度为主要目的，应选大的粒度号，一般为 60# ~ 120#；工件材料塑性大或磨削接触面积大时，为避免磨削温度过高，使工件表面烧伤，宜选小的粒度号；工件材料软时，宜选小的粒度号；反之取大的粒度号；成形磨削取大的粒度号。常用磨料粒度的砂轮使用范围参见表 3-8。

表 3-8　常用磨料粒度的砂轮使用范围

磨具粒度	一般使用范围	磨具粒度	一般使用范围
14# ~ 24#	磨钢锭、铸件去毛刺、切钢坯等	120# ~ W20	精磨、螺纹磨
36# ~ 46#	一般平面磨、外圆磨和无心磨	W20 以下	镜面磨削
60# ~ 100#	精磨、刀具刃磨		

（3）结合剂　结合剂是指粘固磨粒成为砂轮的物质。结合剂的种类及性能对砂轮的强度、耐冲击韧度、耐热性、耐腐蚀性等具有极大的影响。

常用的结合剂分为有机结合剂和无机结合剂两大类，其中无机结合剂最常用的是陶瓷结合剂；有机结合剂最常用的是树脂结合剂和橡胶结合剂。常用结合剂的性能及用途见表 3-9。

⊖　英吋(in)为非法定计量制单位，1in = 25.4mm，下同。

表 3-9　结合剂性能及用途

名　称	代　号	性　能	用　途
陶瓷	V(A)	耐热,耐腐蚀,气孔率大,易保持砂轮廓形,弹性差,不耐冲击,耐水,耐油,耐酸碱	应用最广,可制薄片砂轮以外的各种砂轮
树脂	B(S)	强度及弹性好,耐热及耐腐蚀性差	制作高速及耐冲击砂轮、薄片砂轮
橡胶	R(X)	强度及弹性好,能吸振,耐热性很差,不耐油,气孔率小	制作薄片砂轮、精磨及抛光用砂轮
菱苦土	Mg(L)	自锐性好,结合能力较差	制作粗磨砂轮
金　属（常用青铜）	(J)	强度最高,自锐性较差	制作金刚石磨具

注：括号内符号为旧代号。

（4）硬度　砂轮的硬度是指在磨削力的作用下，磨粒从砂轮表面脱落的难易程度。磨粒容易从砂轮表面脱落，就称该砂轮软；磨粒不容易从砂轮表面脱落，就称该砂轮硬。砂轮的硬度是反映了结合剂与磨粒的粘固强度。它与磨粒本身的硬度是两个不同的概念，切勿混淆。砂轮的硬度分为 15 个等级，如表 3-10 所示。

表 3-10　硬度分级与代号

等　级	大　级	超软	软			中软		中		中硬			硬		超硬
	小　级	超软	软$_1$	软$_2$	软$_3$	中软$_1$	中软$_2$	中$_1$	中$_2$	中硬$_1$	中硬$_2$	中硬$_3$	硬$_1$	硬$_2$	超硬
原代号	GB/T 2484—1994	CR	R$_1$	R$_2$	R$_3$	ZR$_1$	ZR$_2$	Z$_1$	Z$_2$	ZY$_1$	ZY$_2$	ZY$_3$	Y$_1$	Y$_2$	
新代号	ISO 525—1975	E	F	G	H	J	K	L	M	N	P	Q	R	S	T	Y

砂轮的硬度对加工工件的表面质量、磨削效率、砂轮的损耗都有很大影响。如果砂轮太硬，磨粒变钝后仍不能脱落，磨削力和磨削热就会显著增加，严重的会导致工件表面烧伤；如果砂轮太软，磨粒还很锋利就脱落，加快砂轮损耗，同时，由于磨粒脱落破坏了砂轮工作面的形状，影响加工质量。

砂轮硬度的选择原则是：

1）工件材料越硬，应选越软的砂轮。因为这样可使磨钝的磨粒容易脱落，露出锋利的磨粒，使砂轮保持锋利。反之，应选越硬的砂轮。对于有色金属等很软的工件材料，为避免磨屑堵塞砂轮，则应选用较软的砂轮。

2）磨削接触面积较大时，应选较软砂轮；薄壁零件及导热性差的零件，也应选软砂轮。这是为了降低磨削产生的热量，防止工件表面烧伤及变形。

3）砂轮的粒度号较大时，应选较软的砂轮；砂轮线速度较低时，应选较硬的砂轮。

4）精磨和成型磨削时，应选较硬的砂轮。这样可较长时间保持砂轮的

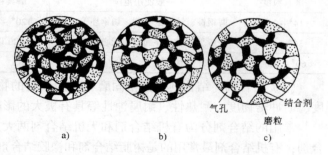

图 3-83　砂轮的组织
a）紧密　b）中等　c）疏松

外形轮廓，提高磨削精度。

常用的砂轮硬度等级一般为 H 至 N（即软 2 至中 2）。

（5）组织　砂轮的组织是指砂轮中磨粒、结合剂、气孔三者的体积比例，也就是砂轮内部结构的松紧程度。磨粒占砂轮的体积分数%（体积的%）越大，气孔占砂轮的体积分数%（体积的%）越小，则组织越紧密；反之，组织越疏松，如图 3-83 所示。

砂轮组织的松紧程度用组织号表示，组织号以数字 0 ~ 14 表示。组织号越小，砂轮组织越紧密；反之，则砂轮组织越疏松。表 3-11 所列为砂轮组织号及适用范围。

表 3-11　砂轮的组织号及适用范围

组织号	0	1	2	3	4	5	6	7	8	9	10	11	12	13	14
磨粒率/（%）	62	60	58	56	54	52	50	48	46	44	42	40	38	36	34
疏密程度	紧　密				中　等				疏　松					大气孔	
适用范围	重载荷、成形、精密磨削、间断及自由磨削，或加工硬脆材料				外圆、内圆、无心磨及工具磨，淬火钢工件及刀具刃磨等				粗磨及磨削韧性大、硬度低的工件，适合磨削薄壁、细长工件，或砂轮与工件接触面大以及平面磨削等					有色金属及塑料橡胶等非金属以及热敏性大的合金	

常用的砂轮都是中等组织（组织号 4 ~ 7）。紧密组织（组织号 0 ~ 3）的砂轮，磨粒含量多，砂轮的轮廓易保持，易获得较小的磨削表面粗糙度，适用于成形磨削和精密磨削；疏松组织（组织号 8 ~ 14）的砂轮，有助于减少工件的热变形，避免工件表面的烧伤和裂纹，适用于磨削易堵塞砂轮气孔的、韧度大而硬度不高的材料、热敏性强的材料以及砂轮与工件接触面积较大的磨削工序。

三、砂轮的形状、尺寸及代号

砂轮的形状和尺寸是根据磨床类型、加工方法及工件的形状和尺寸来决定的。常用砂轮的形状、代号、尺寸及主要用途，见表 3-12。

表 3-12　常用砂轮的形状、代号、尺寸及主要用途（摘自 GB/T 2484—1994）

代号	名称	断面形状	形状尺寸标记	主要尺寸/mm			主要用途
				D	H	T	
1	平形砂轮		1—型面① $D \times T \times H$	3 ~ 90 100 ~ 1100	1 ~ 20 20 ~ 350	2 ~ 63 6 ~ 500	磨外圆、内孔、无心磨，周磨平面及刃磨刀具
2	筒形砂轮		2—$D \times T$-W	250 ~ 600	$b = 25 ~ 100$	75 ~ 150	端磨平面

（续）

代号	名称	断 面 形 状	形状尺寸标记	主要尺寸/mm D	H	T	主要用途
3	薄片砂轮	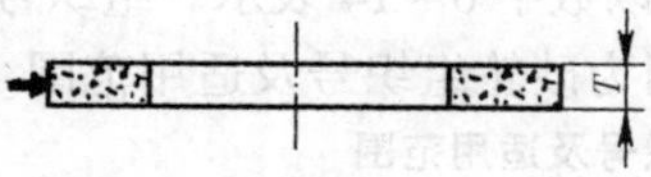	3— $D/J \times T/U$ $\times H$	50～400	6～127	0.2～5	切断及磨槽
4	双斜边砂轮	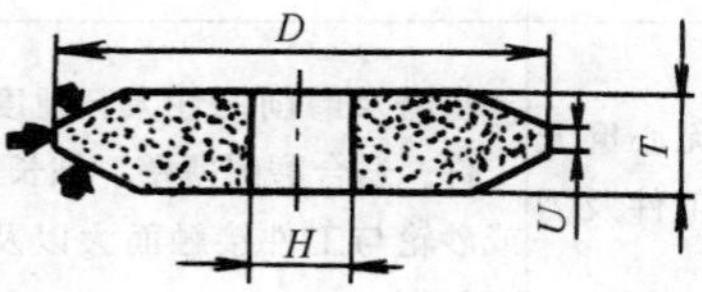	4— $D \times T/U \times H$	125～500	20～305	8～32	磨齿轮与螺纹
7	双面凹号砂轮	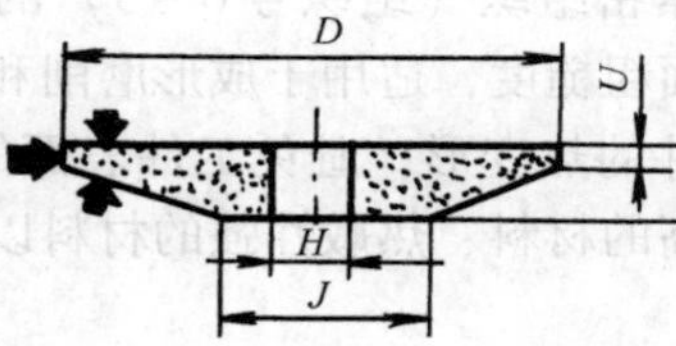	7—型面① $D \times T \times H$-P F，G	200～900	75～305	50～400	磨外圆、无心磨的砂轮和导轮，刃磨车刀后面
11	碗形砂轮	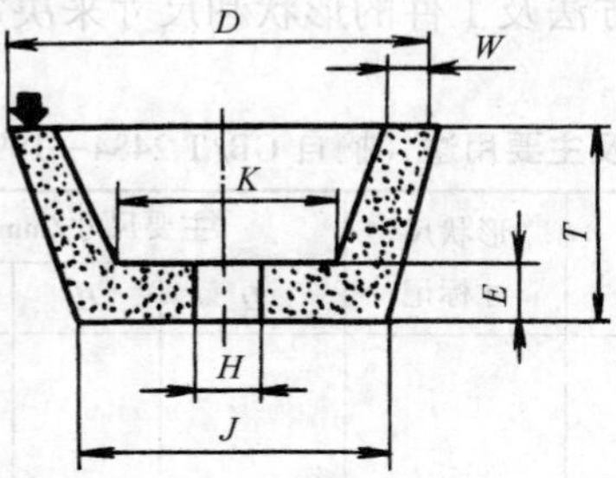	11— $D/J \times T \times H$ -W，E，K	100～300	20～140	30～150	端磨平面，刃磨刀具后面
12a	碟形一号砂轮	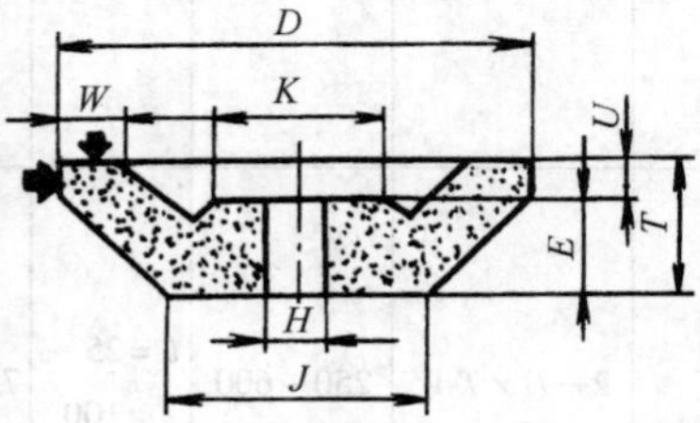	12a— $D/J \times T/U$ $\times H$-W， E，K	75 100～800	13 20～400	8 10～35	刃磨刀具前面

① 见 GB/T 2484—1994 标准中 4.1.11b 型面标记示例。

砂轮特性的各参数一般都以代号的形式标注在砂轮的端面上。其顺序是：砂轮形状、尺寸、磨料、粒度、硬度、组织、结合剂和最高工作线速度。例如：

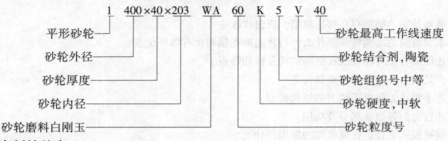

四、磨削的特点

1）砂轮是由磨粒和结合剂粘固而成的多刃刀具。在砂轮表面每平方厘米面积上有 60～1400 颗磨粒，每颗磨粒相当于一个刀齿。由于众多的磨粒粘固在砂轮表面是参差不齐的，不是在一个面上的，所以，使得砂轮在磨削时，突出砂轮表面最高的磨粒对工件表面进行切削，突出砂轮表面较高的磨粒对工件表面进行刻划，而突出砂轮表面不高的磨粒对工件表面进行抛光。因此，磨削的过程，是砂轮对工件表面进行切削、刻划和抛光的综合过程。

2）磨粒的硬度极高，它不仅可以磨削铜、铁、钢等一般硬度的材料，而且还可以磨削用其他刀具难以加工的硬材料，如淬硬钢、硬质合金、宝石等。

3）砂轮的磨削速度很高，目前，普通磨削速度已达 40m/s 左右，而高速磨削速度甚至达到 200m/s 以上，这对提高磨削加工的效率、提高工件的表面质量是很有意义的。

4）磨削能获得高的尺寸精度和小的表面粗糙度值。一般尺寸精度可达 IT6～IT5，表面粗糙度值可达 $R_a0.75～1.25\mu m$。如果采用先进的磨削工艺，尺寸精度能达到 IT5 以上，表面粗糙度值能达到 $R_a0.01～0.08\mu m$，呈光滑镜面。

5）砂轮在磨削时具有"自励性"。即部分磨钝的磨粒在一定条件（磨削力、热应力等）下，能自动脱落或崩碎，从而使砂轮表面的磨粒能自动更新，保持砂轮的良好磨削性能。

复习思考题

1. 车刀按用途可分为哪几种？按结构可分为哪几种？
2. 试述焊接式车刀的特点。
3. 试述机夹式车刀的特点。
4. 试述机夹式车刀夹紧结构的种类。
5. 试述可转位式车刀的特点。
6. 试述可转位式刀片的型号是怎样规定的？
7. 试述可转位式车刀夹紧结构的种类。
8. 什么是成形车刀？成形车刀的特点有哪些？
9. 试述成形车刀的种类，各种成形车刀的优缺点。
10. 棱体和圆体成形车刀的名义前角、后角定义在哪一个静止平面内？并在切削刃上哪一个位置？
11. 简述棱体和圆体成形车刀的前角、后角、楔角变化规律。
12. 孔加工刀具包括哪些类型？
13. 试述孔加工刀具的特点。
14. 试述普通麻花钻的各组成部分及功用。
15. 试述普通麻花钻的各参考面。

16. 绘图表示普通麻花钻下列各角度：2ϕ，κ_{rx}，λ_{tx}，γ_{ox}，α_{fx}，ψ，γ_ψ，α_ψ。

17. 普通麻花钻的几何角度哪些是制造时确定的？哪些是使用者刃磨时确定的？哪些是制造和刃磨两个因素确定的？

18. 普通麻花钻的结构存在哪些缺陷？应怎样改进？

19. 基本型群钻的结构特征是什么？与普通麻花钻相比有哪些优点？

20. 试述硬质合金可转位浅孔钻的结构及性能特点。

21. 什么是铰刀？铰削的特点是什么？

22. 试述手用铰刀和机用铰刀的结构特点。

23. 试述铰刀的各组成部分及功用。

24. 引起被铰孔直径扩张或收缩的原因是什么？

25. 铰刀的刀齿数量对铰削质量有何影响？

26. 铰刀的刀齿在圆周上的分布有几种形式？各种形式的特点是什么？

27. 试述铰刀主偏角、前角、后角在铰削过程中的作用。

28. 什么是铣刀？铣刀的特点是什么？

29. 绘图表示圆柱铣刀的下列角度：γ_n，α_o，β。

30. 试述铣刀前角、后角的选择原则。

31. 铣刀按用途大致可分为几种？

32. 面铣刀的用途是什么？面铣刀按结构可以分为几种？简述各种面铣刀的特点。

33. 简述模具铣刀的用途。模具铣刀为什么能加工三维成形表面？

34. 铣刀的改进措施有哪些？

35. 试述数控机床刀具的特点。

36. 数控机床（铣镗床）上经常使用哪些刀具和高效刀具？

37. 试述数控刀具常用的四种快换方式。

38. 什么是数控刀具的预调？常用的对刀装置有哪几种？

39. 什么是数控机床的工具系统？整体式和模块式工具系统的优缺点如何？

40. 镗铣类模块式工具系统由几个基本模块组成？各基本模块的作用？

41. 砂轮结构三要素是什么？

42. 砂轮特性五要素是什么？

43. 人造磨料分哪几类？试述棕刚玉、白刚玉、铬刚玉、绿色碳化硅的特性、应用和代号。

44. 试述陶瓷、橡胶、树脂结合剂的特性、应用和代号。

45. 什么叫砂轮的硬度？

46. 什么叫砂轮的组织？

47. 说明下列砂轮牌号的含义：

 1 400×50×203A80L5B35

 1 400×150×203WA120K5V35

48. 试述磨削的特点。

第四章　典型表面加工方法

进行机械加工的各种零件，其形状尽管千变万化，但都是由一些基本表面组合而成。最常见的基本表面有外圆柱面、内圆柱孔、平面以及一些成形表面等。在制订工艺规程时，首先要确定各个组成表面的加工方法。

本章的内容是分析外圆、内孔、平面及成形表面的加工工艺问题。

第一节　外圆表面加工方法

在机械制造中有许多零件属于轴类零件（由长度远大于直径的圆柱体组成），而外圆柱面是构成轴类零件的主要表面。外圆表面的加工方法主要有车削和磨削。

一、外圆表面车削加工

1. 外圆车削的工艺特点

车削加工是回转类零件外圆表面的主要加工方法。根据零件的结构特点与生产类型的不同，车削加工可以在卧式车床、多刀半自动车床、自动车床、仿形车床及数控车床等机床上进行。

外圆车削的工艺范围很广，一般可划分为粗车、半精车、精车和精细车等各加工阶段。加工阶段的划分主要是依据工件毛坯情况和加工要求决定的。

对中小型铸锻件，先进行粗车加工。粗车后工件的尺寸精度可达 IT10 ~ IT12 级，表面粗糙度值为 $R_a12.5 \sim 20\mu m$。粗车应切除毛坯的大部分余量。

对经过粗加工的工件进行半精车，尺寸精度可达 IT9 ~ IT10 级，表面粗糙度值为 $R_a3.2 \sim 6.3\mu m$。对于不重要的工件表面，半精车可作为终加工工序，也可作为磨削或其他精加工工序的预加工。

精车可作为最终加工工序或光整加工工序的预加工。精车后工件表面尺寸精度可达 IT7 ~ IT8 级，表面粗糙度值为 $R_a0.8 \sim 1.6\mu m$。

精细车使用精度和刚度都很好的车床，同时采用高耐磨性的刀具，在高速 v 为 120 ~ 600m/min、小背吃刀量 a_p 为 0.03 ~ 0.05mm、小进给量，f 为 0.02 ~ 0.12mm/r 情况下进行车削。精细车尺寸精度可达 IT6 ~ IT7 级，表面粗糙度值为 $R_a0.2 \sim 0.8\mu m$。精细车尤其适宜于加工有色金属。因为有色金属不宜采用磨削，所以常采用精细车代替磨削。

2. 提高外圆车削生产率的措施

由于外圆表面的大部分余量是由车削来完成的，因此，提高外圆车削的生产率就显得尤为重要。在外圆车削时，为提高生产率可采取如下措施：

（1）刀具方面　采用新型刀片材料，如钨钛钽钴类硬质合金、立方氮化硼刀片等进行高速切削；使用机械类夹固车刀，可转位式车刀等，缩短更换和刃磨刀具的时间；在大批大量生产中，可采用多刀加工，几把车刀同时加工工件的几个表面，如图 4-1 所示。这样可以缩短机动时间，大大提高生产率。

（2）机床方面　可采用多刀半自动车床、自动车床或仿形车床。图 4-2 是液压仿形车削加工示意图。液压仿形就是借助液压作用使刀具跟随靠模的形状移动，依此将工件上的各段表面加工出来。仿形加工可以在仿形车床上进行，也可以通过在卧式车床上加装液压仿形刀架来实现。这类机床适用于成批大量生产方式。

使用具有多刀回转架的数控车床是提高小批量工件生产率的有效途径。对于阶梯轴的复杂外圆表面及成形表面，只要按加工要求编制程序，然后输入数控装置，数控车床就可按加工指令自动完成工件各表面的加工。随着制造技术的发展，目前，数控车床的应用已越来越广泛。

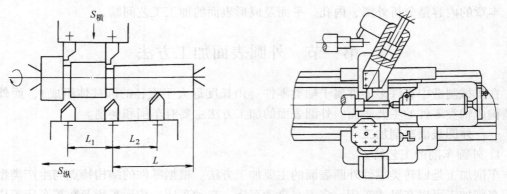

图 4-1　多刀加工　　　　　　　　　图 4-2　在车床上用液压仿形刀架
加工示意图

（3）车削加工中心的加工方法　车削加工中心是一种新型的车削加工机床。它除了能完成卧式车床的切削功能外，由于还具有多个刀具转塔和自驱刀具，其加工范围大大扩展。图 4-3 为车削加工中心的五种工作情况。

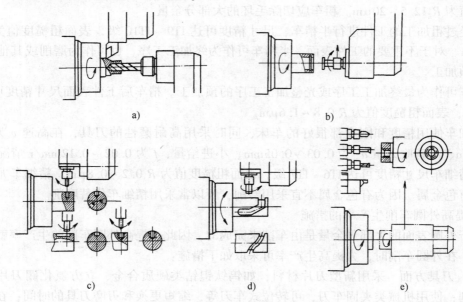

a)　　　　　　　　　　　　　b)

c)　　　　　　　d)　　　　　　　e)

图 4-3　车削中心五种工作情况

图 4-3a 为主轴按给定转速旋转，刀具进行进给运动，完成类似卧式车床的工作。

图 4-3b 为主轴按给定转速旋转，自驱刀具按程序指令也作旋转运动，完成内孔或端面、圆周表面上的回转要素的加工。

图 4-3c 为主轴根据指令实现分度运动并定位，使用自驱刀具进行加工，可在工件圆周表面上或者端面规定位置表面上钻孔、攻螺纹、铣槽等。

图 4-3d 为主轴和自驱刀具都参与插补运动进行加工，完成圆周表面轮廓的加工。

图 4-3e 为用副主轴夹持工件右端，利用安装在主轴箱端面上的刀塔上的刀具实现"背面"（左端面）要素的加工。

除了上述几种情况，加工中心还可进行多角形车削、螺纹铣削、滚花、刻字，利用可调角度的自驱刀具在斜面上进行加工。

利用加工中心对工件进行整体加工，不但可以减少工件安装测量与刀具调整时间，大大提高生产率，而且由于数控机床的高精度及自动加工，可提高加工质量，保证一批工件加工质量的稳定性，减少废品率，提高经济效益。

二、外圆表面的磨削加工

1. 外圆磨削的工艺特点

磨削加工是工件外圆表面精加工的主要方法。它既能加工淬硬工件，也可以加工未淬硬工件。根据不同的精度和表面粗糙度要求，磨削可分为粗磨、精磨、精细磨和镜面磨削等。粗磨后工件表面尺寸精度可达 IT8 ~ IT9 级，表面粗糙度为 $R_a1.6 ~ 6.3\mu m$；精磨后尺寸精度可达 IT6 ~ IT8，表面粗糙度为 $R_a0.2 ~ 0.8\mu m$；精细磨后尺寸精度可达 IT5 ~ IT6，表面粗糙度为 $R_a0.025 ~ 0.1\mu m$；镜面磨削表面粗糙度为 $R_a0.01\mu m$。通过磨削加工能有效地提高工件尤其是淬硬件的加工质量。

2. 磨削方式

根据磨削时工件定位方式的不同，可分为中心磨削和无心磨削两种方式。

中心磨削即普通外圆磨削。被磨削的工件由顶尖孔定位，在外圆磨床或万能外圆磨床上进行，如图 4-4 所示。如果顶尖与顶尖孔经过研磨，达到很高的配合精度时，外圆磨削后可达到很高的加工精度，尤其是各外圆表面之间的同轴度。

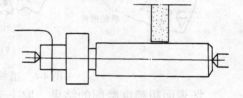

图 4-4　中心磨削

无心磨削是一种高生产率的精加工方法。被磨削的工件由外圆表面本身定位。其工作原理如图 4-5 所示。无心磨削时工件处于砂轮与导轮之间，下面有支承板支承。砂轮轴心线水平放置，轴心线倾斜一个不大的角度 λ。这样，导轮的圆周速度 $v_{导}$ 可以分解为两个分量，即带动工件旋转的分量 $v_工$ 和使工件作轴向进给运动的分量 $v_纵$。

无心磨削的特点是：加工精度可达 IT6 级，表面粗糙度值为

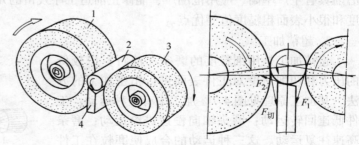

图 4-5　无心外圆磨床工作原理

1—砂轮　2—工件　3—导轮　4—托架

$R_a0.2 \sim 0.8\mu m$。生产率很高，原因是加工时依靠本身外圆表面定位和利用切削力来夹紧，节省了装夹工件时间。它特别适合于在大批量的自动流水线上加工。但是无心磨削难以保证工件的相互位置精度；此外，无心磨削不能加工带有键槽和纵向平面的断续外圆表面。

三、外圆表面的精密加工

随着科学技术的发展，对产品的加工精度和表面质量的要求越来越高。精密加工适用于一些需要特殊加工的精密元器件。通常精密加工的尺寸精度在 IT6 级以上，表面粗糙度值在 $R_a0.2\mu m$ 以下。外圆表面精密加工的方法主要有细表面粗糙度磨削、超精加工、研磨加工等。

1. 细表面粗糙度磨削

通过磨削使工件的表面粗糙度值达到 $R_a0.2\mu m$ 以下的磨削工艺称为细表面粗糙度磨削，包括精密磨削（R_a 为 $0.05 \sim 0.1\mu m$）、超精密磨削（$R_a < 0.04\mu m$）和镜面磨削（$R_a0.01\mu m$）。

细粗糙度磨削的实质在于砂轮磨粒的作用。经过精细修整后的砂轮磨粒形成许多微刃，见图 4-6。这些微刃的等高性大大提高，磨削时参加磨削的切削刃就大大增加，能在工件表面切下微细的切屑，形成粗糙度较细的表面。随着磨削过程的继续进行，锐利的微刃逐渐磨损而变得稍钝，这就是半钝化状态，如图 4-6c 所示。这种半钝化的微刃虽然切削作用降低了，但是在一定压力下，能产生摩擦抛光作用，可使工件获得更小的表面粗糙度值。

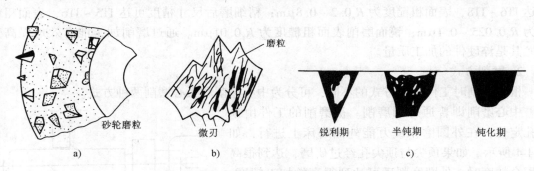

砂轮磨粒　　　　　　　微刃　　　　　　　锐利期　　半钝期　　钝化期

　　　a)　　　　　　　　　　b)　　　　　　　　　　　c)

图 4-6　磨粒微刃及磨削中微刃的变化情况

细表面粗糙度磨削的结果，取决于所使用的砂轮的磨粒种类、机床精度以及砂轮的精细修整。要求机床具有高回转精度、进给机构高的灵敏度和低速进给时无爬行。细表面粗糙度磨削具有生产率高、应用范围广、能修正前道工序残留的几何形状误差，得到很高的尺寸精度和很小表面粗糙度值等优点。

2. 超精加工

超精加工是用细粒度的磨条（油石）以较低的压力和切削速度对工件表面进行精密加工的方法。其加工原理见图 4-7。加工中有三种运动：工件低速回转运动；磨头轴向慢速进给运动；磨条高速往复运动。这三种运动的合成使磨粒在工件表面上形成不重复的轨迹。如果暂不考虑磨头的轴向进给运动，则磨粒在工件表面形成的轨迹是正弦曲线，如图 4-8 所示。超精加工的切削过程

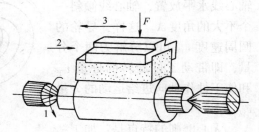

图 4-7　超精加工运动
1—回转运动　2—进给运动　3—往复运动

与磨削、研磨不同，当工件粗糙的表面磨平之后，磨条能自动停止切削。超精加工过程大致有四个阶段：

（1）强烈切削阶段 超精磨时虽然磨条磨粒很细，压力很小，工件与磨条之间的润滑油易形成油膜，但开始时，由于工件表面粗糙，少数凸峰单位面积压力很大，破坏了油膜，故切削作用强烈。

（2）正常切削阶段 当少数凸峰磨平后，接触面积增加，压强降低，磨条磨粒不再破碎脱落而进入正常切削阶段。

（3）微弱切削阶段 随着接触面积逐渐增大，压强更小，磨条磨粒已经变钝，切削作用微弱，且细小的切屑形成氧化物而嵌入磨条的空隙中，因而磨条产生光滑表面，具有摩擦抛光作用而使工件表面抛光。

（4）自动停止切削阶段 工件磨平，单位压力很小，工件和磨条之间形成油膜，不再接触，切削作用停止。

由于磨条与工件之间无刚性联系，磨条切除金属的能力很小，加工余量很小，一般为
0.003～0.01mm，所以，超精加工修正尺寸误差和形状误差的作用较差，一般需要前道工序保证零件必要的加工精度。

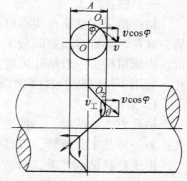

目前，超精加工广泛用于加工内燃机的曲轴、凸轮轴、刀具、轧辊、轴承、精密量仪及电子仪器等精密零件，可对不同的材料如钢、铸铁、黄铜、磷青铜、陶瓷等的外圆、内孔、平面及特殊轮廓表面进行加工。

图 4-8 超精加工轨迹

3. 研磨

研磨是一种既简单又可靠的精密加工方法。外圆研磨可以采用机械研磨，也可采用研磨套手工进行，如图 4-9 所示。研磨用的研具是由比工件软的材料（如铸铁、铜、巴氏合金及硬木等）制成，以便磨粒嵌入研具表面，研磨时工件支承在车床两顶尖之间，作低速旋转为 20～40r/min。研具套在工件上，在研具与工件之间加入研磨剂，然后用手推研具作轴向往复运动，研磨剂受到压力，在工件与研具的相对运动下，对工件进行研磨。

研磨不仅有机械切削作用，同时还有物理作用，即磨粒与工件接触时的压力和摩擦作用使接触处的材料产生塑性变形，形成平滑表面。研磨剂能使被加工表面形成氧化层，从而加速研磨过程。

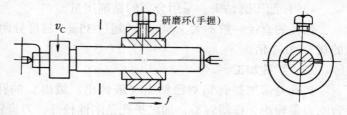

研磨后的尺寸与形状精度的误差可达到 1～3μm 以下，表面粗糙度值为 R_a0.012～0.025μm，但对

图 4-9 在车床上研磨外圆

表面间相互位置精度无改善。研磨往往作为精密零件，尤其是精密配合零件的一种有效的加工方法，如液压元件、液压泵柱塞和气阀等。

外圆表面加工方法可达到的经济精度及表面粗糙度值可参见表 5-12。

第二节　孔加工方法

内孔表面是零件上的主要表面之一。根据零件在机械产品中的作用不同，内孔有不同的精度和表面质量要求，以及不同的结构尺寸，如通孔、不通孔、阶梯孔、深孔、浅孔、大直径孔、小直径孔等。内孔加工时，可根据零件结构类型的不同，采用不同的机床加工。一般可分为两类。一类为回转体零件上的轴线孔，通常在车床上进行加工，采用的孔加工方法有钻孔、扩孔、镗孔和铰孔等。高精度的孔可在内圆磨或万能外圆磨床上加工。另一类为非旋转体零件，如箱体、机体、支架类零件，其内孔可在立式钻床、摇臂钻床及镗床上加工。对于一些形状复杂、加工表面多的中小批量零件，为提高生产率，可在数控铣床或加工中心机床上加工。大批量生产还可以在拉床上拉孔。

根据所采用的不同孔加工刀具，孔加工方法有钻孔、扩孔、铰孔、镗孔和磨孔等。现将这些加工方法分述如下：

一、钻孔加工

钻孔是采用钻头在实心材料上加工孔的一种方法。常用的钻头是麻花钻。为排出大量切屑，麻花钻具有容屑空间较大的排屑槽，因而刚性与强度受很大削弱，故加工的内孔精度低，表面粗糙。一般钻孔后精度为 IT12 级左右，表面粗糙度值为 $R_a 12.5 \sim 50 \mu m$。因此，钻孔主要用于精度低于 IT11 级以下的孔加工，或用作精度要求较高的孔的预加工。

1. 钻孔的方式

钻孔方式有两种，一种是刀具旋转，工件或刀具作轴向进给，如钻床、铣床和镗床上钻孔；另一种是工件旋转，刀具作轴向进给，如车床上钻孔。

由于麻花钻刚性差，当钻头的两切削刃刃磨得不对称时，很容易造成孔中心线的歪斜或偏移，称为引偏。引偏量较大时在以后的工序中难以纠正。上述第一种方法钻深孔时易产生引偏。第二种方法钻孔时，如刀具发生偏斜，只会使孔径扩大或产生几何形状误差，而孔的轴线基本上是直的，所以深孔加工宜采用第二种方式。

2. 防止和减少钻头引偏的措施

1）钻孔前先加工孔端面，以免端面不平影响钻头两切削刃受力不均。

2）用中心钻或短钻头在工件上预钻出一个凹孔或浅孔，便于引导钻头。

3）采用夹具以钻套来引导钻头。

4）仔细刃磨钻头，采用合理的钻削用量。

钻孔的直径一般不大于 50mm，超过 35mm 时可分两次钻，第一次钻孔直径约为第二次的 0.5 ~ 0.7 倍。

二、扩孔加工

扩孔是采用扩孔钻对已钻出（或铸出、锻出）的孔进行进一步加工的方法。扩孔时，背吃刀量较小，排屑容易，加之扩孔钻刚性较好，刀齿较多，因而扩孔精度和表面粗糙度均比钻孔好，一般尺寸精度可达 IT10 ~ IT11 级，表面粗糙度值为 $R_a 3.2 \sim 6.3 \mu m$。此外，扩孔还能纠正被加工孔的轴线偏斜。因此，扩孔常作为精加工（如铰孔）前的准备工序，也可作为要求不高的孔的终加工工序。

对于孔径大于 100mm 的孔，由于使用刀具尺寸较大，故扩孔应用较少，而多采用镗孔加工。

三、镗孔加工

镗孔应用很广泛，在单件、小批生产中，镗孔是很经济的孔加工方法。镗孔可以在车床、镗床及数控镗铣床上进行。镗孔既可以作为粗加工，也可以作为精加工；既能修正孔心线的偏斜，又能保证孔的坐标位置。镗孔的尺寸精度一般可达 IT7 ~ IT8 级，表面粗糙度值为 $R_a 0.4 \sim 3.2 \mu m$。镗孔刀具（镗杆与镗刀）因受孔径尺寸限制（特别是小直径深孔），一般刚性较差，镗孔时容易产生振动，限制了切削用量的提高，故生产率较低。但镗刀结构简单，刃磨方便，又可以在多种机床上进行镗孔，故镗孔是较经济的孔加工方法。小批生产中的非标准孔、大直径孔、精确的短孔、不通孔和有色金属孔等，一般多采用镗孔。图 4-10 为镗孔方式。

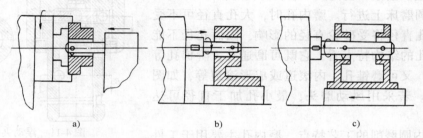

图 4-10 镗孔的方式

在卧式镗床上可以加工机座、箱体支架等外形复杂的大型零件上直径较大的孔，以及有位置精度要求的孔和孔系。特别是位置精度较高的孔系加工，在一般机床上加工较难完成，在镗床上利用坐标测量装置和镗模则很容易做到。如果在数控铣床或加工中心机床上加工孔系，则不仅能获得很高的尺寸位置精度，同时还能大大提高生产率，特别适合于中小批量工件的加工。

四、铰孔加工

铰孔是对未淬硬孔进行精加工的一种方法。铰孔时，由于余量较小，切削速度较低，铰刀刀齿较多，刚性好，而且制造精确，加之排屑、冷却、润滑条件较好等，铰孔后孔本身质量得到提高，孔径尺寸精度可达 IT7 ~ IT9 级，手铰可达 IT6 级，表面粗糙度值为 $R_a 0.2 \sim 1.6 \mu m$。

一般情况下，铰孔不能纠正上道工序造成的孔的位置误差，因此，孔的位置精度主要应由铰孔前的加工工序保证。

铰孔主要用于加工中小尺寸的孔，孔的直径范围为 $\phi 1 \sim \phi 100 mm$。铰孔不适宜用于加工短孔、深孔和断续孔。

铰孔时常出现孔径扩大和表面粗糙度不佳等缺陷。为此，铰孔时应注意以下几方面：

（1）正确选择和使用铰刀　选择和使用铰刀时，第一应正确选择铰刀直径，应结合工件材料、铰孔加工余量大小及切削液的使用情况等予以确定。第二应注意铰刀刀刃质量。第三应正确安装铰刀。为了保证铰刀的中心线和被加工孔中心线一致，防止出现孔径扩大或喇叭口现象，生产中多采用"浮动夹头"装夹铰刀（见图 4-11），这样可使铰刀能自动找正，与工件孔中心线保持一致。

（2）合理选用铰孔加工余量和切削用量　铰孔时，加工余量对表面粗糙度影响较大，通常粗铰加工余量为 0.15 ~ 0.35mm，精铰为 0.04 ~ 0.15mm。

合理选择切削用量，能减小铰孔的扩张量，表面粗糙度也能变细。为防止切削区温度增加后产生刀瘤，使表面粗糙度变粗，切削速度和进给量不能太大，通常取切削速度为 5m/min。铰孔进给量也不能太小，因为进给量太小，会导致切屑太薄，以至刀刃不易切入金属而发生打滑和啃刮现象。这样，不仅使表面粗糙度值变大，还会引起振动，使孔径扩大和铰刀迅速磨损。

五、磨孔加工

（1）内圆磨削工艺范围 磨孔为孔的精加工方法，一般在内圆磨床上进行。磨内孔时，大孔直径可不受限制，小孔直径将受砂轮直径的影响，因而孔径不能太小。从孔的结构特点看，它既可磨通孔、阶梯孔等圆柱形孔，又可磨锥孔、内滚道或成形滚道等，如图 4-12 所示。若采用风动磨头，最小孔加工直径可达 1mm 左右。

（2）内圆磨削的工艺特点 磨内孔主要用于工件的精加工和精密加工，磨孔的尺寸精度一般可达 IT6 ~ IT7 级，表面粗糙度值为 R_a 0.2 ~ 0.8μm。磨削常用于

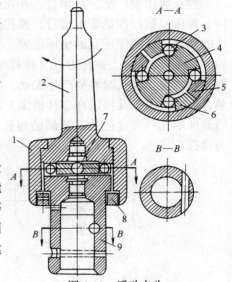

图 4-11 浮动夹头
1—外套 2—锥柄 3、7—钢球
4—隔块 5、6—件 2 与件 1 的内外量爪
8—螺母 9—套筒

一般刀具难以切削的高硬度材料的加工，如淬硬钢、硬质合金等。

内圆磨削对于断续孔（带键槽或花键孔）和长度很短的精密孔都是主要的精加工方法。

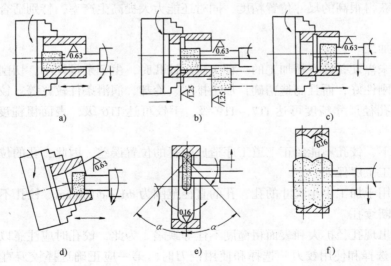

图 4-12 内圆磨削工艺范围

六、孔的精密加工方法

当零件内孔加工精度要求很高（IT6 级以上）和表面粗糙度要求很小（$R_a < 0.2$μm）时，内孔需要进行精密加工。常用的精密加工方法有精细镗孔、珩磨孔和研磨孔等。

（1）精细镗孔 精细镗孔最初是使用金刚石作刀具材料，所以又称金刚镗。这种方法常

用于有色金属及铸铁的内孔精密加工。如柴油机连杆和气缸套加工中应用较多。为获得高的加工精度和小的表面粗糙度值要求，常采用精度高、刚度好和具有高转速的金刚镗床。精细镗孔时加工余量很小，高速切削下切去截面很小的切屑。由于切削力很小，故尺寸精度能达到 IT5 级，表面粗糙度值为 $R_a 0.1 \sim 0.4\mu m$，孔的几何形状误差小于 $0.003 \sim 0.005mm$。镗削精密孔时，为便于调刀，可采用微调刀头，以节省对刀时间，保证孔径尺寸。图 4-13 所示是一种带有游标刻度盘的微调镗刀，这种微调镗刀的刻度盘值可达到 $2.5\mu m$。

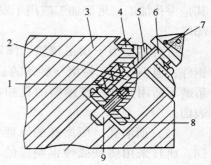

图 4-13　微调镗刀

1—弹簧　2—键　3—镗杆

4—套筒　5—刻度导套　6—微调刀杆

7—刀片　8—垫圈　9—夹紧螺钉

（2）珩磨　珩磨是低速大面积接触的磨削加工，是磨削加工的一种特殊形式。采用细粒度砂条（油石）组成的珩磨头作回转和往复运动，使砂条上的切削轨迹成交叉网纹（见图 4-14），因而容易获得表面粗糙度较小而且较耐磨的加工表面。安装在珩磨头圆周上的若干砂条通过中间推杆，由两个圆锥使顶销将砂条向外涨开，以一定压力压向工件孔壁，以切除径向加工余量，如图 4-15 所示。

珩磨头与珩磨机主轴采用浮动连接，珩磨头以工件孔壁导向，以保证余量均匀。

珩磨加工能获得很高的尺寸精度和形状精度。尺寸精度可达 IT6 级，圆度和圆柱度误差可达 $0.003 \sim 0.005mm$，表面粗糙度值为 $R_a 0.1 \sim 0.8\mu m$。但是珩磨不能修正被加工孔的位置偏差，孔的位置精度和孔中心线的直线度应由前道工序保证。

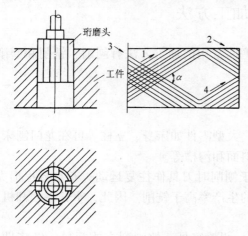

图 4-14　磨粒在孔表面上形成的轨迹

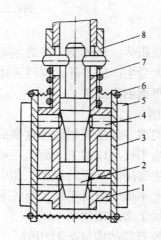

图 4-15　利用螺纹调压的珩磨头

1—本体　2—调整锥　3—砂条座

4—顶块　5—砂条　6—弹簧箍

7—弹簧　8—螺母

珩磨由于磨削速度低，工件发热少，孔的表面不会产生烧伤，变形层也极薄，因而可以获得表面质量很高的孔。

珩磨时，虽然珩磨头的转速较低，但是由于参与切削的砂粒数目多，所以能很快地切除加工余量，故珩磨生产率高。

珩磨孔的应用范围很广，可以加工的孔径范围为 8mm ~ 1m，孔长度为 10mm ~ 12m，尤其是深孔加工。珩磨加工应用于发动机的气缸孔、连杆孔、液压油缸孔及机床制造、军工等部门。

珩磨主要用于加工铸铁、淬硬和不淬硬的钢件，但不宜加工易堵塞砂条的韧性金属材料。珩磨不适用于加工带键槽的孔和花键孔等断续表面。

（3）研磨孔　研磨孔的原理与研磨外圆相同。研具采用铸铁或纯铜制成的心棒，表面开槽以存储研磨剂。图 4-16 为研孔用的研具。图 4-16a 为铸铁粗研具，棒的直径可用螺钉调节；图 4-16b 为精研用的研具，可用低碳钢或纯铜制成。将研具夹在机床上旋转，用手握住工件，

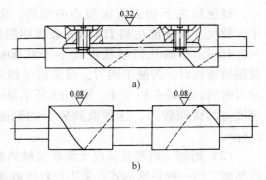

图 4-16　研磨棒

套在心棒上往复移动，使研磨粒在工件内表面上得到复杂的不重复的轨迹。

内孔研磨时，尺寸精度可达 IT6 级以上，表面粗糙度值为 $R_a0.012 ~ 0.015\mu m$。研磨不能纠正孔的位置误差，故孔的位置精度只能由前道工序来保证。研磨生产率较低，研磨前孔必须经过磨削、铰削或精镗等工序。研磨余量不能太大，对于中小尺寸的孔，研磨加工余量约为 0.025mm。

孔加工方法可达到的经济精度及表面粗糙度值参见表 5-13。

第三节　平面加工方法

平面是箱体、机体类零件的主要加工表面。平面常用的加工方法有刨削、铣削和磨削，对于大批大量生产的零件，也可采用拉削加工。

一、平面刨削加工

1. 刨削工艺特点

中小类型零件平面刨削可在牛头刨床上进行，大型零件如床身、立柱等可在龙门刨床上加工。刨削不仅可以加工平面，还可以加工各种斜面和沟槽等。

刨削主要用于平面的粗加工和半精加工。由于刨削时刀具作往复运动，有空行程损失，故刨削生产率低。但对于加工窄长平面，则刨削的生产率高于铣削。因此，窄长平面和机床导轨面的加工多采用刨削。

刨削的刀具结构与车刀相似，刀具刃磨方便，调整容易，故刨削方式简单，经济性较好，一般适合于单件小批生产。刨削加工范围不如铣削加工广泛。铣削的许多加工内容是刨削无法替代的，例如加工内凹平面、封闭形沟槽以及有分度要求的平面沟槽等。

2. 刨削方式

宽刃细刨是在普通精刨的基础上，使用高精度的龙门刨和宽刃细刨刀（图 4-17），以低切削速度和大进给量在工件表面切去一层极薄的金属。由于切削力、切削热和工件变形均很小，所以可获得比普通精刨更高的加工质量，表面粗糙度值可达 $R_a0.8 ~ 0.16\mu m$，直线度误差可达 0.02mm/m。

宽刃细刨主要用来代替手工刮研各种导轨平面，可使生产率提高几倍甚至几十倍，应用较为广泛。

宽刃细刨对机床、刀具、工件、加工余量、切削用量和切削液均有严格的要求。

二、平面铣削加工

1. 铣削工艺特点

铣削是平面加工中应用很普遍的加工方法之一。除了加工平面外，还可用于台阶、沟槽、割断、成形表面等加工。铣削加工除了使用卧式、立式铣床之外，在数控镗铣床或加工中心机床上进行铣削加工也已相当广泛。

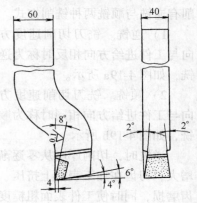

图 4-17　宽刃细刨刀

铣削比刨削的生产率高。这是因为铣刀上有较多的刀齿依此连续地切削。铣削的切削运动是旋转运动，提高切削速度不会像刨削那样受到限制，可以进行高速多刀切削；铣削时工作台移动速度低，有可能在移动的工作台上装卸工件，使辅助时间与机动时间重合，从而提高了生产率。由于铣刀结构、铣削方法的不断改进，机夹不重磨铣刀不断创新，进一步促进了铣削在机械加工中的应用。但是铣刀结构比较复杂，铣刀调整也较困难，故经济性不如刨削。

铣削平面主要用于粗加工和半精加工。在正常条件下，粗铣平面的平面度误差为 $0.15 \sim 0.3\,\text{mm/m}$，表面粗糙度值为 $R_a 6.3 \sim 12.5\,\mu\text{m}$，半精铣的平面度误差为 $0.1 \sim 0.2\,\text{mm/m}$，表面粗糙度值为 $R_a 1.6 \sim 6.3\,\mu\text{m}$。

2. 平面铣削方式

（1）端铣和圆周铣　平面铣削方式有端铣和周铣两种，如图 4-18 所示。目前，常采用端铣加工平面，因为端铣的加工质量和生产率都比周铣高。其主要原因是：

1）端铣时刀具与加工表面的接触弧较长，同时参加切削的刀齿多，而且不因余量的大小而改变同时工作的齿数，故切削较平稳。而周铣通常只有 $1 \sim 2$ 个刀齿同时参加工作，在刀齿切入和切出时，切削力变化较大，容易产生冲击和振动。

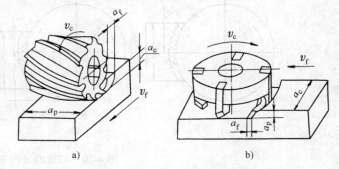

图 4-18　铣削方式
a）圆周铣削　b）端面铣削

2）面铣刀的主要切削工作是由沿圆周排列的刀齿完成的，端面切削刃则起修光作用，可以获得较小的表面粗糙度值，而周铣只有圆周刀齿工作，各刀齿又是间断地依此进行切削，所以加工表面实际上由许多圆弧组成，而且铣刀在轴向的形状误差会直接反映在加工表面上。

3）面铣刀的刀杆粗而短，刚性好，能进行强力切削；同时铣刀直径大，镶硬质合金刀齿，可进行高速切削，故生产率高。而周铣刀的刀杆刚度较低，在切削力的作用下易弯曲变形。

　　在数控镗铣床和加工中心机床上通常采用端铣加工平面，而圆周铣削则常用于普通卧式铣床上加工平面和槽等。

　　（2）逆铣和顺铣　圆周铣削有逆铣与顺铣两种铣削方式。

　　1）逆铣。铣刀切削速度方向与工件进给方向相反时称为逆铣，如图4-19a所示。

　　2）顺铣。铣刀切削速度方向与工件进给方向相同时称为顺铣，如图4-19b所示。

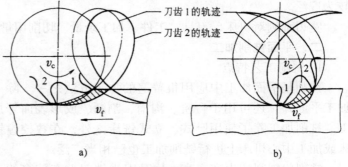

图 4-19　圆周铣削方式
a）逆铣　b）顺铣

　　逆铣时，切削厚度从零逐渐增大，刀齿在加工表面上挤压、滑行，切不下切屑，使这段表面产生严重的冷硬层，导致刀齿磨损，同时使工件表面粗糙度值增大，见图4-19a所示。

　　顺铣时，刀齿的切削厚度从最大开始，避免了滑行现象；同时，切削力始终压向工作台，避免了工件的上下振动，因而能提高铣刀耐用度和加工表面质量，如图4-19b所示。

　　相比较而言，顺铣的加工质量好于逆铣。但是由于顺铣时工件所受的纵向分力 F_e 与进给运动方向相同，会造成由铣刀带动工作台前进的运动形式。当丝杠与螺母之间有间隙时，就会造成工作台窜动，使铣削进给量不匀，甚至还会打刀。因此，在没有丝杠螺母间隙消除装置的一般铣床上铣削加工时，宜采用逆铣加工。数控机床上通常都有丝杠螺母间隙消除装置，所以在数控机床上铣削时，一般都采用顺铣加工。

　　（3）对称铣削和不对称铣削　端铣时，根据铣刀相对于工件安装位置不同，可分为对称铣削和不对称铣削，如图4-20所示。

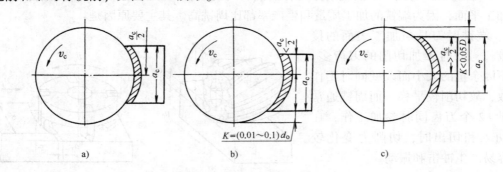

图 4-20　端铣的铣削方式
a）对称铣削　b）不对称逆铣　c）不对称顺铣

　　1）对称铣削。铣刀轴线位于铣削弧长的对称中心位置，切入切出切削厚度一样，这种铣削方式具有较大的平均切削厚度。在用较小的 α_f 铣削淬硬钢时，为使刀齿超硬层切入工件，应采用对称铣削。

　　2）不对称逆铣。这种铣削在切入时切削厚度最小，铣削碳钢和一般合金钢时，可减小切入时的冲击。

　　3）不对称顺铣。这种铣削在切出时切削厚度最小，用于铣削不锈钢和耐热合金钢时，可减少硬质合金的剥落磨损，提高切削速度40% ~60%。

三、平面磨削加工

1. 平面磨削工艺特点

平面磨削和其他磨削方法一样，加工后可获得高加工精度、小的表面粗糙度值。所以主要用于淬硬平面或未淬硬平面的精加工和精密加工。

2. 平面磨削方式

平面磨削有端面磨削和圆周磨削两种方式，如图 4-21 所示。

（1）端面磨削　砂轮的工作表面是端面，磨削时砂轮和工件接触面积较大，易发热，散热和冷却都比较困难，加上砂轮端面因沿径向各点圆周速度不等而产生不均匀磨损，故磨削精度较低。但是，这种磨削方式磨床主轴伸出长度短，刚性好，磨头主要承受的是轴向力，弯曲变形小，因而可采用较大的磨削用量，生产率高。

（2）圆周磨削　砂轮的工作表面是圆周表面，磨削时砂轮和工件接触面积小，发热少，散热快，加之冷却和排屑条件好，故能获得较高的加工精度和表面质量。通常用于加工精度要求较高的工件。

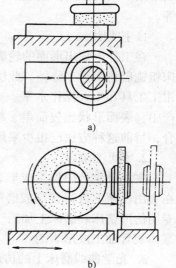

图 4-21　平面磨削方式
a）端面磨削　b）圆周磨削

四、刮研

刮研平面用于未淬硬的工件。它可使两个平面之间达到紧密的吻合，能获得较高的形状精度和相互位置精度。经刮研后的平面能形成具有润滑油膜的滑动面，故刮研还可用于未淬硬导轨面的加工。

平面加工方法可达到的经济精度及表面粗糙度参见表 5-14。

第四节　成形表面加工方法

一、常见具有成形表面的零件

机械零件的表面形状千变万化，但大多数零件主要由平面、外圆、锥面、内孔、锥孔等基本表面组合而成，这些表面的加工方法已在前面述及。在自动化机械及模具制造中，需要加工一些具有成形表面的零件，如自动化机械中的凸轮机构等。图 4-22 为各种具有成形表面的零件。图 4-22a 所示凸轮的轮廓形状有阿基米德螺旋线形、对数曲线形、圆弧形等各种不同形状；图 4-22b 所示模具中的凹模型腔往往是由形状各异的成形表面组成。尤其是塑料模具中的注射模型腔，更

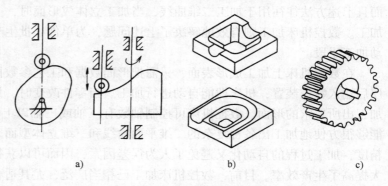

图 4-22　具有成形表面的零件
a）凸轮机构　b）模具型腔　c）齿轮渐开线齿形

是复杂的立体成形表面；图4-22c中的齿轮通常为渐开线齿形。

二、成形表面的加工方法

成形表面的加工根据零件表面形状的特点、加工精度要求以及零件生产类型的不同，可以采用不同的方法。其主要方法有划线加工、仿形法加工、展成加工以及在数控机床上加工等。

1. 按划线加工

在工件上划出形面的轮廓曲线，钳工沿划线外缘钻孔、锯开、修锉和研磨，也可以用铣床粗铣后再由钳工修锉。此法主要靠手工操作，花费时间长，生产效率低，加工精度取决于钳工工具和工人操作水平。一般适用于单件小批生产中，表面形状比较简单、精度要求不是很高的场合，目前这种方法已很少采用。

2. 仿形法加工

在成批生产中加工成形表面时，常用靠模夹具在通用机床上进行铣削或磨削，大批量生产时可在专用仿形铣床和磨床上加工。图4-23为用液压随动靠模装置加工成形表面。

3. 光学曲线磨床上的仿形加工

这种仿形加工的特点是不需靠模板。将形面按比例放大30~50倍，画在半透明纸上，把这张纸放在投影仪的投影面上，操作者以手动前后左右移动砂轮磨削工件，使它与图面形状重合。这种方法虽然生产率低，但也可以达到一定的精度，适用于磨削尺寸较小的精密凸轮形面。

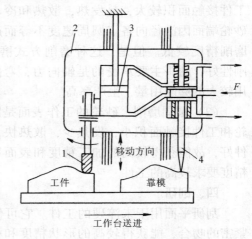

图4-23 液压靠模装置
1—铣刀 2—刀架 3—活塞 4—触销

4. 在数控机床上加工

采用仿形加工虽然能解决成形表面加工，但是当零件形状复杂，精度要求高时，对靠模制造将提出更高的要求。而由于靠模误差的影响，加工零件的精度很难达到较高的要求。尤其当产品批量不大，要求频繁改型时，必须重新制造靠模和调整机床，需要耗费大量的人工劳动，延长了生产准备周期，并且造成大量的靠模报废，从而大大影响了企业的经济效益。而且上述方法往往用于加工二维曲线，当加工立体成形面时，上述方法则难以加工甚至无法加工。数控机床加工则有效地解决了上述问题，为单件小批生产精密复杂成形表面提供了自动加工手段。

在数控机床上加工成形表面，只需把形面数据和工艺参数按机床数控系统规定，编制程序后输入数控装置，机床即能自动进行加工。当零件改变时，只要重新编写加工程序，就可加工出所要求的形面。数控机床可控制轴数有三轴或三轴以上，可以两轴联动或三轴联动。能够很方便地加工出各种复杂的二维平面曲线和三维立体型面。同时由于数控机床具有高的精度，加工过程的自动化又避免了人为误差因素，因而可以获得高精度的成形表面，同时大大提高了生产效率。目前，数控机床加工已相当广泛，尤其适合模具制造中的凸凹模及型腔加工。

5. 展成法加工

展成法主要用于齿轮齿形的加工，它是利用齿轮啮合原理进行加工。其切齿的过程是模拟某种齿轮副（齿条、圆柱齿轮、蜗轮等）的啮合过程。在这对齿轮副中，把一个齿轮做成刀具来加工另外一个齿轮毛坯，工件的齿形表面是在刀具和工件包络（展成）过程中，由刀具切削刃的位置连续变化而形成的。

用展成法加工齿形的方法，常见的有滚齿、插齿、剃齿和磨齿等。

（1）滚齿加工　滚齿是齿形加工中应用最广的一种方法，是直接在圆柱齿坯上切出齿形。滚齿的通用性较好，除常用于加工直齿、斜齿的外啮合圆柱齿轮外，还常用于加工蜗轮。其加工尺寸范围也较大，从仪器、仪表中的小模数齿轮到矿山和化工机械中的大型齿轮，都广泛采用滚齿加工。

滚齿既可用于齿形的粗加工，也可用作精加工。对于 IT8～IT9 级精度齿轮，可直接经滚刀加工后获得。当采用 AA 级齿轮滚刀和高精度滚齿机时，也可直接加工出 IT7 级精度的齿轮。

滚齿一般采用高速钢滚刀，用来加工未淬硬齿轮，切削用量较低。当采用硬质合金滚刀，在大功率刚度好的滚齿机上，可实现高速滚齿（切削速度可达 100m/min 以上），使滚齿的生产率大幅度提高。

（2）插齿加工　插齿也是常用的一种齿轮加工方法。与滚齿相比，插齿的齿形精度较好，表面粗糙度值较小，插齿由于切削过程中有空行程损失，故生产率比滚齿低。但是在加工小模数、多齿数和齿宽较窄的齿轮时，其生产率比滚齿高。插齿的应用范围广，它除了能加工圆柱直齿轮外，还能加工多联齿轮、内齿轮、扇形齿轮和齿条等。通过插齿机上的辅助装置还可加工斜齿轮，但不如滚齿方便。插齿不能加工蜗轮。

（3）剃齿加工　剃齿是精加工齿形的一种方法。剃齿加工的齿轮，齿形质量较好，精度可达 IT6～IT8 级，表面粗糙度值为 $R_a0.4～0.8\mu m$。剃齿机结构简单，调整方便。剃齿精度主要取决于剃齿刀精度。剃齿刀通常用高速钢制造，故只能用于加工未淬硬齿轮。剃齿的生产率很高，一般只需 2～4min 便可加工一个齿轮。剃齿加工在汽车、拖拉机及金属切削机床等行业中应用广泛，适用于成批大量生产中。

（4）磨齿加工　磨齿是用于对淬硬的圆柱齿轮的齿面进行精加工的重要方法。它能纠正齿轮在预加工中所产生的各项误差，尤其是纠正淬火变形误差，因而适用于高精度齿轮、齿轮刀具（插齿刀、剃齿刀等）及标准齿轮等的加工。其主要缺点是生产率低，设备制造成本高，同时要求操作者具有较高的技术水平。

磨齿方法分为两类：一是成形法加工，二是展成法加工。大部分磨齿机系采用展成法加工。

复习思考题

1. 卧式车床加工的工艺范围与车削加工中心加工的工艺范围有何不同？
2. 研磨、超精磨、细粗糙度磨削各有什么特点？外圆的光整加工有什么共同特征？
3. 总结各种内孔加工方法的特点及其适用范围。
4. 无心磨削和中心磨削有何异同？
5. 珩磨与一般磨削内孔有什么不同？
6. 试分析图 4-24 中各种类型零件上的孔适宜采用的加工方法。

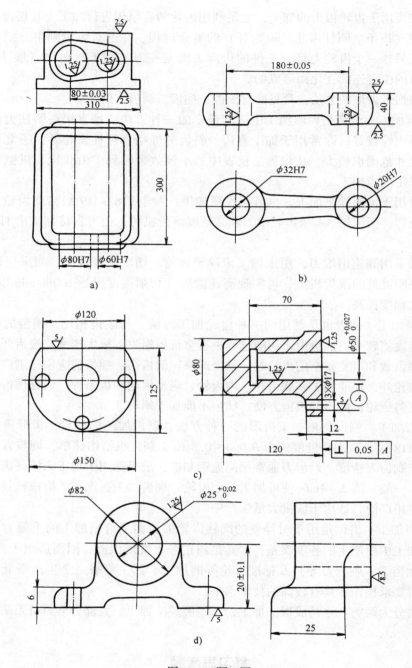

图 4-24　题 6 图

a）箱体　b）连杆（毛坯为模锻件）c）轴承座（毛坯为铸件）　d）轴承座

7. 常用平面加工有哪几种方法？试述各自的特点及适用范围。

8. 磨削平面有哪两种方式？各有什么特点？

9. 成形表面加工有哪几种方式？试述数控加工成形的原理及其特点。

10. 常用齿形加工方法有哪几种？试比较滚齿与插齿加工的特点。

第五章 机械加工工艺规程

机械加工工艺规程是机械加工中不得随意更改而必须严格执行的重要的技术文件。在生产中只有严格执行既定的工艺规程，才能稳定生产，才能保证产品质量、生产率与较低的成本。因此，在介绍工艺规程制订前，必须先熟悉一些有关的基本概念。

第一节 基本概念

一、生产过程和工艺过程

生产过程是指将原材料转变为成品的各有关的劳动过程的总和。它包括工艺过程和辅助过程。

工艺过程是指那些与原材料变成成品直接有关的过程，而采用机械加工的方法，直接改变毛坯尺寸、形状、位置、表面质量或材质使之变成成品的过程称为机械加工工艺过程。如：毛坯制造、机械加工、热处理和装配等过程都属于工艺过程。

辅助过程是指其他与原材料变成成品间接有关的过程。如生产、技术上的准备过程及其各种生产服务活动。

随着现代机械工业的发展，专业化生产不断产生，对一些比较复杂的产品的生产过程，往往由许多工厂联合完成。例如：制造汽车时，汽车上的轮胎、仪表、电气元件、发动机以至其他许多零部件都是由专业厂协作制造，最后由汽车厂完成配套并装配成完整的产品——汽车。产品按专业化组织生产后，各有关工厂的生产过程就比较简单，而且有利于保证质量、提高生产率和降低成本。

由于原材料与成品是相对的，一个车间的成品，往往又是其他车间的原材料或者毛坯，故生产过程又可以分为工厂的生产过程和车间的生产过程。

同样工艺过程也可以分为锻工工艺、车工工艺、磨工工艺、热处理工艺、装配工艺等。

二、工艺规程和工艺流程

零件由毛坯通过不同的工艺过程最后变成成品，把这些过程的各有关内容以文字的形式规定下来所形成的工艺文件就称为工艺规程。工艺规程一经确定，有关人员就必须严格按既定的工艺规程生产。任何违反工艺规程的生产是不允许的，它将会使生产陷入混乱状态。

工艺规程也不应当是固定不变的，它的先进性与合理性是相对的，随着科学技术的发展，新工艺、新技术的不断产生，工艺规程应该作定期的整顿和修改。但工艺规程的修改必须有一定审批手续和必要的工艺试验。

零件从毛坯变成成品可能要经过多个车间的加工，我们把零件依次通过的全部加工过程称为工艺流程或称工艺路线。工艺流程是制定工艺规程和进行车间分工的重要依据。

三、工艺过程的组成

零件的机械加工工艺过程是比较复杂的，往往是根据零件的不同结构、不同材料、不同的技术要求，采用不同的加工方法、加工设备、加工刀具等，并通过一系列的加工步骤，才能将毛坯变为成品。为了能更好地指导生产和合理地制定工艺规程，就需要对工艺过程的组成作进一步的分析和研究。

（1）工序　工序是指一个（或一组）工人，在一台机床（或一固定工作地），对一个（或几个）工件所连续完成的那一部分工艺过程。它是组成工艺过程的基本单元，也是制定劳动定额、配备工人、安排计划及成本核算的基本单元。

区分工序的主要依据是：两个不变，一个连续，即工件不变、机床或工作地不变而且加工是连续进行的。

在一个工序内可以采用不同刀具及切削用量来加工不同的表面。为了进一步分析与描述工序的内容，把工序划分为工步。

（2）工步　工步是工序中的一个部分，它是指加工表面、切削工具和切削用量中的转速与进给量均保持不变时所完成的那一部分工序。

在一个工序中可以只有一个工步，也可以有多个工步，一般对构成工步的任一因素（加工表面，刀具或切削用量）改变后，即变为另一工步。但把那些在一次安装中采用同一把刀具与相同的切削用量对若干个完全相同的表面进行连续加工时，为了简化工序内容的叙述，通常看作一个工步。

例：一个零件上钻 4 个相同的 $\phi5mm$ 孔时，在工艺文件上写成一个工步，即钻 $4\times\phi5mm$ 孔。

为了提高生产效率，用几把刀具同时加工几个不同表面时，也可视为一个工步，称复合工步。复合工步在工艺文件上写成一个工步。

（3）走刀　工步不变时，每切除一层材料称一次走刀。

（4）安装　安装是工序中的一个部分，把工件在夹具中定位与夹紧的过程称为安装。在一个工序中可以有多次安装，但多一次安装，就多一次安装误差而且增加了安装工件的辅助时间，故应尽量减少安装次数。

（5）工位　工位是安装中的一个部分。在一次安装中，工件在夹具或机床中所占据的每一个确定的位置称工位。采用多工位，可以减少安装次数，提高生产率。

如图 5-1 所示，利用回转工作台，工件在一次安装中具有四个工位，即装卸工件、钻孔、扩孔和铰孔。

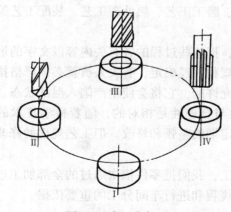

图 5-1　多工位加工
工位Ⅰ—装卸工件　工位Ⅱ—钻孔
工位Ⅲ—扩孔　工位Ⅳ—铰孔

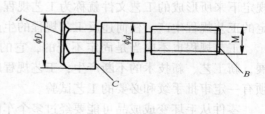

图 5-2　小轴

对同一个零件常常可以因为加工数量多少不同而有不同的工艺组成。例如：图 5-2 所示的小轴，当加工数量较少时，采用表 5-1 的加工工艺过程；当加工数量较大时，采用表 5-2 的加工工艺过程。

表 5-1 小轴加工工艺过程（单件、小批）

工序号	安装号	工位数	工步号	工序内容	走刀数	设备
10	A	1	1	车端面 B	2~3	车床
			2	钻中心孔	1	
	B	1	3	车外圆 ϕd	2~3	
			4	车端面 C	2	
			5	车螺纹外圆	2~3	
			6	车槽	1	
			7	倒角	1	
			8	车螺纹	4~5	
	C		9	车端面 A	2~3	
			10	车外圆直径 D	2~3	
			11	倒角	1	
20	A	3	1	铣六角	1	铣床
			2	去毛刺		

注：走刀数可按加工余量多少和精度要求而定。

表 5-2 小轴加工工艺过程（中批生产）

工序号	安装号	工位数	工步号	工序内容	走刀数	设备
10	A	1	1	铣端面	1	专用设备
			2	钻中心孔	1	
20	A	1	1	车削外圆 d	2~3	车床
			2	车削端面 C	1~2	
			3	车削螺纹外圆	2~3	
			4	车槽	1	
			5	螺纹口倒角	1	
			6	车螺纹	4~5	
30	A	1	1	车端面 A	1	车床
			2	车外圆直径 D	2~3	
			3	倒角	1	
40	A	3	1	铣六角	1	铣床
50				去毛刺		

四、生产纲领与生产类型

产品的生产纲领是指包括备品率和废品率在内的该产品的年产量。

产品的生产纲领一般按市场需求量、国家计划与本企业的生产能力而定。

当产品的生产纲领确定后就可以根据零件在产品中的数量、备品率和废品率，按以下公式确定零件的生产纲领。

零件的生产纲领计算公式：

$$N = Qn(1 + \alpha\% + \beta\%)$$

式中 N——零件的生产纲领(件)；

        Q——产品的生产纲领(台)；

        n——每台产品中该零件的数量(件/台)；

   $\alpha\%$——备品率；

   $\beta\%$——废品率。

根据零件生产纲领的大小，零件的特征规格及复杂程度，机械制造业的生产可分为三个类型：

（1）单件生产 单件生产的基本特点是：生产的产品品种多而每种产品仅制造一个或少数几个，且很少重复生产。例如：重型机械制造、大型船舶制造、新产品试制等。

（2）成批生产 成批生产的基本特点是：生产的产品品种较多，每一种产品均有一定的数量，且各种产品是周期轮番生产。例如：机床制造、电机制造等。

把每一批相同产品的数量称为批量。按批量大小，成批生产又可以分为：小批生产、中批生产和大批生产。小批生产的特点类同于单件生产，常称为单件小批生产。大批生产的特点类同于大量生产，常称为大批大量生产。

（3）大量生产 大量生产的基本特点是：产品的品种少而数量很多，大多数工作地长期重复地进行某一零件的某一道工序的生产或以同样方式按期分批更换产品的生产。例如：轴承制造、汽车制造等。

生产类型与生产纲领的关系可参考表5-3。

表5-3 生产类型与生产纲领的关系　　　　　　　　（单位：件）

生产类型	重型 （重量 >30kg）	中型 （重量 4～30kg）	轻型 （重量 <4kg）
单件生产	<5	<20	<100
小批生产	5～100	20～200	100～500
中批生产	100～300	200～500	500～5000
大批生产	300～1000	500～5000	5000～50000
大量生产	>1000	>5000	>50000

不同的生产类型形成不同的工艺特点，由此需要采用不同的加工工艺、不同的工艺装备、不同的设备及不同的生产组织方式，以满足优质高产低消耗的要求。

各种生产类型的工艺特点可参考表5-4。

表5-4 各种生产类型的工艺特点

特 点	单 件 生 产	成 批 生 产	大 量 生 产
零件互换性	一般无互换性，广泛用钳工修配	具有互换性，保留某些试配	全部互换，某些高精度配合采用分组选配、配磨等
毛坯制造与加工余量	木模手工造型或自由锻造，毛坯精度低余量大	部分金属模或模锻，毛坯精度和余量中等	金属模机器造型，模锻，毛坯精度高，余量小
机床设备及布置	通用设备，按机群式布置	通用设备及部分专用机床，按零件类别分工段排列	高效专用机床及自动机床，按流水线或自动线排列
夹具	通用夹具，由划线试切法保证尺寸	专用夹具，部分靠划线保证尺寸	高效专用夹具，靠夹具及定程法保证尺寸
刀具与量具	通用刀具及万能量具	较多采用专用刀具及量具	高效专用刀具及量具

随着科学技术的飞速发展，产品品种更新速度越来越快，导致产品能获取较高利润的"有效寿命"越来越短，这就要求机械制造业寻找能适应中、小批生产的自动机械，使中、小批生产也能像大批量生产一样获取高的技术经济指标，数控技术的发展和加工中心设备的诞生，为机械产品多品种、少批量生产自动化开拓了广阔的前景。

五、机械加工的经济精度

机械加工经济精度是确定机械加工工艺路线时选择合理的加工方法的主要依据之一。

任何加工方法所能达到的加工精度与表面质量都有一个相当大的范围。但这只有在某一段范围内才是最经济的，这种一定的范围加工精度即为该种加工方法的经济精度。在选择加工方法时，应根据工件的精度要求选择与经济精度相适应的加工方法（或设备）。

各种加工方法获得的尺寸方面的经济精度（尺寸精度）参考表5-5。

表5-5　各种加工方法经济精度的参考值　　　　　　　　　（单位：mm）

加 工 方 法	公 差 等 级		基本尺寸为30~50时的误差	
	平均经济精度	经济精度范围	平均经济精度	经济精度范围
粗车、粗镗和粗刨	IT12~13	IT11~14	0.34	0.1~0.62
半精车、半精镗和半精刨	IT11	IT10~11	0.17	0.1~0.2
精车、精镗和精刨	IT9	IT6~10	0.05	0.02~0.1
细车和金刚镗	IT6	IT4~8	0.017	0.01~0.03
粗　铣	IT11	IT10~13	0.17	0.1~0.34
半精铣和精铣	IT9	IT8~11	0.05	0.03~0.17
钻　孔	IT12~13	IT11~14	0.34	0.17~0.62
粗　铰	IT9	IT8~14	0.05	0.04~0.10
精　铰	IT7	IT6~8	0.027	0.01~0.04
拉　削	IT8	IT7~9	0.04	0.015~0.05
精　拉	IT7	IT6~7	0.027	0.01~0.03
粗　磨	IT10	IT9~11	0.10	0.05~0.17
精　磨	IT6	IT6~8	0.017	0.1~0.03
细磨（镜面磨）	IT4		0.008	0.002~0.011
研　磨	高于IT4		<0.008	0.001~0.011

各种机床加工时几何形状和位置的平均经济精度参考表5-6。

表5-6　在各种机床上加工时几何形状和位置的平均经济精度　　　（单位：mm）

机　床　类　别	几 何 形 状 公 差		
车床	圆度	圆柱度（每300mm长）	端面平直度
中心高<180	0.005	0.01	0.02
中心高<400	0.01	0.02	0.02
六角车床和自动车床	圆度 0.01	圆柱度（每300mm长） 0.03	平面度 0.02
镗　床	孔中心线平行度（每300mm长） 一次安装中加工：0.015~0.03 不同安装中加工：0.020~0.10	孔中心线垂直度（每300mm长） 0.02~0.03	—
铣　床	平面度 精加工：0.020~0.45	对基准面的平行度（每100mm长） 0.025~0.05	—

（续）

机 床 类 别	几 何 形 状 公 差		
外圆磨床	圆度 0.005	直线度（每100mm长） 0.01～0.02	—
平面磨床	—	平面度（每100mm长） 小型机床：0.01 大型机床：0.025～0.05	—

第二节　工艺规程制订的原则与步骤

工艺规程是指导施工的技术文件，它的制订直接影响生产率高低及成本的大小。

一、工艺规程的作用及工艺文件

工艺规程是工艺过程的文字记载，它是在总结广大操作人员和技术人员的实践经验的基础上，依据工艺理论和必要的工艺试验而制订的。因此，它具有以下一些作用：

（1）工艺规程是指导生产的主要技术文件　工艺规程中记载了零件加工的工艺路线及各工序、工步的具体内容，记载了切削用量的数值，选用的工艺装备和工时定额等等。操作人员只有按照该文件的具体要求进行调整、生产，才能保证产品的合格性，符合产品的生产节拍，有利于优质高产低消耗的生产，在大批量生产中，更能稳定生产、指导施工。

（2）工艺规程是组织生产与计划管理的重要资料　在产品的生产中，生产的安排、调度、人员配备、原材料、半成品或外购件的供应等的生产准备工作、技术准备工作及成本的核算等，都是以工艺规程中的具体内容来进行安排的，是以工艺规程作为重要资料的。

（3）工艺规程是新建和扩建工厂车间的基本依据　新建或扩建车间的面积大小，要取决于产品的生产纲领及该产品的工艺规程，按工艺规程的要求才能确定设备的数量、规格型号、占用面积、机床布置方式、生产工人数量、工种、技术等级等等。

（4）方便交流与推广先进经验　工艺规程详细记载了加工的全过程及使用的设备、工装及切削用量。工艺规程能直接指导生产，稳定生产，起到便于推广交流先进经验的作用。把工艺规程的具体内容填入一定格式的卡片后就成为必须严格执行的工艺文件。目前工艺文件还没有统一的格式，可按不同的生产类型及零件加工的难易程度自行设计确定。

常见有以下几种卡片：

1）机械加工工艺过程卡片（机械加工工艺过程综合卡片）。工艺过程卡片主要列出零件加工所经过的整个工艺路线，其中粗略地介绍了各工序的加工内容、加工车间、采用设备及工装。因此，该卡片不能直接指导工人操作，可用作生产管理、生产调度及制订其他工艺文件的基础。在单件小批量生产中一般只编制此卡片，并且应编得较详细些，用它来指导生产。工艺过程卡片的格式见表5-7。

2）机械加工工艺卡片。工艺卡片是以工序为单位详细说明整个工艺规程的工艺文件，卡片中反映各道工序的具体内容与加工要求、工步的内容及安装次数、切削用量、采用的设备及工装，用来指导工人生产及掌握整个零件加工过程的一种主要技术文件，在成批生产或小批量生产的重要零件加工中广泛地使用。

工艺卡片的格式见表5-8。

表 5-7　机械加工工艺过程卡片

（工厂名称）	机械加工工艺过程卡片	产品型号		零（部）件图号		共（　）页
		产品名称		零（部）件名称		第（　）页

材料牌号		毛坯种类		毛坯外形尺寸		毛坯件数		每台件数		备注	

工序号	工序名称	工序内容	车间	工段	设备	工 艺 装 备	工 时	
							准终	单件

描　图

描　校

底图号

装订号

				编制（日期）	审核（日期）	会签（日期）	
标记处数	更改文件号	签字日期	标记处数	更改文件号	签字日期		

表 5-8　机械加工工艺卡片

（工厂名称）	机械加工工艺卡片	产品型号		零（部）件图号		共（　）页
		产品名称		零（部）件名称		第（　）页

材料牌号		毛坯种类		毛坯外形尺寸		毛坯件数		每台件数		备注	

工序	安装	工步	工序内容	同时加工零件数	设备	工艺装配	主轴转速/r·min⁻¹	切削速度/m·min⁻¹	进给量/mm·r⁻¹	背吃刀量/mm	走刀次数	工时	
												准终	单件

描　图

描　校

底图号

装订号

				编制（日期）	审核（日期）	会签（日期）	
标记处数	更改文件号	签字日期	标记处数	更改文件号	签字日期		

3）机械加工工序卡片。工序卡片是以工艺卡片中的每道工序而制订的。该卡片中详细记载了该工序中的工步加工的具体内容与要求及所需的工艺资料，包括定位基准、工件安装方法、工序尺寸及极限偏差、切削用量的选择、工时定额等，并配有工序图，是能具体指导工人操作的工艺文件，适用于大批量生产的零件及成批生产中的重要零件。

机械加工工序卡片形式见表 5-9。

表 5-9　机械加工工序卡片

(工厂名称)	机械加工工序卡片		产品型号	零(部)件图号		共（　）页
			产品名称	零(部)件名称		第（　）页
(工序简图)		车　间	工序号	工序名称		材料编号
		毛坯种类	毛坯外形尺寸	每批件数		每台件数
		设备名称	设备型号	设备编号		同时加工件数
		夹具编号	夹　具　名　称			冷却液
						工序工时
						准终 / 单件

	工步号	工步内容	工艺装备	主轴转速 /r·min^{-1}	切削速度 /m·min^{-1}	进给量 /mm·r^{-1}	背吃刀量 /mm	走刀次数	工时定额	
									机动	单件
描　图										
描　校										
底图号										
装订号										
					编制(日期)	审核(日期)	会签(日期)			
	标记 处数 更改文件号 签字 日期		标记 处数 更改文件号 签字 日期							

二、制订工艺规程的原则、方法与步骤

（1）制订工艺规程的原则　工艺规程是企业加工产品的主要的技术依据。工艺规程的先进性、合理性直接影响了企业的经济效益与产品的竞争能力，因此工艺规程的制订应符合下述原则，即：工艺规程应符合在一定的生产条件下，能以最少的劳动量，最快的速度，最低的费用，可靠地加工出符合图样要求的零件。这样才能保证产品的加工达到高效率、高质量、低成本，以获得最好的经济效益。工艺规程的制订应注意技术上的先进性，采用新工艺、新材料、新设备，以提高生产率；要使产品消耗的材料和能源消耗降到最低，达到最佳的经济效益；要注意改善劳动条件，尽可能采用自动化、机械化的措施，减轻劳动强度，发挥操作者的创造力，使产品能稳定可靠地符合图样要求。

（2）制订工艺规程的方法　工艺规程制订前，首先要广泛收集有关的原始资料，这些原始资料应包括零件装配图，从中可了解零件的加工要求及该零件在装配图中的地位、要求；应包括零件的生产纲领，投产批量，用以确定其生产类型，才能合理地选择设备及工艺装

备，合理地安排好工艺规程；应包括本单位的生产条件、加工能力、设备及工装资料以便能最大限度地挖掘本单位的潜力，确定能适应本单位生产的工艺过程；应包括毛坯资料，了解毛坯的工艺特性及总的加工余量及精度，以便采用相适应的加工工艺；应包括国内外有关工艺技术的发展情况，积极引进先进的工艺技术以提高工艺水平，最后还需要有关的工艺手册、图册以便于查取所需资料。

其次，要深入现场调查研究、集思广益，集中广大群众的经验与智慧，选择出最合理的工艺方法与加工方法。

最后，要注意的是，如果采用新工艺时，应作工艺试验以保证在投入生产后能稳定可靠地加工出符合图样要求的产品。

(3) 制订工艺规程的步骤　制订工艺规程大致要确定以下这些内容：

1) 零件分析及工艺审查。通过零件图的分析及工艺审查可以确定必要的技术条件，保证在满足使用要求的前提下尽可能降低加工精度及成本。

2) 确定毛坯。毛坯的精度、加工余量均会影响加工方法、加工设备的选择。

3) 选择定位基准，拟定工艺路线。不同的定位基准可有不同的加工路线，一般应选几条路线供选择。

4) 确定各工序尺寸及公差。

5) 确定各工序所采用的设备与工装。

6) 确定各工序间的技术要求及检验方法。

7) 确定各工序的切削用量及工时定额。

8) 工艺过程的技术经济分析。

9) 填写工艺文件。

第三节　零件的分析及工艺审查

零件图是毛坯加工完成后合格与否的主要依据。零件图上的各种精度、表面粗糙度值、热处理及材料等都直接影响了加工方法、工艺路线、设备、工艺装备及加工余量、切削用量的选择。认真分析零件的用途、作用，了解各种技术要求的制订依据，确定该零件的关键性的技术问题的解决方法，审查零件的有关尺寸、结构、视图、材料及技术要求的合理性，才能确定最合理的工艺方法。

一、零件的结构工艺性分析

同一零件可有不同的结构形状，不同的结构形状可采用不同的加工方法，形成不同的生产率，不同的生产成本。因此零件的结构与工艺有着密切的联系，所谓零件的结构工艺性是指在保证使用要求的前提下，是否能以较高的生产率，最低的成本，方便地制造出来的特性。改善零件的结构往往可以减少加工劳动量，简化工艺装备，降低成本。

衡量零件结构工艺性好坏的主要依据是加工量大小、成本高低及材料消耗。零件的结构工艺性既有综合性又有相对性。所谓综合性就是要从毛坯制造、机械加工一直到装配调试的整个工艺过程中，均要综合兼顾，使其在各个加工环节中均有良好的结构工艺性，不能顾此失彼。所谓相对性就是指：同一种结构在不同生产类型、不同生产条件下，采用不同的加工方法时，所显示的结构工艺性的好坏也是不同的。有些零件的结构采用某种方法加工时具有良好的结构工艺性，而采用另一种方法加工时可能会产生加工不便，甚至无法加工。因此，在审查零件结构工艺性时，既要考虑其综合性的特点，又要考虑其相对性的特点。

（1）毛坯的结构工艺性　机械零件的毛坯结构工艺性主要是指铸件及锻件的结构工艺性。这两种毛坯往往结构较复杂，使用较广泛。其特点均需经过加热后使金属或金属熔液在模具内成形。因此，根据它们的成形特点，其结构形状设计要遵循以下几个原则：

1）毛坯的结构形状应尽可能简单，壁厚不能太薄，要有利于金属的流动，减少不必要的分型面，使模具（包括木模或金属模）设计简单，延长模具的使用寿命。

2）毛坯的结构形状应有一定的起模斜度和圆角，避免不必要的凸台，要有利于起模，避免起模时造成毛坯缺陷。

3）毛坯的形状应尽可能对称，壁厚要均匀，不能阻碍材料的流动与收缩，尽可能减少毛坯的收缩变形。

总之，零件的结构要符合各种毛坯制造方法的工艺要求，避免因结构设计不良造成的毛坯缺陷，使毛坯制造工艺简单、操作方便、延长模具的寿命，并有利于机械加工。表5-10为铸锻件结构工艺性图例。

表 5-10　铸锻件结构工艺性图例

	改 进 前	改 进 后	说　　明
1	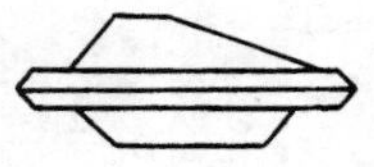	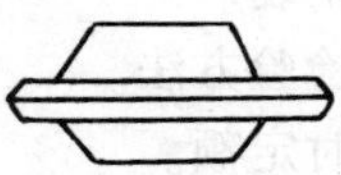	形状不对称，上下模易错位，影响锻件质量
2	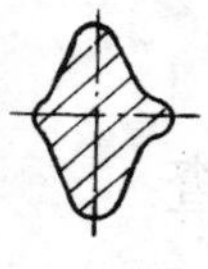	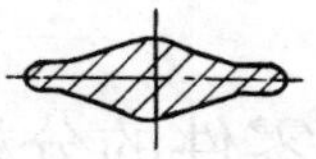	最大尺寸在分模面上，减少型腔深度，有利于金属充填
3	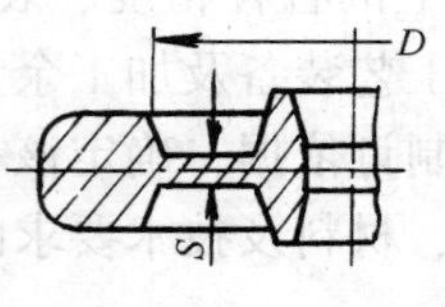	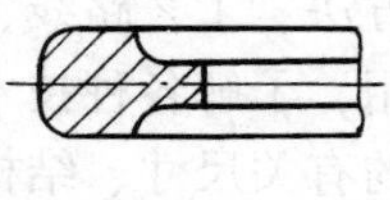	避免断面形状变化过大，壁厚 s 不宜太薄，$D \leqslant 12s$，以免降低模具寿命，增加飞边损失
4	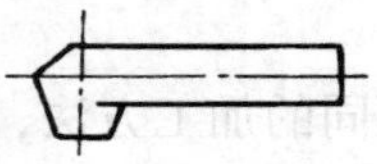	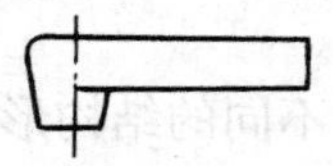	改进结构使毛坯在半模内成形，有利于提高质量，降低成本
5	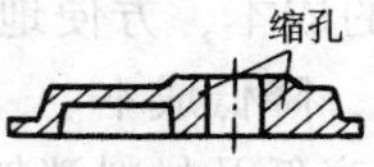	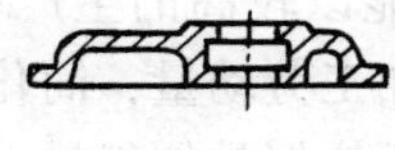	壁厚力求均匀，减少厚大断面，以免产生缩孔
6	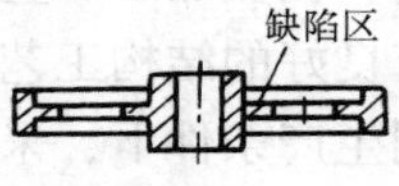	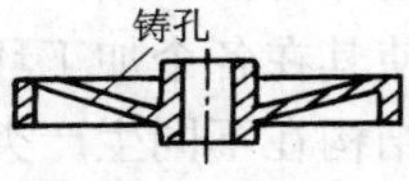	减少大的水平平面，便于杂质和气体排除，减少内应力 铸孔轴线与起模方向一致

（续）

	改 进 前	改 进 后	说 明
7	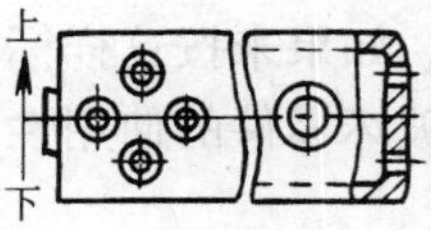	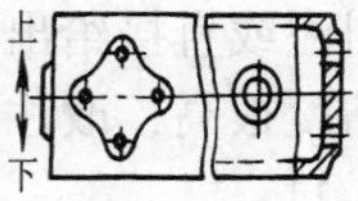	铸件表面的局部凸台应连成一片
8	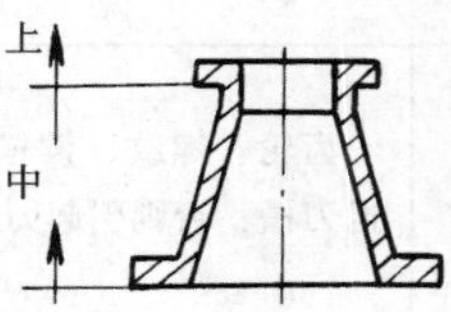	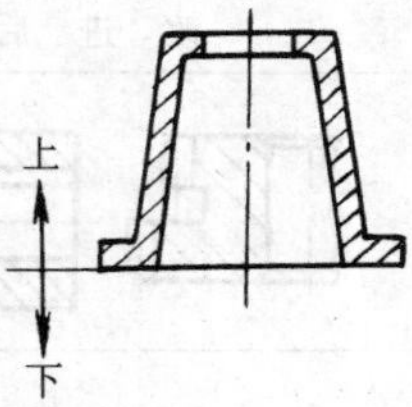	分型面应尽量减少，本例使三箱造型变成两箱造型
9	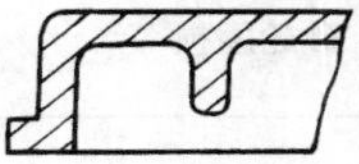	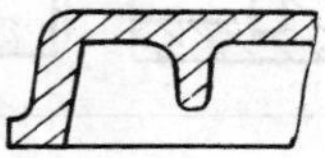	在起模方向具有结构斜度（包括内肋）
10	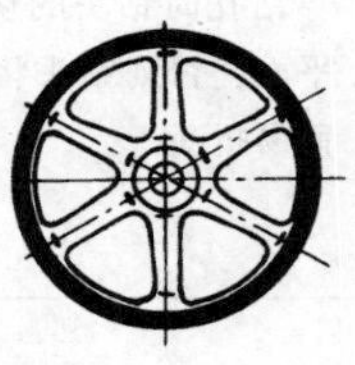		使铸件结构不阻碍材料收缩，如大轮辐应成弯曲形或锥形辐板
11	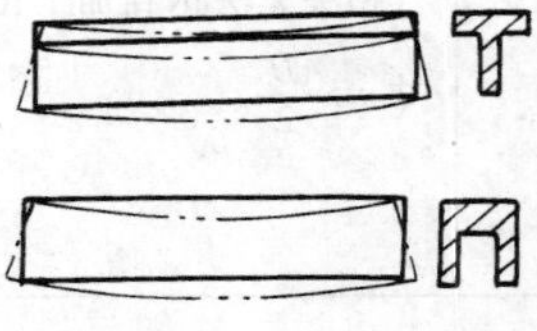	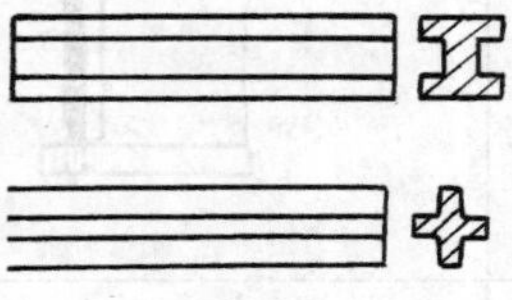	细长件或大平板件收缩时易挠曲，应改为对称截面或合理设置加强肋

（2）零件的结构工艺性　零件的形状结构直接影响到加工的难易程度。因此零件的形状结构设计应遵循下述各项原则：

1）零件的结构要便于加工、保证刀具的自由进出及正常有效地工作，有利于提高刀具的使用寿命，保证加工精度。

例如，箱体内肋板上的孔尺寸及要加工的凸台面的尺寸应小于刀具进出口孔的尺寸。齿轮、螺纹，阶梯轴、不通孔等加工面均应留有出屑槽（退刀槽）。钻孔时切入、切出口的平面应与孔轴线垂直，否则会引起刀具的损坏，钻孔轴线偏移，甚至无法加工等缺陷。

2）零件的结构要有利于提高生产率，降低加工成本。零件在加工时要尽可能减少去除的材料量。例如：减少底座的加工面、中间挖空、铸凸台、减少螺纹不必要的长度等措施。加工时应尽可能减少安装、对刀、换刀的次数，避免在孔内加工沟槽等。

3）正确标注尺寸，合理选择基准。零件图上尺寸标注方式要有利于加工时的尺寸控制及测量，避免尺寸换算。孔槽、螺纹等尺寸有利于采用标准尺寸的刀具、量具，减少刀具规格。在满足使用要求的前提下，应尽可能扩大制造公差，便于加工。

对数控加工要注意零件图上的尺寸标注方法是否适应数控加工的特点，从方便编程角度看，零件图上尺寸最好从同一基准引注或直接给出坐标尺寸。如果未按这样标注，应把它们改注过来，由于数控加工机床定位精度很高，改注后决不会破坏零件的使用性能。

有关零件结构工艺性图例见表 5-11。

表 5-11　零件结构工艺性图例

	改进前	改进后	说　明
1			齿轮、螺纹、键槽加工都必须有退刀槽，否则引起刀具损坏
2			不通孔和阶梯轴磨削时，若无退刀槽，不能磨出清角，影响配合及砂轮磨损
3			钻孔时钻头的切入和切出口应为平面，否则钻头将因径向受力不均而易折断
4			钻头无法达到加工位置，应使尺寸 $a > \dfrac{D}{2}$
5			键槽、销孔尽量布置在同一方向上，孔口凸台高度应为同一平面，加工时只需一次安装和一次对刀
6			箱体内壁凸台不应过大，以便于刮削

（续）

	改 进 前	改 进 后	说　　明
7			同一零件上定位孔、退刀槽等尽量采用同一规格尺寸
8			尽可能采用标准钻头铰刀等刀具加工
9			减少底座加工面积，铸出凸台，减少加工量，且有利于减小平面度误差，提高接触精度
10			减少配合表面长度，若采用冷拉钢料，销轴头部可不加工
11			避免很深的螺纹孔加工
12			阀孔内车槽改为阀心上车槽，外圆加工比内孔加工方便，槽间距也易于保证

二、零件的技术条件分析与审查

零件的技术条件主要包括零件的尺寸精度、形位精度、表面粗糙度值、材料及热处理等要求。

首先，根据零件的装配图分析该零件在产品中的作用、地位，确定必须要保证的关键性技术要求，以及其他要求的合理性。由于不同的精度等级及表面粗糙度值要选用不同的加工方法、加工路线，会产生不同的生产率及不同的成本。如果技术要求过高，不但要增加成本，有时还会无法加工。而技术要求太低又不能满足使用要求。在满足使用要求的前提下尽可能降低加工要求，才能产生较好的经济效益。

其次要审查材料选用的合理性。材料的工艺特性会影响到加工方法的选择，影响到热处理工序的安排。材料选择不当，有时可能会使工艺过程发生困难。例如图5-3销钉（只标有关尺寸），方法淬硬要求58～62HRC，直径 $\phi2mm$ 的小孔在装配时配作，原设计采用T8A材料，该材料淬透性好，但因零件很短只有15mm，在头部淬火时，势必会全部淬硬，则 $\phi2mm$ 孔就不能配作钻孔，为此改用20钢，局部渗碳淬火，对 $\phi2mm$ 孔处镀铜保护就较为合理了。

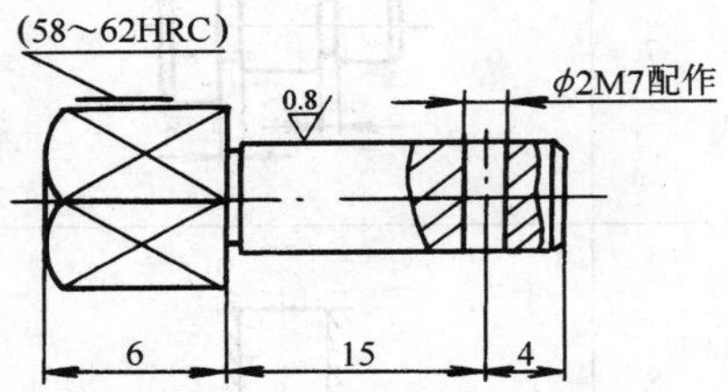

零件材料的选择在满足零件功能要求的前提下尽可能选用价廉、加工性能良好的材料，要避免采用贵重金属。

图 5-3　销钉

在零件图的分析中如发现图样上尺寸标注、技术要求、所选材料或结构工艺性不好时，应与有关设计人员共同研究按规定的手续进行必要的修改。

第四节　毛坯的选择

毛坯的选择是制订工艺规程中的一项重要的内容，选择不同的毛坯就会有不同的加工工艺，采用不同设备、工装，从而影响着零件加工的生产率及成本。

一、毛坯的种类

在机械加工中常见的毛坯有下列几种：

（1）铸件　铸件是把熔融的液体金属，浇注到事先做好的铸型空腔内，依靠其自重充满型腔，冷却后就形成铸件。

铸件一般适用于形状较复杂、生产批量较大的零件，如床身、箱体、立柱等。

铸件的生产方法常用的有下列几种：

1）砂型铸造的铸件。其铸型采用砂型。当批量较小、精度较低时，可采用木模手工造型，由于木模本身制造精度低，易受潮变形，加之手工造型误差大，故铸件精度低，加工余量大，生产率低。

当批量较大时可采用金属模、机器造型代替手工木模造型，紧砂与起模两项主要工作，采用机械化代替手工操作。因此，铸件精度与生产率有所提高，但需要有一套特殊的金属模板与相应的造型设备，费用较高，而且铸件的重量受限制，一般多用于中小尺寸的铸件。采用砂型铸造时，可不受材料限制，其中铸铁应用最广，铸钢和有色金属铸件也有一定应用。

2）金属型铸造的铸件。这种铸造采用金属铸型，故铸造出的铸件比砂型铸造的铸件精度高，表面质量和机械性能也较好，并且有较高的生产率，但是需要一套专用的金属型。适用于大批大量生产中尺寸不大、结构不太复杂的有色金属铸件。

3）离心铸造的铸件。将液体金属注入高速旋转的铸型内，使金属在离心力作用下充满铸型而形成铸件。这种铸件金属组织致密，机械性能好，其外圆表面质量与精度均较高，而内孔精度较低，需留出较大的余量，适用于大批量生产的黑色金属、铜合金等旋转体铸件。

4）压力铸造的铸件。将液态或半液态的金属在高压作用下，以较高速度注入金属铸型内而获得铸件，该铸件质量好，公差等级可达IT12级左右，表面粗糙度 $R_a0.4～3.2\mu m$。能达到少切削的要求，而且铸件上的各种螺纹孔、文字、花纹、图案均能铸出。压力铸造需要一套昂贵的设备和铸型，适用于大批量生产中形状复杂、尺寸较小的有色金属铸件。

（2）锻件 锻件是通过对处于固体状态下的材料进行锤击、锻打而改变其尺寸、形状的一种加工方法。零件经过锻打，金属内部结构组织排列紧密，可提高零件的综合力学性能。

按照锻造时零件是否加热可分为热锻与冷锻。热锻：材料加热到锻造温度后进行锻打成形的加工方法。该锻件精度较低并且会产生大量的氧化皮，但热锻时锤击力较小。冷锻：材料在室温下锻打成形的加工方法。虽然精度高无氧化皮产生，但锤击力很大，需要较大吨位的压力机。介于上述两者之间的是温锻，材料加热到较低的温度后进行锻打，可克服上述两者缺点，但还存在一定工艺问题有待解决。

按照锻造时是否采用模具，可分为自由锻与模锻。自由锻是材料在锻打时由手工操作控制其所需形状的。这种锻件，精度较低，余量较大，生产率较低，不需要专用模具，故成本较低，适用于单件小批生产及大型锻件的生产。模锻采用专用模具，利用锻锤或压力机产生的力使毛坯在模具内成形的锻件。这种锻件的精度与表面质量均比自由锻好，而且余量小、生产率高，但需要一套专用模具，增加了成本，适用于批量较大的中小型锻件。

（3）型材 利用钢铁厂生产的成型材料，作为零件的毛坯。按型材截面形状可分为：圆钢、方钢、六角钢、异型钢管型材。按其轧制方法，可分为冷拉与热轧型材。热轧型材尺寸较大，精度较低，用于一般零件的毛坯。冷拉型材尺寸较小，精度高，但价格昂贵，用于批量较大的中小型零件毛坯。

（4）组合件 把铸件、锻件、型材或经过局部机械加工的半成品组合在一起作为零件的毛坯。例如焊接的床身、焊接的箱体。

采用组合件作为毛坯时，其生产周期比铸件短，适用于形状复杂、批量较小的零件毛坯。

二、影响毛坯选择的因素

毛坯的选择既影响毛坯制造工艺也影响机械加工工艺。究竟应选择何种毛坯？首先，要根据零件材料的工艺特性及零件对材料性能的要求而定。材料的工艺特性首先是指该材料的可铸性、可塑性及可焊性。

低碳钢具有良好的可焊性，可用于电焊连接。

铸铁、青铜、铝等材料具有良好的可铸性，可用作铸件。但可塑性较差不适宜作锻件。

钢质材料具有良好的可塑性，可用作锻件，但当其含有合金元素或含碳量高时可焊性就差。

对钢质零件，如需要有良好的力学性能时，不论其形状简单与复杂，均宜采用锻件，对强度要求很高的铸件也可采用铸钢代替。

对形状较复杂而且以受压为主的床身、轴承座盖等零件宜采用铸铁件。铸铁件还具有较好的切削性能及自润滑性。

其次，毛坯的选择还应根据零件的结构、形状与外形尺寸大小来确定。对于阶梯轴，如果各台阶直径尺寸相差不大时，可采用圆棒料。对于各台阶直径尺寸相差较大时为了节约材料，减少机械加工的劳动量，也宜选择锻件毛坯。对非旋转体的板条形零件可选择板材或锻件，当抗拉强度不大时也可采用铸件。

毛坯尺寸较大的铸件或锻件，就目前的工艺能力还只能选择精度较低、余量较大、生产率较低的砂型铸件或自由锻锻件，对中小型铸锻件，可选择模锻或其他特种铸件。

最后，毛坯的选择还应根据零件的生产纲领大小而定，当零件的产量较大时应选择精度较高、生产率较高的毛坯制造方法。而产量较少时应选择精度较低、生产率较低的毛坯制造方法。另外，毛坯种类的选择，还应考虑本厂的现有生产条件，以取得最好的经济效益。

第五节　定位基准的选择

定位基准的选择是工艺规程制定中的一项十分重要的任务，它直接影响到各表面加工顺序的先后，影响到工序数目的多少，夹具的结构及零件的精度是否易于保证等问题。

一、基准的概念

在构成零件形状的点、线、面中，总有这样一些点、线、面是用以确定其他点、线、面相对位置或方向的，这样一些点、线、面称作基准。

根据基准的不同功用，可分为两大类：

（1）设计基准　在零件图上，用以确定其他点、线、面位置的基准称设计基准。设计基准是设计人员按照零件在产品中的地位、作用、要求所确定的，它直接反映在零件图中。如图 5-4 所示钻套零件图中，轴心线 O_1—O_1 是各回转表面的设计基准，A 面是 B、C 面的设计基准，而内孔 ϕD_1 的轴心线，也是外圆 ϕD_2 的径向圆跳动的设计基准，又是端面 B 的端面圆跳动的设计基准。

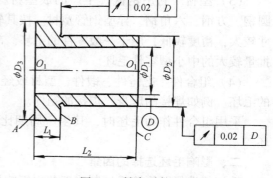

图 5-4　钻套零件图

（2）工艺基准　零件在加工、装配及工艺文件上所采用的基准称为工艺基准。工艺基准按用途又可分为：

1）定位基准。在加工时，使工件能在机床或夹具中占据一个正确位置时所采用的基准称为定位基准。如图 5-4 中钻套内孔套在心轴上磨削外圆 ϕD_2 及端面时，内孔的轴线就是定位基准。

2）测量基准。零件在检验时用以测量已加工表面的尺寸及位置时所采用的基准称为测量基准。如图 5-4 中钻套内孔套在心轴上用百分表测外圆径向圆跳动及端圆跳动时，钻套内孔的轴线就是测量基准。

3）装配基准。装配时用以确定零件在部件中的正确位置时所采用的其准称装配基准。

图 5-4 中钻套装在钻模板上是以其外圆 D_2 及端面 B 面来确定钻套位置的，所以其外圆轴线及端面 B 面是装配基准。

4）工序基准。在工艺文件上标定加工表面正确的位置、尺寸、方向时所采用的基准称工序基准。工序基准是由工艺人员根据零件加工精度要求，所采用的夹具要求及加工方法等要求所确定的，它反映在工艺文件上或者工序图上。工序基准与设计基准可以重合，也可以分别采用不同的表面。

二、基面

基准可以是面、线也可以是点。有时甚至是看不见、摸不到、抽象存在的，例如轴心线、中心平面或圆心等。当零件需用这种基准定位时，显然是不现实的。零件在夹具上定位方式是用零件上具体的面与夹具上的定位元件相接触而使零件获得确定的位置，因此必须用一个具体存在的面来体现这个抽象的基准。这个面就称为基面。例如：在轴上用两个顶尖孔来体现该轴的轴心线，两顶尖孔的表面就称为基面。在第一道工序中，一般只能采用未加工过的毛坯表面作为定位基准面，这个基面称为粗（毛）基面，它体现的基准称为粗基准。显然，粗基准定位时定位精度低，误差大。当采用已加工过的表面作为定位基面时，该表面就称为精（光）基面，它所体现的基准称为精基准。有时零件上没有一个适当的表面来作为定位基面，就可以在零件上专门设置或加工出一个面来作为定位基面，由于这个面在零件

中不起任何作用，仅仅是由于工艺上需要才作出的，这种基准面称为辅助基面，其体现的基准称辅助基准。例如：轴类零件上两顶尖孔，丝杆的大径表面等等，均是辅助基面，是用来定位的。

由于定位基面是体现定位基准的，因此选择恰当的定位基准的实质就是选择恰当的定位基面。

三、粗基准的选择

采用怎样的毛坯表面来用作定位基准，会影响到各加工表面的加工余量的分配，影响到加工表面与不加工表面间的位置关系，因此粗基面的选择考虑的重点是：保证各加工表面有足够的余量；保证不加工表面的尺寸、位置符合图样要求。其选择的原则是：

（1）当有不加工表面时，应选择不加工表面作为粗基面 这样容易保证加工面与不加工面间的位置关系。如图 5-5 所示套类零件，其外圆是不加工表面，以外圆面作为粗基面定位加工内孔，就能保证其壁厚均匀。

如果有几个不加工表面时，应选择与加工表面有密切关系的不加工表面作为粗基面。如图 5-6 所示箱体，由于箱体内壁均为不加工表面，而孔 φ 装入齿轮轴后，齿轮与箱壁 A 面间应留有间隙 Δ，且有 b—a 的尺寸来保证。如果选择 B 面为粗基面，则以 B 面定位加工 D 面保证 d 尺寸，再以 D 面定位加工 C 面保证 c 尺寸，再以 C 面定位加工孔 φ，保证 b 尺寸。这时，a 尺寸并未直接控制，a 尺寸的大小受到 d、c 尺寸及 A、B 两面间的距离尺寸的影响。当 b—a 尺寸小于齿轮外圆半径尺寸时使齿轮与箱壁 A 发生干涉，影响使用；反过来，如能以 A 面为粗基面定位加工 C 面，保证 a 尺寸，再以 C 面定位加工孔 φ 保证 b 尺寸，则

图 5-5 以不加工面为定位基准实例

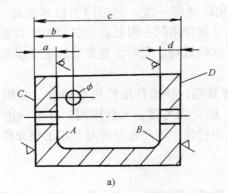
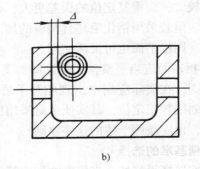

a)   b)

图 5-6 箱体粗基准面选择

b—a 的尺寸就得到保证，使齿轮装入后不会与 A 面发生干涉。因此，就应该选择与加工面有密切关系的不加工面 A 作为粗基面比较合理。

（2）具有较多的加工表面时，应从以下几点着重考虑合理分配各加工表面的余量

1）应选择零件上加工余量最小的面为粗基面。如图 5-7 为阶梯轴，其大端直径为 $\phi100$mm，加工余量 14mm，小端直径为 $\phi50$mm，加工余量为 8mm。如果两者在锻造时同轴度误差为 $\phi10$mm，即两轴心线的最大偏移量为 5mm。如果用小端直径 $\phi58$mm 外圆作为粗基准定位加工 $\phi100$mm 时，有 14mm 的余量，即可保证消除 $\phi10$mm 的同轴度误差。反过来，如果以大端直径 $\phi114$mm 的外圆为粗基准定位时，只有 8mm 余量。所以，$\phi10$mm 的同轴度误差就无法消除，造成余量不足而使 $\phi50$mm 毛坯面车不出而报废。

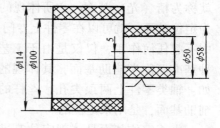

图 5-7　阶梯轴粗基面选择

2）对一些重要表面要求切除余量少而均匀时，就应选择该表面作为粗基准，以满足其工艺要求。如图 5-8 所示床身加工，导轨面是重要表面应保证其切除的余量少而均匀，延长其使用寿命，故应以导轨面为粗基面切除床脚的连接面来消除较大的毛坯误差，使该面与导轨面基本平行后再以床脚连接面为精基面定位加工导轨面，就能满足切除余量少而均匀的要求。

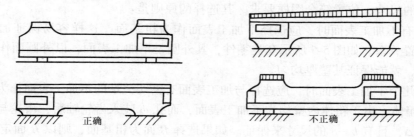

图 5-8　床身粗基面的两种方案

3）粗基面的选择应使各加工面切除的总的材料量为最小。这样有利于减少劳动量，提高生产率。因此，往往选择面积最大、形状最复杂的表面作为粗基面。

（3）粗基面在同一尺寸方向上，一般只允许使用一次　这是因为粗基面是毛坯表面，定位误差较大，而重复定位的误差更大，如果反复使用同一粗基面会引起加工表面间较大的位置误差。但若采用精化毛坯且相应的加工要求较低时，只要重复安装的定位误差在允许的范围之内，则粗基面也可灵活使用。

（4）粗基面应当平整，无浇冒口、飞边等缺陷，使工件定位可靠稳定　对粗基面选择的这些原则，在实际应用中出现相互矛盾时，应全面考虑，灵活应用。在第一道加工工序中，如按划线找正定位，其实质也是采用粗基面定位。因此在划线时采用毛坯面作为划线定位基准时，也应兼顾上述的这些原则。

四、精基准的选择

精基准选择得好坏会直接影响加工精度与质量，影响工件安装的可靠性与方便程度，一般可按下列原则来选取：

（1）尽可能把设计基准作为定位基准——基准重合原则　采用这个原则能避免因基准不重合而产生的定位误差，提高定位精度。图 5-9 零件图（只标有关尺寸）在加工 A 面尺寸时可以采用两种定位方法即：以 B 面定位时，设计基准（C 面）与定位基准（B 面）并不重合，因此，在加工 A 面时 a 的尺寸有两部分加工误差组成。一部分是本工序的加工误差 Δa，另一部分是前工序的加工误差 Δb，即由于基准不重合时带入的误差——基准不重合误差。因此要保证 a 尺寸合格，应为 $\Delta a + \Delta b \leqslant Ta$。反过来，如果采用 C 面为定位基面时，由于设计基准与定位基准重合，在加工 A 面时 a 尺寸就只有一部分加工误差即：本工序加工误差 Δa，其合格条件只要满足 $\Delta a \leqslant Ta$ 即可。由上述分析可知，当基准不重合时会产生基准不重合误差。其最大值即为设计基准至定位基准在加工尺寸方向上允许的最大变动量，即 Tb 值。因此采用基准重合的原则，减少定位误差，提高精度。

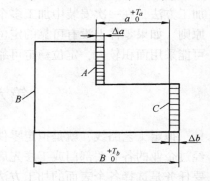

图 5-9　零件工序图

（2）尽可能选用统一的定位基准加工各个表面——基准统一的原则　采用这个原则能最大限度地保证各加工表面间的位置精度，避免基准转换带来的误差，还可使夹具统一。

例如：在轴类零件上加工各个表面时，始终采用双顶尖孔作为定位基准，符合基准统一的原则，能满足各表面的径向圆跳动、端面圆跳动的要求且夹具单一。

（3）以加工表面本身作为定位基准——自为基准的原则　采用这个原则能保证加工表面去除的余量小而均匀的要求，但是采用这项原则加工时不能纠正前工序留下的位置误差。

例如：采用无心磨削时工件以外圆表面定位，加工外圆表面；铰刀铰孔时铰刀按工件内孔壁定位加工内孔壁；导轨磨床上磨削机床导轨时，先用百分表找正导轨的正确位置后再加工导轨本身表面，都是采用自为基准的例子。

（4）加工表面与定位基面反复轮换使用——互为基准的原则　采用这个原则可使加工表面与定位基准间保持很高的位置精度与形状精度。例如：主轴前端的莫氏锥孔与支承轴颈在加工时，先以支承轴颈为定位基准加工莫氏锥孔，又以莫氏锥孔定位加工支承轴颈，最后又以支承轴颈定位加工莫氏锥孔，反复轮换使用，使两者获得很高的圆度及同轴度精度。

（5）精基面的选择应便于安装、加工，使夹具结构简单、稳定、可靠　工件安装稳定可靠，才能使加工精度稳定可靠。夹具结构简单，安装、加工方便也有利于降低成本，提高生产率。

五、辅助基准选择

为了便于实现"基准统一"的原则，方便安装，减少夹具的规格品种，对有些零件没有合适可用的定位基面时，可以人为地制造出一个定位基面，这个基面既不是零件的工作表面，也不是装配表面，而是一些次要的、不重要的表面，它们经改造后成为精度较高粗糙度值较小的表面，作为定位基准面。零件在加工完成后，其表面的精度也就失去了作用。这种基面称为辅助基面。选择辅助基面时应尽可能使安装定位方便，便于实现基准统一，便于加工。例如：主轴类零件两顶尖孔，在使用时并不起任何作用，只是为了加工、定位方便，特地加工了两顶尖孔作为定位基面，使主轴的加工方便，定位方便，并实现了基准统一的原则，这两顶尖孔就是辅助基面。有时零件在铸造时特意铸出的工艺凸台等均可作为辅助基面，使工件定位、加工可靠方便。

零件在数控机床上加工时，由于数控机床本身具有很高的加工精度且可采用工序集中的加工方法，在一次安装中加工多个待加工面，希望能有可靠的定位基面并实现"基准统一"原则。如果零件上没有可靠的定位基面时，就应该设法在零件上设置辅助基面。该基面应尽可能采用面积较大，定位稳定可靠的辅助面，以满足数控加工的要求。

第六节　工艺路线的拟定

拟定工艺路线，就是拟定零件的生产过程，包括由毛坯到成品包装入库，要反映出它们经过企业的各有关部门或工序先后的顺序。拟定工艺路线是制订工艺过程的总体布局，其主要任务是选择各个表面的加工方法、加工方案、确定各个表面的加工先后顺序及整个工艺过程中工序数目多少等等。

工艺路线的拟定，应在充分调查研究的基础上，提出多种方案分析比较，然后选择一种能符合优质、高产、低消耗的加工路线，工艺路线的拟定需考虑以下几个方面。

一、加工方案的选择

选择加工方案时首先要选择能符合图样要求的最终的加工方法，然后才能确定整条加工路线。

在选择加工方法时应满足下列要求：

加工方法的选择首先应能保证加工表面的精度与表面粗糙度要求。各种加工方法都有相应的经济精度，见表5-5、表5-6。在选择加工方法时，应使这种加工方法的经济精度能与零件图样上的精度与表面粗糙度值要求相适应，才能既满足加工精度要求，又能满足经济性要求。特别要避免采用高精度的加工方法去加工低精度的零件。也要避免采用低精度加工方法去加工高精度的零件。对通用机床难以保证的加工质量，或加工效率低、手工操作劳动强度大的加工内容，可选择数控机床加工。但对需要占机调整时间较长的加工内容，以及不能在一次装夹中完成的其他零星部位加工，不宜采用数控加工。

其次，在选择加工方法时还要结合零件材料及热处理要求。因为各种加工都有一定的局限性。例如：淬火钢可采用磨削加工，有色金属就不宜采用磨削加工而适宜采用精密车削、金刚镗等加工方法。

再次，在加工方法选择时还要考虑零件的生产纲领。在大批量生产时，尽可能选用专用高效率的加工方法。例如：用拉孔的方法来代替铣、镗孔，可提高生产率。对单件小批生产，若盲目采用高效率的专用设备，将使经济效益下降。

最后，在加工方法选择时还应考虑本厂、本车间的现有设备及技术条件，应充分利用现有设备，挖掘企业的潜力。也不排除不断改进现有的加工方法与设备，积极推广新技术，采用新工艺。

由于零件的加工一般要分几个阶段才能完成，在各个加工阶段中采用的加工方法也是不同的。只考虑最终加工方法的选择是不够的，还应正确地确定从毛坯到成品的整个工艺路线中各加工阶段的加工方法。常见的外圆、内孔、平面的加工方案，见表5-12、表5-13、表5-14。

表 5-12　外圆表面加工方法

序号	加 工 方 法	经济精度级	表面粗糙度 R_a 值/μm	适 用 范 围
1	粗车	IT11 以下	12.5 ~ 50	适用于淬火钢以外的各种金属
2	粗车→半精车	IT8 ~ 10	3.2 ~ 6.3	
3	粗车→半精车→精车	IT7 ~ 8	0.8 ~ 1.6	
4	粗车→半精车→精车→滚压(或抛光)	IT7 ~ 8	0.025 ~ 0.2	
5	粗车→半精车→磨削	IT7 ~ 8	0.4 ~ 0.8	主要用于淬火钢,也可用于未淬火钢,但不宜加工有色金属
6	粗车→半精车→粗磨→精磨	IT6 ~ 7	0.1 ~ 0.4	
7	粗车→半精车→粗磨→精磨→超精加工(或轮式超精磨)	IT5	0.1 ~ R_z0.1	
8	粗车→半精车→精车→金刚石车	IT6 ~ 7	0.025 ~ 0.2	主要用于要求较高的有色金属加工
9	粗车→半精车→粗磨→精磨→超精磨或镜面磨	IT5 以上	0.025 ~ R_z0.05	极高精度的外圆加工
10	粗车→半精车→粗磨→精磨→研磨	IT5 以上	0.1 ~ R_z0.05	

表 5-13　孔加工方法

序号	加 工 方 法	经济精度级	表面粗糙度 R_a 值/μm	适 用 范 围
1	钻	IT11 ~ 12	12.5	加工未淬火钢及铸铁的实心毛坯,也可用于加工有色金属(但表面粗糙度值稍大,孔径小于 15 ~ 20mm)
2	钻→铰	IT9	1.6 ~ 3.2	
3	钻→铰→精铰	IT7 ~ 8	0.8 ~ 1.6	
4	钻→扩	IT10 ~ 11	6.3 ~ 12.5	同上,但孔径大于 15 ~ 20mm
5	钻→扩→铰	IT8 ~ 9	1.6 ~ 3.2	
6	钻→扩→粗铰→精铰	IT7	0.8 ~ 1.6	
7	钻→扩→机铰→手铰	IT6 ~ 7	0.1 ~ 0.4	
8	钻→扩→拉	IT7 ~ 9	0.1 ~ 1.6	大批大量生产(精度由拉刀的精度而定)
9	粗镗(或扩孔)	IT11 ~ 12	6.3 ~ 12.5	除淬火钢外各种材料,毛坯有铸出孔或锻出孔
10	粗镗(粗扩)→半精镗(精扩)	IT8 ~ 9	1.6 ~ 3.2	
11	粗镗(扩)→半精镗(精扩)→精镗(铰)	IT7 ~ 8	0.8 ~ 1.6	
12	粗镗(扩)→半精镗(精扩)→精镗→浮动镗刀精镗	IT6 ~ 7	0.4 ~ 0.8	
13	粗镗(扩)→半精镗→磨孔	IT7 ~ 8	0.2 ~ 0.8	主要用于淬火钢、未淬火钢,不适用有色金属
14	粗镗(扩)→半精镗→粗磨→精磨	IT6 ~ 7	0.1 ~ 0.2	
15	粗镗→半精镗→精镗→金刚镗	IT6 ~ 7	0.05 ~ 0.4	主要用于精度要求高的有色金属加工
16	钻→(扩)→粗铰→精铰→珩磨;钻→(扩)→拉→珩磨;粗镗→半精镗→精镗→珩磨	IT6 ~ 7 IT6 级以上	0.025 ~ 0.2	精度要求很高的孔
17	以研磨代替上述方案中的珩磨			

表 5-14 平面加工方法

序号	加 工 方 法	经济精度级	表面粗糙度 R_a 值 /μm	适 用 范 围
1	粗车→半精车	IT9	3.2 ~ 6.3	
2	粗车→半精车→精车	IT7 ~ 8	0.8 ~ 1.6	端面
3	粗车→半精车→磨削	IT8 ~ 9	0.2 ~ 0.8	
4	粗刨(或粗铣)→精刨(或精铣)	IT8 ~ 9	1.6 ~ 6.3	一般不淬硬平面(端铣表面粗糙度较细)
5	粗刨(或粗铣)→精刨(或精铣)→刮研	IT6 ~ 7	0.1 ~ 0.8	精度要求较高的不淬硬平面;批量较大时宜采用宽刃精刨方案
6	以宽刃刨削代替上述方案刮研	IT7	0.2 ~ 0.8	
7	粗刨(或粗铣)→精刨(或精铣)→磨削	IT7	0.2 ~ 0.8	精度要求高的淬硬平面或不淬硬平面
8	粗刨(或粗铣)→精刨(或精铣)→粗磨→精磨	IT6 ~ 7	0.02 ~ 0.4	
9	粗铣→拉	IT7 ~ 9	0.2 ~ 0.8	大量生产,较小的平面(精度视拉刀精度而定

二、各表面加工顺序的确定

当零件表面具有较高的精度与表面粗糙度要求时,是不可能在一个工序中就把毛坯加工成成品的,需要把零件的加工过程划分成若干个阶段进行,才能满足加工的质量要求。

1. 加工阶段的划分

在工艺路线中按工序性质不同,可划分为下面几个阶段:

1) 粗加工阶段。其主要任务是切除大部分余量,使毛坯在尺寸形状上尽可能接近成品要求。此阶段加工精度低、表面粗糙度值大,但切除余量多,因此应考虑如何提高生产率。本阶段能达到的加工精度在 IT12 级以下,$R_a 12.5 ~ 50 μm$。

2) 半精加工阶段。其主要任务是消除主要表面在粗加工时留下的加工误差及较大的表面粗糙度值,使其达到一定的精度要求、表面粗糙度值要求,并留出一定的加工余量,为精加工作好准备,并完成一些次要表面的加工,如铣槽、切槽等。本阶段能达到的加工精度 IT10 ~ IT12 级,$R_a 3.2 ~ 6.3 μm$。

3) 精加工阶段。使各主要表面达到图样规定的质量要求,本阶段能达到的精度 IT7 ~ IT10 级,$R_a 0.4 ~ 1.6 μm$。

4) 光整加工阶段。对精度要求在 IT6 级以上,$R_a 0.2 μm$ 以下的零件,需要进行光整加工,本阶段加工主要是提高尺寸精度,减小表面粗糙度值,一般不能用以纠正工件的位置误差。

2. 加工阶段划分的主要依据

1) 保证加工质量。零件在粗加工时,切削余量大,需要较大的夹紧力和切削力,并产生较大的切削热，工艺系统受力变形、受热变形及工件内应力变形均很严重，不可能达到较高的加工精度及较小的表面粗糙度值。只有通过后续阶段的加工，逐步减小切削用量才能逐步修正加工误差，使工件精度、质量逐渐提高，而且各阶段加工间的时间间隔有利于散热，有利于消除工件内应力，使其充分变形，以便在以后续加工阶段中得到修正。

2）合理使用设备。粗加工切削余量大，需使用功率大、精度低刚性好、高效率的机床；而精加工要采用高精度机床，确保零件的加工质量。划分阶段后能充分发挥各种设备的性能特点，延长高精度机床的使用寿命。

3）便于安排热处理工序。有些零件需要穿插不同要求的热处理，例如退火、调质、淬火等工序，划分加工阶段后，热处理工序就能合理地穿插在各加工阶段之中。例如，在精密主轴加工中，粗加工之前安排退火（或正火），粗加工之后安排去应力的时效处理，半精加工之后进行淬火回火。

4）粗加工在前，可及早发现毛坯缺陷，终止加工或及时修补，以避免继续加工造成浪费。精加工在后，可防止或减少主要表面的磕碰伤。

上述的阶段划分并不是绝对的，在具体运用时应灵活掌握。当工件刚性足够，毛坯精度质量较高，余量较小时，可不必划分加工阶段。对于刚性较好的重型零件，由于装夹吊运很费工时，往往也不划分加工阶段而在一次安装中完成全部的粗、精加工。为了减少夹紧变形，可在粗加工之后松开夹紧，再用较小的夹紧力重新夹紧后再进行精加工。

工艺路线中划分加工阶段，是针对零件加工的整个工艺过程而言，不能从某一表面的加工或某一工序的性质来判断。例如：有些定位基面在半精加工阶段，甚至在粗加工阶段就需要加工得很精确，而某些钻小孔等粗加工工序又常常安排在精加工阶段进行。

3. 工序集中与分散

加工方案及加工阶段确定后，零件各表面的加工工步内容也就能初步确定，这些工步中加工的内容是分散在各个单独工序中完成，还是集中在一个或少数工序中完成，是拟定工艺路线时，需要确定的工序数目多少的两个不同原则。

工序集中：零件的加工工步内容集中在少数工序内完成，整个工艺路线中工序数较少。

工序分散：零件的加工工步内容分散在各个工序内完成，整个工艺路线中工序数较多。

工序集中与分散各有不同的特点。

工序集中，有利于采用高效率的专用设备及工艺设备，可大大地提高生产率。由于工序集中，工序数目就相对减少，有利于缩短工艺路线，简化生产计划，减少了设备数量、操作者人数和生产面积。减少工件安装次数，缩短了辅助时间，而且容易保证各加工表面的位置精度。但是工序集中所需的设备及工装较复杂，机床的调整、维修较费时，投资大，转产较困难。

工序分散与上述特点相反，由于每台机床只完成一个或少数几个工步内容，因此采用的设备、工装结构可较简单。机床的调整、维修较方便，投资较少，在加工时，可采用最合理的切削用量，更换产品较容易。但是，完成一个零件的工艺路线，所需的设备、工装多，操作工人多，生产面积大，工艺路线较长。

在拟定工艺路线时，确定工序的数目要取决于生产规模、零件结构特点及技术要求。在批量较少时，为了简化生产计划，宜采用工序集中，采用通用机床来完成多个表面的加工，以减少工序数目。随着数控技术不断发展，数控机床、加工中心等设备的不断出现，虽然设备价格昂贵，但灵活高效，在加工对象发生变化时，只需要重新编制程序，既不需要对机床结构重新调整，也不需要更换其齿轮、靠模等一类辅助装置就能非常迅速地从一种零件的加工过渡到另一种零件的加工，生产周期大大缩短。在加工中心设备中带有刀具库，能自动完成铣、镗、钻、扩、铰等多个工序加工内容，使工序高度集中，因此给小批量生产采用工序集中的自动化生产带来广阔的前景。在大批量生产时既可采用多刀、多轴的高效专用机床将工序集中加工，也可以将工序分散后组织流水生产。对刚性差、精度高的精密零件应采用工序分散的方法加工，而对重型机械，大型零件应采用工序集中方法加工。工序集中的加工方法，有利于提高生产率，是现代化生产发展的趋势。

4. 加工顺序的安排

零件的加工顺序包括切削加工顺序、热处理先后顺序及辅助工序等。

（1）零件在安排切削加工先后顺序时应考虑以下几个原则：

1）先主后次的原则。在考虑切削加工先后顺序时应首先把零件上主要表面和次要表面分开。在加工时应着重考虑主要表面的加工顺序，次要表面的加工可适当穿插在主要表面加工工序之间完成。

2）先粗后精的原则。零件在切削加工时应首先进行各表面的粗加工，中间安排半精加工，最后安排精加工及主要表面的光整加工。而次要表面由于精度要求不高，可安排在粗加工、半精加工阶段完成。但对那些与主要表面有密切位置关系的表面，通常多安排在主要表面精加工之后进行。例如：箱体主轴孔周围的紧固螺孔的钻孔与攻螺纹，多在主轴孔精加工之后完成，使螺孔能精确地分布在主轴孔的周围。

3）基面先行的原则。零件在加工时总需要有一个良好的定位基面，才能减少定位误差，提高加工精度。因此第一道工序总是先安排加工精基面，然后以这个精基面定位加工其他的表面，才能提高各表面的加工精度。例如：主轴加工时第一道工序是以外圆为粗基准，先加工顶尖孔，然后以顶尖孔定位加工其他表面。齿轮加工时，总是先加工内孔及一端面，然后再以内孔及一端面定位加工其他表面。由于精基面要求较高，因此精基面在一开始就应加工到足够的精度与较小的表面粗糙度值，以满足定位精度的要求，在以后的精加工之前有时还需要进一步光整定位基面，以提高其精度。例如，精密主轴加工中要多次修研顶尖孔，使定位基准面精度不断提高，才能使加工表面的精度随之提高。

4）先面后孔的原则。由于一系列的工艺特性决定了孔加工比平面加工困难，孔加工的刀具刚性差，在刚进入孔口端时，如果平面是毛坯，则平面度误差大，并且表层会有夹砂等缺陷，引起刀具振动，轴线容易发生引偏，甚至刀具刃口崩裂。因此，如果先加工端面再加工孔就可避免上述的缺陷，有利于提高孔加工的精度。另外，先加工平面再加工孔也能使孔加工时有一个稳定可靠的定位基面。

（2）热处理工序的安排　通过热处理可以改变材料的性能，消除工件内应力。常用的热处理有退火、正火、调质、时效、淬火回火、渗碳淬火、渗氮处理等。

1）正火与退火。经过加工的毛坯常需要经过正火或退火处理来改善切削性能，消除毛坯的内应力。碳的质量分数在0.5%以下的低碳钢应采用正火，提高硬度，使其切削时切屑不粘刀刃；碳的质量分数在0.5%以上的碳钢，采用退火以降低硬度，可改善切削性能。正火或退火常安排在粗加工之前进行。

2）时效处理。时效处理用以清除毛坯制造及粗加工中产生的内应力。对形状复杂的铸件，可在粗加工之后安排一次时效处理。对精度较高的形状复杂的铸件，在粗加工之后及半精加工之后各安排一次时效处理。对一些刚性差的精密零件，为消除加工中产生的内应力引起变形及稳定加工的精度，可在粗加工、半精加工与精加工之间安排多次时效处理。

3）调质。即淬火后高温回火，能提高零件的综合力学性能，也能为表面淬火、渗氮处理时减少变形作好准备。调质处理常安排在粗加工之后、半精加工之前进行。

4）淬火与回火。淬火后可提高零件的硬度与耐磨性，一般安排在精加工之前。

渗碳淬火适用于低碳钢、低碳合金钢。目的是使其表层含碳量增加，经淬火后其表层获得较高硬度与耐磨性，而其心部保持一定的强度和较高的韧性与塑性，渗碳淬火工序安排在精加工之前。

零件在淬火之后，材料的塑性、韧性很差，并且有很高的内应力，容易开裂，组织不稳定，使其性能和尺寸均发生变化。故淬火后必须立即进行回火。

5）渗氮。目的是通过氮原子渗入表面获得含氮化合物，以提高硬度、耐磨性、抗疲劳强度和抗腐蚀性。由于渗氮层较薄，故在渗氮前加一道去应力工序及调质工序。渗氮安排在粗磨之后进行。渗氮工艺路线一般为：下料→锻造→退火→粗加工→调质→半精加工→去应力→粗磨→渗氮→精磨。

（3）辅助工序的安排　辅助工序包括检验、去毛刺、清洗、涂防锈油等。其中检验工序是主要辅助工序，除了各工序操作者自检外，下列场合还应单独安排检验工序。即粗加工全部检束后、重要工序前后、零件从一个车间进入另一车间前后及零件全部加工结束后均应安排检验工序。

（4）表面处理工序安排　表面处理目的是提高零件的防腐能力及外观美观。常用方法有金属镀层：如镀铬、镀锌；非金属涂层：如油漆等；氧化膜覆盖：如发蓝、发黑等。表面处理一般安排在精加工之后进行。

5. 数控加工工艺安排

零件从毛坯到成品的整个工艺流程中，可根据零件的加工精度要求及加工内容的需要，穿插数控加工工艺。因此，在进行零件工艺分析的同时，就可确定采用数控加工的内容，编制数控加工工艺过程。所谓数控加工工艺过程，实质上就是几道数控加工工序的概括。由于数控加工的控制方式、加工方法的特殊性，除了具有通用机械加工工艺的共性外，还有其一定的特殊性。

（1）工序的划分　数控加工一般均采用工序集中的方法。由于零件的形状复杂，加工内容多，质量要求高，难度大，因此可按下列方法划分工序，以适应数控加工的编程、操作和管理的要求。

1）以一次安装的加工作为一道工序。适用于加工内容不多的工件，加工完后就能达到待检状态。

2）以同一把刀具的加工内容划分工序。适用于一次装夹的加工内容很多，程序很长的工件。由于程序太长，出错率增加，生产管理难度大，而且数控系统内存也可能容纳不了。

3）以加工部位划分工序。适用于加工内容很多的工件。此法可按零件结构特点，将加工部位划分成几个部分，如平面、内形、外形或曲面等，每一部位的加工内容作为一个工序。

4）以粗精加工划分工序。对易发生变形的工件，应把粗精加工分在不同的工序中进行。

数控加工工序的划分要视零件的结构、工艺性、机床功能、数控加工内容的多少、安装次数及本单位的生产组织状况灵活掌握。

（2）数控加工顺序安排　一般应遵守下列原则：

1）上道工序的加工不影响下道工序的装夹（特别是定位）。

2）先内型内腔的加工工序，后外形的加工工序。

3）以相同装夹方式或同一把刀具加工的工序尽可能采用集中的连续加工，减少重复定位误差，减少重复装夹、更换刀具等辅助时间。

4）在一次装夹进行多道工序加工中，应先安排对工件刚性破坏较少的工序，以减少工件的加工变形。

加工顺序的先后应视零件的结构特点、加工精度、表面质量及设备、工装与刀具的要求而定。

（3）进给路线的选择　进给路线是指在数控加工中刀具刀位点相对工件运动的轨迹与方向。进给路线反映了工步加工内容及工序安排的顺序，是编写程序的重要依据，因此要合理选择进给路线。影响进给路线的因素很多，主要有工件材料、余量、精度、表面粗糙度值、机床的类型、刀具的耐用度及工艺系统的刚度等。合理的进给路线是指在保证零件的加工精度及表面粗糙度值的前提下，尽可能使数值计算简单、编程量小、程序段少、进给路线短、空程量最少的高效率路线。

对点位控制数控机床的进给路线，包括在 xy 平面上的进给路线和 z 向的进给路线。欲使刀具在 xy 平面上的进给路线最短，必须保证各定位点间的路线总长度最短。欲使刀具在 z 向的进给路线最短，就需要严格控制刀具相对工件在 z 向的切入时的空程量与切出时的空程量（对加工通孔时存在）。

对轮廓控制数控机床，最短路线是以保证零件加工精度和表面粗糙度值要求为前提的，因此应保证零件的最终轮廓是连续加工获得。同时要合理设计切入、切出的程序段，避免切削过程中的停顿而使轮廓表面留下刀痕。要尽可能采用顺铣加工，注意选择在加工后变形最小的进给路线。

第七节　工序尺寸及公差带分布

工艺路线确定之后，就需要安排各个工序的具体加工内容，其中很重要的一项任务就是要确定各工序的工序尺寸及上下偏差。工序尺寸的确定与各工序的加工余量有关。

一、加工余量的基本概念

加工余量是指加工过程中从加工表面切除的材料层厚度。加工余量又可分为工序余量和总余量。

工序余量是指相邻两工序的基本尺寸之差，也称基本余量，如图 5-10 所示。

对于外表面，图 5-10a：$Z_b = a - b$

对于内表面，图 5-10b：$Z_b = b - a$

式中　Z_b——本工序余量；

a——前工序基本尺寸；

b——本工序基本尺寸。

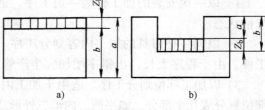

图 5-10　单边加工余量

a) 外表面　b) 内表面

上述工序余量是非对称的单边余量，它等于实际切除材料层的厚度。

旋转体表面（轴与孔）的工序余量是指直径方向上的余量，实际切除的材料层厚度仅为工序余量之半，这种余量称双边余量，如图 5-11 所示，即

对轴：
$$Z_b = a - b$$

对孔：
$$Z_b = b - a$$

总余量是指毛坯基本尺寸与零件图上的基本尺寸之差，即：在整个加工过程中所切除的材料层的总厚度，也是各道工序的工序余量之和，即

$$Z_\Sigma = \sum_{i=1}^{n} Zi$$

式中　Z_Σ——总余量；

Zi——第 i 道工序余量；

n——总工序数。

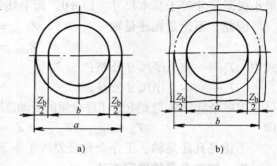

图 5-11　双边加工余量
a）轴　b）孔

在毛坯制造及各道工序的加工中，加工误差是不可避免的，因此，毛坯尺寸、工序尺寸都有一个变动范围，即实际尺寸可在最大与最小极限尺寸之间变化，因而加工余量也产生了最大工序余量和最小工序余量。

对于外表面（被包容面——轴）：如图 5-12a 所示，最大工序余量（Z_{bmax}）等于前工序最大工序尺寸（a_{max}）减去本工序最小工序尺寸（b_{min}）

即
$$Z_{bmax} = a_{max} - b_{min}$$

最小工序余量（Z_{bmin}）等于前工序最小工序尺寸（a_{min}）减去本工序最大工序尺寸（b_{max}）

即
$$Z_{bmin} = a_{min} - b_{max}$$

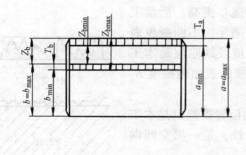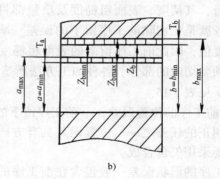

a）　　　　　　　　　　　b）

图 5-12　工序尺寸与工序余量
a）被包容面（轴）　b）包容面（孔）

对于内表面（包容面——孔）：如图 5-12b 所示，最大工序余量（Z_{bmax}）等于本工序最大工序尺寸（b_{max}）减去前工序最小工序尺寸（a_{min}）

即
$$Z_{bmax} = b_{max} - a_{min}$$

最小工序余量（Z_{bmin}）等于本工序最小工序尺寸（b_{min}）减去前工序最大工序尺寸（a_{max}）

即
$$Z_{bmin} = b_{min} - a_{max}$$

式中　Z_{bmax}、Z_{bmin}——本工序最大、最小工序余量；

　　　a_{max}、a_{min}——前工序最大、最小极限尺寸；

　　　b_{max}、b_{min}——本工序最大、最小极限尺寸。

工序尺寸的公差带一般规定按零件的"入体方向"分布，即对被包容面（轴）按"h"偏差分布，其最大极限尺寸等于基本尺寸，$es = 0$。对包容面（孔）按"H"偏差分布，其最小极限尺寸等于基本尺寸，$EI = 0$。而毛坯公差带采用双向分布。

因此，不论是孔还是轴
$$Z_{bmax} = Z_b + T_b$$
$$Z_{bmin} = Z_b - T_a$$

式中　T_a——前工序尺寸公差；

　　　T_b——本工序尺寸公差。

工序余量公差 T_{zb} 是允许工序余量的变动范围，等于最大工序余量与最小工序余量之差。

即
$$T_{zb} = Z_{bmax} - Z_{bmin} = (Z_b + T_b) - (Z_b - T_a) = T_a + T_b$$

不论是孔还是轴，工序余量公差等于本工序尺寸公差与前工序尺寸公差之和。

二、加工余量的确定方法

加工余量的大小对零件加工的生产率与成本均有较大的影响。加工余量过大，既增加了加工的劳动量，降低了生产率，也增加了材料用量和电力消耗而使成本增加。但加工余量过小时，将不足以切除零件上的有关误差和缺陷，达不到图样上规定的加工要求，甚至变为废品。

为了保证零件的加工质量，正确合理地确定加工余量，就必须先分析影响最小工序余量的因素：

1. 构成最小工序余量的主要因素

1）前工序的表面粗糙度（R_y）及缺陷层（f_a）。如图 5-13 所示，零件随着加工工艺过程的进行，其精度、表面粗糙度及质量都将逐步提高。后续工序的任务就是要切除前工序留下的误差、缺陷层，不断减少表面粗糙度值，因此前工序留下的表面粗糙度值及缺陷层是本工序中必须要切除的部分。各种加工方法所造成的表面粗糙度 R_y 及缺陷层见表 5-15。

2）前工序的位置误差 ρ_a。前工序留下的位置误差也是本工序需要纠正的任务之一。位置误差具有方向性，是一项空间误差，需要采用矢量合成。

前工序的形状误差一般包含在前工序的尺寸公差之内，不需单独控制，但在加工长轴时，其直线度误差应另行考虑，适当增加加工余量。

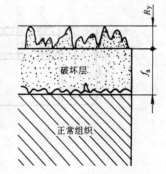

图 5-13　表面粗糙度与缺陷层

3）本工序的安装误差 ε_b。工件在安装时也会产生安装误差，该误差包括定位误差、夹紧误差及夹具本身的误差。安装误差会使定位基准面与加工表面间产生位置误差，只有增大本工序的加工余量，才能消除其影响。例如采用三爪自定心卡盘夹紧工件外圆磨削内孔时，由于安装误差使工件加工中心与机床回转中心偏移了 e 距离，从而使内孔的加工余量不均匀，为了能磨出内孔表面，磨削余量要增大 $2e$ 值才能保证。

表 5-15　各种加工方法的 R_y 与 f_a 的数据　　　　　　　（单位：μm）

加工方法	R_y	f_a	加工方法	R_y	f_a
粗车内外圆	15 ~ 100	40 ~ 60	磨外圆	1.7 ~ 15	15 ~ 25
精车内外圆	5 ~ 45	30 ~ 40	磨内圆	1.7 ~ 15	20 ~ 30
粗车端面	15 ~ 225	40 ~ 60	磨端面	1.7 ~ 15	15 ~ 35
精车端面	5 ~ 54	30 ~ 40	磨平面	1.7 ~ 15	20 ~ 30
钻　孔	45 ~ 225	40 ~ 60	切　断	45 ~ 225	60
粗扩孔	25 ~ 225	40 ~ 60	粗　刨	15 ~ 100	40 ~ 50
精扩孔	25 ~ 100	30 ~ 40	精　刨	5 ~ 45	25 ~ 40
粗　铰	25 ~ 100	25 ~ 30	粗　铣	25 ~ 100	50 ~ 60
精　铰	8.5 ~ 25	10 ~ 20	精　铣	5 ~ 45	25 ~ 40
粗　镗	25 ~ 225	30 ~ 50	研　磨	0 ~ 1.6	3 ~ 5
精　镗	5 ~ 25	25 ~ 40	抛　光	0.06 ~ 1.6	2 ~ 5

安装误差 ε_b 也是空间误差，有方向性，与 ρ_a 采用矢量合成。

综上所述，可得出最小余量的计算式为

对平面加工时　　　　　　　$$Z_{bmin} = R_y + f_a + \rho_a + \varepsilon_b$$

对回转表面加工时　　　　　$$Z_{bmin} = 2\left(R_y + f_a + \sqrt{\rho_a^2 + \varepsilon_b^2} \right)$$

采用自为基准，如用铰刀、浮动镗刀镗孔，不能纠正前工序的位置误差，故取　　　　　　　　　　　$$Z_{bmin} = 2\left(R_y + f_a \right)$$

对光整加工，主要任务是降低 R_y 值，故 $Z_{bmin} = 2R_y$

上述工序余量并未包括热处理变形量，因此需要热处理工序的工件还应了解热处理时工件的变形规律来增大加工余量，否则会因热处理变形过大造成因加工余量不足而使工件报废。

2. 工序余量的确定方法

1）查表修正法。查取有关的工艺手册，查得的值是基本余量。但目前工序的基本余量并没有国家标准，各种手册查得的数值也不相同，查得的数值可根据本企业的实际生产情况及经验，做适当的修订后，就可成为本企业的加工余量数值表。此法使用较广。

2）经验估算法。由工艺人员根据经验估计各种加工方法时的余量值。此法一般余量偏大，适用单件小批生产。

3）分析计算法。根据试验资料、计算公式对影响加工余量的各项因素进行分析和综合计算来确定各工序的加工余量。此法需积累较多的资料与参数，是一种较合理的确定余量的方法，但由于缺乏一定资料及随机因素的变化较大，目前应用较少。

常用的工序余量见表 5-16 ~ 表 5-24。

表 5-16　带孔圆盘类自由锻件的机械

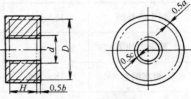

$H<D$　$d<0.5D$

零件直径 D		零件															
大于		0			40			63			100			160			
至		40			63			100			160			200			
		加工余量 a, b,															
		a	b	c	a	b	c	a	b	c	a	b	c	a	b	c
大于	至													锻件精		
63	100	6±2	6±2	9±3	6±2	6±2	9±3	7±2	7±2	11±4	8±3	8±3	12±5			
100	160	7±2	6±2	11±4	7±2	6±2	11±4	8±3	7±2	12±5	8±3	8±3	12±5	9±3	9±3	14±6
160	200	8±3	6±2	12±5	8±3	7±2	12±5	8±3	8±3	12±5	9±3	9±3	14±6	10±4	10±4	15±6
200	250	9±3	7±2	14±6	9±3	7±2	14±6	9±3	8±3	14±6	10±4	9±3	15±6	11±4	10±4	17±7
250	315	10±4	8±3	15±6	10±4	8±3	15±6	10±4	9±3	15±6	11±4	10±4	17±7	12±5	11±4	18±8
315	400	12±5	9±3	18±8	12±5	9±3	18±8	12±5	10±4	18±8	13±5	11±4	20±8	14±6	12±5	21±9
400	500				14±6	10±4	21±9	14±6	11±4	21±9	15±6	12±5	23±10	16±7	14±6	24±10
500	630				17±7	13±5	26±11	18±8	14±6	27±12	19±8	15±6	29±13	20±8	16±7	30±13
大于	至													锻件精		
63	100	4±2	4±2	6±2	4±2	4±2	6±2	5±2	5±2	8±3	7±2	7±2	11±4			
100	160	5±2	4±2	8±3	5±2	5±2	8±3	6±2	6±2	9±3	6±2	7±2	9±3	8±3	8±3	12±5
160	200	6±2	5±2	9±3	6±2	6±2	9±3	7±2	7±2	11±4	7±2	8±3	11±4	8±3	9±3	12±5
200	250	6±2	6±2	9±3	7±2	6±2	11±4	7±2	7±2	11±4	8±3	8±3	12±5	9±3	10±4	14±6
250	315	8±3	7±2	12±5	8±3	8±3	12±5	8±3	8±3	12±5	9±3	9±3	14±6	10±4	10±4	15±6
315	400	10±4	8±3	15±6	10±4	8±3	15±6	10±4	9±3	15±6	11±4	10±4	17±7	12±5	12±5	18±8
400	500				12±5	10±4	18±8	12±5	11±4	18±8	13±5	12±5	20±8	14±6	13±5	21±9
500	630				16±7	12±5	24±10	16±7	13±5	24±10	17±7	14±6	26±11	18±8	15±6	27±12

注：1. 本标准规定了带孔圆盘类自由锻件的机械加工余量与公差。
　　2. 本标准适用于零件尺寸符合 $0.1D \leqslant H \leqslant 1.5D$、$d \leqslant 0.5D$ 的带孔圆盘类自由锻件。

加工余量及公差（GB/T 15826.3—1995）　　　　　　　　　　　　　　　　　（单位：mm）

高 度 *H*

| 200 | | | 250 | | | 315 | | | 400 | | | 500 | | |
| 250 | | | 315 | | | 400 | | | 500 | | | 630 | | |

c 与极限偏差

| *a* | *b* | *c* | *a* | *b* | *c* | *a* | *b* | *c* | *a* | *b* | *c* | *a* | *b* | *c* |

度等级 F

a	*b*	*c*	*a*	*b*	*c*	*a*	*b*	*c*	*a*	*b*	*c*	*a*	*b*	*c*
11 ±4	11 ±4	17 ±7												
12 ±5	12 ±5	18 ±8	13 ±5	13 ±5	20 ±8									
12 ±5	12 ±5	18 ±8	14 ±6	14 ±6	21 ±9	16 ±7	16 ±7	24 ±10						
13 ±5	12 ±5	20 ±8	14 ±6	14 ±6	21 ±9	16 ±7	16 ±7	24 ±10	18 ±8	18 ±8	27 ±12			
15 ±6	13 ±5	23 ±10	16 ±7	15 ±6	24 ±10	18 ±8	18 ±8	27 ±12	20 ±8	20 ±8	30 ±13	23 ±10	23 ±10	35 ±15
17 ±7	15 ±6	26 ±11	18 ±8	17 ±7	27 ±12	20 ±9	19 ±8	30 ±13	23 ±10	23 ±10	35 ±15	26 ±11	26 ±11	39 ±17
21 ±9	17 ±7	32 ±14	22 ±9	19 ±8	33 ±14	23 ±10	22 ±9	35 ±15	26 ±11	25 ±11	39 ±17	30 ±13	30 ±13	45 ±20

度等级 E

a	*b*	*c*	*a*	*b*	*c*	*a*	*b*	*c*	*a*	*b*	*c*	*a*	*b*	*c*
10 ±4	10 ±4	15 ±6												
10 ±4	10 ±4	15 ±6	12 ±5	12 ±5	18 ±8									
10 ±4	11 ±4	15 ±6	12 ±5	12 ±5	18 ±8	14 ±6	14 ±6	21 ±9						
11 ±4	12 ±5	17 ±7	12 ±5	13 ±5	18 ±8	15 ±6	15 ±6	23 ±10	17 ±7	17 ±7	26 ±11			
13 ±5	13 ±5	20 ±8	14 ±6	14 ±6	21 ±9	16 ±7	17 ±7	24 ±10	19 ±8	19 ±8	29 ±13	22 ±9	22 ±9	33 ±14
15 ±6	14 ±6	23 ±10	16 ±7	16 ±7	24 ±10	19 ±8	18 ±8	29 ±17	22 ±9	22 ±9	33 ±14	25 ±11	25 ±11	38 ±17
18 ±8	17 ±7	29 ±13	20 ±8	19 ±8	30 ±13	23 ±10	22 ±9	35 ±15	26 ±11	25 ±11	39 ±17	30 ±13	30 ±13	45 ±20

表 5-17　盘、柱类自由锻件机械加工余量与公差（GB/T 15826.2—1995）

（单位：mm）

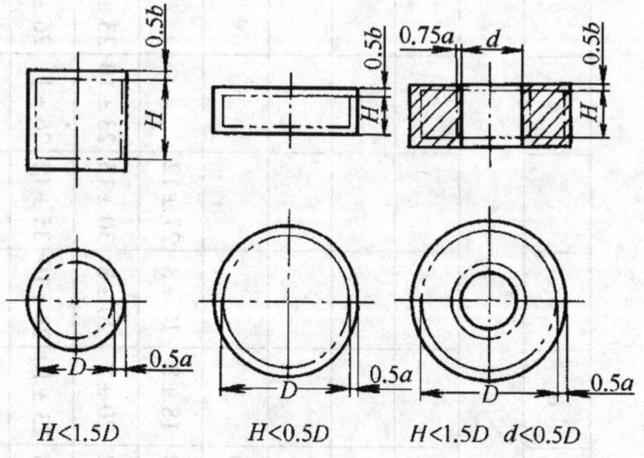

图示（H<1.5D　d<0.5D；H<0.5D；H<1.5D）
标注：0.5b、H、0.75a、d、0.5a、D

零件尺寸 D (或 A, S)		零件高度 H																			
大于	至	40		63		100		160		200		250		315		400		500		630	
		0		40		63		100		160		200		250		315		400		500	
		a	b	a	b	a	b	a	b	a	b	a	b	a	b	a	b	a	b	a	b
		加工余量 a, b 与极限偏差 锻件精度等级 F																			
63	100	6±2	6±2	6±2	6±2	7±2	6±2	7±2	7±2	8±3	7±2	9±3	8±3	9±3	8±3	10±4	9±3	10±4	10±4		
100	160	6±2	6±2	7±2	6±2	8±3	7±2	8±3	8±3	9±3	9±3	10±4	10±4	12±5	12±5	14±6	14±6	16±7	16±7		
160	200	8±3	6±2	8±3	7±2	8±3	8±3	9±3	8±3	10±4	9±3	11±4	11±4	12±5	12±5	14±6	14±6	16±7	16±7	16±7	16±7

200	250	9 ±3	7 ±2	9 ±3	7 ±2	9 ±3	8 ±3	10 ±4	9 ±3	11 ±4	10 ±4	12 ±5	12 ±5	13 ±5	13 ±5	15 ±6	15 ±6	18 ±8	18 ±8	20 ±8	20 ±8
250	315	10 ±4	8 ±3	10 ±4	8 ±3	10 ±4	9 ±3	11 ±4	10 ±4	12 ±5	11 ±4	13 ±5	12 ±5	14 ±6	14 ±6	16 ±7	16 ±7	19 ±8	19 ±8	22 ±9	22 ±9
315	400	12 ±5	9 ±3	12 ±5	9 ±3	12 ±5	10 ±4	13 ±5	11 ±4	14 ±6	12 ±5	15 ±6	13 ±5	16 ±7	15 ±6	18 ±8	18 ±8	21 ±9	21 ±9	24 ±10	24 ±10
400	500			14 ±6	10 ±4	14 ±6	11 ±4	15 ±6	12 ±5	16 ±7	14 ±6	17 ±7	15 ±6	18 ±8	17 ±7	20 ±9	19 ±8	23 ±10	23 ±10	27 ±12	27 ±12
500	630			17 ±7	13 ±5	18 ±8	14 ±6	19 ±8	15 ±6	20 ±8	16 ±7	21 ±9	17 ±7	22 ±9	19 ±8	23 ±10	22 ±9	26 ±11	25 ±11	30 ±13	30 ±13
大于	至	锻件精度等级 E																			
63	100	4 ±2	4 ±2	4 ±2	4 ±2	5 ±2	5 ±2	6 ±2	6 ±2	7 ±2	8 ±3	8 ±3	8 ±3								
100	160	5 ±2	4 ±2	5 ±2	5 ±2	6 ±2	6 ±2	6 ±2	7 ±2	7 ±2	8 ±3	8 ±3	10 ±1	10 ±1	10 ±4	12 ±5	12 ±5				
160	200	6 ±2	5 ±2	6 ±2	6 ±2	6 ±2	7 ±2	7 ±2	8 ±3	8 ±3	9 ±3	9 ±3	10 ±4	11 ±4	12 ±5	13 ±5	13 ±5	14 ±6	15 ±6		
200	250	6 ±2	6 ±2	7 ±2	6 ±2	7 ±2	7 ±2	8 ±3	8 ±3	9 ±3	10 ±4	10 ±4	11 ±4	11 ±4	12 ±5	13 ±5	14 ±6	15 ±6	16 ±7	18 ±8	18 ±8
250	315	8 ±3	7 ±2	8 ±3	8 ±3	8 ±3	8 ±3	9 ±3	9 ±3	10 ±4	10 ±4	11 ±4	12 ±5	12 ±5	13 ±5	14 ±6	15 ±6	17 ±7	18 ±8	20 ±8	20 ±8
315	400	10 ±4	8 ±3	10 ±4	8 ±3	10 ±4	9 ±3	11 ±4	11 ±4	12 ±5	12 ±5	13 ±5	13 ±5	14 ±6	14 ±6	16 ±7	17 ±7	19 ±8	20 ±8	23 ±10	24 ±10
400	500			12 ±5	10 ±4	12 ±5	11 ±4	13 ±5	12 ±5	14 ±6	13 ±5	15 ±6	14 ±6	16 ±6	16 ±7	19 ±8	18 ±8	22 ±9	22 ±9	26 ±11	26 ±11
500	630			16 ±7	12 ±5	16 ±7	13 ±5	17 ±7	14 ±6	18 ±8	15 ±6	19 ±8	17 ±7	20 ±8	19 ±8	23 ±10	22 ±9	26 ±11	25 ±11	30 ±13	30 ±13

注：1. 本标准规定了圆形、矩形（$A_1/A_2 \leqslant 2.5$），六角形的盘、柱类自由锻件的机械加工余量与公差。

2. 本标准适用零件尺寸符合 $0.1D \leqslant H \leqslant D$（或 A，S）盘类、$D < H \leqslant 2.5D$（或 A，S）柱类的自由锻件。

表 5-18　车削外圆的加工余量　　　　　　　　　（单位：mm）

直径尺寸	直径余量				直径公差等级	
	粗车		精车		荒车	粗车
	长		度			
	≤200	>200~400	≤200	>200~400		
≤10	1.5	1.7	0.8	1.0		
>10~18	1.5	1.7	1.0	1.3		
>18~30	2.0	2.2	1.3	1.3		
>30~50	2.0	2.2	1.4	1.5		
>50~80	2.3	2.5	1.5	1.8	IT14	IT12~13
>80~120	2.5	2.8	1.5	1.8		
>120~180	2.5	2.8	1.8	2.0		
>180~260	2.8	3.0	2.0	2.3		
>260~360	3.0	3.3	2.0	2.3		

表 5-19　磨削外圆的加工余量　　　　　　　　　（单位：mm）

直径尺寸	直径余量		直径公差等级	
	粗磨	精磨	精车	粗磨
≤10	0.2	0.1		
>10~18	0.2	0.1		
>18~30	0.2	0.1		
>30~50	0.3	0.1		
>50~80	0.3	0.2	IT11	IT9
>80~120	0.3	0.2		
>120~180	0.5	0.3		
>180~260	0.5	0.3		
>260~360	0.5	0.3		

表 5-20　磨削端面的加工余量　　　　　　　　　（单位：mm）

工件长度	端面的磨削余量			精车端面后的尺寸公差等级
	端面最大尺寸			
	≤30	>30~120	>120~260	
≤10	0.2	0.2	0.3	
>10~18	0.2	0.3	0.3	
>18~30	0.2	0.3	0.3	
>30~50	0.2	0.3	0.3	
>50~80	0.3	0.3	0.4	IT10~11
>80~120	0.3	0.3	0.5	
>120~180	0.3	0.4	0.5	
>180~260	0.3	0.5	0.5	

表 5-21　拉削内孔的加工余量　　　　（单位：mm）

直径尺寸	直 径 余 量			前工序的公差等级
	拉 孔 长 度			
	~25	>25~45	>45~120	
~18	0.5	0.5	0.5	
>18~30	0.5	0.5	0.7	
>30~38	0.5	0.7	0.7	IT11
>38~50	0.7	0.7	1.0	
>50~60	0.7	1.0	1.0	

表 5-22　镗削内孔的加工余量　　　　（单位：mm）

直径尺寸	直 径 余 量		直 径 公 差 等 级	
	粗镗	精镗	钻孔	粗镗
≤18	0.8	0.5		
>18~30	1.2	0.8		
>30~50	1.5	1.0		
>50~80	2.0	1.0	IT12~13	IT11~12
>80~120	2.0	1.3		
>120~180	2.0	1.5		

表 5-23　磨削内孔的加工余量　　　　（单位：mm）

直径尺寸	直 径 余 量		直 径 公 差 等 级	
	粗磨	精磨	精镗	粗磨
>10~18	0.2	0.1		
>18~30	0.2	0.1		
>30~50	0.2	0.1		
>50~80	0.3	0.1	IT10	IT9
>80~120	0.3	0.2		
>120~180	0.3	0.2		

表 5-24　精车端面的加工余量　　　　（单位：mm）

工件长度	端 面 的 精 车 余 量			粗车端面后的尺寸公差等级
	端 面 最 大 尺 寸			
	≤30	>30~120	>120~260	
≤18	0.5	0.6	1.0	
>10~18	0.5	0.7	1.0	
>18~30	0.6	1.0	1.2	
>30~50	0.6	1.0	1.2	
>50~80	0.7	1.0	1.3	IT12~13
>80~120	1.0	1.0	1.3	
>120~180	1.0	1.3	1.5	
>180~260	1.0	1.3	1.5	

三、工序尺寸及极限偏差的计算

工序尺寸是零件在加工过程中各工序所应保证的尺寸，而工序尺寸公差可按各种加工方法的经济精度选定，工序尺寸的极限偏差又可按公差带的分布情况来确定。各工序的基本尺寸一般可按查得的工序余量由成品基本尺寸逆着加工顺序逐步往前推算而得。但加工时定位基准或测量基准与设计基准不重合时，以及需继续加工表面标注的工序尺寸，可由尺寸链的计算获得。尺寸链的计算将在第八节中介绍。

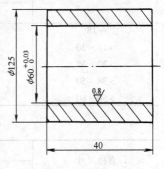

图 5-14　轴套

例 1：某轴套毛坯为锻件，技术要求见图 5-14（只标有关尺寸），试求各工序的尺寸及极限偏差，并计算最大工序余量。

解：（1）确定加工路线

由成品尺寸 $\phi 60^{+0.03}_{0}$ mm，$R_a 0.8 \mu m$，58 ~ 60HRC 的要求查表，确定工艺路线。

孔直径 $\phi 60^{+0.03}_{0}$，其 $T = 0.03$，公差等级为 IT7；硬度 58 ~ 60HRC，需要淬硬；粗糙度 $R_a 0.8 \mu m$。

由表 5-13 序号 13 得：粗镗→半精镗→热处理→磨削。

（2）确定各加工工序的经济精度

由表 5-5 查得：粗镗 IT13；半精镗 IT11；磨削 IT7

（3）查表确定各工序的加工余量

由表 5-23：磨削余量 0.4mm

由表 5-22：半精镗余量取 1.5mm（适当修正）

由于粗镗前的孔是锻造而成，并非用钻头钻出，故先确定毛坯的总余量。

参照表 5-16 经修正后：毛坯锻件孔的余量为 11mm ± 4mm

则由

$$Z_\Sigma = \sum_{i=1}^{n} Z_i$$

可知：　　　　　　粗镗余量为 11mm − 1.5mm − 0.4mm = 9.1mm

（4）计算各工序的基本尺寸

磨削后工序基本尺寸为 $\phi 60$mm

半精镗后工序基本尺寸为 $\phi (60 - 0.4)$ mm = $\phi 59.6$mm

粗镗后工序基本尺寸为 $\phi (59.6 - 1.5)$ mm = $\phi 58.1$mm

毛坯基本尺寸为 $\phi (58.1 - 9.1)$ mm = $\phi 49$mm

（5）各道工序的工序尺寸公差

查公差表：　　　　　　磨削 IT7，即 $\phi 60$IT7 = 0.03mm

半精镗 IT11，即 $\phi 59.6$IT11 = 0.19mm

粗镗 IT13，即 $\phi 58.1$IT13 = 0.46mm

按 "入体" 分布，故磨削工序尺寸为 $\phi 60^{+0.03}_{0}$ mm

半精镗工序尺寸为 $\phi 59.6^{+0.19}_{0}$ mm

粗镗工序尺寸为 $\phi 58.1^{+0.46}_{0}$ mm

毛坯公差对称分布，故毛坯尺寸为 $\phi 49$mm ± 4mm

（6）最大、最小加工余量计算

磨削加工时：$Z_{bmax} = \phi 60.03mm - \phi 59.6mm = 0.43mm$

$Z_{bmin} = \phi 60mm - \phi(59.6 + 0.19)mm = 0.21mm$

半精镗加工时：$Z_{bmax} = \phi(59.6 + 0.19)mm - \phi 58.1mm = 1.69mm$

$Z_{bmin} = \phi 59.6mm - \phi(58.1 + 0.46)mm = 1.04mm$

粗镗加工时：$Z_{bmax} = \phi(58.1 + 0.46)mm - \phi(49 - 4)mm = 13.56mm$

$Z_{bmin} = \phi 58.1mm - \phi(49 + 4)mm = 5.1mm$

第八节　工艺尺寸链计算

零件在加工时要保证其工序尺寸，但有时零件在测量基准或定位基准与设计基准不重合时，其工序尺寸就需要换算，可以通过尺寸链的计算来求得。

一、工艺尺寸链概念及组成

零件在通过各阶段的加工后，逐步演变成产品，在这个过程中，各加工表面的尺寸及各表面间的尺寸都在不断地变化，这种变化都有一定的内在联系，尺寸链是揭示其内在联系的重要手段。例：图 5-15 零件图，以 A 面定位，采用试切法加工 B 面时，由于 A_1 的尺寸测量不便，只有控制 B、C 面间的距离 A_2 尺寸来保证 A_1 的尺寸。A_1、A_2、A_3 存在一定的内在联系，这三个尺寸正好首尾相连，形成封闭的链环，把这种尺寸系统称为尺寸链。

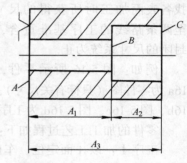

图 5-15　尺寸链概念

在上述尺寸中，A_2、A_3 尺寸在加工时直接控制，由测量获得的，而 A_1 尺寸是加工到最后，由 A_2、A_3 尺寸获得后自然形成的，且当 A_2 或 A_3 尺寸变化时均会引起 A_1 的变化。如果把尺寸链系统中每一个尺寸称之为"环"，则 A_1 尺寸称为封闭环，A_2、A_3 尺寸称为组成环。

所谓封闭环是指加工或装配到最后自然形成而间接获得的派生尺寸，其尺寸受其他尺寸的变化而变化，用符号 A_0 表示。在一个尺寸链系统中，封闭环只有一个。

组成环是指加工中可直接控制并可测量获得的，其尺寸大小不受其他尺寸的影响。在尺寸链系统中，除了一个封闭环以外，均为组成环。处在不同位置的组成环对封闭环尺寸的影响也是不同的，当其他尺寸不变，某一组成环的尺寸增大，引起封闭环尺寸也随之增大的组成环称增环，用符号 $\vec{A}$ 表示；当其他尺寸不变时，某一组成环尺寸增大时，引起封闭环尺寸随之减少的组成环称为减环，用符号 $\overleftarrow{A}$ 表示。在前述中，A_3 是增环，记 $\vec{A}_3$；A_2 为减环，记 $\overleftarrow{A}_2$；A_1 为封闭环记 A_0。

二、尺寸链计算的方法与步骤

1. 尺寸链的计算种类

（1）正计算　如已知组成环的尺寸与极限偏差，求封闭环的尺寸与极限偏差。此类计算较简单，主要用于验证设计的正确性。

（2）反计算　如已知封闭环的尺寸与极限偏差，求组成环的尺寸与极限偏差。此类计算繁复，由于封闭环只有一个，而组成环有 $n - 1$ 个，故需要对各组成环进行公差值的分配，主要用于设计。

（3）中间计算 如已知封闭环与一些组成环的尺寸与极限偏差，求某一组成环的尺寸与极限偏差。此类计算用于基准换算时工序尺寸及极限偏差的确定等工艺设计中。

2. 尺寸链的计算方法 尺寸链的计算方法有两种：

（1）极值法 这种方法又叫极大极小法，它是利用增减环均处在最大极限尺寸或最小极限尺寸的情况下，求解封闭环的极限尺寸。

（2）概率法 是应用概率论原理进行尺寸链计算的一种方法。

3. 计算步骤

（1）画尺寸链简图 要建立尺寸链简图，首先要找出封闭环，然后从封闭尺寸两个界面同时开始，逆着工艺过程的顺序，分别向前查找各表面加工时所获得的尺寸，直至两条路线的工序基准重合，形成封闭的尺寸系统为止。

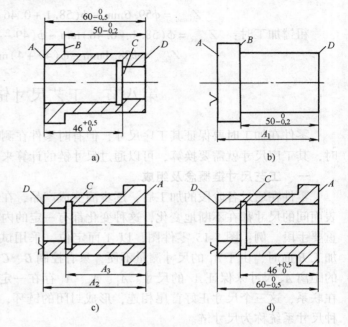

图 5-16 建立尺寸链简图

a) 零件图 b) 工序Ⅰ c) 工序Ⅱ d) 工序Ⅲ

例如：图 5-16 所示零件，图 5-16a 为零件图（只标有关尺寸），图 5-16b、图 5-16c、图 5-16d 为工序图。

零件的加工工艺过程如下：

工序Ⅰ：以 A 面定位，车削小端外圆至 B 面，获得 $50mm_{-0.2}^{\ 0}$mm 的尺寸，车削端面 D 获得 A_1 尺寸。

工序Ⅱ：以 D 面定位，精车 A 面获得 A_2 尺寸，并镗孔至 C 面获得孔深 A_3 尺寸。

工序Ⅲ：以端面 D 定位磨削 A 面，保证全长 $60mm_{-0.5}^{\ 0}$mm 的尺寸，同时使孔深获得 $46mm_{\ 0}^{+0.5}$mm 的尺寸。

从上述的工艺过程中发现：$50mm_{-0.2}^{\ 0}$mm、A_1、A_2、A_3 及 $60mm_{-0.5}^{\ 0}$mm，尺寸都是加工中直接控制测量获得的尺寸。只有 $46mm_{\ 0}^{+0.5}$mm 尺寸是加工到最后，在保证尺寸 $60mm_{-0.5}^{\ 0}$mm 之后自然形成间接得到的，所以 $46mm_{\ 0}^{+0.5}$mm 是封闭环。找到封闭环后，就可以画尺寸链简图了。具体画法如下，见图 5-17。

封闭环 $46mm_{\ 0}^{+0.5}$mm 的右界面是 A 面，此面通过磨削获得，磨削需保证的尺寸是 $60mm_{-0.5}^{\ 0}$mm；$46mm_{\ 0}^{+0.5}$mm 的左界面是 C 面，C 面是镗孔时获得，镗孔要保证的尺寸是

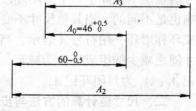

图 5-17 尺寸链简图

A_3，而 A_3 尺寸的另一界面也是 A 面，此面是由精车获得，它要保证的是 A_2 尺寸，而 A_2 尺寸的另一面是 D 面，正好与 $60mm_{-0.5}^{\ 0}$mm 的另一界面 D 面重合，从而形成封闭形式，组成了尺寸链。

（2）判别增减环 对环数较少的尺寸链可按增减环的定义来判别增环还是减环。当环数

较多时，有时很难确定，可采用单向箭头循环图来判别。在图 5-18 尺寸链简图中，先给封闭环 A_0 任定一个方向并画出箭头（假设 A_0 向左），然后沿着此箭头方向顺着尺寸链回路依次画出每一组成环的箭头方向，形成封闭环形式。凡是组成环的箭头方向与封闭环箭头方向相反的为增环，方向相同的为减环。增环为 $\vec{A}_1\vec{A}_2\vec{A}_4\vec{A}_6\vec{A}_9\vec{A}_{11}$，减环是 $\overleftarrow{A}_3\overleftarrow{A}_5\overleftarrow{A}_7\overleftarrow{A}_8\overleftarrow{A}_{10}$。线性尺寸链采用此种方法能方便地确定增减环。

（3）计算　现介绍极值法计算的六个基本公式。尺寸链简图见图 5-19。

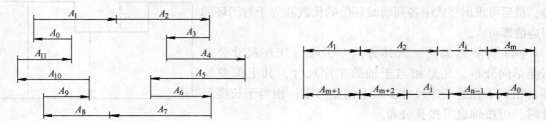

图 5-18　增减环判别　　　　　　　　　图 5-19　尺寸链简图

按增减环判别法判别：$\vec{A}_1\vec{A}_2\cdots\vec{A}_m$ 为增环，$\overleftarrow{A}_{m+1}\overleftarrow{A}_{m+2}\cdots\overleftarrow{A}_{n-1}$ 为减环。

计算公式：

1）封闭环的基本尺寸（A_0）等于所有增环的基本尺寸之和减去所有减环的基本尺寸之和，即

$$A_0 = \sum_{i=1}^{m}\vec{A}_i - \sum_{j=m+1}^{n-1}\overleftarrow{A}_j$$

2）封闭环的最大极限尺寸（A_{0max}）等于所有增环的最大极限尺寸之和减去所有减环的最小极限尺寸之和，即

$$A_{0max} = \sum_{i=1}^{m}\vec{A}_{maxi} - \sum_{j=m+1}^{n-1}\overleftarrow{A}_{minj}$$

3）封闭环的最小极限尺寸（A_{0min}）等于所有增环的最小极限尺寸之和减去所有减环的最大极限尺寸之和，即

$$A_{0min} = \sum_{i=1}^{m}\vec{A}_{mini} - \sum_{j=m+1}^{n-1}\overleftarrow{A}_{maxj}$$

4）封闭环的上偏差（ES_{A0}）等于所有增环的上偏差之和减去所有减环的下偏差之和，即

$$ES_{A0} = \sum_{i=1}^{m}ES_{\vec{A}i} - \sum_{j=m+1}^{n-1}EI_{\overleftarrow{A}j}$$

5）封闭环的下偏差（EI_{A0}）等于所有增环的下偏差之和减去所有减环的上偏差之和，即

$$EI_{A0} = \sum_{i=1}^{m}EI_{\vec{A}i} - \sum_{j=m+1}^{n-1}ES_{\overleftarrow{A}j}$$

6）封闭环的尺寸公差（T_{A0}）等于所有组成环的尺寸公差之和，即

$$T_{A0} = \sum_{i=1}^{n-1}T_{A_i}$$

从上式（第六个公式）可发现，封闭环的尺寸公差大于任何一个组成环的尺寸公差，因此在零件图上，一般是最不重要的环作为封闭环，但是零件图上的封闭环并不一定在加工过程中也是封闭环。在工艺过程中，封闭环是加工到最后自然形成的尺寸，两者应分清。当封

闭环尺寸公差确定之后，组成环的环数越多，则每一组成环的尺寸公差越小，使加工困难，因此在装配中应尽量减少尺寸链的环数。这一原则称"最短尺寸链原则"。

采用极值法解尺寸链可以用上述六个基本公式进行求解，在实际应用中化成竖式计算更为方便。方法：第一行注明环、基本尺寸、上偏差、下偏差。第二行起填写增环、减环的基本尺寸，上下偏差，凡是增环上下偏差，对应填写；凡是减环上下偏差对调位置，且在基本尺寸、上下偏差前加"负"号，最后一行对应填入封闭环尺寸及尺寸偏差，最后可求出竖式中各列增减环值的代数和等于封闭环的对应值即可。

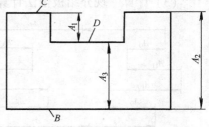

图 5-20 基准不重合时的尺寸换算

（4）计算结果按"入体方向"分布 工序尺寸公差带是单向分布，凡是相当于轴的工序尺寸，其上偏差为零；相当于孔的工序尺寸，其下偏差为零；相当于长度尺寸时，可按轴也可按孔分布。

三、尺寸链实例计算

1. 当基准不重合时的尺寸换算

基准不重合时的尺寸换算，包括设计基准与定位基准不重合及测量基准与设计基准不重合时引起的尺寸换算。

例2：图 5-20 所示零件（只标有关尺寸）的 C、B 面均已加工完，现需加工 D 面，由于 D 面的设计基准是 C 面（保证 A_1 尺寸），但采用 C 面定位时加工不便，若采用调整法加工时，以 B 面为定位基准需控制 A_3 尺寸，而控制 A_3 尺寸则需要通过尺寸链进行计算。

已知 A_1、A_2（有三组尺寸）为：

（单位：mm）

序　　号	A_1	A_2
1	15 ± 0.12	$30_{-0.2}^{\ 0}$
2	15 ± 0.12	$30_{-0.24}^{\ 0}$
3	15 ± 0.12	$30_{-0.30}^{\ 0}$

求 A_3 尺寸

解：采用调整法加工时，定位基准 B 面需控制尺寸为 A_3，A_2 尺寸在前一道工序中已保证。所以 A_1 是封闭环，在加工到最后自然形成，且 A_1 随 A_2、A_3 的变化而变化。

1）画尺寸链简图

封闭环 A_1 尺寸的两个界面的尺寸，分别是 A_2、A_3 尺寸，且其基准又重合形成封闭形式，故作得尺寸链简图（图 5-21）。

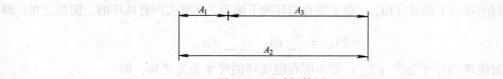

图 5-21 尺寸链简图

2）判别增减环

A_1——封闭环，$\overrightarrow{A_2}$——增环，$\overleftarrow{A_3}$——减环

3）计算（ ￼ 内为需求之值）

第一组尺寸计算：

（单位：mm）

环	基本尺寸	上偏差	下偏差
$\vec{A_2}$	30	0	-0.2
$\overleftarrow{A_3}$	$-\boxed{15}$	$-\boxed{-0.12}$	$-\boxed{-0.08}$
A_1（A_0）	15	$+0.12$	-0.12

则 $A_3 = 15^{-0.08}_{-0.12}$ mm ——→ $14.92^{\ 0}_{-0.04}$ mm（入体分布）

第二组尺寸计算：

（单位：mm）

环	基本尺寸	上偏差	下偏差
$\vec{A_2}$	30	0	-0.24
$\overleftarrow{A_3}$	$-\boxed{15}$	$-\boxed{-0.12}$	$-\boxed{-0.12}$
A_1（A_0）	15	$+0.12$	-0.12

则 $A_3 = 15^{-0.12}_{-0.12}$ mm ——→ $14.88^{\ 0}_{0}$ mm

A_3 的尺寸公差为零，无法加工，造成的原因是 A_2 环的尺寸公差已经等于封闭环 A_1 的尺寸公差，所以会出现 A_3 的尺寸公差为零，因此必须修正，把前工序 A_2 的尺寸公差减小，取出部分公差来作为 A_3 的尺寸公差即可解决。

第三组尺寸计算

（单位：mm）

环	基本尺寸	上偏差	下偏差
$\vec{A_2}$	30	0	-0.3
$\overleftarrow{A_3}$	$-\boxed{15}$	$-\boxed{-0.12}$	$-\boxed{-0.18}$
A_1（A_0）	15	$+0.12$	-0.12

则 $A_3 = 15^{-0.18}_{-0.12}$ mm

显然，上偏差 -0.18 mm 小于 -0.12 mm 下偏差值，该尺寸不成立，无法加工，其原因是组成环 A_2 的尺寸公差 0.3mm 大于封闭环尺寸公差 0.24mm，使 A_3 的尺寸公差变为负值（不可能存在），所以也得提高前工序 A_2 的尺寸精度，减小其公差值，使 A_2、A_3 的尺寸公差之和等于封闭环尺寸公差，才能满足要求。

结论：从第一组情况看，如果基准不转换，即以 C 面定位加工 D 面时，只要保证加工尺寸精度为 0.24mm 即可，但当基准转换后，以 B 面定位时，要保证的加工尺寸精度则为 0.04mm，显然提高了本工序的加工精度。

从第二、第三组情况看，如果基准转换后某一组成环的尺寸公差大于或等于封闭环尺寸公差时，不但要提高本工序的加工精度，还要提高前工序的加工精度，才能满足要求，因此在工艺上应尽量避免基准的转移。

2. 多工序尺寸换算

在零件加工中，有些加工表面的测量基准或定位基准是一些还需要继续加工的表面，造成这些表面在最后一道加工工序中出现了需要同时控制两个尺寸的要求，其中一个尺寸是直接控制由测量获得，而另一个尺寸变成间接获得，形成了尺寸链系统中的封闭环。

例 3：从尚需继续加工表面上标注工序尺寸的计算

图 5-22a 为齿轮内孔简图，其加工工艺过程如下：

工序 Ⅰ　镗内孔至 $A_1 = \phi 39.6\text{mm}^{+0.10}_{\ 0}$ mm

工序 Ⅱ　插键槽至 A_2

工序 Ⅲ　热处理

工序 Ⅳ　磨内孔至 $A_3 = \phi 40\text{mm}^{+0.025}_{\ 0}$ mm，同时保证键槽深为 $A_4 = 46\text{mm}^{+0.3}_{\ 0}$ mm

求 $A_2 =$ 尺寸

解：

1）画尺寸链简图

根据工艺过程可知，磨削内孔时保证 A_3
尺寸的同时也间接保证了 A_4 尺寸，且 A_4 尺
寸随其它尺寸变化而变化，所以 A_4 是封闭
环。从 A_4 尺寸的两界面向前找出各有关加工
尺寸，直至形成封闭形式，特别要注意镗孔
与磨孔均以轴线为基准，因此镗孔与磨孔尺
寸之半在轴线上形成封闭，可作出尺寸链简
图，见图 5-22b。

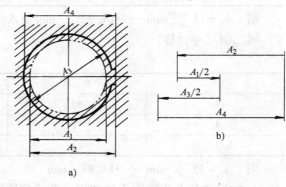

图 5-22　内孔键槽加工尺寸换算

2）判别增减环

$$A_4\text{——封闭环，}\vec{A_2}\text{、}\vec{A_3}/2\text{——增环，}\overleftarrow{A_1}/2\text{——减环}$$

3）计算

（单位：mm）

环	基 本 尺 寸	上 偏 差	下 偏 差
$\vec{A_2}$	45.8	+0.2875	+0.05
$\vec{A_3}/2$	20	+0.0125	0
$\overleftarrow{A_1}/2$	−（19.8）	（0）	−（+0.05）
A_4（A_0）	46	+0.3	0

则 $A_2 = 45.8\text{mm}^{+0.2875}_{+0.05}$ mm ⟶ $45.85\text{mm}^{+0.2375}_{\ 0}$ mm

例 4：零件进行表面处理时的工序尺寸换算

某些零件表面需要进行渗碳、渗氮或表层镀铬等工序，且在精加工后还需保持其一定的
厚度时，也涉及到尺寸链的计算问题。

图 5-23a 所示的衬套内孔需渗氮处理，其中的
有关工艺过程为：……粗磨——渗氮——精磨。精
磨后孔尺寸为 $A_1 = \phi 145\text{mm}^{+0.04}_{\ 0}$ mm，渗氮深度为 A_2
$= 0.3\text{mm}^{+0.2}_{\ 0}$ mm。

已知：粗磨后内孔尺寸为 $A_3 = \phi 144.76\text{mm}^{+0.04}_{\ 0}$
mm。

试求：渗氮处理时此表面应达到的渗氮层厚度
A_4 尺寸。

解：

1）画尺寸链简图

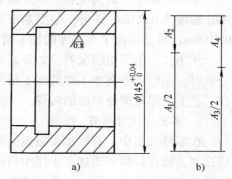

图 5-23　渗氮处理工序尺寸换算

先确定封闭环。从工艺过程看，在精磨后要保证 $A_1 = \phi 145^{+0.04}_{0}$ mm，该尺寸由测量获得，而渗氮深度 A_2 为间接获得，由其它尺寸确定后自然形成，所以是封闭环。同样，粗磨与精磨的基准为轴线重合，故从 A_2 尺寸的两界面向前找有关的尺寸 A_4 与 $A_1/2$，而 A_4 的另一界面尺寸是 $A_3/2$，则 A_3 与 $A_1/2$ 尺寸重合在轴线基准上，故形成尺寸链，如图 5-23b。

2）判别增减环

$$A_2\text{——封闭环，}\vec{A}_3/2\text{、}\vec{A}_4\text{——增环，}\overleftarrow{A}_1/2\text{——减环}$$

3）计算

（单位：mm）

环	基 本 尺 寸	上 偏 差	下 偏 差
$\vec{A}_3/2$	72.38	+0.02	0
$\vec{A}_4$	0.42	0.18	0.02
$\overleftarrow{A}_1/2$	− (72.5)	(0)	− (+0.02)
$A_4\ (A_0)$	0.3	0.2	0

则 $A_4 = 0.42\text{mm}^{+0.18}_{+0.02}$mm 入体分布 $A_4 = 0.6\text{mm}^{0}_{-0.16}$mm，即渗氮深度为 $0.6\text{mm}^{0}_{-0.16}$mm 极值法计算较简便。

第九节 设备与工艺装备的选择

在工艺规程制订过程中，需要确定各工序加工时所需要的加工设备及工艺装备。加工设备是指完成工艺过程的主要生产装置，如各种机床、加热炉等；工艺装备是指产品在制造过程中所采用的各种工具的总称，它包括刀具、夹具、模具、量具等，简称为工装。对同一零件的同一表面的加工，可采用多种不同的设备与工装，但不同设备与工装的生产率与成本也是不同的，只有选择合适的设备与工装，才能满足优质高产低成本的要求。在选择设备与工装时应考虑下列几个方面：

一、设备与工装的尺寸规格

设备与工装的主要规格、尺寸应与工件的外廓尺寸相适应。小零件应在小设备上加工，大零件才选择较大的工装与设备。

二、设备与工装的精度

设备、工装的经济精度与零件的加工精度相适应，才能满足加工精度、降低加工费用。低精度零件用高精度设备或采用高精度工装加工，一方面会使设备与工装的精度下降，另一方面会使加工费用增大；而高精度零件在低精度设备上加工则不能满足零件的加工精度要求。

三、设备与工装的生产效率

设备与工装的生产率与零件加工的生产类型相适应。对单件小批生产，应选择通用设备、通用工装；对大批量生产，应选择专用设备与工装；单件小批生产的高精度零件，也可以选择数控设备或加工中心加工，以保证高质量高效率。

四、结合企业生产现场情况

设备与工装的选择应结合本企业的现场实际情况与生产的实际情况，应优先选择本企业现有的设备与工装，充分挖掘潜力，取得良好的经济效益。在保证加工质量、生产率及生产成本的前提下，也可组织外协加工。在个别情况下，单件生产大型零件时，若缺乏大型设备也可采用"蚂蚁啃骨头"的办法以小干大。

确定了加工设备与工装之后，就需要合理选择切削用量。正确选择切削用量，对满足加工精度、提高生产率、降低刀具的消耗意义很大。在一般工厂中，由于工件材料、毛坯状况、刀具的材料与几何角度及机床刚度等工艺因素的变化较大，故在工艺文件上不规定切削用量，而由操作者根据实际情况自己确定。但是在大批量生产中，特别是流水线或自动线生产上，必须合理地确定每一道工序的切削用量，确定切削用量可查有关的工艺手册，或按经验估计而定。

第十节　典型零件的加工工艺

零件的种类很多，但轴类和箱体类零件是使用最广的零件之一，了解这两种零件的加工工艺有助于制订其它零件的加工工艺。

一、轴类零件的加工工艺

轴类零件在机械设备中主要用于支承传动件，传递转矩。轴类件是旋转件，其长度大于直径，主要的加工表面有内外圆柱面、内外圆锥面、螺纹面、键槽等。

要确定零件的加工工艺，首先要对其进行工艺分析，确定其合理的技术要求，在加工中保证合理的技术要求的实现，力求做到优质高产低消耗。

1. 轴类零件的技术要求

(1) 尺寸精度　凡是与滚动轴承内圈相配的支承轴颈处的尺寸精度应按滚动轴承的精度等级选取。凡是与齿轮相配的轴颈处的尺寸精度，应按相配齿轮的最高精度等级查取。这些主要表面的尺寸精度一般取 IT5 ~ IT8 级。

(2) 形状精度　轴颈处的形状精度主要是指圆度或圆柱度，一般应限制在尺寸公差之内。凡与滚动轴承或与齿轮相配处的轴颈的几何形状，也应按滚动轴承或齿轮的精度查取。一般常取 3 ~ 8μm，并用框格标注。

(3) 位置精度　轴类零件是旋转类零件，轴上装有传动件，希望其转动平稳，无振动和噪声，这就要求轴上装配表面的轴线相对于支承轴颈轴线有同轴度要求，对普通精度的主轴可取 0.01 ~ 0.03mm；高精度轴可取 0.001 ~ 0.005mm，一般用径向圆跳动来标注。

(4) 表面粗糙度　支承轴颈处表面粗糙度值取 $R_a0.16 ~ 0.63\mu m$，配合表面的粗糙度值取 $R_a0.63 ~ 2.5\mu m$。

2. 轴类零件的材料与毛坯

(1) 材料　一般轴类零件常用 45 钢，采取相应的调质处理后，可获得一定的强度、韧度和耐磨性。

对中等精度而有较高转速的轴类零件，可采用 40Cr 等合金钢，调质处理及表面淬火后具有较高的综合力学性能。

对高精度主轴可采用 GCr15 钢或 65Mn 钢，通过调质处理后获得更高的耐磨性和耐疲劳性。

对高速重载下工作的主轴，可采用 20CrMnTi 或 20Cr 等低碳合金钢或 38CrMoAl 合金结构钢，经过渗碳淬火或渗氮后，具有很高的硬度、冲击韧度和心部高强度的特点，但是热处理变形大。在采用渗氮时应加一道去应力工序，并且安排在粗磨之后进行，是因为渗氮变形小，且渗氮层较薄之故。

（2）轴类零件的毛坯　凡有较高力学性能要求的轴，或直径相差较大的阶梯轴，均应采用锻件，对不重要的光轴或直径相差不大的阶梯轴，可采用热轧棒料或冷拉棒料。

在轴类零件加工中，空心主轴零件的工艺路线较长，工艺较复杂，它涉及到轴类零件的许多基本工艺问题，下面就以车床主轴为例，介绍主轴加工工艺。

3. 主轴零件的工艺分析

图 5-24 为车床主轴的零件图。主轴上主要表面有支承轴颈、配合轴颈、莫氏锥孔、前端圆锥面及端面和锁紧螺纹等表面。

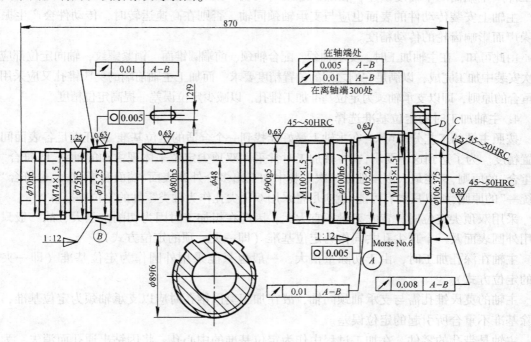

图 5-24　车床主轴零件简图

支承轴颈与滚动轴承相配，是主轴的装配基准，它的制造精度直接影响到主轴部件的旋转精度。当两支承轴颈不同轴时，会引起主轴的径向圆跳动和斜向圆跳动。其圆度误差同样会影响主轴旋转精度，产生径向圆跳动，因此对其应提出较高的精度与表面粗糙度要求。

主轴前端的莫氏锥孔是用来安装顶尖或工具锥柄的，其中心线与支承轴颈的轴线必须严格同轴，否则会使工件产生位置误差与形状误差，两者同轴也是机床出厂的主要检验要求，反映了整台机床的精度。此外要保证锥孔与顶尖间接触良好，其精度要求见表 5-25。

表 5-25　莫氏锥孔的精度要求　　　　　　　　　　　　（单位：mm）

精度值 主轴	项目	莫氏锥孔对主轴支承轴径的径向圆跳动		莫氏锥孔接触面积
		近 主 轴 端	距轴端300mm 处	
普通机床		0.005 ~ 0.01	0.01 ~ 0.03	65% ~ 80%
精密机床		0.002 ~ 0.005	0.005 ~ 0.01	>85%

主轴前端的圆锥面和端面是安装夹具的定位基面，该圆锥面轴线必须与支承轴颈的轴线同轴，端面必须与支承轴颈轴线垂直（图中用径向圆跳动与端面圆跳动标注），否则会产生定位误差，影响夹具的定位精度，使工件产生形状和位置误差。

主轴上的螺纹表面中心线也必须与支承轴颈的轴线同轴，否则会使装配上的螺母端面产生端面圆跳动，导致与其相连的滚动轴承内圈中心线倾斜，引起主轴的径向圆跳动和端面圆跳动，并使滚动轴承寿命降低。

主轴的轴向定位面与主轴支承轴颈轴线有端面圆跳动误差时，会使主轴产生轴向窜动，使工件产生端面的平面度误差，在加工螺纹时又会产生螺距误差。

主轴上安装传动件的表面也应与支承轴颈同轴，否则在高速运转时，传动件会产生振动和噪声而影响齿轮的传动精度。

由此可知，在主轴加工时，支承轴颈、配合轴颈、前端圆锥面、锁紧螺纹，轴向定位都应在一次安装中加工完成，以满足它们之间的位置精度要求。而加工主轴前端的莫氏锥孔又应采用基准重合的原则，即以支承轴颈为定位基准加工锥孔，以减少定位误差，提高定位精度。

4. 主轴加工时的定位基准选择

按照主轴的工艺分析可知，在主轴上最好能找到一个合适的定位基准，保证满足各表面间的位置精度。为了达到这个要求，在主轴加工时常采用双顶尖定位来体现主轴的轴线，既符合"基准重合"的原则，又能最大限度地在一次安装中加工出多个外圆表面、端面和螺纹面，也符合"基准统一"的原则，所以只要有可能，就应尽量采用双顶尖孔作为轴类零件的定位基准。

采用双顶尖定位时，背吃刀量不宜太大，因此在粗加工时因为切削余量大，故一般只能采用外圆表面及一个顶尖孔共同作为定位基准（即一夹一顶的定位方式）。

主轴在深孔加工时，由于切除量很大，一般也只能采用外圆作为定位基准（即一夹一托的定位方式）。

主轴的莫氏锥孔需与支承轴颈同轴，故在加工莫氏锥孔时应以支承轴颈为定位基准，以消除基准不重合所引起的定位误差。

主轴是带孔的零件，在加工过程中作为定位基准的中心孔，将因钻出通孔而消失，为了在钻孔加工后能继续采用中心孔定位，常用的方法是采用带中心孔的锥堵头或锥套心轴。

锥堵头适用在主轴孔锥度较小时（如莫氏锥孔）使用，其形式如图5-25a所示，当锥孔的锥度较大时（如铣床主轴前端锥孔）或圆柱孔时，可采用锥套心轴，如图5-25b所示。

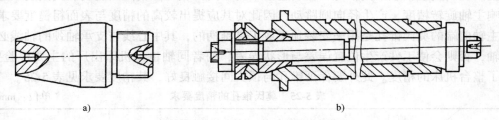

a)　　　　　　　　　　　　　　　　　　b)

图5-25　锥堵头与锥套心轴

采用锥堵头或锥套心轴定位时，锥堵头及锥套心轴上的定位基准面必须与该轴上的两顶尖同轴，在使用时应尽量减少拆装次数，以减少拆装误差对定位精度的影响。

5. 轴类零件的热处理工序

轴类零件的热处理工序一般有三种形式：

在主轴锻造后安排正火或退火，用以消除锻造应力改善金属组织及硬度，便于切削加工。

在粗加工后安排一次调质处理，以获得良好的力学性能，并为表面淬火作好组织准备。

在主轴上有相对运动的轴颈表面与经常装卸工具的前锥面与锥孔，在精加工之前安排表面淬火，以提高耐磨性。

6. 加工阶段的划分

由于主轴是带孔的阶梯轴，在切除大量的金属后会引起内应力的重新分布而产生变形，因此在安排工序时应将粗、精加工分开。先完成各表面的粗加工，再完成各表面的半精加工，最后完成精加工。对尺寸精度、表面粗糙度要求特别高的轴颈，还应安排光整加工。主要表面的精加工应放在最后进行。

7. 主轴加工顺序的安排

经过上述几个问题的分析，主轴加工工序安排大体如下：

毛坯制造→正火（退火）→车端面钻中心孔→粗车→调质→钻深孔→内锥孔粗加工、半精加工→半精车→精车→表面淬火→粗磨、精磨外圆→精磨内锥孔。

主轴加工顺序安排时应注意以下几个方面：

1）深孔加工。如果深孔经过一次钻削而成时，应安排在调质后进行，因为调质处理会引起主轴的弯曲变形，既影响棒料的通过，又会引起主轴高速转动的不平衡，影响旋转精度。如果深孔钻削后加一道镗孔工序，则钻孔可安排在调质处理之前，热处理弯曲变形后可在镗孔工序加以修正。

2）深孔加工应安排在外圆粗车或半精加工之后，以便有一个较精确的定位基面，使深孔轴线与外圆轴线同轴，保证孔壁均匀，减少旋转时的振动。由于主轴加工采用双中心孔作为定位基面，所以深孔加工安排在较后的工序，可避免一开始就采用锥堵头。但深孔加工发热大，易破坏外圆的加工精度，所以深孔加工只能安排在半精加工或粗加工阶段进行。

3）外圆表面的加工顺序一般先加工大直径外圆，然后再加工小直径外圆，以免一开始就降低工件的刚度。采用数控机床加工外径时，当切除余量较小，对刚性影响不大时，可采用由小到大的加工顺序。

4）次要表面的加工，如铣键槽等，一般都放在外圆精车或粗磨之后、精加工之前进行。因为如果安排在精车之前铣键槽，则在精车时由于断续切削产生振动，影响加工质量，又容易损坏刀具；另一方面，键槽的尺寸也较难控制，如果安排在主要表面的精加工之后，则又会破坏主要表面的已有的精度。

5）主轴的螺纹加工。如安排在表面淬火之前，则淬火后易产生变形，影响螺纹轴线与支承轴颈的轴线的同轴度精度，因此螺纹精加工应在表面淬火之后进行。

6）主轴的锥孔加工。主轴前端的莫氏锥孔的粗加工、半精加工应安排在深孔加工之后进行，以便能采用锥堵头后继续进行外圆加工。锥孔的精加工则安排在主轴的支承轴颈的精加工之后，并以支承轴颈为定位基准，使锥孔的加工有精确的定位基准，并且符合基准重合的原则，提高两者的同轴度精度。因此主轴的锥孔精加工要采用专用夹具，使主轴的两支承轴颈定位在夹具的定位元件上，并且使工件的中心与磨头砂轮轴的中心等高，否则容易使内锥面产生双曲线形状而影响内锥面的接触精度。工件与磨床主轴箱主轴间采用浮动联接，并且只是带动工件的旋转，以保证工件的定位精度不受内圆磨床床头回转主轴的回转运动误差的影响，也可以减少机床本身振动对加工质量的影响。锥孔加工的常用夹具如图5-26所示。

浮动夹头如图 5-27 所示。浮动夹具工作原理：工件夹在弹性套 1 内，压缩弹簧 4 使夹头带着工件通过钢球 3，紧压在镶有硬质合金的锥柄端部 5，达到轴向定位。磨床头架主轴通过拨杆销 2 带动工件旋转，这样床头架主轴的径向圆跳动、端面圆跳动不影响工件。

8. 主轴中心孔的修研

主轴的中心孔是轴类零件加工时最常用的定位基面，定位基面的形状、位置误差都会直接影响到加工精度，因此在精密主轴加工中就十分重视对中心孔的修研。只有不断提高中心孔的形状、位置精度，降低表面粗糙度值，才能使被加工表面的精度不断提高。

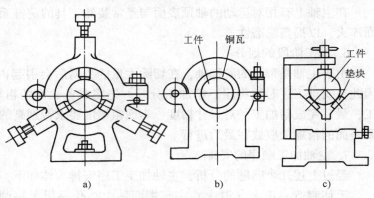

图 5-26 主轴锥孔磨夹具
a) 中心架 b) 剖分轴承式夹具 c) V 形磨削夹具

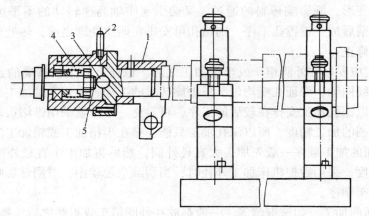

图 5-27 浮动夹头
1—弹性套 2—拨杆销 3—钢球 4—弹簧 5—锥柄

（1）中心孔的质量对加工质量的影响

1）中心孔的深度误差影响零件在机床上的轴向位置，对锥面会影响余量的分布。

2）两中心孔的同轴度误差，造成工件与顶尖的接触面积减少，降低工件的刚性，使工件产生圆度误差。

3）中心孔的圆度误差直接复映到工件的表面，产生圆度误差。

由于工件上的中心孔与顶尖间产生的是滑动摩擦，多次定位加工时的磨损、拉毛、热处理变形等，都会使中心孔的精度下降，形成多种误差。为了提高加工表面的精度，就必须重视中心孔的修研。

（2）中心孔的修研方法

1）采用油石或橡胶砂轮修研。把油石或橡胶砂轮安装在磨床或车床上修正成顶尖形状后，把工件顶在油石（或橡胶砂轮）顶尖与机床后顶尖上，同时手持工件连续缓慢转动。修研时，磨头主轴应在高速档，有利于提高精度。此法研磨的中心孔的质量与效率均较好，是目前较常用的方法之一。其缺点是油石或橡胶砂轮易磨损，需不断地采用金刚石笔修正油石或橡胶砂轮的锥体。

2）采用铸铁顶尖修研。其方法与上述相同，只是用铸铁顶尖代替油石或橡胶砂轮。此时床头主轴转速不能太高，在研磨时要加注研磨液，开始时可选 100# 刚玉砂，精研时选用 W20 或 W14 刚玉粉与机油调和而成的研磨液。铸铁顶尖的锥体，应与磨床顶尖在一次调整中磨出正确角度。此法修研精度较高但效率低。

3）采用硬质合金顶尖刮研。此法采用带有 0.2 ~ 0.5mm 的等宽刀刃带的硬质合金顶尖来刮研顶尖孔，由于刃带有微小的切削性能，能对中心孔的形状误差有微量的修正作用与挤光作用。此法生产率高但质量较差，用于一般精度轴的中心孔修研，也可作精密主轴中心孔的粗研。

4）用中心孔磨床磨削。该磨床的顶尖状砂轮有三种运动方式：主切削运动，是砂轮的高速旋转；行星运动，砂轮轴绕着以偏心距 e 为半径的行星运动；往复运动，砂轮轴沿着斜导轨作 30° 的往返滑动，以克服砂轮上各点线速度不同而造成的误差。此法修研的中心孔精度好，适用于成批生产。

二、箱体加工工艺

箱体类零件是机器的基础件之一，由它将一些轴、套、齿轮等件组装在一起，使它们保证正确的相互位置关系，彼此能按照一定的传动关系协调地运动。协调运动的精度，在很大程度上决定于箱体本身的加工精度。箱体装配在机器上后，还要与其他部件保持一定的相互位置的精度要求，因此箱体加工的质量也会直接影响整台机器的精度及使用寿命。

尽管箱体的结构是多种多样的，但它们的共同特点是结构形式较复杂，箱壁较薄，内部呈空腔形，在箱壁上有许多精度要求较高的支承孔和平面及许多精度要求不高的紧固螺纹孔等，因此加工部位多，难度也较大。

1. 箱体零件的技术要求

箱体上的孔大都是轴承支承孔，与轴承外圈相配，因此这些支承孔的尺寸精度与形状精度都应按滚动轴承的精度等级来选取。一般支承孔的尺寸精度可取 IT6 ~ IT7，其圆度或圆柱度公差可取该孔的尺寸公差之半；在同一轴线上，各孔的同轴度公差可取最小孔的尺寸公差之半。孔距尺寸精度与孔轴线间的平行度精度应按该轴线上所装配的齿轮精度选取，其孔距尺寸精度一般取 ±IT6/2 ~ ±IT10/2 之间，轴线的平行度公差可按齿轮公差查取。

箱体上主要平面——定位基面、装配基面，应有一定的平面度精度与平行度、垂直度精度要求。

此外，各加工表面还有表面粗糙度值要求，主要孔表面为 $R_a0.4 ~ 0.8\mu m$，其他支承孔表面取 $R_a0.8 ~ 1.6\mu m$，主要平面为 $R_a1.6\mu m$，其他平面 $R_a3.2\mu m$。

由于各箱体因结构、功能要求不同，其精度与表面粗糙度值要求也不一样。图 5-28 所示的 CA6140 车床主轴箱的主要技术要求如下：主轴孔的尺寸公差为 IT6，圆度公差为 0.006 ~ 0.008mm，表面粗糙度值为 $R_a0.4\mu m$；其他支承孔的尺寸精度为 IT6 ~ IT7，表面粗糙度值为 $R_a0.8\mu m$；主轴孔的同轴度公差为 0.012mm，其他支承孔的同轴度公差为 0.02mm；各支承孔轴线的平行度公差为 0.04 ~ 0.05mm/300mm，中心距极限偏差为 ±0.05 ~ ±0.07mm；主轴孔轴线与装配基面的平行度公差为 0.1/600；其主要平面的平面度公差为 0.04mm，表面粗糙度值为 $R_a < 1.6\mu m$，其余面 $R_a3.2 ~ 6.4\mu m$。主要平面间的垂直度公差为 0.1/600。

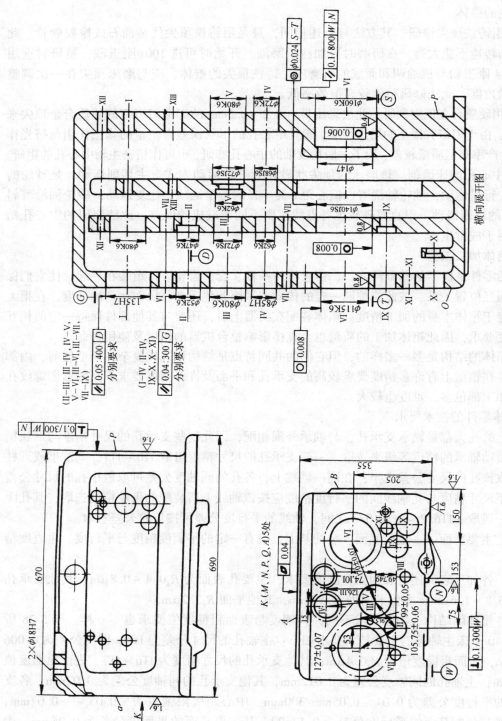

图5-28　车床主轴箱简图

2. 箱体零件的毛坯和材料

箱体零件的材料一般选用 HT100~HT400 牌号的灰铸铁，其中最常用的是 HT200 灰铸铁，这是由于灰铸铁有较好的耐磨性、可切削性和吸振性等特点，且成本也较低。如果承受负荷较大时也可采用铸钢。单件小批生产时，为了缩短生产周期，也可采用钢板焊接箱体。在某些特定条件下，为了减轻重量，常可采用铝镁合金制造。箱体采用铸件时，在大批量生产时，平面上可留 6~10mm 的总余量，毛坯孔可留 14~24mm 的总余量；单件小批生产时，如果采用铸件时，平面上可留 7~12mm 总余量，毛坯孔可留 16~24mm 总余量。一般在成批生产时大于 φ30mm 的孔，单件小批生产时大于 φ50mm 的孔，可预先铸出，以减少加工余量。

3. 箱体零件的工艺分析

箱体上的支承孔是与滚动轴承的外圈相配合的，其尺寸误差与形状误差均会造成它们的配合不良。孔径过大配合过松使主轴回转中心不稳定，并降低了支承刚性，易产生振动与噪声；若孔径太小使配合过紧，轴承外圈收缩变形而容易发热，不能正常运转，缩短轴承的寿命。

支承孔的圆度误差会造成轴承外圈变形而引起主轴的径向圆跳动，影响其回转精度。因此支承孔尤其是主轴的支承孔应有较高的尺寸精度与形状精度要求。

在同一轴线上的多孔的同轴度误差与孔肩对孔轴线的端面圆跳动，均会使装配到箱体内后轴承或轴产生歪斜，造成轴的径向圆跳动和轴向窜动，影响其旋转精度，也加剧了轴承的发热与磨损。各孔轴线之间的平行度误差也会影响轴上齿轮的啮合，使齿轮的接触精度降低，因此为了保证这些位置精度要求，尽可能在一次安装中加工完这些有位置精度要求的孔。另外，孔距精度误差主要是影响齿轮的齿侧间隙，偏小使齿轮没有侧隙甚至咬死；偏大易产生振动和噪声。故也应加以控制。

箱体上的主要平面往往是装配基准和定位基准，其平面度误差会影响箱体的定位精度和接触刚度，箱体内如采用飞溅润滑，其顶盖与箱顶面间的接触精度太低时，还会影响箱盖的密封性，造成工作时润滑油泄出，因此这些表面应有较高平面度要求。

孔轴线与主要平面间的位置精度，主要取决于输出主轴的精度要求及设备装配精度。例如主轴箱主轴孔至装配基面的尺寸精度，会影响主轴与尾座的等高性，主轴孔的轴线与装配基面的平行度误差，影响主轴轴线与导轨面的平行度等。因此箱体加工时也应当保证这些精度要求。

4. 箱体加工时的定位基准选择

箱体零件具有较大的平面和要求较高的孔系，需要有稳定可靠的定位基面，常用的定位基准有以下几种：

（1）以装配基准为精基准　以 5-28 所示的主轴箱为例，可选用装配基准的底面 W 及导向面 N 为精基面加工孔系及其他平面，因为箱底面 W、导向面 N 是主轴孔的设计基准。箱体的主要纵向孔系的端面侧面有直接的位置关系，以它作为统一的定位基准加工上述各面与孔时，符合基准重合原则，有利于保证各加工面的位置精度，而且箱口朝上时，便于在加工过程中测量孔径、安装调整刀具和观察加工情况。由于箱体内的肋板上有精度较高的支承孔，如需要加工时应在箱体内部的相应部位设置镗杆的导向支承，以提高镗杆刚度，保证孔的加工精度。由于箱口朝上，中间的导向支承只能安装如图 5-29 所示的吊架装置上，这种吊架刚性较差，每加工一个箱体需装卸一次，使工序的辅助时间增加，因此这种定位方法适用于中小批生产。

（2）以顶面及两个销孔作为精基准　采用顶面及两个销孔定位时，箱体口朝下，中间的

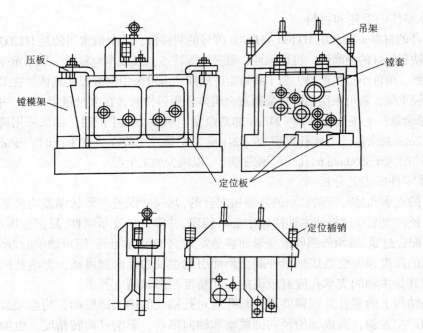

图 5-29 吊架式镗模

导向支承架刚性较好，有利于保证相互位置要求，工件装卸方便，辅助时间减少，适用于大批量生产。

但是箱口朝下，在加工中无法观察、测量和调整刀具，而且，定位基准与设计基准不重合，产生基准不重合误差。为了保证箱体的加工精度，必须提高定位面及两定位销孔的尺寸精度、形位精度，并采用定尺寸刀具来控制其加工尺寸。一面两孔的定位方式在各种箱体类零件加工中使用十分广泛，它能很方便地限制工件的六个自由度，定位稳定可靠，并在一次安装下，加工箱体上多个平面上的孔与平面，且容易实现"基准统一"原则，在组合机床、数控机床和自动线上加工箱体时，多采用这种定位方式。

图 5-30 是以箱体顶面定位的镗模及其尺寸链图。

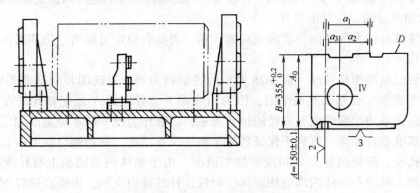

图 5-30　箱体顶面定位的镗模及其尺寸链图

（3）箱体加工时的粗基准　箱体加工的精基准确定以后，就应选择合适的粗基准。根据箱体加工的特点，粗基准的选择应满足：保证各加工面有足够的加工余量的前提下，尽可能使重要孔的加工余量均匀；装入箱体内的旋转件与箱壁间有足够的间隙；保持箱体的外形尺寸，并使其定位夹紧可靠。

为了满足这些要求，一般宜选用箱体的重要孔的毛坯孔作为粗基准，这是因为在铸造箱体毛坯时，重要孔、其它孔及箱体内壁的泥芯是装成一整体放入的，它们之间有较高的位置精度，而且还能保持各孔的轴线与箱体不加工的箱内壁的相互位置要求，可避免装入箱体内的旋转件与箱壁碰撞。

在中小批生产时，由于毛坯精度较低，一般采用划线找正安装工件，这时也体现了以重要孔的毛坯孔的中心线作为找正基准来调整划线的。

在大批量生产时，毛坯的精度较高，可直接以主轴孔与另一

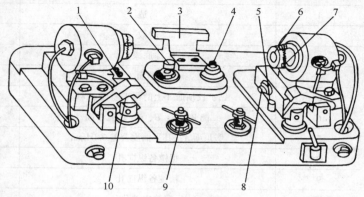

图 5-31　以主轴毛坯孔为粗基准的铣床夹具

支承在夹具上定位。图 5-31 是以主轴孔为粗基准铣顶面的夹具。

使用时将工件放在 1、4、5 各支承上，并使箱体侧面紧靠支架 3，端面靠挡销 8 进行预定位，然后将液压控制的两短轴 6 伸入主轴毛坯孔内，短轴上的三个活动支柱 7 分别顶住主轴孔的内壁面，将工件抬起，离开 1、4、5 的支承，使主轴孔轴线与夹具的两短轴 6 的轴线重合，此时主轴孔即为定位基准。工件抬起后，调节两可调支承 9，再调节辅助支承 2 与箱底接触，使箱顶面基本成水平，提高箱体刚性，然后两夹紧块 10 由液压控制伸入箱体两端孔内，压紧工件进行加工。

5. 拟定工艺过程的原则

箱体加工的工艺过程安排，包括切削加工安排与热处理工序的安排。

（1）箱体切削加工顺序安排　由于箱体结构复杂，主要表面的精度要求高，加工时应遵循先面后孔的原则。先以孔为粗基准加工平面，再以平面定位加工孔，使孔加工的余量均匀，有利于提高孔加工的形状精度。先加工平面，再以平面定位加工孔时，能提供稳定可靠的精基准，先加工平面可切除铸件表面的凹凸不平和夹砂的缺陷层，避免镗刀或钻头刚进入孔口加工时引起的引偏或刀具的崩刃，并且有利于刀具的调整等优点。箱体加工还要遵循粗精加工分开的原则，先粗加工后精加工，可消除粗加工时产生的内应力、切削力、夹紧力和切削热对加工精度的影响，有利于保证箱体加工精度。对于单件小批生产的箱体，为了节省辅助时间及加工成本，常将粗、精加工合并在一道工序中进行，并采取一定的工艺措施来保证加工精度，如粗加工后松开工件，重新以较小夹紧力夹紧箱体再精加工，粗加工后充分冷却等措施。箱体上的次要孔如紧固螺钉孔等，一般穿插在重要表面精加工中完成，符合先主后次的原则，这是由于一些螺孔是要以加工好的支承孔定位；又如某些支承孔中有与其相交的油孔，也必须在该孔精加工后钻出，否则在支承孔精镗时会产生断续切削，产生振动。

（2）热处理工序安排　箱体的结构复杂，壁厚不均，铸造时形成较大内应力，为了保证其加工后精度的稳定性，在毛坯铸造后安排一次人工时效，以消除其内应力。通常，对普通精度箱体，一般在毛坯铸造后安排一次人工时效，而对一些高精度箱体或形状特别复杂的箱体，应在粗加工之后再安排一次人工时效处理，以消除粗加工造成的内应力，进一步提高其

加工精度的稳定性。表 5-26 是主轴箱（见图 5-28）大批大量生产时的工艺过程。

表 5-26　主轴箱大批大量生产时的加工工艺过程

序　　号	工　序　内　容	定　位　基　准
1	铸造	
2	时效	
3	涂底漆	
4	铣顶面 A	Ⅵ轴及 Ⅰ 轴孔
5	钻扩铰顶面 A 上的两工艺孔 ϕ18H7	顶面 A，Ⅵ轴孔
6	铣 W、N、B、P、Q 五个面	顶面 A 及两工艺孔
7	磨顶面 A，其平面度公差 0.04mm	W 面及 Q 面
8	粗镗各纵向孔	顶面 A 及两工艺孔
9	精镗各纵向孔	顶面 A 及两工艺孔
10	精镗主轴孔	顶面 A 及 Ⅲ轴—Ⅳ轴孔
11	加工横向孔及各面上次要孔	顶面 A 及两工艺孔
12	磨 W、N、B、P、Q 各平面	顶面 A 及两工艺孔
13	钳工去毛刺、清洗	
14	检测	

6. 箱体的孔系加工

箱体上的孔，不仅本身的精度要求高，而且孔距精度和位置精度也要求较高，是箱体加工的关键。一般应根据不同的生产类型与孔系精度要求，采用不同加工方法。

（1）找正法　找正法是借助于一些装置去找正被加工孔与机床主轴线间的正确位置，然后进行加工的方法。

划线找正法。加工前先在毛坯上按图样要求，划好各孔的位置轮廓线，加工时按划线逐一找正与主轴同轴后进行加工。这种方法能达到孔距精度为 ±0.5mm。采用划线找正与试切法相结合可提高精度，即按划线找正镗出一孔，再按划线调整到第二孔的中心后，试切出一段比图样要求尺寸小的孔，测量两孔的实际孔距后，调整到图样要求尺寸后，再试镗一段孔，再测量，如此反复，直到满足要求为止。此种方法适用于单件小批生产。

心轴量块找正法。将精密心轴分别插在机床主轴孔和已加工孔内，然后用一定尺寸的量块组合来找正主轴的位置，找正时，在量块与心轴之间用塞尺测定间隙，以免量块与心轴直接接触而产生变形，此法可达到的孔距精度为 ±0.03mm 左右，但生产率低，适用单件小批生产。

样板找正法。将工件上的孔系关系复制在 10～20mm 厚的钢板上作为样板，其孔径尺寸应大于工件上的孔径，以便镗杆通过。使用时样板安装在被加工孔系箱体端面上，利用装在机床主轴上的测微表，找正样板上孔径的轴线位置后进行加工，此法孔距精度可达 ±0.05mm，适用大型箱体的孔系。

（2）镗模法　在大批生产中广泛采用镗模法。在镗模板上的导向孔已经包括了箱体各面上所有要加工的孔，加工时只要把镗杆支承在导向套孔内，加工时就能满足孔系的要求。采用镗模法加工时，镗杆与机床主轴采用浮动连接，使工件孔的加工精度不依赖于机床精度，而主要由镗模、镗杆及刀具来保证，机床只起驱动镗杆和完成进给运动的作用。镗模加工孔系时，孔距精度可达 ±0.03 ～ ±0.08mm，孔系平行度及同轴度精度可达 0.03mm。

（3）坐标法　坐标法镗孔是将被加工孔系的孔距尺寸，换算成两个相互垂直的坐标尺寸，然后按此坐标尺寸，精确地调整机床主轴与工件在水平方与垂直方向的相对位置，通过控制机床的坐标位移尺寸和公差来间接保证孔距尺寸精度。

对精度要求较高的箱体，可在坐标镗床上加工，其孔距精度可达 ±0.01mm。

箱体在加工中心上加工时也是采用坐标法，加工中心是具有自动换刀的数控机床，在加工过程中，数控装置能根据指令控制刀具沿着各坐标轴移动相应的位置量，使刀尖到达一系列规定位置进行加工，并且在加工过程中数控装置能根据程序指令，自动更换所需刀具，连续地对工件各加工面自动完成铣、镗、钻、扩、铰、攻螺纹等多工序的加工，使工序高度集中，箱体在加工中心上采用"一面两孔"定位，在一次安装中，按照所编程序完成各表面的加工，在加工中也可采用先粗加工后精加工，采用不同刀具、不同的切削用量、自动调整完成加工任务，具有很高的生产率和很高的加工精度。

复习思考题

1. 名词解释：生产过程、工艺过程、工艺规程、工艺流程、工序、工步、进给、安装、工位、生产纲领、经济精度、结构工艺性、粗基面、精基面、基准重合、基准统一、自为基准、互换基准、工序集中、工序分散、加工余量、双边余量、尺寸链、封闭环、增环、减环。

2. 图 5-32 所示零件，单件小批生产，毛坯为长棒料，直径 φ32mm。工艺过程：车端面 *B*，车削外圆至 φ30mm，车削外圆至 φ14mm，车削 M12 外圆，倒角 C2，车槽 3mm×2mm，车端面 *A*，车削螺纹 M12，切断，车削平面 *C*，倒角 C2，铣削两侧面 *D*，已知：车削时最大背吃刀量为 4mm。试确定其工艺组成且填入下表。

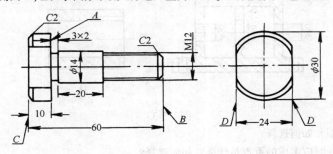

图　5-32

工序号	安装号	工步号	进给数	工位号	加　工　内　容

3. 生产类型分哪几种类型？各有何特点？

4. 为何要制订工艺规程? 常用的工艺卡片有哪几种? 各适用在何场合?

5. 工艺规程制订的原则、方法是什么? 包括哪些内容?

6. 零件图的工艺分析、工艺审查应包括哪些内容?

7. 试指出图 5-33 所示各图中结构工艺性不合理的地方并提出改进措施。

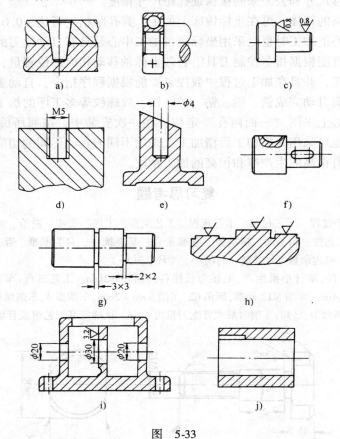

图 5-33

8. 毛坯有哪些类型? 如何选择?

9. 粗、精基面选择时应考虑的重点是什么? 如何选择?

10. 试分析图 5-34 中平面 2、镗孔 4 时的设计基准、定位基准及测量基准。

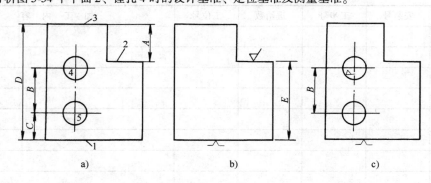

图 5-34

a) 零件图 b) 铣削平面 2 的工序图 c) 镗孔工序图

11. 试选择图 5-35 所示加工时的粗、精基面？

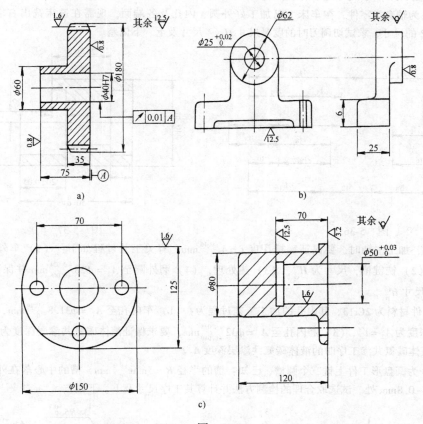

图　5-35

a) 齿轮　b)、c) 轴承座

12. 试分析下列加工时的定位基准：（1）拉齿坯内孔时。（2）无心磨削小轴外圆时。（3）磨削床身导轨时。（4）铰刀铰孔时。

13. 怎样确定零件的加工方法？

14. 零件的加工可划分为哪几个阶段？划分加工阶段的原因是什么？

15. 工序集中与工序分散各有哪些特点？

16. 零件的切削加工顺序安排的原则是什么？

17. 常用的热处理工序如何安排？

18. 基本余量和最大、最小加工余量如何计算？

19. 影响最小余量的因素有哪些？余量确定的方法有哪几种？

20. 某零件上有一孔，已知：$\phi 80^{+0.03}_{0}$mm，表面粗糙度值 $R_a 1.6\mu m$，孔长 60mm（通孔），材料为 45 钢，热处理要求 42HRC，毛坯为锻件。试确定其工艺过程，并计算其各工序的工序尺寸，极限偏差及最大、最小加工余量。

21. 试计算某小轴直径，毛坯：$\phi 28^{0}_{-0.013}$mm，长度 45mm，表面粗糙度值为 $R_a 1.6\mu m$；其加工工艺过程为下料→车端面、钻中心孔→粗车→半精车→热处理→磨削；已知，毛坯为棒料，余量为 6.2mm，极限偏差为 ±2mm，精车余量为 1.1mm，磨削余量为 0.3mm。试求毛坯、粗车、精车、磨削时的工序尺寸，上、下偏差及最大、最小加工余量。

22. 设备及工装选择的原则是什么?

23. 试判别图 5-36 所示尺寸链中的增、减环。

24. 图 5-37 为轴套类零件，在车床上已加工好外圆、内孔及各端面，现需在铣床铣出右端槽并保证 $5_{-0.06}^{0}$ 及 26 ± 0.2 的尺寸，求试切调刀时的度量尺寸 H、A 尺寸及上、下偏差。

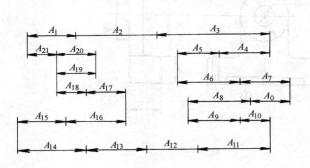

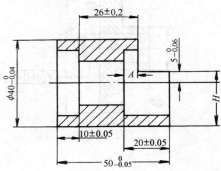

图 5-36   图 5-37

25. 图 5-38，加工主轴时，要保证键槽深度 $t = 4_{0}^{+0.16}$ mm，有关工艺过程如下：（1）车外圆至 $A_1 = \phi28.5_{-0.1}^{0}$ mm，（2）铣键槽，尺寸为 H_{ei}^{es}，（3）热处理，（4）磨外圆至 $A_2 = \phi28_{+0.008}^{+0.024}$ mm 并保证 $t = 4_{0}^{+0.16}$ mm。试求工序尺寸 H_{ei}^{es}。

26. 设一零件材料为 2Cr13，其内孔的加工工艺过程为：（1）车内孔至 $A_1 = \phi31.8_{0}^{+0.14}$ mm，（2）液体碳氮共渗，其深度为 $A_2 = t_{ei}^{es}$，（3）磨内孔至 $A_3 = \phi32_{+0.010}^{+0.035}$ mm，要求保证液体碳氮共渗深度为 $A_4 = 0.1 \sim 0.3$ mm。试求液体碳氮共渗工序时的液体碳氮共渗层深度 A_2。

27. 图 5-39 为圆盘形工件上铣三个圆槽，已知：槽的半径 $R = 5_{-0}^{+0.3}$ mm，槽的中心落在外圆 $\phi50_{-0.1}^{0}$ mm 以外的 $0.3 \sim 0.8$ mm 处。试选取合理的检测方法并计算其工序尺寸及上、下偏差。

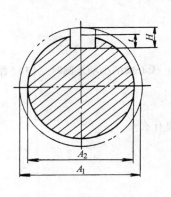

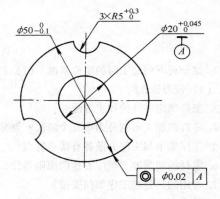

图 5-38   图 5-39

28. 主轴加工时，其定位基准是如何选择的?

29. 主轴加工顺序是如何安排的? 为什么?

30. 主轴加工中为什么要修研中心孔? 如何修研?

31. 箱体类零件的粗、精基准是如何选择的? 为什么?

32. 箱体加工顺序安排的原则是什么? 如何保证孔系的加工精度?

第六章　工件的定位和夹紧

工件的定位和夹紧是工件装夹的两个过程。为了保证工件被加工表面的技术要求，必须使工件相对刀具和机床处于一个正确的加工位置。在使用夹具的情况下，就要使同一工序中的所有工件都能在夹具中占据同一正确位置，这就是工件的定位问题。在工件定位以后，为了保证工件在切削力作用下保持既定位置不变，这就需要将工件在既定位置上夹紧。因此，定位是让工件有一个正确加工位置，而夹紧是固定正确位置，二者是不同的。若认为把工件夹紧不能动也就是定位正确了，这是错误的。

第一节　工件的定位原则

一、工件的自由度

一个尚未定位的工件，其位置是不确定的，如图 6-1 所示，长方体工件放在空间直角坐标系中，可沿 x、y、z 轴移动，也可以绕 x、y、z 轴转动。我们把沿着轴线移动分别记为 $\vec{x}$、$\vec{y}$、$\vec{z}$，称为沿 x、y、z 轴的自由度；把绕轴线转动分别记为 $\hat{x}$、$\hat{y}$、$\hat{z}$，称为绕 x、y、z 轴的自由度。因此，一个未定位的工件有六个自由度。若在 xOy 平面设一个固定点，使长方体的底面与固定点保持接触，那么，我们就认为该工件沿 z 轴方向的 $\vec{z}$ 自由度被限制了。限制工件自由度的固定点称为定位支承点。定位的实质就是消除工件的自由度。

二、六点定位规则

工件在空间直角坐标系中有六个自由度，在夹具中用六个定位支承点限制六个自由度，使工件在夹具中的位置完全确定。这种用适当分布的六个支承点限制工件六个自由度的法则，称为六点定位规则。

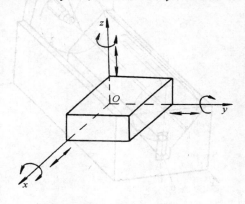

图6-1　工件的六个自由度

但由于工件的几何形状不同，定位基准不同，六点定位支承分布将有所不同。下面就几种典型工件的六点定位规则应用加以介绍。

（1）平面几何体的定位　如图 6-2 所示，工件以 A、B、C 三个平面为定位基准，其中 A 面最大，主要基准为 A 面，设置不

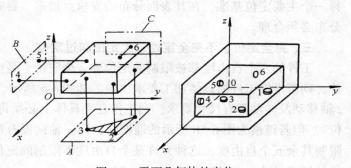

图6-2　平面几何体的定位

在一条直线上的三个支承点1、2、3，当工件 A 面与该三点接触时，限制了 $\vec{z}$、$\hat{y}$、$\hat{x}$ 三个自由度；B 面较 C 面狭长一些，在 B 面上设置两个支承点4、5(不能垂直放置)，则限制了 $\hat{y}$、$\vec{z}$ 两个自由度；在 C 面上设置一个支承点6，限制了 $\vec{x}$ 自由度。这样的六点分布，工件的六个自由度都给限制了，则工件位置完全确定。必须注意，限制自由度的定位是靠定位支承与工件定位面接触来实现的，如果两者不接触，则定位作用自然消失。另外，在工件实际定位中，定位支承不一定都是以点出现的。从几何学观点分析，不在一直线上的三点能组成一个平面；两点可组成一条线；因此，三点支承可以以平面支承出现，两点支承可以以线支承出现。

(2) 圆柱几何体的定位　如图 6-3 所示，工件以长圆柱面的轴线、后端面和键槽侧面为定位基准。其主要定位基准为圆柱面。以 V 形块的两直线与工件外圆接触，相当于1、2、4、5 四个支承点的作用，限制 $\hat{y}$、$\vec{z}$、$\hat{y}$、$\vec{z}$ 四个自由度；后端面设置支承点3，限制 $\vec{x}$ 自由度；在键槽上设置支承点6限制 $\hat{x}$ 自由度。当外圆柱体较长时，往往以 V 形块代替1、2、4、5 四个支承点，以限制工件的四个自由度。

(3) 圆盘几何体的定位　如图 6-4 所示，可视为圆柱体的缩短。其主要定位基准为端面，有支承点1、3、4限制 $\hat{y}$、$\hat{x}$、$\vec{z}$ 自由度；5、6 支承点限制 $\vec{x}$、$\vec{z}$ 自由度；支承点2限制 $\hat{y}$ 自由度。

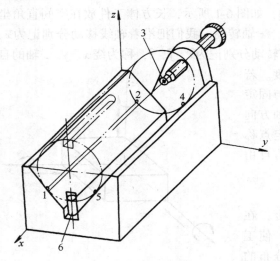

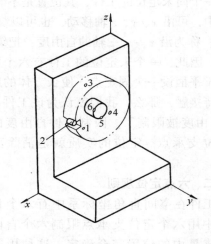

图 6-3　圆柱几何体的定位　　　　　　　图 6-4　圆盘几何体的定位

由以上分析可知，六点定位时支承点分布要合理，根据工件定位基准的形状和位置，选择一个主要定位基准，在其表面分布的支承点最多。要完全限制工件的自由度，六个支承点分布必须合理。

三、完全定位、不完全定位、欠定位和过定位

工件的六个自由度都被限制的定位称完全定位。是否所有的工件在夹具中都必须完全定位，则需根据工件的具体加工要求决定。如图 6-5 所示，工件上铣键槽，图 6-5a 中 x 轴 y 轴 z 轴移动及转动都有尺寸要求，则工件在夹具体上必须将六个自由度完全限制，即"完全定位"。但若键槽为图 6-5b 所示的通槽时，则 x 轴向没有尺寸要求，$\vec{x}$ 自由度不必限制，只要限制其余五个自由度，这种允许某个自由度不限制的定位称为"不完全定位"，它不影响工件的加工尺寸。

但如果工件定位点少于应限制的自由度,造成工件加工尺寸的误差,即定位不足而影响加工是"欠定位"现象。欠定位在实际生产中是不允许的。如图 6-6 所示,若不设防转定位销 A,则工件 $\hat{x}$ 自由度不能得到限制,无法保证两槽的位置要求。不设定位销 A,就是"欠定位"。

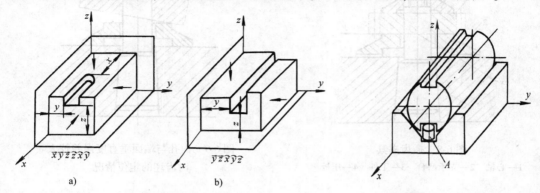

图 6-5　工件应限制自由度的确定　　　　图 6-6　用防转销消除欠定位

工件的某个自由度被重复限制，即重复定位，这就是"过定位"现象。过定位的结果使工件位置不确定，引起工件装夹不稳定、变形等不良情况。在实际加工中，一般是不能允许的。如图 6-7a 所示，要求加工的平面 C 对定位平面 A 有垂直度公差要求。若夹具中用两个大平面定位，即 A 面相当于三点支承，限制 $\hat{y}$、$\hat{x}$、$\hat{z}$ 三个自由度。同理，B 面限制 $\hat{z}$、$\hat{x}$、$\hat{y}$ 三个自由度，其中 $\hat{x}$ 重复限制了两次。当工件装夹处于位置 I 时，可满足垂直度要求；当工件装夹处于位置 II 时，不能满足加工要求，出现工件加工质量不稳定情况。因此，应尽量采取措施消除过定位。若把 A 面作为主要定位，限制三个自由度，B 面改成线定位，只限制 $\hat{z}$、$\hat{y}$，如图 6-7b 所示，消除了 $\hat{x}$ 过定位。

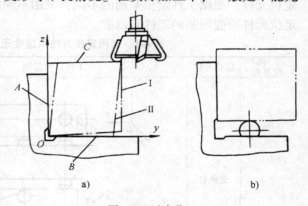

图 6-7　过定位

在机械加工中，一些特殊工件结构的定位，其过定位是不可避免的，例如，在插齿机上加工齿轮，图 6-8 所示为常用的定位方法。图中，工件 3（齿坯）以内孔在心轴 1 上定位，限制 $\hat{x}$、$\hat{y}$、$\hat{x}$、$\hat{y}$ 四个自由度，支承凸台 2 限制了工件 $\hat{z}$、$\hat{x}$、$\hat{y}$ 三个自由度，则 $\hat{x}$、$\hat{y}$ 重复限制，产生过定位。当工件内孔与端面垂直度误差较大时，装夹时工件或心轴会变形，如图 6-9 所示，影响加工质量。若齿坯加工过程中已作了内孔与端面的位置要求，则过定位的干涉就不那么明显，因此也就允许"过定位"存在。

综上所述，工件的定位应根据加工尺寸要求确定应限制的自由度数。当加工要求限制的自由度而没有被限制是"欠定位"，是不允许的。当某个自由度被重复限制是"过定位"，过定位一般是不允许的，但当工件定位面精度较高，位置已有保证时，过定位往往可提高刚性，也是允许的。值得注意的是，所限制自由度少于六个时也可能是过定位，但不一定是欠定位。若支承点分布不合理，欠定位、过定位可能同时出现。

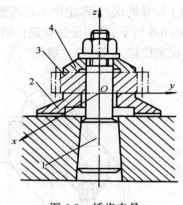

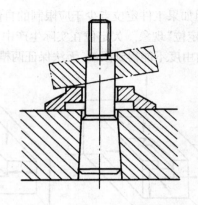

图 6-8 插齿夹具　　　　　　　　图 6-9 内孔与端面垂直度误差较大

1—心轴 2—支承凸台 3—工件 4—压板　　　　　　时齿坯的定位情况

第二节 常用定位方法及定位元件

前面所述是工件定位的基本原则。在实际生产中，工件定位的支承点是一定几何形状的定位元件，根据工件定位基面的不同，采用不同的定位元件。表 6-1 所列为常用定位方法和定位元件所能限制的工件自由度。

表 6-1 常用定位方法和定位元件所能限制的工件自由度

工件定位基面	定位元件	工件定位简图	定位元件特点	能限制的工件自由度
平面	支承钉			1、5、6—$\vec{z}$、$\hat{x}$、$\hat{y}$ 3、4—$\vec{x}$、$\hat{z}$ 2—$\vec{y}$
	支承板			1、2—$\vec{z}$、$\hat{x}$、$\hat{y}$ 3—$\vec{x}$、$\hat{z}$

工件定位基面	定位元件	工件定位简图	定位元件特点	能限制的工件自由度
外圆柱面	支承板	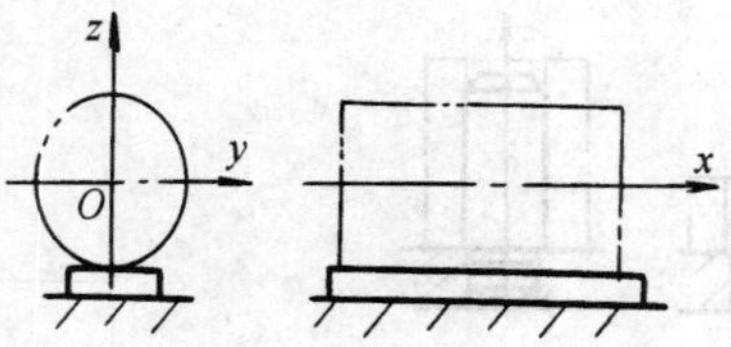		$\vec{z}$、$\hat{y}$
	定位套	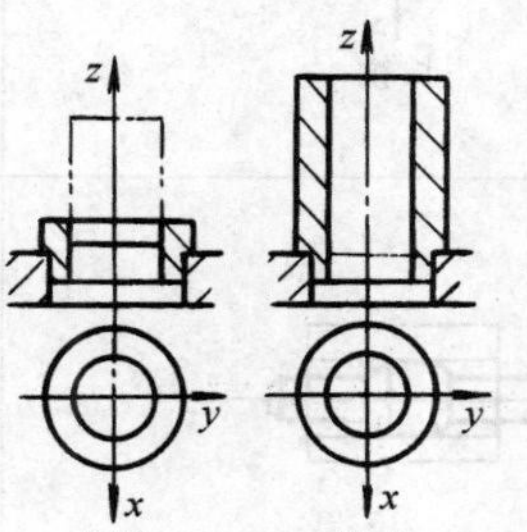 短套 长套	短套	$\vec{x}$、$\vec{y}$
			长套	$\vec{x}$、$\vec{y}$ $\hat{x}$、$\hat{y}$
	V 形块	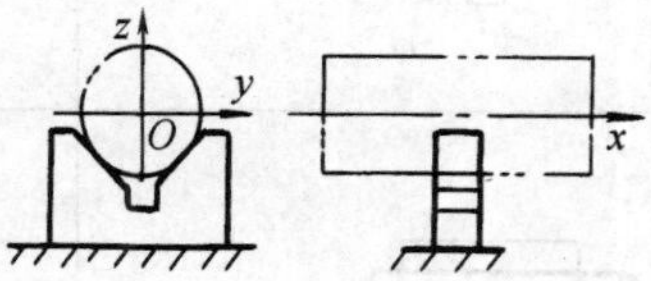	短 V 形块	$\hat{y}$、$\vec{z}$
	V 形块	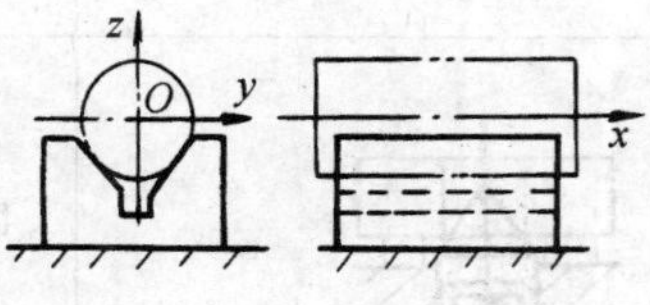	长 V 形块	$\hat{y}$、$\vec{z}$ $\hat{y}$、$\hat{z}$
	锥套	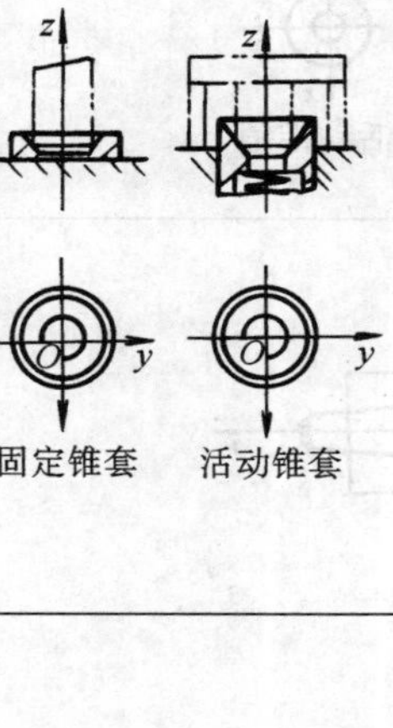 固定锥套 活动锥套	固定锥套	$\vec{x}$、$\vec{y}$、$\vec{z}$
			活动锥套	$\vec{x}$、$\vec{y}$

（续）

工件定位基面	定位元件	工件定位简图	定位元件特点	能限制的工件自由度
圆孔	定位销	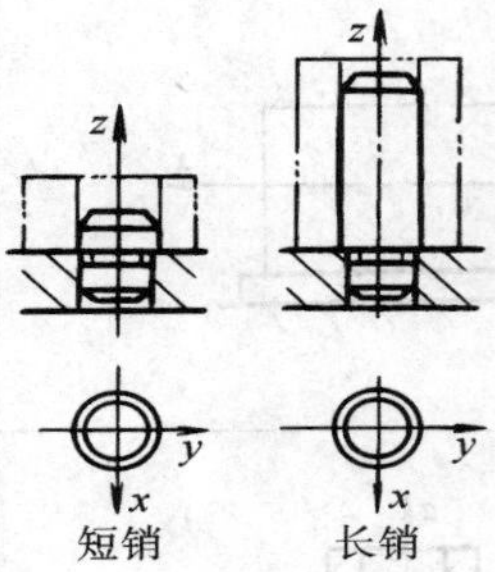 短销　　　长销	短销	$\vec{x}$、$\vec{y}$
			长销	$\vec{x}$、$\vec{y}$ $\hat{x}$、$\hat{y}$
	心轴	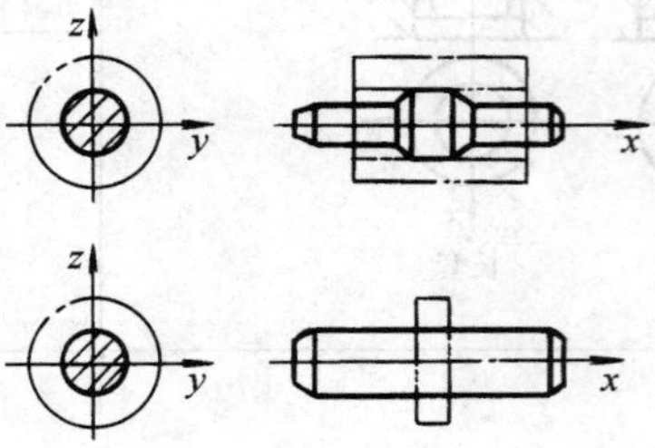	短心轴	$\vec{y}$、$\vec{z}$
		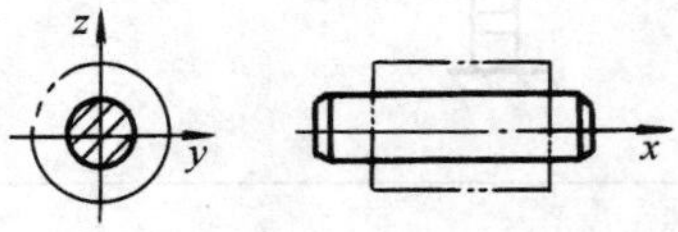	长心轴	$\vec{y}$、$\vec{z}$ $\hat{y}$、$\hat{z}$
	锥销	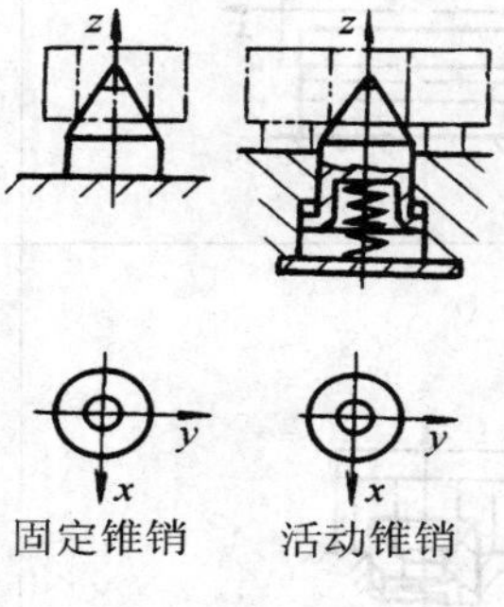 固定锥销　　活动锥销	固定锥销	$\vec{x}$、$\vec{y}$、$\vec{z}$
			活动锥销	$\vec{x}$、$\vec{y}$
	锥形心轴	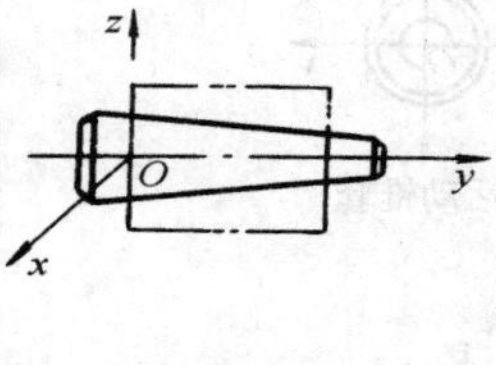	小锥度	$\vec{x}$、$\vec{y}$、$\vec{z}$ $\hat{x}$、$\hat{z}$

（续）

工件定位基面	定位元件	工件定位简图	定位元件特点	能限制的工件自由度
圆孔（续）	削边销	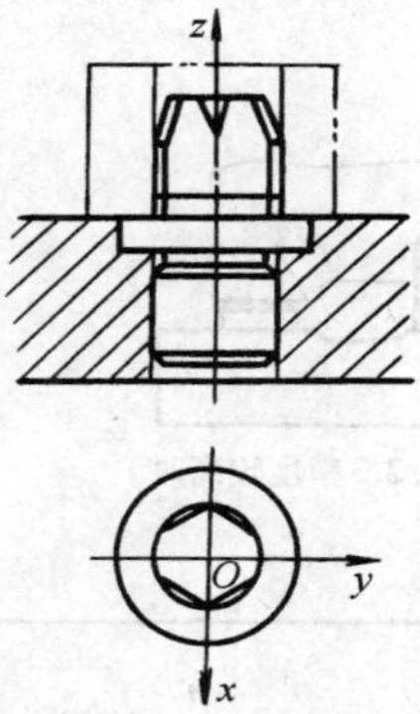	削边销	$\vec{y}$
二锥孔组合	顶尖	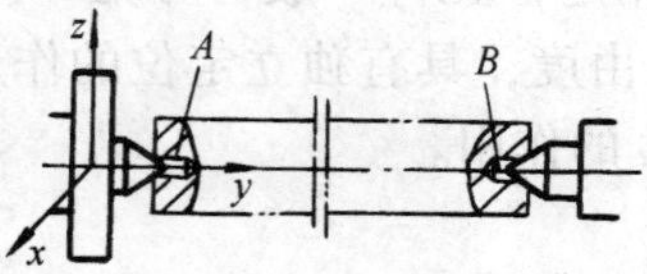	一个固定一个活动顶尖组合	$\vec{x}$、$\vec{y}$、$\vec{z}$ $\hat{x}$、$\hat{z}$
平面和孔组合	支承板短销和挡销	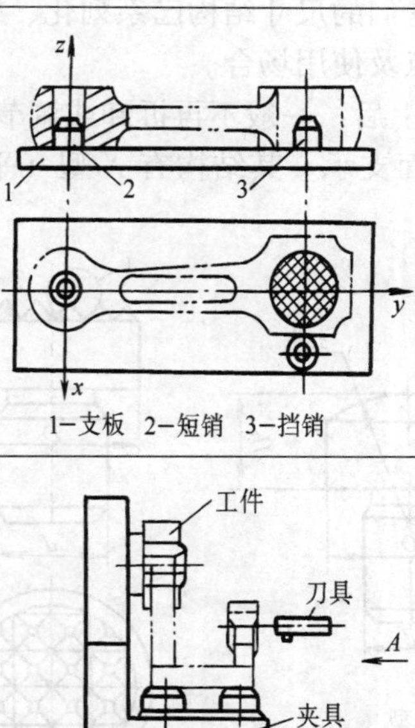 1—支板 2—短销 3—挡销	支承板、短销和挡销的组合	$\vec{x}$、$\vec{y}$、$\vec{z}$ $\hat{x}$、$\hat{y}$、$\hat{z}$
	支承板和菱形销	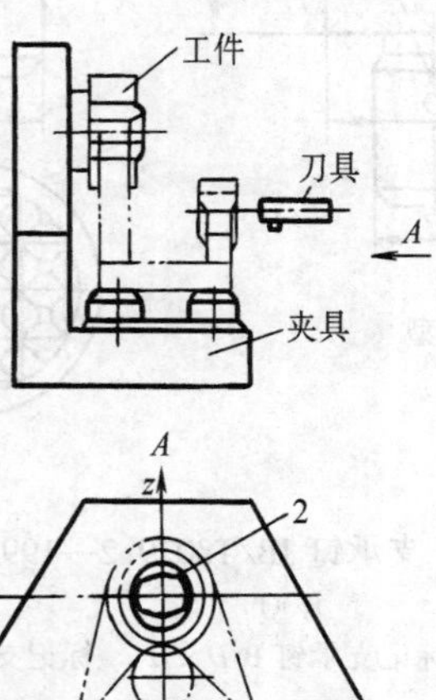 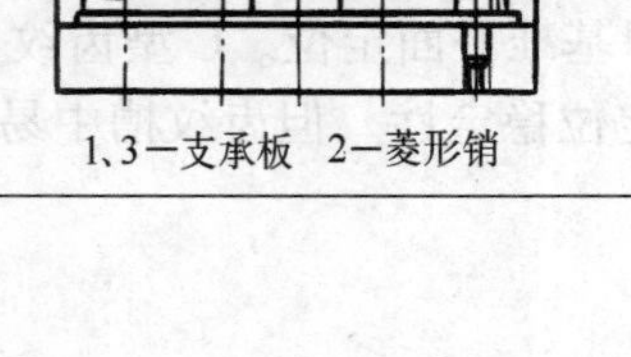 1、3—支承板 2—菱形销	支承板和菱形销的组合	$\vec{x}$、$\vec{y}$、$\vec{z}$ $\hat{x}$、$\hat{y}$、$\hat{z}$

（续）

工件定位基面	定位元件	工件定位简图	定位元件特点	能限制的工件自由度
V形面和平面组合	定位圆柱、支承板和支承钉	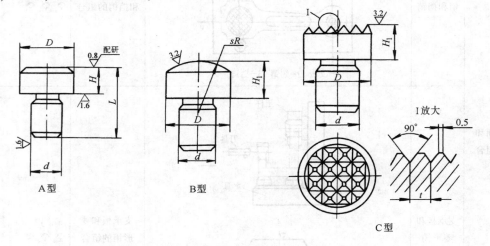 （过定位，用于定位基面1、2、3精度较高时）	定位圆柱、支承板和支承钉的组合	定位圆柱—$\vec{y}$、$\vec{z}$、$\widehat{y}$、$\widehat{z}$ 支承板—$\vec{x}$、$\widehat{y}$ 挡销—$\vec{x}$ $\widehat{y}$—定位圆柱和支承板重复限制

一、平面定位

工件以平面作为定位基准时，所用定位元件一般可分为"基本支承"和"辅助支承"两类。"基本支承"用来限制工件的自由度，具有独立定位的作用。"辅助支承"用来加强工件的支承刚性，不起限制工件自由度的作用。

1. 基本支承

有固定、可调、自位三种型式，它们的尺寸结构已系列化、标准化，可在夹具设计手册中查用。这里主要介绍它们的结构特点及使用场合。

1）固定支承的定位元件装在夹具上后，一般不再拆卸或调节，有支承钉与支承板两种。支承钉一般用于工件的三点支承或侧面支承。其结构有 A 型（平头）、B 型（球头）、C 型（齿纹）三种，如图 6-10 所示。

图 6-10　支承钉 JB/T8029. 2—1995

A 型　　　　　　　　　B 型　　　　　　　　　C 型
标记支承钉 A $D \times H$　标记支承钉 B $D \times H_1$　标记支承钉 C $D \times H_1$

A 型支承钉与工件接触面大，常用于定位平面较光滑的工件，即适用于精基准。B 型、C 型支承钉与工件接触面小，适用于粗基准平面定位。C 型齿纹支承钉的突出优点是定位面间摩擦力大，可阻碍工件移动，加强定位稳定性。但齿纹槽中易积屑，一般常用于粗糙表面的侧面定位。

这类固定支承钉，一般用碳素工具钢 T8 经热处理至 55～60HRC。与夹具体采用 H7/r6 过盈配合，当支承钉磨损后，较难更换。若需更换支承钉的应加衬套，如图 6-11 所示。衬套内孔与支承钉采用 H7/js6 过渡配合。

当支承平面较大，而且是精基准平面时，往往采用支承板定位，可以增加工件刚性及稳定性。图 6-12 所示为支承板的类型，分 A 型（光面）、B 型（凹槽）两种。A 型结构简单，但沉头螺钉清理切屑较困难，一般用于侧面支承。B 型支承板开了斜凹槽，排屑容易，可防止切屑留在定位面上，一般作水平面支承，用螺钉与夹具体固定。

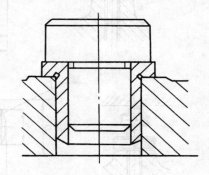

支承板一般用 20 钢渗碳淬硬至 55～60HRC，渗碳深度 0.8～1.2mm。当支承板尺寸较小时，也可用碳素工具钢。

图 6-11　衬套的应用

2）可调支承的定位元件在定位过程中，支承钉的高度可根据需要调整，如图 6-13 所示。它由螺钉、螺母组成，所需定位高度由螺钉在夹具体的位置调整后，用螺母锁紧。当螺钉的可调部分较长时，往往在支承部分作热处理，可调部分不作热处理，以保证可调与紧固部分有一定韧性。图 6-14 所示为可调支承的应用。工件为砂型铸件，先以 A 面定位铣 B 平面，再以 B 面定位镗双孔。铣 B 面时，若采用固定支承，由于 A 面尺寸和形状误差较大，铣完后，B 面与毛坯孔的距离尺寸变化较大，可能使镗孔余量不均匀，甚至余量不够。采用可调支承定位时，在工件上划线，以适当调整支承钉高度，可控制 B 面与孔的尺寸。

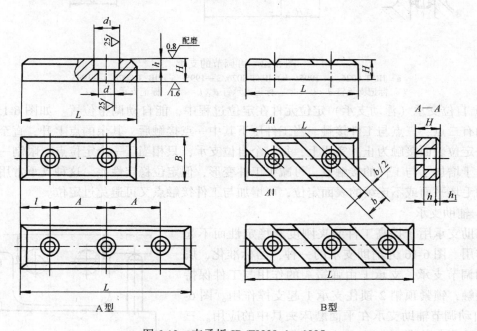

图 6-12　支承板 JB/T8029.1—1995

A 型	B 型
标记支承板 A H×L	标记支承板 B H×L

200

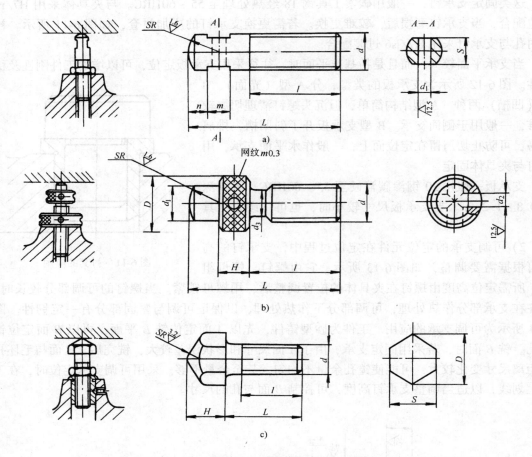

图 6-13　可调节的支承
a) JB/T 8026.4—1995　b) JB/T 8026.3—1995　c) JB/T 8026.1—1995
标记支承钉 $d \times L$　　标记支承钉 $d \times L$　　标记支承钉 $d \times L$

3) 自位支承（浮动支承）定位元件在定位过程中，能自动调整位置。如图 6-15 所示，常见的有二点、三点与工件接触。当工件压下其中一点接触后，其余的点上升，直至全部点与工件定位表面接触为止。实质上，每一个自位支承，只相当于一个定位点，限制一个自由度。由于增加了与工件的接触点，可减少工件变形，但定位稳定性差。这种支承常用于刚度不足的毛坯平面或不连续的表面定位，可增加与工件接触点又可避免过定位。

2. 辅助支承

辅助支承用于提高工件装夹刚度和稳定性而不起定位作用。图 6-16 为辅助支承的一种，已标准化，属于自动调节支承。支承 1 由弹簧 3 的作用与工件保持良好接触，锁紧顶销 2 锁住支承 1 起支撑作用。图 6-17 为自动调节辅助支承在平面磨床夹具中的应用。三个 A 型支承钉在精基面上起定位作用，六个辅助支承在弹簧作用下与工件保持接触，然后锁紧辅助支承，使基准面上支承增至九个，这样可提高工件刚性，但不

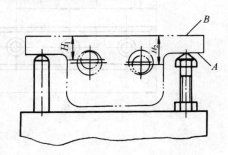

图 6-14　可调支承的应用

会发生过定位。这种方式定位，可减少工件加工时的平面度误差。

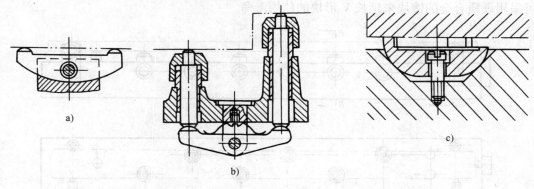

图 6-15　自位支承
a）摆动式　b）移动式　c）球形浮动支承

图 6-18 所示为推引式辅助支承。当工件装在主要支承上后，推动手轮 5 使支承 2 与工件 3 接触，然后转动手轮 5，迫使两个半圆块 4 外涨，锁紧斜楔。适用于工件较重，垂直切削力较大的场合。

二、外圆柱面定位

工件以外圆柱面作为定位基准时，常用 V 形块、半圆套、定位套等定位元件作为中心定位方法。

（1）V 形块定位　图 6-19 为已标准化的固定 V 形块结构。V 形块的夹角 α 对称分布，α 有 60°、90° 和 120° 不同规格。主要尺寸规格为 V 形块的开口尺寸 N，N 有 9、14、18、……85mm 不同。当工件在 V 形块中定位后，其中心高度 T 可按下式计算：

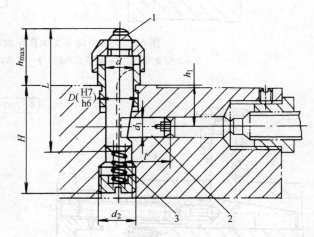

$$T = H + \frac{1}{2}\left(\frac{D}{\sin\alpha/2} - \frac{N}{\tan\alpha/2}\right)$$

式中　H——V 形块高度（mm）；
　　　D——工件理论平均直径（mm）；
　　　N——V 形块开口尺寸（mm）；
　　　α——V 形块夹角；
　　　T——工件在 V 形块中定位的理论中心高度（mm）。

图 6-16　自动调节支承 JB/T 8029.7—1995
1—支承　2—顶销　3—弹簧

当 $\alpha = 90°$，则中心高度 $T = H + 0.707 - 0.5N$。

当 V 形块的定位面较长时，V 形块用二个销钉，二个螺钉固定在夹具体上，可限制工件四个自由度；当定位面较短时，则只能限制工件两个自由度。若固定 V 形块与活动 V 形块组合一起对工件定位，则可以限制三个自由度。根据加工需要选择。

V 形块既能用于精定位，也能用于粗定位，能用于工件是完整的圆柱面，也能用于工件

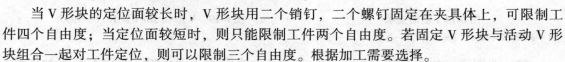

是局部圆柱面的定位。它具有对中性好的特点，是用得较广的定位元件。V 形块的 V 形面上可采用硬质合金的镶块来延长 V 形块的使用寿命。

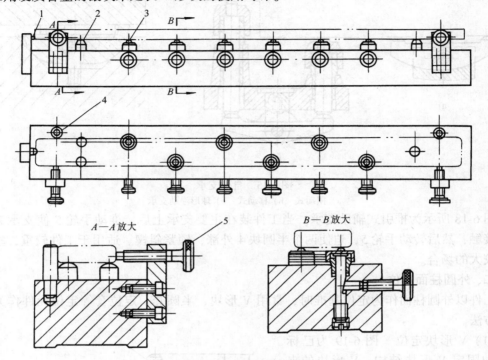

图 6-17　自动调节支承在平面磨床夹具中的应用

1—B 型支承钉　2—A 型支承钉　3—自动调节支承　4—挡销　5—螺钉

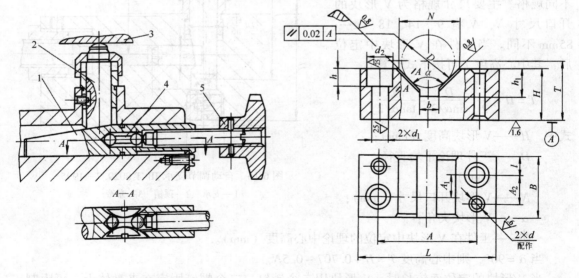

图 6-18　辅助支承

1—斜楔　2—支承　3—工件　4—半圆块　5—手轮

图 6-19　V 形块 JB/T 8018.1—1995

（2）半圆套　如图 6-20 所示，定位是由下面半圆的 A 面承担，类似于 V 形块定位，但它比 V 形块定位的稳固性好，而定位精度则取决于工件定位面的精度。一般用于大型轴类零件的精基准定位。上半圆套是起夹紧工件作用，为了能有效定位及夹紧工件，一般半圆套的最小内径为工件定位面的最大直径。

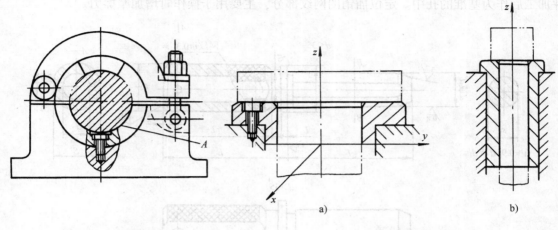

图 6-20　半圆套　　　　　　　　图 6-21　定位套
　　　　　　　　　　　　　　　　　a) 短定位套　b) 长定位套

（3）定位套　图 6-21 所示为定位套定位。当定位套与工件外圆接触部分较短时，往往可以使工件端面同时定位，限制工件的五个自由度。其中工件端面为主要定位面，限制 $\vec{z}$、$\hat{x}$、$\hat{y}$ 三个自由度；短圆柱定位套限制 $\vec{x}$、$\vec{y}$ 两个自由度。当外圆柱与定位套接触较长时，则圆柱作为主要定位面，限制工件 $\vec{x}$、$\vec{y}$、$\hat{x}$、$\hat{y}$ 四个自由度，以工件端面定位又限制了 $\vec{z}$、$\hat{x}$、$\hat{y}$ 三个自由度，会产生过定位，必须对工件的定位基准面提出要求，才能避免工件装夹时产生变形。

三、内孔定位

工件以圆柱孔作为定位基准时，定位是一种中心定位，通常要求内孔基准面有较高精度。常用的定位元件有定位销、定位插销和定位心轴等。

（1）定位销　图 6-22 所示为固定式定位销。A 型圆形定位销限制工件二个自由度；B 型菱形销限制工件一个自由度。销与夹具体采用 H7/r6 过盈配合固定。

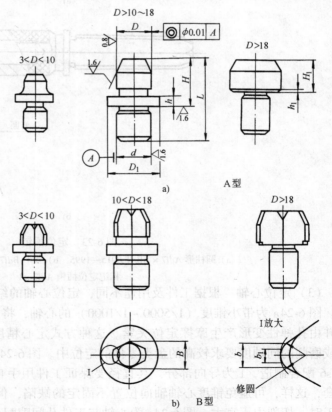

图 6-22　固定式定位销
a) 圆形 JB/T 8014.1—1995　b) 菱形 JB/T 8014.1—1995
标记定位销 AD$f7 \times H$ 或 BD$f7 \times H$

定位销都做成大倒角，便于工件的安装。

（2）定位插销　如图 6-23 所示，它主要用于工件定位后不易拆卸的部位，或定位在工件加工后作为基准的孔中。定位插销的网纹部分，主要用于操作时增加摩擦力。

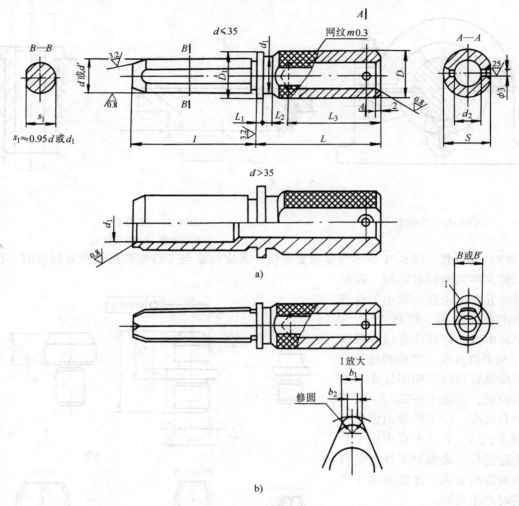

图 6-23　定位插销

a）圆柱形 A$df7 \times l$JB/T 8015—1995　b）菱形 B$df7 \times l$JB/T 8015—1995

标记定位插销 A$df7 \times 1$

（3）定位心轴　根据工件及用途不同，定位心轴的结构形式很多，常见的如图 6-24 所示。图 6-24a 为带小锥度（1/5000 ~ 1/1000）的心轴，将工件轻轻打入，依靠锥面将工件对中并由孔弹性变形产生摩擦定位夹紧。这种方式定心精度可达 0.005 ~ 0.01mm，常用于车削或磨削的同轴度要求较高的盘类零件的定位中。图 6-24b 为圆柱形心轴，与孔定位部分按 r6/s6 配合制造，1 为导向部分，其直径要保证工件用手自由套入心轴，在心轴左端可加限位套，这样，可避免锥度心轴轴向位置不固定的缺陷，但工件定位孔的精度不能低于 IT7，加工时，切削力不宜大。图 6-24c 为心轴与工件孔间隙配合，装卸方便，用螺母在端面定位夹紧。这种方式定中心精度低，但夹紧力大，可用于切削力较大的场合，例如插齿机上齿坯内孔定位采用间隙心轴。

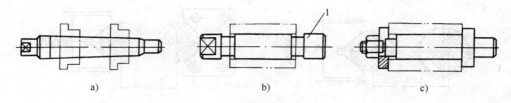

图 6-24　定位心轴

四、组合表面定位

前面所述的定位方式都是以单一表面定位，而实际上，工件往往是几个不同表面同时定位。例如用工件上的两个平行孔、两个平行阶梯表面、阶梯轴的两个外圆或两个孔及一个平面等等，这种定位称为"工件以组合表面定位"。由于不同表面同时作为基准，则表面间的相互位置总有误差。因此，组合表面定位时，必须将定位支承中的一个或几个做成浮动式的或可调的，以补偿定位面间的误差。下面列举常见的几种组合表面定位，并分析定位的合理性。

（1）以轴心线平行的两孔定位　工件以两孔定位方式，在生产中普遍用于各种板状、壳体、杠杆等零件中，例如加工主轴箱、发动机缸体、汽车变速箱等都用此方法定位。如图 6-25 所示的箱体零件，用箱体的两孔及平面定位，加工其余部位。若以一孔一平面定位，限制工件的 $\vec{z}$、$\hat{x}$、$\hat{y}$、$\vec{x}$、$\hat{y}$ 五个自由度，根据加工要求，必须完全定位，显然属于欠定位;若采用二孔一面定位，则会产生当左销套入工件后，右销很难同时套上的情况，因为 $\hat{y}$ 重复限制，产生定位干涉，即过定位。解决办法之一，可使右销与右孔配合间隙加大，来弥补工件两孔间距制造误差，但孔销配合间

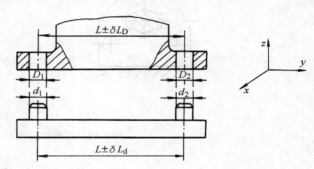

图 6-25　工件以两孔定位

隙过大，会影响 $\hat{z}$ 方向的正确定位。解决办法之二,可把右边圆柱销在两销连心线的垂直方向削去两边做成菱形销。这样,既可保证由于工件两孔间距误差不影响销的插入,又限制了 $\hat{z}$ 的自由度,使工件完全定位,又消除过定位。菱形销的尺寸将在第三节中介绍。

（2）以轴心线平行的两外圆柱表面定位　若工件在垂直平面已定位后，再利用两外圆定位时，则工件的一端外圆必须做成浮动结构，只限制一个自由度，否则会产生过定位。图 6-26 所示为定位套与 V 形块组成的外圆柱定位，V 形块做成浮动式。图 6-26b 为两个 V 形块组成定位。

（3）以一孔和平行孔中心线的平面定位　如图 6-27 所示，以底平面与大孔定位，加工两小孔。若保证小孔尺寸 A_1 位置时，见图 6-27a，从"基准重合原则"出发，应以底平面为主要定位面，限制 $\hat{x}$、$\hat{y}$、$\vec{z}$ 三个自由度，再用大孔定位，限制 $\vec{z}$、$\hat{y}$、$\hat{z}$，则 $\vec{z}$ 重复限制，会造成底面接触，销插不进孔的干涉现象。解决办法，把销做成菱形销，消除过定位，如图 6-27c 所示。

若按图 6-27b 保证小孔尺寸 A_1 位置要求时，则用圆柱销作为主要定位基准面，可采用以底平面、加入楔形块调整大孔与平面间的制造误差，保证小孔加工要求，如图 6-27d 所示。

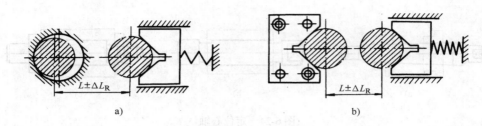

图 6-26 工件以两外圆定位

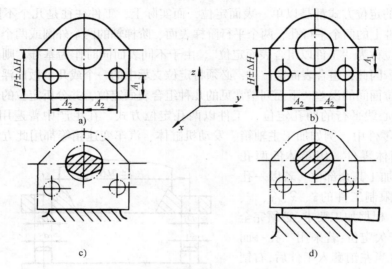

图 6-27 工件以一孔和一平面定位

第三节 定位误差分析

要保证工件的加工要求，取决于工件与刀具间的相互位置。在使用夹具装夹工件时，影响此位置并使工件产生加工误差的因素有四个方面：① 工件在夹具中定位时产生误差，以 Δ_D 表示；② 夹具在机床上安装时产生误差，以 Δ_A 表示；③ 刀具对工件加工时的对刀及刀具调整时产生误差，以 Δ_T 表示；④ 加工方法引起误差，包括机床本身精度误差、变形误差、刀具误差、测量误差等等，以 Δ_G 表示。一个合格的工件加工是指以上所有误差合成应不超过工件允许公差。本节主要讨论工件在夹具中定位误差 Δ_D 的产生原因及计算方法。

一、定位误差产生的原因

如图 6-28a 所示，工件以圆孔在心轴上定位铣键槽。要求保证尺寸 $B^{+\delta_b}_0$ 及 $A^{\ 0}_{-\delta_a}$，其中尺寸 $B^{+\delta_b}_0$ 是由铣刀宽度尺寸决定的，而尺寸 $A^{\ 0}_{-\delta_a}$ 则由工件相对刀具的位置保证的。

从图 6-28b 中可知，孔中心线是工序基准，也是设计基准，从理论上分析，当内孔与心轴直径完全相同时（无间隙配合），欲保证工件加工要求尺寸 $A^{\ 0}_{-\delta_a}$，刀具经一次调整后，相对心轴的位置是保证不变的（不考虑刀具正常磨损、变形等），则尺寸不会改变，如图 6-29a 所示，即不存在因定位引起的误差。但实际上，定位元件（心轴）和定位基准（内孔）不可能无制造误差，故圆孔中心和心轴中心不可能同轴。若如图 6-29b 所示，心轴水平安置，工件圆孔将因重力影响单边搁置在心轴的上母线上。此时，刀具位置未变，而同批工件由于内孔在 D_{min} 和 D_{max} 范围内变化，定位基准在 O_1 与 O_2 间变动，从而导致工序基准的位置也发生变化，使一批工件所得的尺寸 A 在 A_1 与 A_2 间变动造成加工误差。这种由于定位元件与定位基准的制造误差而引起的定位基准在加工尺寸方向上的最大位置变化量称为基准位移误差，以 Δ_y 表示。

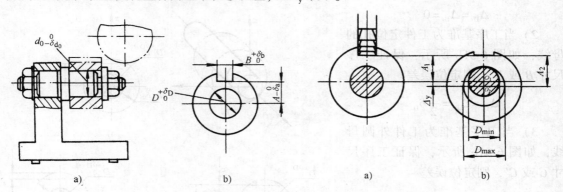

图 6-28　定位误差分析示例　　　　　　　　　图 6-29　定位误差分析

如图 6-30a 所示，当加工尺寸从下母线标起为 $C_{-\delta_c}^0$，即工序基准为工件外圆母线。假设工件孔与心轴为无间隙配合，即定位基准没有位移，如图 6-30b 所示，不产生基准位移误差。由于工件外圆有制造误差，当工件外圆直径在 d_{min} 和 d_{max} 范围内变化时，会引起加工尺寸 C 在 C_1 与 C_2 间变动，造成加工误差。这种因工序基准（工件外圆下母线）和定位基准（工件孔中心）不重合而引起的工序基准相对定位基准在加工尺寸方向上的最大位置变化量，称为基准不重合误差，以 Δ_B 表示。若工件要保证 $C_{-\delta_c}^0$ 尺寸，而工件内孔与心轴采用间隙配合，则同时存在 Δ_y 与 Δ_B 两项误差，使工件在 C_1 与 C_2 间变化如图 6-30c 所示。这两项误差皆是由于定位引起的。我们把这种由定位引起的同一批工件在加工尺寸方向上的最大变动量，称为定位误差，记为 Δ_D，这一误差值一般应控制在工件允许公差的三分之一以内。

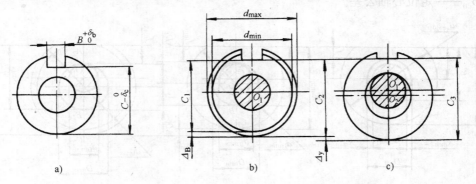

图 6-30　定位误差分析

二、定位误差的计算

计算定位误差时，应根据定位方式分别计算基准位移误差 Δ_y 和基准不重合误差 Δ_B，然后按一定规律将它们合成，求出定位误差。下面就分别以常见定位方式加以分析。

1. 工件以圆柱孔在心轴（或定位销）上定位

工件的圆柱孔与定位元件以不同配合定位时，所产生的定位误差是不同的，现以下面几种情况分别叙述。

（1）工件以圆柱孔在过盈配合心轴上定位　因为过盈配合时，定位元件与工件定位孔之间无间隙，所以定位基准的位移量为零，即 $\Delta_y = 0$。

1）当工序基准与定位基准重合，如图 6-31a 所示，保证工序尺寸 A，则定位误差

$$\Delta_D = \Delta_B = 0$$

2）当工序基准为工件定位孔的母线，如图 6-31b 所示，保证工序尺寸 B 或 B'，则定位误差

$$\Delta_D = \Delta_B = \frac{1}{2}\delta_D$$

3）当工序基准为工件外圆母线，如图 6-31c 所示，保证工序尺寸 C 或 C'，则定位误差

$$\Delta_D = \Delta_B = \frac{1}{2}\delta_{d1}$$

（2）工件以圆柱孔在间隙配合的圆柱心轴上定位　由于孔与心轴的接触情况不同，以及工序基准不同，便有不同的计算结果。

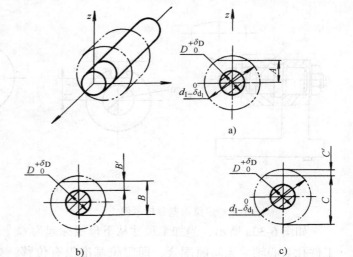

图 6-31　过盈配合定位误差分析

如图 6-32 所示，当工件在水平放置的心轴上定位，由于工件自重的作用，使工件孔与心轴的上母线单边接触。由于定位元件与工件孔的制造误差，将产生定位基准位移误差，即：

$$\Delta_y = \frac{1}{2}(D_{max} - d_{0min}) - \frac{1}{2}(D_{min} - d_{0max}) = \frac{1}{2}\delta_D + \frac{1}{2}\delta_{d0}$$

式中　δ_D——工件孔公差；

δ_{d0}——定位心轴公差。

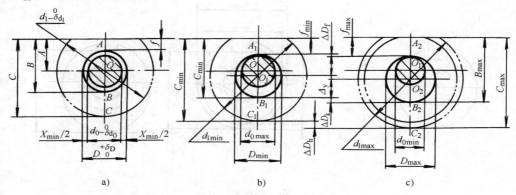

图 6-32　固定单边接触定位误差分析

需要注意，由于工件与心轴间隙配合，而且心轴水平放置，所以同批工件中的任何一件，其定位孔中心相对心轴中心都要下降 $X_{min}/2$，（X_{min} 为两者最小间隙），在调整刀具位置时（即决定对刀块到定位心轴中心尺寸）时，需预先加以考虑，使这一常量对加工尺寸不产生影响。

1）当工序基准为孔中心时，见图 6-32a，即保证尺寸 A 时，$\Delta_B = 0$，则

$$\Delta_D = \Delta_y = \frac{1}{2}(\delta_D + \delta_{d0})$$

2）当工序基准为工件外圆母线时，即保证尺寸 C 时，则 $\Delta_B \neq 0$，见图 6-32b、c，

$$\Delta_D = C_{max} - C_{min} = O_{C_2} - O_{C_1} = (OO_2 + O_2C_2) - (OO_1 + O_1C_1)$$
$$= (OO_2 - OO_1) + (O_2C_2 - O_1C_1)$$

$$\Delta_y = OO_2 - OO_1 = \frac{1}{2}\delta_D + \frac{1}{2}\delta_{d0}$$

$$\Delta_B = O_2C_2 - O_1C_1 = \frac{1}{2}(d_{1max} - d_{1min}) = \frac{1}{2}\delta_{d1}$$

定位误差
$$\Delta_D = \Delta_y + \Delta_B = \frac{1}{2}(\delta_D + \delta_{d0} + \delta_{d1})$$

3）当工序基准为定位孔下母线时，即保证尺寸 B 时，则 $\Delta_B \neq 0$。定位误差

$$\Delta_D = B_{max} - B_{min} = OB_2 - OB_1 = (OO_2 - O_2B_2) - (OO_1 + O_1B_1)$$
$$= (OO_2 - OO_1) + (O_2B_2 - O_1B_1)$$

$$\Delta_y = OO_2 - OO_1 = \frac{1}{2}(\delta_D + \delta_{d0})$$

$$\Delta_B = O_2B_2 - O_1B_1 = \frac{1}{2}D_{max} - \frac{1}{2}D_{min} = \frac{1}{2}\delta_D$$

$$\Delta_D = \Delta_y + \Delta_B = \delta_D + \frac{1}{2}\delta_{d0}$$

如图 6-33 所示，当孔与圆柱心轴任意边接触，即定位心轴垂直放置时，此时应考虑心轴与工件内孔任意边接触。影响定位误差是指在加工尺寸方向的两个配合件的极限位置及最小的配合间隙 X_{min}，因为 X_{min} 无法在调整刀具尺寸时预先给予补偿，所以在加工尺寸方向上的最大基准位移误差为

$$\Delta_y = D_{max} - d_{0min} = (D_{min} + \delta_D) - (d_{0max} - \delta_{d0})$$
$$= \delta_D + \delta_{d0} + (D_{min} - d_{0max}) = \delta_D + \delta_{d0} + X_{min}$$

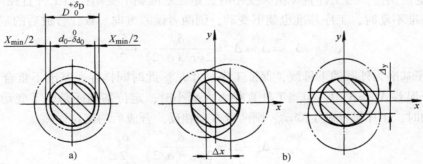

图 6-33　任意边接触基准位移误差分析

而基准不重合误差，则应视工序基准的不同而异。图 6-33b 分别表示在 x 轴方向及 y 轴方向上的基准位移误差。

2. 工件以外圆柱面定位

当工件以外圆柱面定位时，通常采用 V 形块作定位元件。在 V 形块中定位时，如不考虑 V 形块的制造误差，则工件定位基准在 V 形块的对称面上，工件中心线在水平方向的位移误差为零。在垂直方向上，因工件外圆柱面直径有制造误差，工件的定位中心发生偏移，

而产生了基准位移误差，见图 6-34a。其误差值为

$$\Delta_y = O_1O_2 = \frac{O_1A}{\sin(\alpha/2)} - \frac{O_2B}{\sin(\alpha/2)} = \frac{d/2}{\sin(\alpha/2)} - \frac{(d-\delta_d)/2}{\sin(\alpha/2)} = \frac{\delta_d}{2\sin(\alpha/2)}$$

式中　δ_d——工件外圆公差；

　　　α——V 形块夹角。

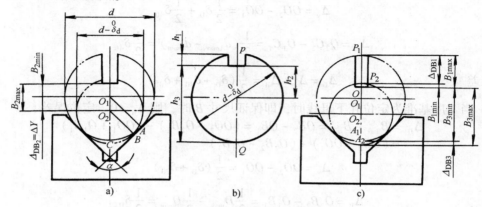

图 6-34　工件在 V 形块上定位时误差分析

在工件上铣键槽，当工序基准不同时，产生定位误差大小不同。

1）工序基准为工件轴心线，保证工序尺寸 h_2。此时定位基准与工序基准重合，而基准位移方向与加工尺寸 h_2 一致，所以加工尺寸 h_2 的定位误差

$$\Delta_{D2} = \Delta_y = \frac{\delta_d}{2\sin(\alpha/2)}$$

2）工序基准为外圆上母线，保证工序尺寸 h_1。此时定位基准与工序基准不重合，故不仅有基准位移误差，还有基准不重合误差。h_1 的基准不重合误差 $\Delta_{B1} = \delta_d/2$，两者误差的合成为 h_1 的定位误差。当工件直径由大变小时，定位基准朝下变动；当工件直径由大变小时，假设定位基准不动时，工序基准也朝下变动，则两者误差方向一致，合成后的定位误差

$$\Delta_{D1} = \Delta_y + \Delta_B = \frac{\delta_d}{2\sin(\alpha/2)} + \frac{\delta_d}{2}$$

3）工序基准为外圆的下母线，保证工序尺寸 h_3。此时同样存在基准不重合误差，h_3 的基准不重合误差 $\Delta_{B3} = \delta_d/2$。但当工件直径由大变小时，定位基准还是朝下变动；而假设定位基准不动时，工序基准朝上变动，则两者方向相反，合成后的定位误差

$$\Delta_{D3} = \Delta_y - \Delta_B = \frac{\delta_d}{2\sin(\alpha/2)} - \frac{\delta_d}{2}$$

综上分析，轴类零件以 V 形块定位时，定位误差与工序基准选择有较大关系，当工序基准选择为下母线时，误差最小，而且随 V 形块夹角增大而减小。

3. 工件以两孔一面定位

前面已概述在箱体、支架类零件加工时，常以工件的两孔一面定位。而为了防止过定位，往往采用圆柱销与菱形销作为两孔定位元件，菱形销的设计不当会影响工件定位精度。

（1）菱形销的设计　两孔一面定位方式中，面为主要定位基准，限制 $\bar{z}$、$\bar{x}$、$\bar{y}$ 三个自由度，圆柱销限制 $\bar{x}$、$\bar{y}$ 两个自由度，菱形销限制 $\hat{z}$ 自由度，这样才能完全定位，不产生过定位。

如图 6-35 所示，当工件两孔间距为最大极限尺寸，而定位销间距为最小极限尺寸时，则菱形销的干涉点发生在 A、B 处。反之，干涉点发生在 C、D 处。为了满足工件顺利装卸，又能使工件完全定位，必须控制菱形销的直径 d_2 及削边后圆柱部分宽度 b。

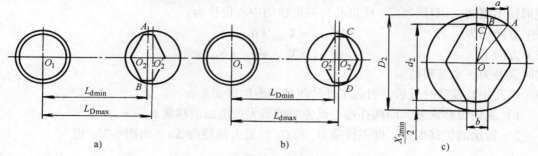

图 6-35 菱形销的设计

由图 6-35c 几何关系可求得圆柱部分宽度 b。

在直角三角形 AOC 中，
$$CO^2 = AO^2 - AC^2 = \left(\frac{D}{2}\right)^2 - \left(\frac{b}{2} + a\right)^2$$

在直角三角形 BOC 中，
$$CO^2 = BO^2 - BC^2 = \left(\frac{D_2 - X_{2min}}{2}\right)^2 - \left(\frac{b}{2}\right)^2$$

联立两式求得：
$$b = \frac{D_2 X_{2min}}{2a} - \left(a + \frac{X_{2min}^2}{4a}\right)$$

略去 $a + \dfrac{X_{2min}^2}{4a}$ 则 $b \approx \dfrac{D_2 X_{2min}}{2a}$

式中 X_{2min}——定位销孔配合的最小间隙，$X_{2min} = D_{2min} - d_{2max}$（mm）；

D_2——工件定位孔的最小直径，$D_2 = D_{2min}$（mm）；

a——满足工件顺利装卸的补偿量，$a = (\delta_{LD} + \delta_{Ld})/2$（mm）；

δ_{LD}——两孔间距公差；

δ_{Ld}——两销间距公差。

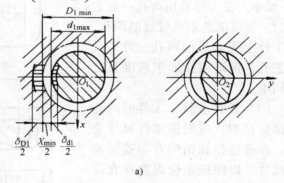

而菱形销已标准化、系列化，因此宽度 b 可查手册确定，则由 b 可得

$$X_{2min} = 2ab/D_2$$

菱形销的直径由公式 $d_{2max} = D_{2min} - X_{2min}$ 来确定。

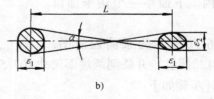

（2）误差分析 如图 6-36 所示两孔定位情况。先分析左端圆柱销定位，设孔径为 D_1，公差 δ_{D1}；销钉直径为 d_1，公差 δ_{d1}；最小配合间隙为 X_{1min}，两者

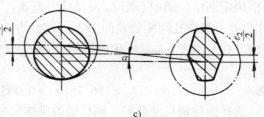

图 6-36 销定位时的定位误差

配合最大间隙 $\varepsilon_1 = X_{1\min} + \delta_{D1} + \delta_{d1}$，$\varepsilon_1$ 将使一批工件安装时，孔的中心偏离销的中心，误差范围是以 ε_1 为直径的圆，圆心为销的中心 O_1，见图6-36b。

再分析右端菱形销定位，设孔径公差 δ_{D2}，销钉直径公差 δ_{d2}，最小配合间隙 $X_{2\min}$，由于菱形销不限制 $\vec{y}$，只限制 $\vec{x}$，所以孔与菱形销的中心位移为：

在 y 方向仍为 $\qquad \varepsilon_1 = X_{1\min} + \delta_{D1} + \delta_{d1}$

在 x 方向上 $\qquad \varepsilon_2 = X_{2\min} + \delta_{D2} + \delta_{d2}$

这时误差为一个椭圆范围。

两孔中心偏移合成后，引起工件的两种基准位移误差：

1）纵向位移误差，即两孔连心线方向的最大可能的位移量 $\Delta_y = \varepsilon_1$。

2）转动的位移误差，即工件绕 O_1 和 O_2 的最大偏转角 $\Delta\alpha$。由图6-36c 得

$$\tan\alpha = \frac{\varepsilon_1 + \varepsilon_2}{2L}$$

$$\Delta\alpha = \arctan \frac{\delta_{D1} + \delta_{d1} + X_{1\min} + \delta_{D2} + \delta_{d2} + X_{2\min}}{2L}$$

由以上分析可知，要提高两孔一面的定位精度，可以从提高孔销的加工精度，减小两者配合间隙；也可以增大两孔间距，使 $\Delta\alpha$ 减小。在实际采用两孔一面定位时，尽可能选距离较远的两孔。若工件上无合适的两孔，可另设工艺孔，保证两孔加工精度及合适间距。

（3）设计步骤 工件的两孔一面定位时，应根据零件尺寸要求，合理选择孔销配合和菱形销的尺寸，以保证定位误差在允许的范围内。下面举一个例子加以说明。

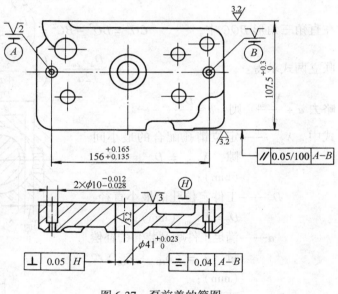

图6-37 泵前盖的简图

图6-37 所示为泵前盖简图，镗削 $\phi41^{+0.023}_{0}$ 孔，并铣削两端面尺寸 $107.5^{+0.3}_{0}$。工件以两已加工孔 $\phi10^{-0.012}_{-0.028}$ 与底平面进行定位。设计步骤如下：

1）确定两定位销中心距 L_d 及尺寸公差 δ_{Ld}。销间距的基本尺寸与孔间距基本尺寸相同，其尺寸公差一般取孔间距公差的 $1/3 \sim 1/5$，即 $\delta_{Ld} = 1/3\delta_{LD}$。

当 $L_D = 156^{+0.165}_{+0.135}$ mm，先化成对称公差 $L_D = 156.15$ mm ± 0.015 mm，取 $1/3\delta_{LD} = \pm 0.005$ mm，

则 $\qquad L_d = 156.15$ mm ± 0.005 mm $= 156^{+0.155}_{+0.145}$ mm

2）选择圆柱销尺寸公差。圆柱销的基本尺寸为孔的最小极限尺寸，其公差一般按基孔制选 g6 或 f7。根据销的形式查表选择，见表6-2。

$d_1 = 10\text{mm} - 0.028\text{mm} = 9.972\text{mm}$。由 GB/T 2203—1991 取标记为 A. 9. 972f7 × 12。即 d_1 = 9. 972mm

3）选择菱形销的宽度 b。确定销的型号，根据标准 b 已选定，见表 6-2。

表 6-2　固定式定位销（摘自 GB/T 2203—1991）　　　　　（单位：mm）

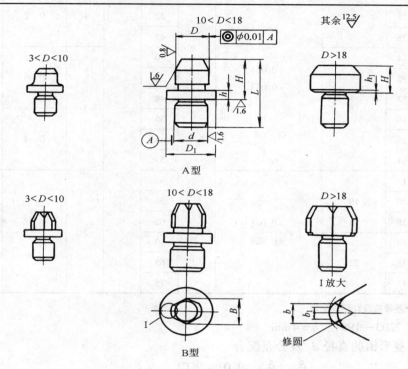

标记示例

$D = 11.5$、公差带为 f7、$H = 14$ 的 A 型固定式定位销标记为；

定位销 A11. 5f7 × 14　GB/T 2203—1991

技术条件

1. 材料：$D \leqslant 18$，T8，$D > 18$ 20 钢

2. 热处理：T8 为 55 ~ 60HRC；20 钢渗碳深度 0.8 ~ 1. 2，55 ~ 60HRC。

3. 其他技术条件按 JB/T 8044—1995 的规定。

D	H	d		D_1	L	h	h_1	B	b	b_1
		基本尺寸	极限偏差 r6							
>3 ~ 6	8	6	+0. 023	12	16	3		$D - 0.5$	2	1
	14		+0. 015		22	7				
>6 ~ 8	10	8		14	20	3		$D - 1$	3	2
	18		+0. 028		28	7				
>8 ~ 10	12	10	+0. 019	16	24	4	—			
	22				34	8				
>10 ~ 14	14	12		18	26	4		$D - 2$	4	3
	24		+0. 034		36	9				
>14 ~ 18	16	15	+0. 023	22	30	5				
	26				40	10				

214

（续）

D	H	d 基本尺寸	d 极限偏差 r6	D₁	L	h	h₁	B	b	b₁
>18~20	12	12			26					
	18				32		1	D-2	4	
	28				42					
>20~24	14		+0.034 +0.023		30					3
	22	15			38			D-3		
	32				48		2		5	
>24~30	16				36					
	25			—	45	—		D-4		
	34				54					
>30~40	18				42					4
	30	18			54				6	
	38		+0.041 +0.028		62		3	D-5		
>40~50	20				50					5
	35	22			65				8	
	45				75					

注：D 的公差带按设计要求决定。

由 GB/T 2203—1991，$b = 4$mm

4）确定菱形销的直径 d_2 及公差配合

先给定装卸时补偿量 $a = \dfrac{\delta_{LD} + \delta_{Ld}}{2} = \dfrac{0.03 + 0.01}{2}$mm $= 0.02$mm

求出最小配合间隙 $X_{2min} = \dfrac{2ab}{D_{2min}} = \dfrac{2 \times 0.02 \times 4}{9.972}$mm $= 0.016$mm

再求出菱形销最大直径 $d_{2max} = D_{2min} - X_{2min} = 9.972 - 0.016 = 9.956$mm

公差一般选 h6。根据菱形销标准代号取 B9.956h6 × 12（GB/T 2203—1991）

5）计算定位误差，检查是否满足要求

垂直度 0.05mm，$\Delta_D = 0$，定位不影响此尺寸

对称度 0.04mm，$\Delta_B = 0$，

$\Delta y = \delta_{D1} + \delta_{d1} + X_{1min} = 0.016$mm $+ 0.015$mm $+ 0$

$= 0.031$mm < 0.04mm 满足要求

平行度 0.05mm，工件转角会影响平行度。

$$\tan\alpha = \frac{\delta_{D1} + \delta_{d1} + X_{1min} + \delta_{D2} + \delta_{d2} + X_{2min}}{2L}$$

$$= \frac{0.016 + 0.015 + 0 + 0.016 + 0.009 + 0.016}{2 \times 156}$$

$$= 0.000230 < \frac{0.05}{100} = 0.0005 \text{ 满足要求}$$

则可按以上计算结果选择两销作为泵前盖工件的定位元件。

第四节　工件的夹紧

前面介绍了工件的定位方法及误差分析。在加工中，要保证工件不离开定位时占据的正确加工位置，就必须有夹紧装置，产生足够的夹紧力来抗衡切削力、惯性力、离心力及重力对工件定位的影响。因此，夹紧装置的合理、可靠和安全性对工件加工有很大的影响。本节主要讨论几种典型夹紧装置及选择方面的基本问题。

一、夹紧装置的基本要求

1）夹紧过程中，不改变工件定位后占据的正确位置。

2）夹紧力的大小要适当可靠。既要保证工件在整个加工过程中位置稳定不变，振动小，又要使工件不产生过大的夹紧变形和表面损伤。

3）夹紧装置工艺性要好。即夹紧装置的复杂程度与自动化程度应与生产纲领相适应。在保证生产效率的前提下，其结构力求简单，以便于制造与维修。

4）使用性好。即操作方便、安全、省力。

在设计夹紧装置时，首先要合理选择夹紧力的作用点、夹紧力的方向和大小，然后选用或设计合适的夹紧机构来保证实现工件正确夹紧。

二、夹紧力确定原则

夹紧力方向、作用点和力的大小三个要素的确定，应依据工件的结构特点，加工要求，结合工件加工中的受力状况及定位元件的结构和布置方式等综合考虑。

1. 夹紧力方向的确定

夹紧力方向应有利于定位，而不应破坏定位，且主夹紧力应朝向主要定位基面。图 6-38 表示了夹紧力方向的三种可能选择。如夹紧力为 F_1，由于 F_1 作用于 A、B 两点之间的主要定位基面，虽然支承点 C 无压力，但 F_1 作用不致于使工件离开 C 点。夹紧

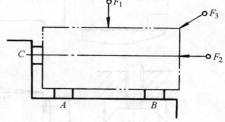

图 6-38　夹紧力方向

力 F_2 作用于 C 点，由于 C 点不是主要定位基面，定位元件少，对工件压强大，所以不合理。最有利于定位的夹紧力方向为 F_3，可以使工件对支承点 A、B、C 都产生作用。

夹紧力方向选择得好，则有利于减小夹紧力。最佳情况是夹紧力、切削力和工件重力三者方向一致，这样所需夹紧力最小。但实际中满足最佳情况者并不多，故在夹紧设计中应根据各种因素，恰当处理。

2. 夹紧力作用点的选择

夹紧力作用点应落在工件刚度较好的方向和部位，防止工件变形。这一原则对刚性差的工件特别重要。如图 6-39a 所示，薄壁套筒的轴向刚度比径向好，用卡爪径向夹紧变形大，改为轴向夹紧变形小得多。图 6-39b 为薄壁箱体，夹紧力作用点不应作用在箱体的顶面而应作用在刚性好的凸边上。若箱体没有凸边时，可如图 6-39c 所示，把单点作用改为三点作用，使着力点分散，减少工件变形。

夹紧力的作用点应落在定位元件支承的面积范围之内。这样有助于夹紧时工件的稳固及定位的精度。图 6-40 所示为夹紧力作用点几种正确与错误的比较。

夹紧力的作用点应尽量靠近被加工表面。这样，可减小切削力对该点的力矩和减少振动，使夹紧力可适当减小。如图 6-41 所示，在切削力相同情况下，图 6-41a、图 6-41c 所用的夹紧力可小一些。

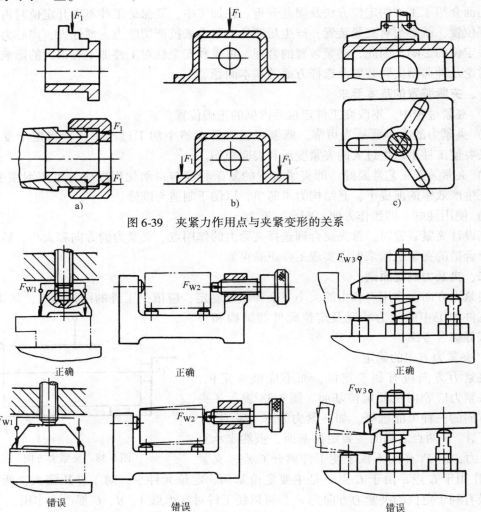

图 6-39　夹紧力作用点与夹紧变形的关系

图 6-40　夹紧力作用点位置

3. 夹紧力的计算

设计夹紧装置时，必须知道夹紧力的大小。夹紧力过小则夹紧不可靠，过大会使工件变形，这都会影响工件加工精度。理论上夹紧力的大小只需克服工件重力、切削力、惯性力、离心力等。但实际上，夹紧力的大小还与工艺系统的刚度、夹紧机构的力传递效率等因素有关。而且切削力在切削过程中是一个变量，一般的切削力计算公式都是粗略的，因此，夹紧力的大小也只能粗略计算。在实际设计中，往往采用估算法、类比法、试验法来确定所需夹紧力。

在采用估算法时，通常为了简化计算，把夹具和工件看成一个刚性系统，根据工件所受的切削力、夹紧力、重力等作用情况找出加工过程中对夹紧最不利的状态，按静力平衡原理列出方程，算出理论夹紧力。然后，考虑安全系数，估算出实际夹紧力，即

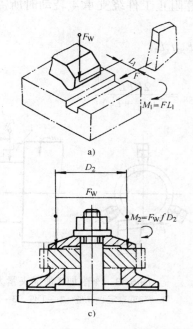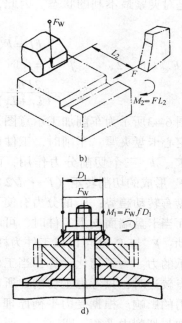

图 6-41　作用点应靠近加工部位
a)、c) 合理　b)、d) 不合理

$$F_{WK} = KF_W$$

式中　F_{WK}——实际夹紧力（N）；

　　　K——安全系数，由各种因素决定。一般 $K = 1.5 \sim 2.5$，当夹紧力方向与切削方向相反时 $K = 3$；

　　　F_W——理论夹紧力（N）。

下面介绍夹紧力估算法。

例 1　图 6-42 所示为铣削加工示意图。设最大切削力为 F，理论夹紧力为 F_W，工件较小，工件重力可略去不计，压板是活动的，压板对工件的摩擦力也不计。

1) 当工件采用不设止推支承 4 的定位方式时，对夹紧最不利的瞬间状态是铣刀切入全深，切削力 F 达到最大，工件可能沿 F 方向移动。因此，应估算阻止工件沿 F 方向移动时所需夹紧力的大小。

根据力平衡原理有　$F = F_{N1}f_1 + F_{N2}f_2$

当 $F_{N1} = F_{N2} = F_W/2$，　$f = f_1 = f_2$ 时，

$$F_W = \frac{F}{f} \qquad F_{WK} = \frac{KF}{f}$$

f 为工件与导向支承 1、5 之间的摩擦因数。

2) 当工件采用止推销 4 定位方式，铣刀切入全深，切削力 F 达到最大时，引起工件绕止推支承 4 翻

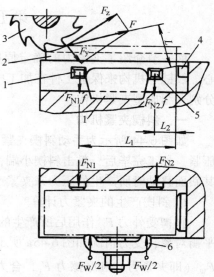

图 6-42　铣削加工所需夹紧力
1、5—导向支承　2—工件　3—铣刀
4—止推支承　6—压板

转，此瞬间是对夹紧最不利的状态。因此，应估算阻止工件绕支承 4 转动时所需夹紧力大小。则有

$$FL = F_{N1}f_1L_1 + F_{N2}f_2L_2$$

当 $F_{N1} = F_{N2} = F_W/2$，　　$f = f_1 = f_2$ 时

$$F_W = \frac{2FL}{f\,(L_1 + L_2)} \qquad F_{WK} = \frac{2KFL}{f\,(L_1 + L_2)}$$

例 2　图 6-43 所示为车削加工示意图，工件用三爪自定心卡盘夹紧。车削时，工件在切削处受 F_x、F_y、F_z 三个切削分力作用，而其中主切削力 F_x 形成的切削转矩（$F_x \cdot d/2$）使工件相对卡盘有转动趋势；F_z 的分力有使工件轴向移动，而当卡盘端面支承工件时，可阻止工件轴向移动；F_y 与 F_z 还可以以工件为杠杆，产生松解卡爪的力。为了简化计算，当工件切削点与夹紧点较远时，只考虑主切削力所产生转矩对夹紧力的影响。根据受力平衡原理：一个卡爪夹紧力与切削力平衡，即

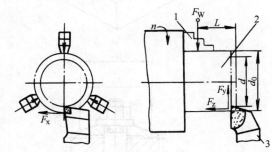

图 6-43　车削加工所需夹紧力
1—三爪自定心卡盘　2—工件　3—车刀

$$F_x \cdot \frac{d}{2} = \frac{F_W}{3}f\frac{d_0}{2} \qquad \text{当 } d \approx d_0 \text{ 时，}$$

$$F_W = \frac{3F_x}{f} \qquad F_{WK} = \frac{3KF_x}{f} \qquad \text{当 } L/d > 1 \text{ 时，} K \text{ 取大值。}$$

常见夹紧形式的夹紧力估算公式也可查夹具设计手册。

第五节　典型夹紧机构

前一节介绍了夹紧力的确定原则及夹紧力估算方法，在夹具中，常以斜楔、螺旋、偏心、铰链等机构来保证工件在加工中有足够的夹紧力，同时夹紧的操作省力、简便。下面就分别介绍典型夹紧机构。

一、斜楔夹紧机构

如图 6-44 所示为手动斜楔夹紧的夹具。工件 2 装入后，敲入斜楔 1 的大端即可将工件压紧。加工完毕后，敲击斜楔小端，便可拔出斜楔，卸下工件。由此可见，斜楔主要是利用其斜面移动时所产生的压力来夹紧工件的，即起楔紧作用。

1. 斜楔产生的夹紧力计算

斜楔受外力 F_Q 作用后所产生的压紧力 F_W，可按斜楔受力平衡条件求出。取斜楔为受力平衡对象，受力情况如图 6-45a 所示，斜楔与工件接触的一面，受到工件对斜楔的反作用力 F_W（即夹紧力）和摩擦力 F_1，合力 $\vec{F}_{R1} = \vec{F}_1 + \vec{F}_W$。斜楔与夹具体接触的一面，受到夹具体对斜楔的反作用力 F_N 和摩擦力 F_2，合力 $\vec{F}_{R2} = \vec{F}_2 + \vec{F}_N$。合力与法向分力之间的夹角分别为摩擦角 ϕ_1（工件与斜楔）和摩擦角 ϕ_2（斜楔与夹具体）。

根据受力平衡条件

$$\begin{cases} F_Q = F_1 + F_{R2} \cdot \sin\ (\alpha + \phi_2) \\ F_W = F_{R2} \cdot \cos\ (\alpha + \phi_2) \end{cases}$$

因为
$$F_{R2} = \frac{F_W}{\cos\ (\alpha + \phi_2)}$$

$$F_1 = F_W \cdot \tan\phi_1$$

所以
$$F_Q = F_W \tan\phi_1 + \frac{F_W}{\cos\ (\alpha + \phi_2)} \sin\ (\alpha + \phi_2)$$

则
$$F_W = \frac{F_Q}{\tan\phi_1 + \tan\ (\alpha + \phi_2)} \qquad (6\text{-}1)$$

式中　F_W——夹紧力（N）；

$\quad\quad F_Q$——原始力（外力）（N）；

$\quad\quad \phi_1$——工件与斜楔间的摩擦角；

$\quad\quad \phi_2$——工件与夹具体之间的摩擦角；

$\quad\quad \alpha$——斜楔的斜角。

2. 斜楔的特点

（1）自锁性　斜楔的斜度一般取 1∶10，即斜角 $\alpha = 6°$ ~10°左右，这是为了满足斜楔的自锁条件。所谓自锁，就是当外加的夹紧力 F_Q 一旦消失或撤除后，夹紧机构在摩擦力的作用下，仍能保持其处于夹紧状态而不松开。对于斜楔而言，这时摩擦力的方向应与斜楔松开趋势方向相反，如图 6-45b 所示。自锁条件是 $F_1 > F_{R2}\sin\ (\alpha - \phi_2)$。

因为　$F_1 = F_W \tan\phi_1 \qquad F_{R2} = \dfrac{F_W}{\cos\ (\alpha - \phi_2)}$

所以　$\quad\quad F_W \cdot \tan\phi_1 > F_W \cdot \tan\ (\alpha - \phi_2)$

则　$\quad\quad\quad\quad \tan\phi_1 > \tan\ (\alpha - \phi_2)$

$\quad\quad\quad\quad\quad\quad \phi_1 + \phi_2 > \alpha$

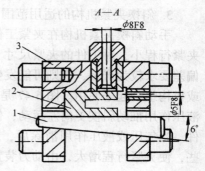

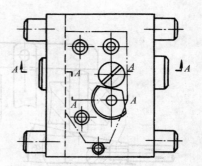

图 6-44　手动斜楔夹紧机构
1—斜楔　2—工件　3—夹具体

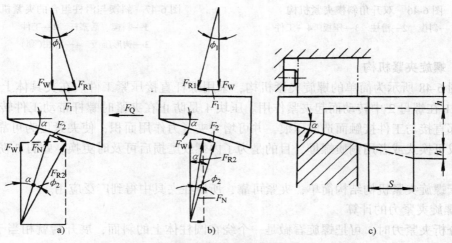

图 6-45　斜楔的受力分析

一般 $\tan\phi_1 \approx \tan\phi_2 = 0.1 \sim 0.15$，$\phi_1 \approx \phi_2 = 5° \sim 8°$　因此 $\alpha < 12°$。

考虑实际工作条件，使自锁更可靠，一般取 $\alpha = 6° \sim 10°$

（2）增力作用　由式 6-1 可知，$F_W > F_Q$，而且，α 越小，增力作用越大。但 α 小，斜楔移动距离长，夹紧行程短。

（3）夹紧行程较小　当 α 越小，自锁性能越好，但夹紧行程 h 将变小，不便于工件的装卸；而 α 大时，自锁性能差，夹紧行程可长，如图 6-45c 所示。所以，增加夹紧行程与斜楔自锁性是相矛盾的。可采用双升角斜楔来解决这一矛盾，如图 6-46 所示。

3. 斜楔夹紧机构的适用范围

手动斜楔夹紧机构在夹紧工件时，费时费力效率极低，实际上很少采用。另外，由于其夹紧行程小，对工件的夹紧尺寸（即工件承受夹紧力的定位基准面至受压面间的尺寸）的偏差要求较为严格，否则可能发生夹不紧或无法夹的情况。在多数情况下是斜楔与其他元件或机构组合起来使用。图 6-47 是气压或液压夹紧的斜楔与滑柱组合的夹紧机构。由气压或液压作用推动斜楔 1 向左运动，使滑柱 4 带动钩形压板往下移动，从而拉下钩形压板压紧工件。当气压或液压作用消除后，靠弹簧力使斜楔复位，松开工件。这样，可使斜角取大一些，使夹紧行程增大，由动力装置夹紧并锁紧斜楔。

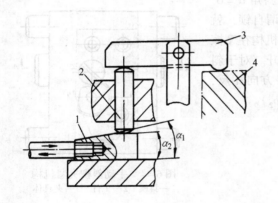 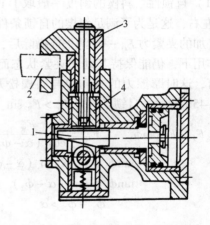

图 6-46　双升角斜楔夹紧机构 　　　　图 6-47　斜楔与滑柱组合的夹紧机构
1—斜楔　2—滑柱　3—压板　4—工件 　　　　1—斜楔、活塞杆　2—工件
　　　　　　　　　　　　　　　　　　　　　3—钩形压板　4—滑柱（套）

二、螺旋夹紧机构

如图 6-48 所示为简单的螺旋夹紧机构，采用螺杆直接压紧工件。在夹具体上装有螺母 2，螺杆 1 在螺母 2 中转动而起夹紧作用。压块 4 是防止在夹紧时螺杆带动工件转动，避免螺杆头部直接与工件接触而造成压痕，并可增大夹紧力作用面积，使夹紧更为可靠。螺母 2 一般做成可换式或者用铜质螺母，目的是为了内螺纹磨损后可及时更换。螺钉 3 防止螺母 2 的松动。

由于螺旋夹紧机构结构简单，夹紧可靠，所以在夹具中得到广泛应用。

1. 螺旋夹紧力的计算

在分析夹紧力时，可把螺旋看做是一个绕在圆柱体上的斜面，展开后就相当于斜楔了，如图 6-49 所示。当手柄转动螺杆产生外力矩 M，$M = P \cdot L$；M 应与螺杆下端（或压块）与

工件间的摩擦反作用力矩 M_1 及螺母对螺杆螺旋面上的反作用力矩 M_2 保持平衡，

即
$$M = M_1 + M_2$$

而
$$M_1 = F_1 r' = F_w \tan\phi_1 \cdot r'$$

$$M_2 = R_x \cdot r_{平均} = F_w \cdot \tan(\alpha + \phi_2) \cdot (d_0/2)$$

所以
$$PL = F_w \cdot \tan\phi_1 r' + F_w \cdot \tan(\alpha + \phi_2) \cdot (d_0/2)$$

$$F_w = \frac{PL}{\tan\phi_1 r' + \tan(\alpha + \phi_2)(d_0/2)} \tag{6-2}$$

式中　F_w——夹紧力（N）；

　　　P——原始力（N）；

　　　L——力臂（mm）；

　　　d_0——螺纹中径（mm）；

　　　α——螺纹升角（°）；

　　　ϕ_2——螺旋的螺母螺杆间的摩擦角；

　　　ϕ_1——压块与工件间摩擦角；

　　　r'——螺杆下端与工件接触的当量摩擦半径（mm），当点接触时 $r'=0$，面接触时 r' $=\dfrac{d_2}{3}$，d_2 螺杆小径。

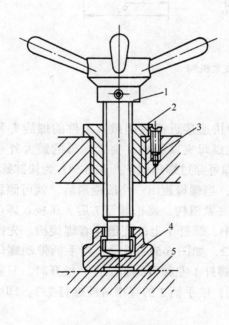

图 6-48　单螺旋夹紧

1—螺杆　2—螺母　3—螺钉　4—压块　5—工件

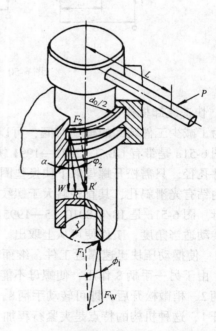

图 6-49　螺旋夹紧力分析

用标准螺杆作为螺旋夹紧机构，α 一般较小（螺杆直径 8~52mm 时，$\alpha=3°10'\sim1°50'$），所以自锁性能好；当力臂 L 较长时，增力作用也较大。因此，螺旋压紧机构要考虑的问题有：为保证夹紧力而怎样选择螺杆直径与手柄形式，怎样保证螺杆有足够强度并且操作省力。

2. 结构形式

在实际生产时，螺旋压板的组合夹紧机构比单螺旋夹紧机构用得更为普遍。图6-50为几种螺旋压板夹紧机构。由于螺杆作用点的位置不同，可适用不同工件的夹紧，同时可得到不同的杠杆比。

图6-50a形式，夹紧力比原始力小，但可增加夹紧行程（$L_1 > 1/2L_2$）。

图6-50b形式，夹紧力与原始力基本相等，但可改变夹紧力方向（$L_1 \approx L_2$）。

图6-50c形式，夹紧力比原始力大，但减小了夹紧行程（$L_1 > L_2$）。

在设计这类夹具时，应注意合理布置杠杆比，以寻求最省力、最方便的方案。

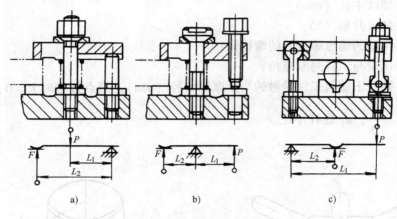

图 6-50　螺旋压板夹紧机构

3. 快速装卸机构

为了减少工件装卸的辅助时间，可以使用各种快速接近或快速撤离工件的螺旋夹紧机构，图6-51a是带有 GB/T 12871—1991 快换垫圈的螺母夹紧机构。夹紧螺母的最大外径小于工件孔径，只需松开螺母取下快换垫圈4，工件即可穿过螺母取下。图6-51b为快卸螺母，螺孔内钻有光滑斜孔，其直径略大于螺纹公称直径，当螺母旋出一小段距离后，就可倾斜取下螺母。图6-51c是 JB/T 8010.15—1995 回转压板夹紧机构，旋松螺钉7后，压板6即可逆时针转动适当角度，工件便可从上取出。图6-51d 中，螺杆1上的直槽连着螺旋槽。先推动手柄2，使摆动压块迅速靠近工件，继而转动手柄2，如图6-51e 所示，当手柄带动螺母旋转时，由于另一手柄8作用，使螺母不能右移，则螺杆1左移可压紧工件。松开时，只要反转手柄2，稍微松开后，即可转动手柄8，让出空间，使手柄2的直槽对准螺钉头7，即可拉出螺杆1，这种机构的特点是夹紧行程加大。

三、偏心夹紧机构

用偏心件直接或间接夹紧工件的机构，称偏心夹紧机构。偏心件一般有圆偏心和曲线偏心两种，可做成平面凸轮或端面凸轮的形状，圆偏心较曲线偏心结构简单，所以应用较广。图6-52 为常见的偏心夹紧机构，图6-52a、图6-52b 为移动压板式圆偏心夹紧机构，图6-52c、图6-52d 为偏心轴、偏心叉组成的夹紧机构。

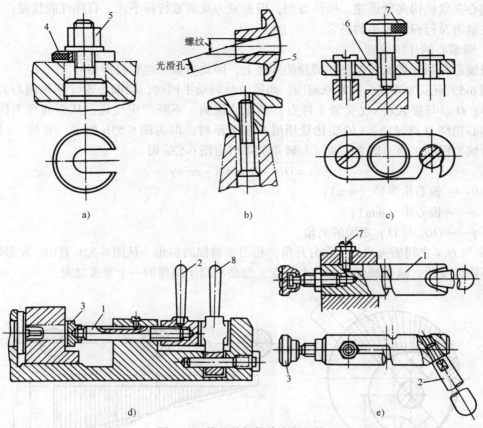

螺纹

光滑孔

图 6-51　快速装卸螺旋夹紧机构
1—螺杆　2、8—手柄　3—摆动压块　4—快换垫圈　5—螺母　6—回转压板　7—螺钉

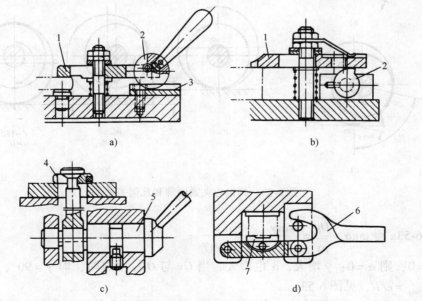

图 6-52　圆偏心夹紧机构
1—压板　2—偏心凸轮　3—偏心轮垫板　4—快换垫圈　5—偏心轴　6—偏心叉　7—弧形压块

偏心夹紧机构夹紧迅速，操作方便，但夹紧力及夹紧行程不大，自锁性能较差，一般应用在夹紧力及行程都较小的场合。

1. 圆偏心的作用原理

圆偏心相当于把长斜楔绕在圆盘的外径上，因此夹紧原理和斜楔相同。

图6-53所示为圆偏心夹紧原理图。当顺时针转动手柄时，圆偏心轮（简称偏心），绕 O 轴回转。O 点与接触点 x（夹紧工件点）的垂直距离 s 不断产生变化，从而能将工件夹紧。当把偏心轮绕 O 点转动，s 的变化量用展开图表示时，即为图6-53b所示。显然，s 最大变化量为偏心距的2倍，即 $2e$，而 s 与转角关系可由图6-53a得

$$s = \overline{O_1 x} - \overline{O_1 p} = R - e\cos\gamma$$

式中　R——偏心轮半径（mm）；

　　　e——偏心距（mm）；

　　　γ——OO_1 与 $O_1 p$ 之间的夹角。

Ox 与 $O_1 x$ 之间的夹角 α，称为升角，相当于斜楔的斜角。从图6-53b看出，α 是随夹紧点的不同而变化，这是圆偏心的一个特点，也是不同于斜楔的一个重要之处。

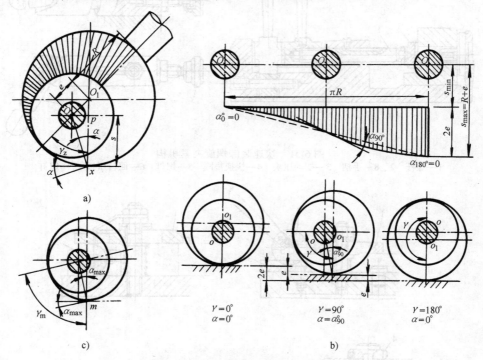

图6-53　圆偏心夹紧原理和几何关系

由图6-53a得 $\tan\alpha = \dfrac{\overline{Op}}{px} = \dfrac{e\sin\gamma}{h} = \dfrac{e\sin\gamma}{R - e\cos\gamma}$

当 $\gamma = 0$，则 $\alpha = 0$；γ 增大，α 也增大。当 Ox 与 OO_1 垂直时，即 $\gamma = 90°$，$\sin\gamma = 1$ $\cos\gamma = 0$，则 $\alpha_{max} = e/R$，见图6-53c。

若 γ 继续增大，α 逐渐减小，当 $\gamma = 180°$，$\alpha = 0$。所以升角 α 变化与自锁条件、工作段选择、结构设计有密切关系。

2. 自锁条件

因为 α 是变化的，所以自锁满足条件为

$$\alpha_{\max} \le \phi_1 + \phi_2$$

式中 ϕ_1 为圆偏心轮与工件间的摩擦角；

        ϕ_2 为圆偏心轮与回转轴之间的摩擦角；

由于回转轴直径较小，两者之间摩擦力矩不大，为使自锁可靠，可省略 ϕ_2。

$$即 \quad \alpha_{\max} \le \phi_1 \quad 也可记作 \frac{e}{R} \le f_1$$

式中 f_1——偏心轮与工件夹紧处的摩擦因数。

3. 偏心量的选择

偏心量 e 与夹紧行程 h 有直接关系。当选择工作段为 $\overparen{12}$ 圆弧时（图6-54），则夹紧行程

$$h = (R - e\cos\gamma_2) - (R - e\cos\gamma_1) = e(\cos\gamma_1 - \cos\gamma_2)$$

则

$$e = \frac{h}{\cos\gamma_1 - \cos\gamma_2}$$

因此，选择偏心量时，先要确定工作范围，即 $\gamma_1 \sim \gamma_2$ 范围以及夹紧行程 h。理论上，工作范围可以 $0° \sim 180°$，而实际使用时，为使操作方便，工作区域一般为 $0° \sim 90°$，其位置有两种选择：图6-55a 所示，以 $\alpha_{\max}$ 为中心，$\pm 30° \sim \pm 45°$ 范围作为工作区域，在此范围内各点升角变化较小，因此工作较稳定，但 α 值较大，自锁性能差。

图6-55b 所示，以偏心轮几何中心 O_1 与回转中心 O 的连线为基准，$\gamma = 90° \sim 165°$ 范围为工作区域，此段的 α 值小，自锁性能好，但 α 变化较大。

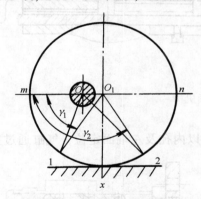

图6-54 圆偏心轮工作段选择

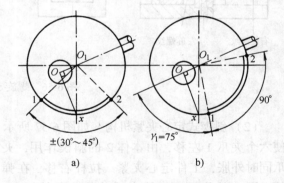

图6-55 偏心轮工作区选择

夹紧行程 h 的确定要考虑以下几个因素：

h_1——装卸工件方便所需空隙 $\ge 0.3\text{mm}$。

h_2——夹紧机构弹性变形补偿量取 $0.05 \sim 0.15\text{mm}$。

h_3——工件在夹紧方向上的公差值。

h_4——偏心轮制造误差及使用中的磨损等，取 $0.1 \sim 0.3\text{mm}$。

则最小夹紧行程 $h = h_1 + h_2 + h_3 + h_4$，偏心量就可按 h 及工作范围 γ 求得。

4. 偏心轮直径 D 的确定

由自锁条件 $\dfrac{e}{R} \le f_1$，得 $D = 2R \ge \dfrac{2e}{f_1}$

当 $f_1 = 0.1$ 时，$D \geqslant 20e$，此时自锁性能好。当 $f_1 = 0.15$ 时 $D \geqslant 14e$，此时对同样的 D，相同的工作区域，有较大偏心距，则夹紧行程大。

因为偏心轮结构已标准化、系列化，因此设计时，根据以上计算后可查夹具手册，选择标准的 D 及有关参数。

四、定心夹紧机构

定心夹紧机构是把中心定位和夹紧结合在一起，两动作同时完成，车床主轴上的三爪自定心卡盘是典型的定心夹紧机构。定心夹紧机构是一种特殊的夹紧机构，它既是定位元件，又是夹紧元件，适用于工件几何形状完全对称或至少轴对称的零件。

定心夹紧机构按工作原理可分为二类：一类是以等速移动原理进行定心夹紧，如螺旋杠杆、斜楔等机构。另一类是以均匀弹性变形原理进行定心夹紧，如弹簧套筒、膜片卡盘等。下面就几种典型定心夹紧机构作一介绍。

（1）螺旋定心夹紧机构　图 6-56a 是利用左右螺旋进行定心夹紧，左右螺旋导程相等，联接在一起，当手柄带动螺杆旋转时，左右螺母带动夹紧件等距移动，夹紧工件。K 向视图上表示利用转动一个螺母进行对中，调整后用螺钉锁住。图 6-56b 是利用螺旋定心夹紧轴类零件，右边 V 形块在工件松开时，靠弹簧弹性作用而转动，能将工件托起，便于工件从上方装卸。

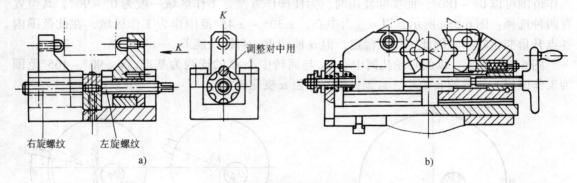

右旋螺纹　　左旋螺纹

a)　　　　　　　　　　　b)

图 6-56　螺旋定心夹紧机构

（2）斜楔式定心夹紧机构　如图 6-57 所示，工件以内孔及左端面定位，气缸通过拉杆 4 使六个夹爪 1 左移，由本体 2 的斜楔作用，夹爪同时外胀，工件定心夹紧。拉杆右移，在弹簧卡圈 3 的作用下，使卡爪收拢，工件松开。这种结构紧凑、传动准确的定心夹紧机构，适合于内孔作为定位基面的半精加工工序的夹紧。

（3）弹簧套筒式定心夹紧机构　图 6-58 所示为弹性筒夹，当锥套与弹簧瓣接触时，把工件夹紧。图 6-59 所示，工件以外圆柱面为定位基面，旋转螺母 4 时，锥套 3 内锥面迫使弹性筒夹 2 上的簧瓣向心收缩，从而将工件夹紧。弹性筒夹也可用于以内孔为定位基面的弹簧心轴。

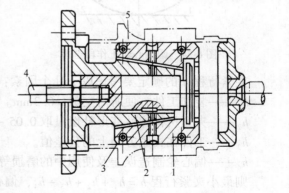

图 6-57　楔式夹爪自动定心机构

1—夹爪　2—本体　3—弹簧卡圈

4—拉杆　5—工件

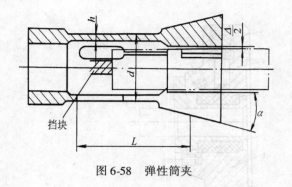

图 6-58 弹性筒夹

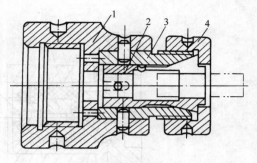

图 6-59 弹簧夹头

1—夹具体 2—弹性筒夹 3—锥套 4—螺母

这类夹紧机构结构简单、体积小、操作方便，因而应用较广。但因夹紧行程较小，工件公差应控制在 0.1~0.5mm 范围内，以保证定心夹紧精确性。

（4）膜片式定心夹紧机构 图 6-60 所示为弹性膜片式定心夹紧机构，利用具有弹性的薄片圆板（膜片），在轴向力作用下，发生弹性变形，使卡爪式定位表面增大或减小，对工件进行定心夹紧。螺钉 3 用于膜片与卡盘体的连接，螺钉 2 旋转则可产生轴向力使膜片变形夹紧工件。图 6-60a 为工件内孔定位夹紧，图 6-60b 为工件的外圆定位夹紧。

（5）液性塑料夹紧机构 图 6-61 为液性塑料薄壁套筒，分内胀和外胀式两种，分别用于工件的外圆或内孔的定位夹紧。工作原理是利用塑料受挤压时迫使薄壁套筒均匀变形，

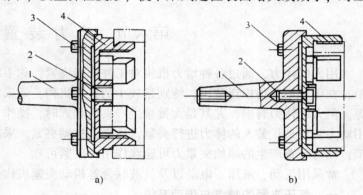

图 6-60 弹性膜片定心夹紧机构

1—卡盘体 2、3—螺钉 4—膜片

压在工件外圆或内孔壁上定心夹紧。套筒的厚度 h、长度 L、塑料环槽高度 H 都是设计此类夹具的关键尺寸，影响夹紧力大小。

图 6-62 所示为液性塑料定心夹紧机构。拧动加压螺钉 5，通过柱塞 4，挤压液性塑料 3 流动，并将压力传到各个方向上，使薄壁套筒的薄壁部分变形，从而起到定心夹紧的作用。

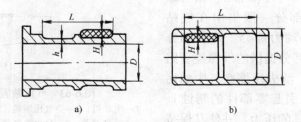

图 6-61 液性塑料薄壁套筒

a）内胀式薄壁套筒 b）外胀式薄壁套筒

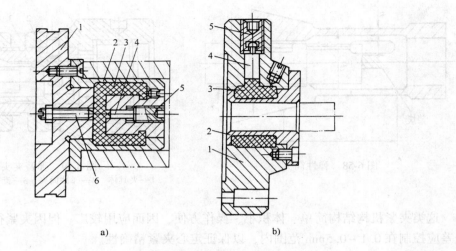

图 6-62　液性塑料定心夹紧装置
1—夹具体　2—薄壁套筒　3—液性塑料　4—柱塞　5—螺钉　6—限位螺钉

第六节　动 力 装 置

用人的体力，通过各种增力机构对工件进行夹紧，称手动夹紧。手动夹紧的夹具结构简单，在生产中获得广泛应用，特别是较小的夹紧机构，常采用螺旋手动夹紧、斜楔手动夹紧等。但人的体力有限，尤其是大批量生产夹紧频繁时，操作者的劳动强度大。因此，需要采用动力装置来代替人的体力进行夹紧，称之为机动夹紧。采用机动夹紧时，夹紧机构不必自锁，动力装置产生的原始夹紧力可连续作用，夹紧可靠。

常采用气动、液压、电动以及气液联合等机动夹紧机构作为动力装置。

一、气压夹紧的特点与传动系统

气压夹紧的能量是压缩空气，可集中供应使用。气压夹紧具有动作迅速、夹紧效率高（空气流速可达 180m/s）、成本低，使用、维护简单等优点。但空气压缩性大，夹紧力的稳定性差，而且排气时噪声较大。

图 6-63 所示为气压装置传动的组成示意图。它包括三个组成部分：第一部分为气源，有空气压缩机 2、冷却器 3、储气罐 4、过滤器 5 等，这部分一般集中在气站内，作为提供能源的动力部分。第二部分为控制部分，由动力部分提供的气源经管路后流经分水滤气器 6，滤去压缩空气中的污物和水分（水分多易引起零部件的锈蚀）。调压阀 7 控制进入夹具的压力，并使其保持稳定。后经油雾器 9，油雾器的作用是使空气中含油以润滑气缸。单向阀 10 是为保证突

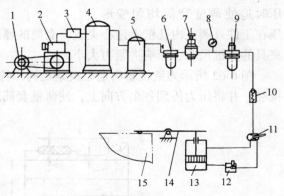

图 6-63　气压装置传动的组成
1—电动机　2—空气压缩机　3—冷却器　4—贮气罐
5—过滤器　6—分水滤气器　7—调压阀　8—压
力表　9—油雾器　10—单向阀　11—配气阀
12—调速阀　13—气缸　14—压板　15—工件

然断气时，夹具不至于立即松开而造成事故。后经配气阀 11，控制气缸的进气排气方向。调速阀 12，调节压缩空气的流速和流量。第三部分为执行部分，通过气缸 13，把气压转换成机械的往复直线运动，通常与夹紧机构相连。

气压装置的元件已标准化，选用时，可根据所需夹紧力的大小，选择气缸直径，一般空气压力控制在 0.4~0.6MPa 之间。

二、液压夹紧的特点与传动系统

液压夹紧装置的工作原理和结构与气压夹紧装置类似，不同的是以油液压力产生动力。液压夹紧的压力比气压大，而元件比气压小。油液不可压缩，因此，夹紧力稳定可靠，动作较稳定，但泄漏是液压夹紧装置的不足。

图 6-64 为液压夹紧装置的示意图。由液压泵 8、电动机 11、油箱 13 组成动力源，提供油压，经单向阀 7、高压软管 5、快换接头 3，进入执行液压缸 1，把液压力转换成机械的夹紧力。电磁卸荷阀，用于取消夹紧力时释放油液回油箱。溢流阀用于控制进入液压缸油压力的大小。

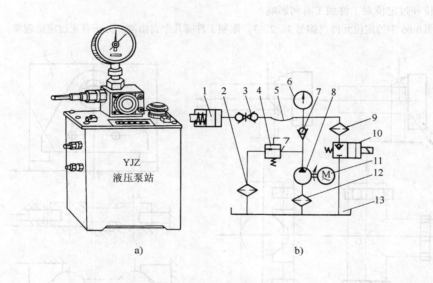

图 6-64　YJZ 型液压泵站

1—液压缸　2、9、12—过滤器　3—快换接头　4—溢流阀　5—高压软管
6—电接点压力表　7—单向阀　8—液压泵　10—电磁卸荷阀　11—电动机　13—油箱

三、气液联合夹紧装置

气液联合夹紧装置集中了气压来源方便、液压工作动作稳定和元件体积小的特点。能量来源是压缩空气，经增压器后，执行机构是液压缸。

如图 6-65 所示，增压器 B 腔内充满油液，并与液压缸接通。压缩空气进入增压器的 A 腔，推动活塞 1 左移，油液受压，产生液压力，推动活塞 2 上移，使工件夹紧。松开工件时，使压缩空气进入 C 腔，则活塞 2 靠弹簧力下移，松开工件。

气液联合夹紧的主要元件是增压器，已标准化、系列化，可根据行程及夹紧力大小进行选择。

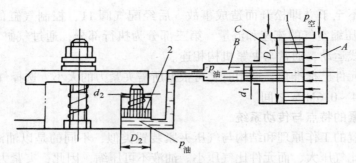

图 6-65　气液联合夹紧原理

复习思考题

1. 机床夹具的功能是什么？

2. 定位与夹紧有何区别？

3. 六点定位规则是什么？什么是完全定位、不完全定位、过定位和欠定位？

4. 欠定位和过定位对工件加工有何影响？

5. 分析图 6-66 中的定位元件（编号 1、2、3）限制工件哪几个自由度？分析有无过定位现象？如何改正？

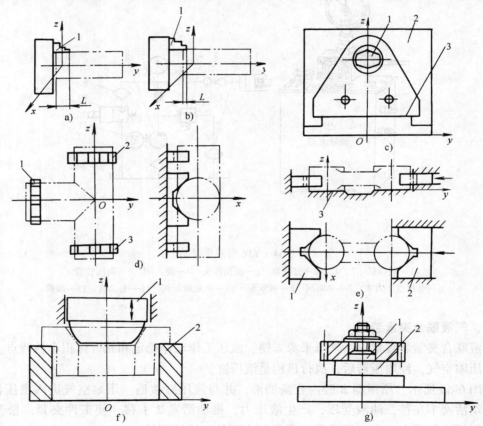

图　6-66

a) 相对夹持长度长　b) 相对夹持长度短　c) 1—菱形销　2—平面支承　3—狭长平面
d) 1、2、3—短 V 形块　e) 1—固定短 V 形块　2—可移动 V 形块　3—平面支承　f) 1—圆
锥插销　2—平面支承　g) 1—短圆栓销　2—平面支承

6. 辅助支承有何作用？试分析如图 6-67 加工梯形工件的 A 面，以已加工表面 B、C 定位，要求保证 A 面与 B 面平行度为 100:0.55 两种定位方案的定位误差。已知 $L = 100\text{mm}$，$h = 15^{+0.5}_0\text{mm}$。

7. 图 6-68 所示工件采用三轴钻及钻模同时加工孔 O_1、O_2、O_3，比较三种定位方案哪种较优？

8. 图 6-69 所示套筒工件上铣键槽，要求保证尺寸 $73^{0}_{-0.2}\text{mm}$ 及对称度 0.02mm，试分析三种定位方案的定位误差，并验证能否保证加工精度（要求定位误差不得大于工件允许误差的 1/2）。

9. 有一批连杆如图 6-70 所示，其端面和 $\phi20^{+0.021}_0\text{mm}$ 及 $\phi10^{+0.025}_0\text{mm}$ 两孔均已加工合格，今采用两孔一面定位方案加工孔 $\phi8^{+0.056}_0$ mm，要求此孔的轴线通过 $\phi20^{+0.021}_0\text{mm}$ 孔的中心，其偏移量不大于 0.16mm，且 $\phi8$mm 孔轴线与两孔连心线成 75°±50′夹角。试确定：

（1）夹具上两定位销中心距尺寸及公差。

（2）圆柱销和菱形销直径尺寸及公差。

（3）若加工孔轴心线与两定位销连心线的夹角误差为 ±10′，此定位方案能否保证本工序的加工精度？

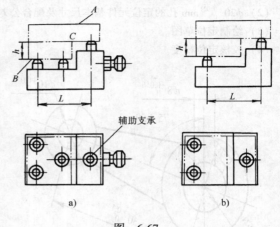

图　6-67

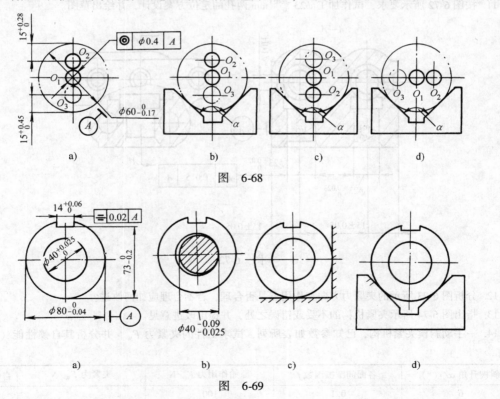

图　6-68

图　6-69

10. 如图 6-71 所示工件，其余表面均已加工合格，今欲加工 A、B 面。以底面 C、侧面 D 和 $\phi20^{+0.021}_0\text{mm}$ 孔作为定位基准。试确定：

（1）$\phi 20^{+0.021}_{0}$ mm 孔的定位元件的结构形式。

（2）$\phi 20^{+0.021}_{0}$ mm 孔的定位元件基本尺寸及配合公差带。

（3）绘制定位草图。

（4）校核定位精度。

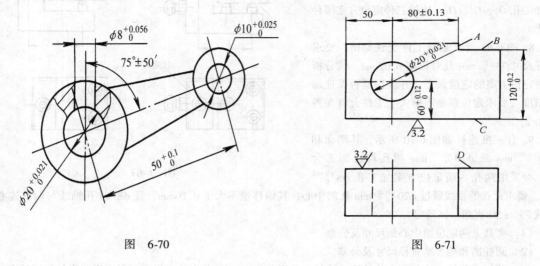

图 6-70 图 6-71

11. 按图 6-72 所示要求，试作加工 $\phi 23^{+0.023}_{0}$ mm 两孔的定位方案设计，并绘出草图。

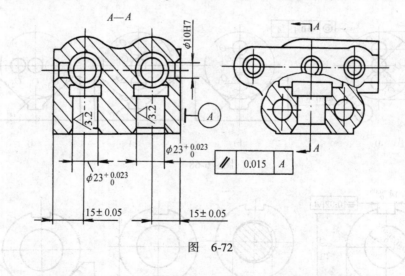

图 6-72

12. 分析图 6-73 所示的夹紧力方向和作用点是否合理，若不合理应如何改进？

13. 指出图 6-74 所示夹紧机构的不妥或错误之处，并提出改进意见。

14. 一手动斜楔夹紧机构，已知参数如表所列，试求工件的夹紧力 F_w，并分析其自锁性能（见图 6-75）。

斜楔升角 $\alpha /$（°）	各面间摩擦因数 f	原始作用力 F_Q/N	夹紧力 F_w/N	自锁性能
6	0.1	100		
8	0.1	100		
15	0.1	100		

233

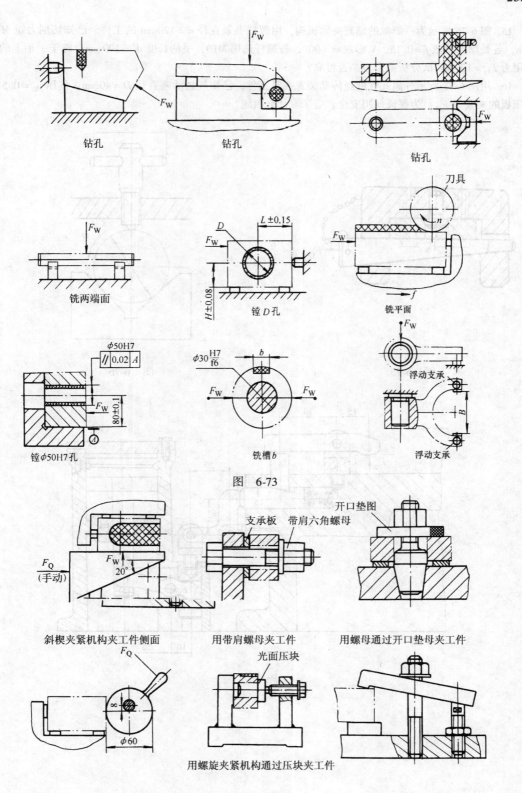

钻孔　　　　　　钻孔　　　　　　　钻孔

铣两端面　　　镗 D 孔　　　　　铣平面

镗 φ50H7孔　　　铣槽 b　　　　浮动支承

图　6-73

斜楔夹紧机构夹工件侧面　　用带肩螺母夹工件　　用螺母通过开口垫母夹工件

用螺旋夹紧机构通过压块夹工件

图　6-74

15. 图 6-76 所示为一简单的螺旋夹紧机构,用螺杆夹紧直径 $d = 120$mm 的工件。已知切削力矩 $M = 7$N $\cdot$ m,各处摩擦因数 $f = 0.15$,V 形块 $\alpha = 90°$,若螺杆选用 M10,手柄长度 $d' = 100$mm,施于手柄上的原始作用力 $F_Q = 100$N,试分析夹紧力是否可靠?

16. 用图 6-77 所示分离式气缸经传动装置夹紧工件,已知气缸活塞直径 $D = 40$mm,气压 $p_0 = 0.5$MPa,求压板的夹紧力 F_W。为保证使用安全,应采取什么措施?

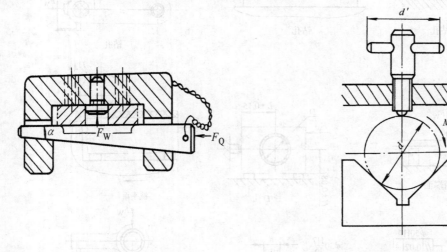

图 6-75   图 6-76

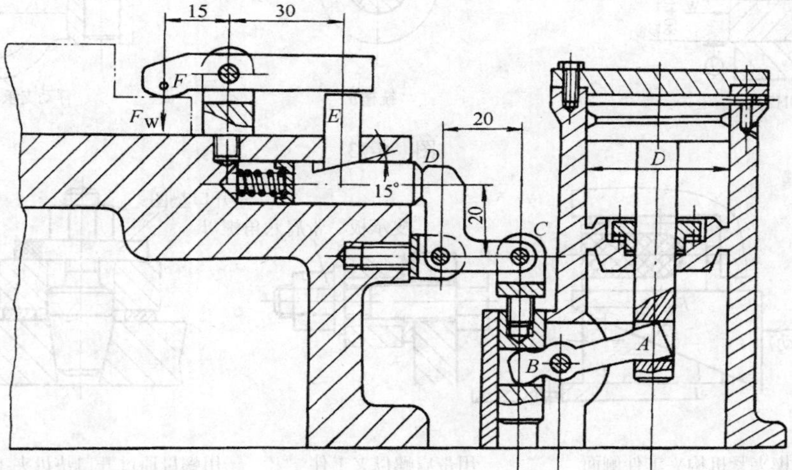

图 6-77

第七章 典型机床夹具

机床夹具有通用与专用两类。通用夹具作为机床附件已标准化、系列化，适合于工件形状比较规则的单一、小批量零件的装夹。例如，三爪自定心卡盘、机床用平口虎钳等。而专用夹具，是按工件的加工需要，专门设计的夹具以满足零件加工精度及批量生产的要求。本章主要介绍典型机床专用夹具。由于各类机床的加工工艺不同，夹具与机床的连接方式不同，各种夹具的结构与技术要求方面有不同的特点。下面，结合实例对几类典型机床夹具予以分析，以便了解和掌握机床夹具的结构特点与设计要点。

第一节 车 床 夹 具

车床主要用于加工零件的内外圆的回转成形面、螺纹以及端面等。一些已标准化的车床夹具，如三爪自定心卡盘、四爪单动卡盘、顶尖、夹头等都作为机床附件提供，保证一些小批量的形状规则的零件加工要求。而对一些特殊零件的加工，还需设计、制造车床专用夹具来满足加工工艺要求。车床专用夹具可分为两类：一类是装夹在车床主轴上的夹具，使工件随夹具与车床主轴一起作旋转运动，刀具作直线切削运动；另一类是装夹在床鞍上或床身上的夹具，使某些形状不规则和尺寸较大的工件随夹具安装在床鞍上作直线运动，刀具则安装在主轴上做旋转运动完成切削加工，生产中常用此方法，扩大车床的加工工艺范围，使车床作镗床之用。

在实际生产中，需要设计且用得较多的是第一类专用夹具，故就该类夹具的结构及设计要点进行分析。

一、车床夹具的典型结构

（1）心轴类车床夹具 心轴类车床夹具多用于以内孔作为定位基准，加工外圆柱面的情况。常见的心轴有圆柱心轴、弹簧心轴、顶尖心轴等。

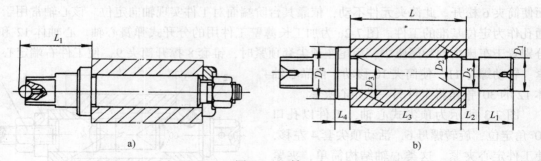

图 7-1 心轴

图 7-1 为圆柱心轴。图 7-1a 为间隙配合心轴，心轴的工作部分按 h6、g6 或 f7 制造，工件装卸方便，但定心精度不高。一般以孔和端面联合定位，轴向尺寸可用钢球测量。图 7-1b 为过盈配合心轴，导向部分 L_1 的直径 D_1 的基本尺寸为工件定位孔的最小极限尺寸，按 f6

制造。定位部分 L_3 的直径 D_2 按两种情况制造：当心轴与工件的配合长度小于孔径时，按过盈配合 r6 制造；当大于孔径时，应做成锥形，前端按间隙配合 h6，后端按过盈配合 r6 制造。这种心轴定心准确，但装卸不方便，且易损伤工件的定位孔。一般用于定心精度要求较高的场合。这类心轴直径在定心夹紧时不能改变，又称"刚性心轴"。

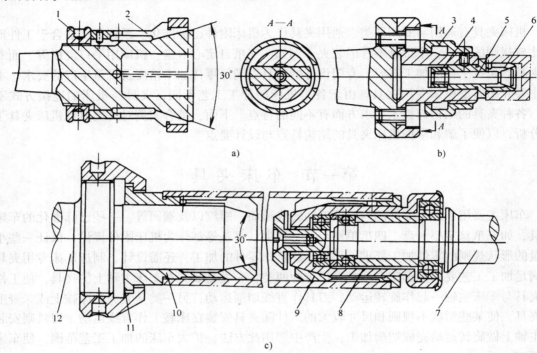

图 7-2　弹簧心轴

a) 前推式弹簧心轴　b) 不动式弹簧心轴　c) 分开式弹簧心轴

1、3、11—螺母　2、6、9、10—筒夹　4—滑条　5—拉杆　7、12—心轴体　8—锥套

图 7-2 为弹簧心轴。图 7-2a 为前推式弹簧心轴。转动螺母 1，弹簧筒夹 2 前移，使工件定心夹紧。这种结构工件不能进行轴向定位。图 7-2b 为带强制退出的不动式弹簧心轴。转动螺母 3，推动滑条 4 后移，使锥形拉杆 5 移动而将工件定心夹紧。反转螺母，滑条前移，而使筒夹 6 松开。此筒夹元件不动，依靠其台阶端面对工件实现轴向定位。该心轴常用于不通孔作为定位基准的工件。图 7-2c 为加工长薄壁工件用的分开式弹簧心轴。心轴体 12 和 7 分别置于车床主轴和尾座中，用尾座顶尖套顶紧时，锥套 8 撑开筒夹 9，使工件右端定心夹紧。转动螺母 11，使筒夹 10 移动，依靠心轴体 12 的 30°锥角将工件另一端定心夹紧。

图 7-3 所示为顶尖式心轴，工件以孔口 60°角定位，旋转螺母 6，活动顶尖套 4 左移，使工件定心夹紧。这类心轴结构简单，夹紧可靠，操作方便，适合于加工内外孔无同轴度要求，或只需加工外圆的套筒类零件。

下面举例说明心轴夹具的应用。

图 7-4 所示为飞球保持架的工序图。本工序

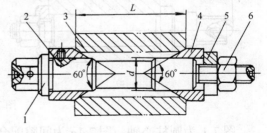

图 7-3　顶尖式心轴

1—心轴　2—固定顶尖套　3—工件　4—活动顶尖套
5—快换垫圈　6—螺母

的加工要求是车外圆 $\phi 92_{-0.5}^{\ 0}$ mm 及两端面倒角 $C0.5$。加工此零件，可用圆柱心轴间隙配合。心轴上装定位键 3，限制周向旋转，以 $\phi 33$mm 孔及槽的侧面，以及外圆的一端面作为定位基准。多件套在心轴上，每隔一件装一垫套，以便加工倒角。通过快换垫圈及压板将工件定心夹紧。

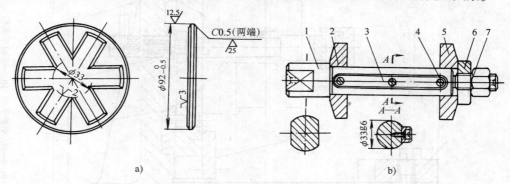

a) b)

图 7-4 飞球保持架工序图及其心轴

1—心轴 2、5—压板 3—定位键 4—螺钉 6—快换垫圈 7—螺母

（2）角铁式车床夹具 在车床上加工壳体、支座、杠杆等外形比较复杂不规则的零件上的圆柱孔或端面时，常需要在车床上设计类似于角铁的夹具体来完成车削加工。

如图 7-5 所示为开合螺母车削工序图。工件的燕尾面和 $2 \times \phi 12_{\ 0}^{+0.019}$ mm 孔已加工，两孔距离为 38mm ± 0.1mm，$\phi 40_{\ 0}^{+0.027}$ mm 孔已粗加工。本工序为精镗 $\phi 40_{\ 0}^{+0.027}$ mm 孔及车端面。加工要求是：$\phi 40_{\ 0}^{+0.027}$ mm 孔轴线至燕尾底面 C 的距离为 45mm ± 0.05mm，$\phi 40_{\ 0}^{+0.027}$ mm 孔轴线与 C 面平行度为 0.05mm，加工孔轴线与 $\phi 12_{\ 0}^{+0.019}$ mm 孔的距离为 8mm ± 0.05mm。

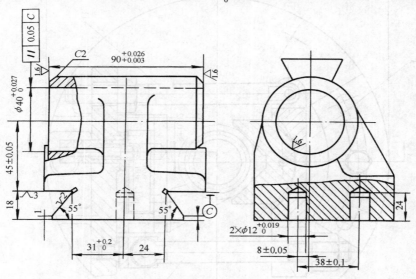

图 7-5 开合螺母车削工序图

图 7-6 所示为加工开合螺母上 $\phi 40_{\ 0}^{+0.027}$ mm 孔及端面的专用车床夹具。工件用燕尾面 B 在固定支承板 8 及活动支承板 10 上定位（两板高度相等），可限制工件五个自由度；同时满足基准重合原则。用 $\phi 12_{\ 0}^{+0.019}$ mm 孔与活动菱形销 9 配合，限制一个自由度，菱形销做成可伸缩的，便于工件的装卸。采用带摆动 V 形块的回转式螺旋压板机构夹紧工件使夹紧力均匀。

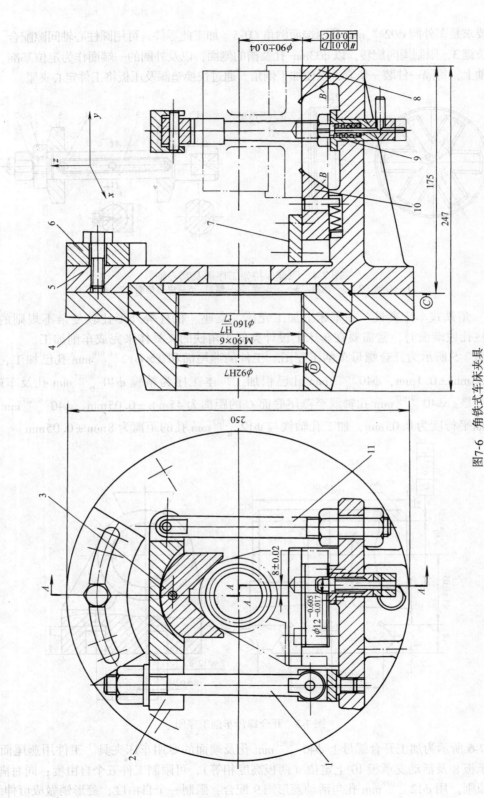

图7-6 角铁式车床夹具

1、11—螺栓 2—压板 3—浮动V形块 4—过渡盘 5—夹具体 6—平衡块 7—盖块 8—固定支承板 9—活动支承板 10—活动菱形销

二、夹具与机床主轴的连接

车床夹具与机床主轴的连接精度对夹具回转精度有决定性影响。因此，要求夹具的回转轴线与主轴轴线有尽可能高的同轴度。

心轴类车床夹具，一般以莫氏锥柄与主轴锥孔配合连接，用螺杆拉紧心轴。这种连接方式，定心精度较高。

其他类车床夹具，当夹具体外径 $D<140$mm 或 $D<(2\sim3)d$（d 为主轴内孔直径）的小型车夹具，可在夹具体上设计锥柄安装在主轴内锥孔中。若 $D>140$mm 的大型车夹具，一般用过渡盘安装在主轴头部。过渡盘与主轴配合处的形状取决于主轴前端的结构。如图 7-7 所示为几种采用过渡盘与车床主轴轴颈连接方式。图 7-7a 为锥柄联接。图 7-7b 为主轴前端圆柱与过渡盘圆孔按 H7/h6 或 H7/js6 相配合，用螺纹与主轴连接。专用夹具则以其定位止口按 H7/h6 或 H7/js6 装配在过渡盘的凸缘上，用螺钉紧固。图 7-7c 为主轴前端有较长锥面，过渡盘可在其长锥面上配合定心，用活套把主轴上的螺母 3 锁紧，由键传递转矩。这种方式定心精度较高，但过渡盘与主轴端要求紧贴，制造上较困难。图 7-7d 是以主轴前端短锥面与过渡盘连接，用螺钉均匀拧紧后，保证端面与锥面全部接触，使定心准确，联接刚性较好。

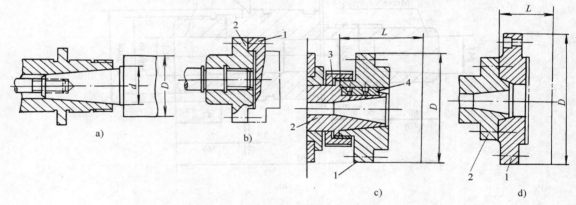

图 7-7　车床夹具与机床主轴的联接方式

1—过渡盘　2—主轴　3—螺母　4—键

几种车床主轴前端的形状及尺寸参见图 7-8。

三、车床夹具设计要点

1）结构紧凑，轮廓尺寸尽可能小，重量轻。因为车床夹具是随主轴一起回转的，重心尽可能靠近回转轴线，以减少惯性力和回转力矩。夹具悬伸长度 L 与夹具体外径 D 之比应参照下列数值选取。当 $D\leqslant150$mm 时，取 $L/D\leqslant1.25$；当 150mm$<D\leqslant300$mm 时，取 $L/D\leqslant0.9$；当 $D>300$mm 时，取 $L/D\leqslant0.60$。

2）应有平衡措施，以消除回转不平衡产生的振动现象。常采用配重法来达到车床夹具的静平衡。在平衡配重块上应开有弧形槽，以便调整至最佳平衡位置后用螺钉固定（如图 7-6 所示）；也可采用在夹具体上加工减重孔来达到平衡。

3）夹紧机构应安全耐用。夹紧点尽可能选在工件直径最大处，夹紧力足够大，在切削过程中，不至于在离心力和惯性力作用下使夹紧松动。（标准三爪自定心卡盘，当转速在 $1500\sim2000$r/min 时，卡爪由于离心力作用，夹紧力下降 15%～20%，当转速为 6300r/min，夹紧力几乎降到零。

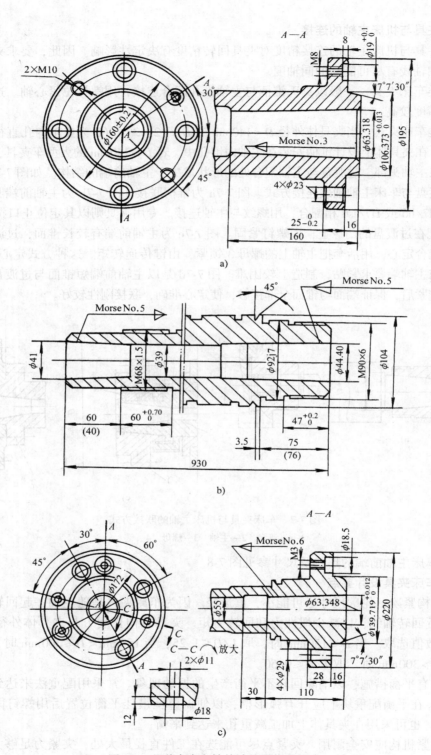

图 7-8 几种车床主轴前端的形状及尺寸

a) CA6140、CA6240、CA6250 车床主轴尺寸 b) C620-1、C620-3 车床主轴尺寸

c) C6150 车床主轴尺寸

夹具上尽可能避免带有尖角或凸出部分。

4）夹具与机床的联接。要准确、可靠，避免安装引起的加工误差。

第二节　铣床夹具

铣床主要用于加工零件的平面、沟槽、凹槽、花键以及成型面等。铣削加工时，切削力较大，又是断续切削，振动较大，因此铣床夹具的夹紧力要求较大，夹具刚度、强度要求都比较高。铣床夹具均安装在铣床工作台上，随机床工作台作进给运动。铣床夹具的结构在很大程度上取决于工件进给方式。铣床夹具可分为直线进给式、圆周进给式以及靠模铣床夹具三类。其中，直线进给式铣床夹具用得最多。

铣削加工的生产率较高（切削时间短），设计夹具时要考虑如何快速地装夹工件以缩短辅助时间，同时夹具上还应设置确定刀具位置及方向的元件，以便迅速地调整好夹具、机床、刀具的相对位置。

一、铣床夹具的典型结构

（1）直线进给式铣床夹具　这类夹具安装在铣床工作台上，随工作台一起作直线进给运动。按照在夹具中同时安装工件的数目，又可分为单件加工和多件加工的铣床夹具。图7-9 所示为单件加工铣床夹具。本工序是在圆柱形工件的一个端面铣槽。工件以外圆柱为定位基准，在 V 形块中定位，限制四个自由度。转动手柄带动偏心轮 3 回转，使滑动 V 形块移动夹紧或松开工件。夹具体底部定位键 6 与工作台上的 T 形槽配合，以确定夹具与机床的相互位置，用螺栓在耳座上与机床工作台固定。对刀块 4 确定刀具与工件的位置及方向。

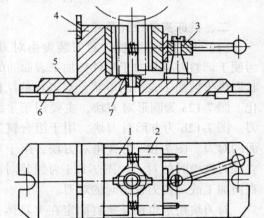

图 7-9　铣床夹具结构图

1、2—V 形块　3—偏心轮　4—对刀块
5—夹具体　6—定位键　7—支承套

（2）带料框的铣床夹具　图 7-10 所示为带料框的铣床夹具。工件先装在图 7-10b 的料框里。圆柱销 11 和菱形销 10 及端面使工件在料框中定位，然后再装入夹具上，用料框上的圆柱销 12、14，菱形销 10、15 在夹具上的定位孔 4、6 及定位槽口 8、9 中定位，用螺母 1 通过压板 2、压块 3 进行夹紧。

这种带料框的铣床夹具，可使装卸工件的部分辅助时间与切削时间基本重合，从而提高生产效率。一个夹具可以有几个料框，一般用于成批生产的小零件上。

当工件较大时，可采用多工位夹具，即一个工件切削加工时，另一工件可装卸的夹具，使辅助时间与切削时间相重合。

（3）圆周进给式铣床夹具　一般都用于立式圆工作台铣床上，或在通用铣床上增加一个回转工作台，夹具装在回转工作台上工作。这种夹具一般采用多件多工位加工方式。

图 7-11 所示为在立式双头回转铣床上加工柴油机连杆端面的情况。夹具沿圆周排列紧凑，铣刀的空行程缩短到最低限度，两个主轴顺次进行粗、精铣。

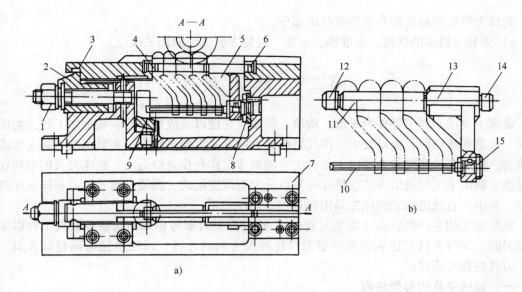

图 7-10　带装料框的铣床夹具

1—螺母　2—压板　3—压块　4、6—定位孔　5—装料框　7—夹具体　8、9—定位槽口
10、15—菱形销　11、12、14—圆柱销　13—支架

二、铣床夹具设计要点

（1）具有对刀装置　对刀装置由对刀块和塞尺组成。铣削加工一般多采用定距切削，为便于调整刀具相对于工件被加工表面间的位置，夹具上通常设置对刀块。对刀块的结构形状取决于被加工表面的形状。对刀块的结构形式已标准化。图 7-12a 为圆形对刀块，主要用于平面加工时的对刀。图 7-12b 为方形对刀块，用于组合铣刀加工成形表面的对刀。图 7-12c 为直角对刀块，用于垂直面加工或立铣刀铣槽时的对刀。图 7-12d 为侧装对刀块，用于垂直面加工或卧铣刀铣槽时的对刀。

对刀块用定位销及螺钉固定在夹具体上，对刀块的工作面距工件被加工表面有一定的距离，在确定刀具位置时，用塞尺放在刀具与对刀块工作面之间，当塞尺刚能通过两者间隙时，就认为刀具位置已调整好。此后的整个加工过程中，这个校正好的距离不再改变。这种方法的优点是简单、方便，避免刀具与对刀块工作面的直接碰撞而损坏刀具。缺点是存在对刀误差。图 7-13 所示为常用标准对刀塞尺结构，厚度 H 为 $1 \sim 5\text{mm}$，直径 d 为 $\phi3$ 或 $\phi5\text{mm}$，按 h6 公差制造。

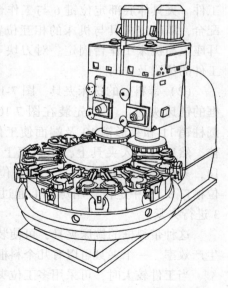

图 7-11　立式双头回转铣床

对刀块的对刀误差是不可避免的，由塞尺制造公差、对刀块位置尺寸公差、调整时人为误差组成了对刀误差。因此，当对刀调整要求较高时，一般不用对刀块，而采用试切法或采用百分表校正定位元件相对刀具位置来保证加工精度。

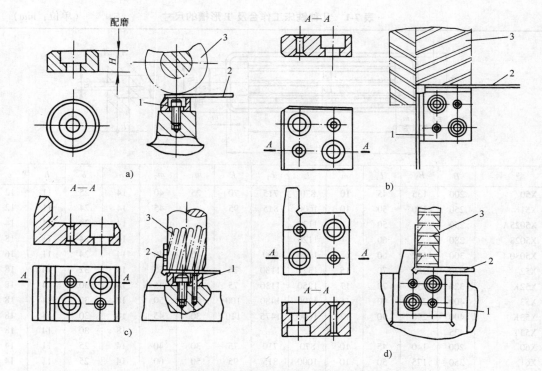

图 7-12 标准对刀块及对刀装置
a) 圆形对刀块 JB/T 8031.1—1995 b) 方形对刀块 JB/T 8031.2—1995
c) 直角对刀块 JB/T 8031.3—1995 d) 侧装对刀块 JB/T 8031.4—1995
1—对刀块 2—对刀塞尺 3—铣刀

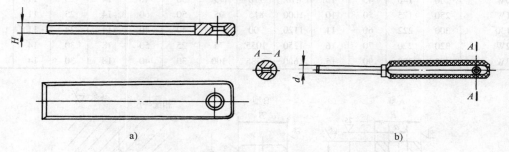

图 7-13 标准对刀塞尺
a) 对刀平塞尺 JB/T 8032.1—1995 b) 对刀圆塞尺 JB/T 8032.2—1995

(2) 具有定位键 铣床夹具在铣床工作台上的安装位置,直接影响被加工表面的位置精度,所以在设计时就必须考虑其安装方法。一般在夹具底座下面装两个定位键或定向键,用沉头开槽螺钉固定在夹具上,使夹具在机床工作台上有一个正确的位置。定位键还能承受铣削时产生的切削扭矩,减轻夹具固定螺栓的负荷,加强夹具在加工过程中的稳固性。定位键与定向键的结构尺寸已标准化,应按铣床工作台的 T 型槽尺寸选定。几种铣床 T 型槽尺寸可参见表 7-1。

图 7-14 所示为标准的定位键结构。A 型定位键,用于夹具底座槽宽与工作台 T 形槽宽尺寸一致的场合下。B 型定位键两槽宽不一致,留有 0.5mm 磨量,供装配时按 T 型槽实际尺寸配作。两个定位键间距尽可能最大,安装时尽量使键靠向 T 型槽的一侧,避免间隙的影响。

表 7-1　几种铣床工作台及 T 形槽的尺寸　　　　　　　（单位：mm）

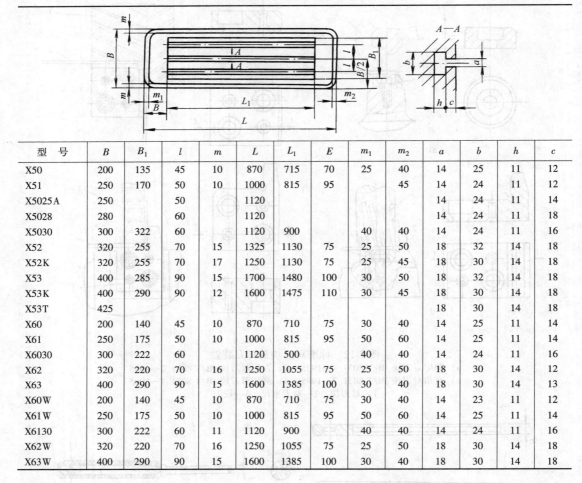

型　号	B	B_1	l	m	L	L_1	E	m_1	m_2	a	b	h	c
X50	200	135	45	10	870	715	70	25	40	14	25	11	12
X51	250	170	50	10	1000	815	95		45	14	24	11	12
X5025A	250		50		1120					14	24	11	14
X5028	280		60		1120					14	24	11	18
X5030	300	322	60		1120	900		40	40	14	24	11	16
X52	320	255	70	15	1325	1130	75	25	50	18	32	14	18
X52K	320	255	70	17	1250	1130	75	25	45	18	30	14	18
X53	400	285	90	15	1700	1480	100	30	50	18	32	14	18
X53K	400	290	90	12	1600	1475	110	30	45	18	30	14	18
X53T	425									18	30	14	18
X60	200	140	45	10	870	710	75	30	40	14	25	11	14
X61	250	175	50	10	1000	815	95	50	60	14	25	11	14
X6030	300	222	60		1120	500		40	40	14	24	11	16
X62	320	220	70	16	1250	1055	75	25	50	18	30	14	12
X63	400	290	90	15	1600	1385	100	30	40	18	30	14	13
X60W	200	140	45	10	870	710	75	30	40	14	23	11	12
X61W	250	175	50	10	1000	815	95	50	60	14	25	11	14
X6130	300	222	60	11	1120	900		40	40	14	24	11	16
X62W	320	220	70	16	1250	1055	75	25	50	18	30	14	18
X63W	400	290	90	15	1600	1385	100	30	40	18	30	14	18

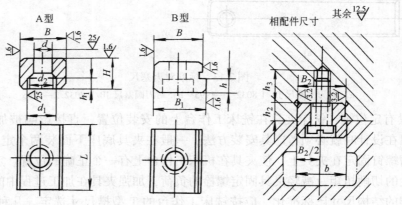

图 7-14　定位键 JB/T 8016—1995

　　对于安装要求高的夹具，可以不设定位键而在夹具体侧面加工一窄长平面。作为夹具安装时的找正基面，通过找正使夹具获得较高的安装精度。

　　（3）夹具要有足够的强度和刚性　可通过加厚夹具体或设置加强肋等办法达到。

（4）为便于夹具在工作台上固定，夹具体上设置耳座　常见耳座如图 7-15 所示，当夹具比较大时，还必须考虑设置吊装孔或吊环，便于搬运。

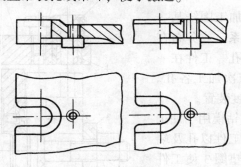

图 7-15　铣床夹具体的耳座

第三节　钻床夹具

钻床夹具用于在各种钻床上对工件进行钻、扩、铰孔和攻螺纹等，简称钻模。它的主要作用是保证被加工孔的位置精度，而孔的尺寸精度由刀具本身精度保证。

一、钻床夹具的主要类型及典型结构

钻床夹具的种类较多，按结构类型可分为固定式、回转式、移动式、翻转式、盖板式等。

1. 固定式钻模

这类钻床夹具是指工件在加工过程中，夹具和工件在机床上的位置固定不变。常用于立式钻床上加工较大单孔或在摇臂钻床上加工平行孔系。

安装这类夹具时，一般应先将装在主轴上的定尺寸刀具（或心轴）伸入钻套中以确定夹具安装位置，然后再用螺栓将夹具固定。此种加工方式的钻孔精度较高，但效率较低。

图 7-16 所示为固定式钻模加工套筒工件上的 $\phi16H8$ 径向孔。技术要求：保证被加工孔的轴线与工件内孔的轴线相交并垂直，且与大端凸缘面上的小孔 $\phi12$ 错开 180°。此夹具以工件大端凸缘面为定位基准，在夹具的垂直平面上定位，限制三个自由度；工件内孔在短圆柱销上定位，限制二个自由度；工件 $\phi12$ 小孔在菱形销上定位，限制一个自由度，并保证两孔错开 180°（两孔一面定位）。拧紧螺母 3，通过快换垫圈 4 可夹紧工件。装有钻套的钻

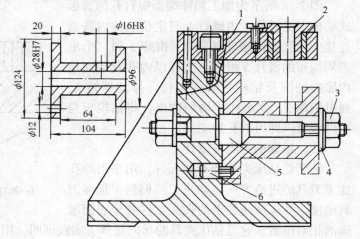

图 7-16　固定式钻模

1—钻模板　2—钻套　3—螺母　4—快换垫圈
5—圆柱销　6—菱形销

模板用两个销及四个螺钉固定在夹具体上。钻套2引导钻头垂直方向进给并保证钻孔位置。

2. 回转式钻模

回转式钻模主要用于加工围绕某一轴线分布的轴向或径向孔系，或分布在工件上几个不同表面上的孔。工件在一次装夹后，靠钻模回转依次加工各孔。因此，这类钻模必须有分度装置。

图7-17所示为回转式钻模用于加工工件上均布的径向孔系。工件以孔及端面定位，用螺母2及快换垫圈3使工件装夹在分度盘13上。钻完一个径向孔后，松开手柄9，通过把手11拉出对定销12，即可转动分度盘，进入另一位置，插入对定销，拧紧手柄9，锁住分度盘，进行另一孔的加工。回转式钻模一般可用标准化的回转工作台和专用夹具组合使用形式，这样当同一批工件加工完后，只需更换专用夹具，又可供另一种工件加工使用。

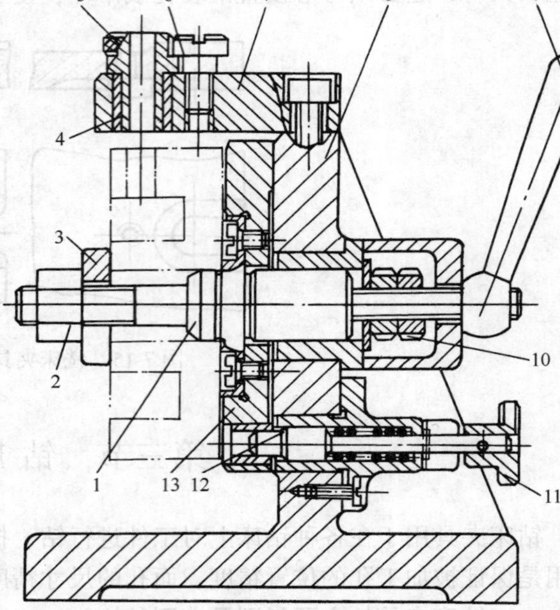

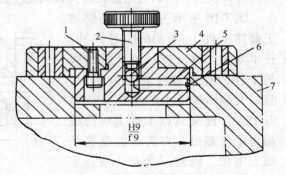

图7-17　专用回转式钻模
1—圆柱销　2、10—螺母　3—快换垫圈　4—衬套　5—钻套
6—螺钉　7—钻模板　8—夹具体　9—手柄
11—把手　12—对定销　13—分度盘

3. 盖板式钻模

盖板式钻模是最简单的一种钻模，它没有夹具体，只有一块钻模板。钻模板上除了装钻套外，还装有定位元件和夹紧装置，加工时，将它盖在工件上定位夹紧即可。这类夹具一般用于加工大型零件上的小孔。由于每次加工完毕后，夹具必须重新安装，所以这类夹具结构要简单、轻巧、重量不能超过10kg。生产效率较低，不适宜大批量生产。

图7-18所示为加工箱体端面螺钉孔的盖板式钻模。钻模板4由螺钉1与定位组件内胀器连接。内胀器由滚花螺钉2、钢球3和三个沿圆周均布的滑柱5组成。工件以内孔及端面与内胀器外圆及钻模板端面定位。拧动螺钉2，通过钢球3，使滑柱5均匀伸出，将钻模板与工件胀紧，即可对孔加工。

图7-18　盖板式钻模
1—螺钉　2—滚花螺钉　3—钢球　4—钻模板
5—滑柱　6—锁圈　7—工件

二、钻套的种类与设计

钻套是钻床夹具特有的元件，用来引导孔加工刀具的进给方向，防止刀具偏斜，加强刀具刚度，并保证所加工的孔和工件其他表面准确的相对位置。它是钻床夹具的导向元件，实践证明，用钻套比不用钻套可以平均减少孔径误差50%。因此，钻套的选用及设计是否正确，影响工件的加工质量，也影响生产率。

钻套的结构、尺寸已标准化，根据设计要求可查机械部推荐标准 JB/T 8045.1—1995 ~ JB/T 8045.5—1995，若不符要求，可修配。

1. 钻套类型

钻套按其结构和使用特点可分为四种类型。

（1）回转钻套　如图 7-19 所示。钻套外圆以 H7/r6 或 H7/n6 与夹具的钻模板配合。图 7-19a 为无肩固定钻套，制造方便。图 7-19b 为带肩固定钻套，钻套端面可用作刀具进刀时的定程挡块。这类钻套的定位精度高，但磨损后必须压出钻套，重新修整孔座，再配换新钻套，比较麻烦。因此适合于中小批量生产的钻夹具中。

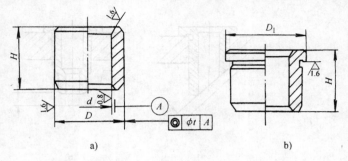

（2）可换钻套　如图 7-20 所示。钻套外圆 D 用 H6/g5 或 H7/g6 的配合装入衬套内，用钻套螺钉固定，以防止工作时钻套与衬套间的转动。衬套与钻模板之间按 H7/r6 配合。钻套磨损后，只需卸下钻套螺钉更换新钻套即可。适合同一孔径的大批大量生产场合。

图 7-19　固定钻套 JB/T 8045.1—1995

a）A 型　b）B 型

（3）快换钻套　如图 7-21 所示。钻套在其凸缘上除有供钻套螺钉压紧的台肩外，还有一个削平平面。当需更换钻套时，不需拧下钻套螺钉，而只要将快换钻套转过一角度，使削平平面正对着钻套螺钉头部，即可取出钻套。这种钻套适合对同一孔的多道工序加工，例如，先钻、再扩、再铰时，可采用不同钻套，在工件一次装夹中完成多道工序加工。

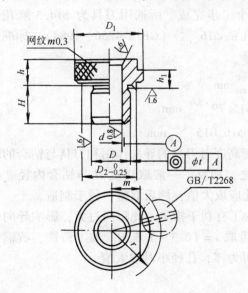

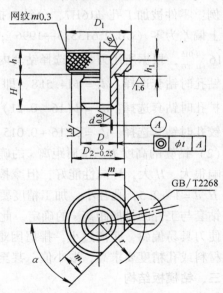

图 7-20　可换钻套 JB/T 8045.2—1995　　　　图 7-21　快换钻套 JB/T 8045.3—1995

（4）特殊钻套　由于工件结构、形状和被加工孔的位置特殊，标准钻套不能满足使用要求时，则可设计特殊结构的钻套。图 7-22 所示为几种特殊结构的钻套。图 7-22a 为在斜面上钻孔的钻套。图 7-22b 为凹面中钻孔的钻套，钻模板无法接近加工表面，采用加长钻套，上下部的孔径不一，以减少刀具与钻套的接触长度。图 7-22c 为一个钻套中有两个导向孔。当孔距很接近时，可采用此结构。

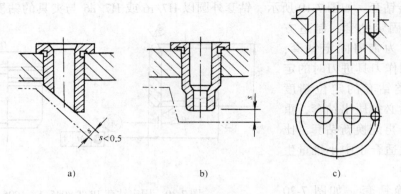

图 7-22　特殊钻套

2. 钻套设计要点

钻套是根据加工要求确定参数后选择合适的标准件，因此设计就是确定参数。

（1）钻套内孔直径的选择　钻套内径基本尺寸 d 应是所用刀具的最大极限尺寸；钻套与刀具是间隙配合，一般应根据被加工孔的尺寸精度和选用刀具确定钻套内孔 d 的公差。一般以基轴制选择。当钻孔、扩孔或粗铰孔时（即孔精度 > IT8），d 的公差按 F8 或 G7 选择制造。精铰孔时（即孔精度 < IT8）按 F7、G6 制造。当钻套作为引导刀具导柱部分时，则可按基孔制选取刀具与钻套配合，如 H7/f7、H7/g6、H6/g5 等。

例：零件被加工孔 $\phi 16$H7，分钻、扩、铰三个工步完成。所选用刀具为 $\phi 14.5$ 麻花钻头，上偏差为零（GB/T 6135.3—1996）；1 号扩孔钻 $\phi 16^{\ 0}_{-0.21}$（GB/T 4256—1984）；标准铰刀 $\phi 16^{+0.015}_{+0.007}$，根据所用刀具，选择钻套内径及公差。

钻孔时钻套选择：$d_1 = \phi 14.5$F8，即 $\phi 14.5^{+0.04}_{+0.016}$mm。

扩孔时钻套选择：$d_2 = \phi(16 - 0.21)$F8，即 $\phi 15.79^{+0.04}_{+0.016}$mm。

铰孔时钻套选择：$d_3 = \phi(16 + 0.015)$G7，即 $\phi 16.015^{+0.025}_{+0.006}$mm。

（2）钻套的高度 H、排屑距离 s 的确定　钻套高度对刀具的导向作用和刀具与钻套的摩擦影响很大。H 大，导向性能好，但摩擦大；反之，相反。一般取高度 H 与钻套内径 d 之比为 $H/d = 1 \sim 2.5$，孔径小，加工精度要求高的孔应取大值，然后取整，便于制造。

钻套与工件的排屑距离 s 的确定。此距离是为了有利于排屑。此距离过大，影响导向作用，使刀具易偏斜，距离过小，排屑困难。一般可取 $s = (0.3 \sim 1.5)d$。加工铸铁、黄铜等脆性材料或孔精度要求高，取小值，甚至此距离可为零；孔径小时取大值。

三、钻模板结构

钻模板用于安装钻套，并保证钻套在钻模上的正确位置。常见的钻模板有如下几种结构。

1. 固定式钻模板

如图 7-23 所示，把固定在夹具体上的钻模板称为固定式钻模板。图 7-23a 为钻模板与夹具体采用整体的铸造结构。图 7-23b 为焊接结构。图 7-23c 是用螺钉和销钉连接的钻模板，这种钻模板可在装配时调整位置，因而使用较广泛。固定式钻模板结构简单，保证孔加工的位置精度，但可能妨碍工件的装卸和排屑不方便，适合于中小批量的生产中。

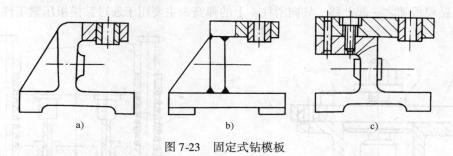

图 7-23　固定式钻模板

2. 铰链式钻模板

当钻模板妨碍工件装卸时，可采用如图 7-24 所示铰链式钻模板，铰链轴与铰链孔的配合一般取 G7/h6 间隙配合，与铰链座的轴孔采用 N7/h6 的过盈配合。钻模板与铰链座的侧隙控制在 H8/g7（约 0.02mm）左右。钻套的导向孔与工件的垂直度由调整垫片或修磨支承钉高度予以保证。由于存在配合间隙，所以此结构加工孔的位置精度不如固定式，但装卸工件方便，特别是当钻孔后还需进行锪平面、攻螺纹等其他加工时更为方便。

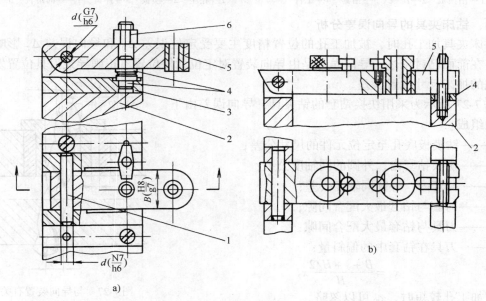

图 7-24　铰链式钻模板

1—铰链销　2—夹具体　3—铰链座　4—支承钉、垫片　5—钻模板　6—菱形螺母

3. 分离式钻模板

钻模板与夹具体分离，钻模板在工件上定位，并与工件一起装卸，如图 7-25 所示。这类结构加工的工件精度高，但工效低，费时费力。

4. 悬挂式钻模板

在立式钻床或组合机床上用多轴传动头加工平行孔系时，钻模板连接在机床主轴的传动箱上，随机床主轴上下移动靠近或离开工件，这种结构简称为悬挂式钻模板。如图 7-26 所示，钻模板 2 的位置由导向滑柱 4 来确定，并悬挂在滑柱 4 上。通过弹簧 3 和横梁 5 与机床主轴箱联接。当主轴下移时，钻模板沿着导向滑柱 4 一起下移，刀具顺着导向套加工。加工完毕后，主轴上移，钻模板随之一起上移，导向滑柱 4 上的弹簧 3 主要用于通过钻模板压紧工件。

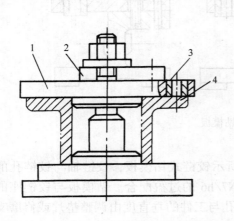

图 7-25 分离式钻模板

1—钻模板 2—压板 3—钻套 4—工件

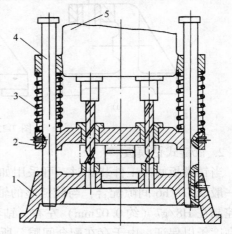

图 7-26 悬挂式钻模板

1—底座 2—模板 3—弹簧 4—导向滑柱 5—横梁

四、钻床夹具的导向误差分析

钻床夹具加工孔时，被加工孔的位置精度主要受定位误差 Δ_D 和导向误差 Δ_T 影响。定位误差在前面已讨论过，导向误差是由导向装置对定位元件位置不正确导致刀具位置发生变化造成的加工尺寸位置误差。

图 7-27 所示为采用快换钻套的钻夹具，导向误差由下列因素组成：

δ_l——钻模板底孔至定位元件的尺寸公差；

e_1——快换钻套内、外圆的同轴度公差；

e_2——衬套内、外圆同轴度公差；

x_1——衬套与钻套最大配合间隙；

x_2——刀具与钻套最大配合间隙；

x_3——刀具在钻套中的偏斜量；

$$x_3 = \frac{B + s + H/2}{H} x_2$$

当加工孔较短时，x_3 可以忽略。

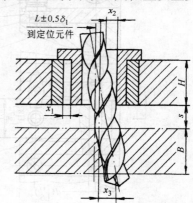

图 7-27 与导向装置有关的加工误差

综合各项误差，不可能同时出现最大值，故对这些随机性变量按概率法合成，

则：

$$\Delta_T = \sqrt{\delta_l^2 + e_1^2 + e_2^2 + x_1^2 + (2x_3)^2}$$

$\Delta_T + \Delta_D <$ 工件允许的误差。以上各项误差对夹具设计、安装都有一定的要求才能满足不超差。

第四节 组 合 夹 具

组合夹具是机床夹具中一种标准化、通用化程度很高的新型工艺装备。它由一套预先制造好的各种不同几何形状、不同尺寸规格、有完全互换性和高耐磨性的标准元件及合件组成。

使用时可根据不同工件的加工要求，采用组合方式，把标准元件和合件选择后组装成所需夹具。使用完后，可以拆散、清洗、油封后归档保存，待需要时再重新组装。因此，组合夹具是把专用夹具从设计、制造、使用、报废的单向过程改变为设计、组装、使用、拆散、再组装、再使用……的循环过程。组合夹具的元件一般使用寿命 15～20 年，所以选用得当，可成为一种很经济的夹具。

一、组合夹具的特点

与专用夹具相比具有如下特点：

（1）万能性好，适用范围广 组合夹具装夹工件的外形尺寸范围为 20～600mm，对工件形状复杂程度可不受限制。

（2）可大幅度缩短生产准备周期 通常一套中等复杂程度的夹具，从设计到制造约需一个月时间，而组装一套同等复杂程度的组合夹具，仅需几个小时。在新产品试制过程中，组合夹具有明显的优越性。

（3）降低夹具的成本 由于组合夹具的元件可重复使用，而且没有（或极少有）机械加工问题，可节省夹具制造的材料、设备、资金，从而降低夹具制造成本。

（4）组合夹具便于保存管理 组合夹具的元件可按用途编号存放，所占的库房面积为一定值。而专用夹具按产品保存，随着产品不断改型，夹具数量也就越多，若不及时处理，所占库房面积随之扩大。

（5）刚性差 组合夹具外形尺寸较大，结构笨重，各元件配合及连接较多，因此刚性较差。

二、槽系组合夹具

组合夹具根据联接组装基面形状可分为槽系和孔系两大类。槽系组合夹具的组装基面为 T 形槽，夹具元件由键、螺栓等定位，紧固在 T 形槽内。根据 T 形槽的槽距、槽宽、螺栓直径有大、中、小型三种系列，以适应不同尺寸的工件。孔系组合夹具的组装基面为圆形孔和螺孔，夹具元件的联接通常用两个圆柱销定位，螺钉紧固，根据孔径、孔距、螺钉直径分为不同系列，以适应加工工件。

图 7-28 所示为槽系组合夹具，此图展示了组合成的回转式钻模及拆开分解图。

槽系组合夹具的元件，按其用途可分为八类。

（1）基础件 它是组合夹具中最大的元件，是各类元件组装的基础，可作为夹具体，外形有圆形、方形、矩形、基础角铁等。如图 7-29 所示，方形、矩形基础件除了各面均有 T 形槽供组装其他元件外，底面有一条平行于侧面的槽，可安装定位键，以使夹具与机床连接有定位基准。圆形基础件连接面上的 T 形槽有 90°、60°、45° 三种角度排列。中心部位有一基准圆柱孔和一个能与机床主轴法兰配合的定位止口。

（2）支承件 它是组合夹具中的骨架元件，起承上启下作用，即把其他元件通过支承件与基础件联接在一起，用于不同高度、角度的支承。它的形状和规格较多，图 7-30 所示的只是其中的几种结构。当组装小夹具时，也可把它作为基础件。

（3）定位件 主要用于确定组合元件之间的相对位置及工件的定位，并保证各元件的使用精度、组装强度和夹具的刚度。图 7-31 所示为几种定位件结构。

（4）导向件 主要用于确定刀具和工件的相对位置，并起引导刀具的作用，如图 7-32 所示的各种规格的钻套、钻模板等。

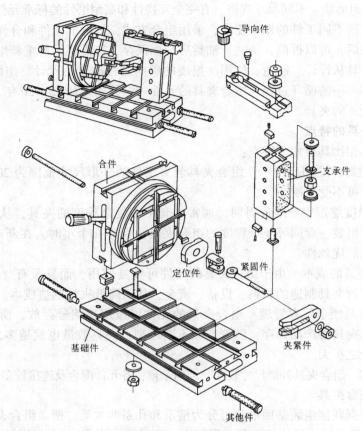

图 7-28 组合夹具组装与分解图

导向件

合件

支承件

定位件

紧固件

夹紧件

基础件

其他件

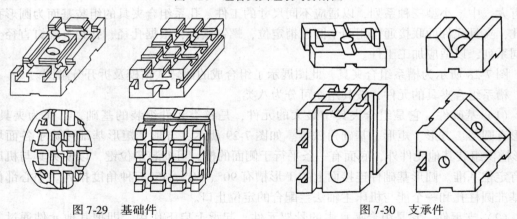

图 7-29 基础件   图 7-30 支承件

（5）夹紧件　主要用于夹紧工件，如图 7-33 所示的各种结构的压板。

（6）紧固件　主要用于联接各元件及紧固工件。如图 7-34 所示，包括各种螺母、垫圈、螺钉等。紧固件主要承受较高的拉应力，为保证夹具的刚性，螺栓采用 40Cr 材料的细牙螺纹。

（7）其他件　除上述六类元件以外，其他的各种起辅助用途的单一元件称为其他件，如图 7-35 所示的手柄、弹簧、平衡块等。

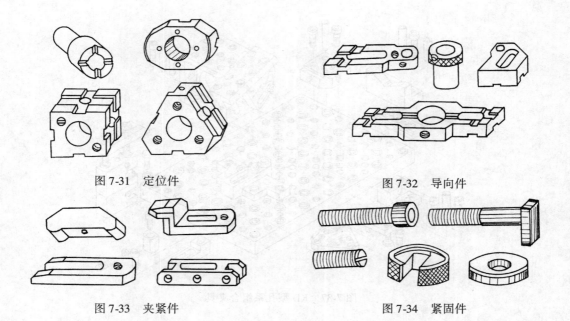

图 7-31 定位件

图 7-32 导向件

图 7-33 夹紧件

图 7-34 紧固件

（8）合件 由若干个零件装配而成的在组装时不拆散使用的独立部件。主要合件有定位合件、支承合件、分度合件、导向合件等，如图 7-36 所示。合件能使组合夹具组装时更省时省力。

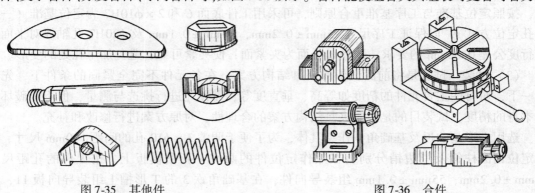

图 7-35 其他件

图 7-36 合件

三、孔系组合夹具

孔系组合夹具元件的联接用二个圆柱销定位，一个螺钉紧固。它比槽系组合夹具有更高的组合精度和刚度，且结构紧凑。图 7-37 所示为我国近年制造的 KD 型孔系组合夹具。其定位孔径为 $\phi16.01H6$，孔距为 50mm ± 0.01mm，定位销为 $\phi16K5$ 用 M16 的螺钉连接。

四、槽系组合夹具的组装

按一定的步骤和要求，把组合夹具的元件和合件组装成加工所需夹具的过程，称为组合夹具的组装。现举一例，说明组装过程。

（1）组装前的准备 熟悉工件图样和工艺规程，了解工件形状、尺寸、加工要求以及使用的机床、刀具等。如图 7-38a 所示为工件支承座的工序图。工件的 2-$\phi10H7$ 孔及平面 C 为已加工表面，本工序是在立式钻床上钻铰 $\phi20H7$ 孔，表面粗糙度值为 $R_a0.8\mu m$，保证孔距尺寸 75mm ± 0.2mm，55mm ± 0.1mm，孔轴线对 C 平面的平行度 0.05mm。

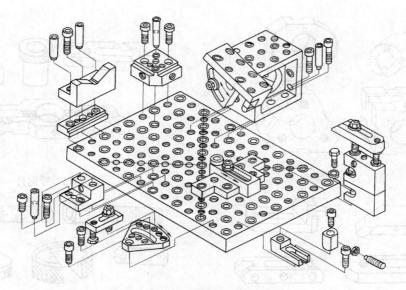

图 7-37　KD 型孔系组合夹具

　　（2）确定组装方案　按照工件的定位原理和夹紧的基本要求，确定工件的定位基准，需限制的自由度以及夹紧部位选择相应元件，初步确定夹具结构形式。根据支承座的工序图，按照定位基准与工序基准重合原则，可采用工件底面 C 和 2×φ10H7 为定位基准（一面二孔定位方式），以保证工序尺寸 75mm ±0.2mm，55mm ±0.1mm 及 φ20H7 孔轴线对平面的平行度公差 0.05mm 的要求，选择 d 平面为夹紧面，使夹紧可靠，避免加工孔处的变形。

　　（3）试装　试装是将前面设想的夹具结构方案，在各元件不完全紧固的条件下，先组装一下，对有些主要元件的精度如等高、垂直度等，需预先进行挑选与测量，但不能破坏元件本身的精度。试装目的是检验夹具结构方案的合理性，对原方案进行修改和补充。

　　选用方形基础板及基础角铁作夹具体，为了便于调整 2×φ10 孔的间距 100mm 尺寸，将两定位销圆柱销及削边销分别装在兼作定位件的两块中孔钻模板上。按工件的孔距尺寸 75mm ±0.2mm，55mm ±0.1mm 组装导向件，在基础角铁 3 的 T 形槽上组装导向板 11，并选用 5mm 宽腰形钻模板 10 安装其上，便于组装尺寸的调整。

　　（4）联接　经过试装验证的夹具方案，即可正式组装。首先应清除元件表面污物，装上所需定位键，然后按一定顺序将有关元件用螺栓、螺母连接。在连接时要注意组装的精度，正确选择测量基面，测定元件间的相关尺寸，尺寸公差调整在工件尺寸公差的 1/3～1/5。

　　对组合夹具联接可按如下顺序进行：

　　1）组装基础板 1 和基础角铁 3（见图 7-38b）。在基础板上安装 T 型键 2，并从基础板的底部贯穿螺栓将基础角铁紧固。

　　2）在中孔钻模板上组装 φ10mm 圆柱销 6，然后把中孔钻模板 4 用定位键 5 及紧固件装夹在基础角铁上（见图 7-38c）。

　　3）组装 φ10mm 的菱形销 9 及中孔钻模板 8。用标准量块及百分表检测 100 ±0.02mm 及两销与 C 面的垂直度，然后紧固中孔钻模板 8（见图 7-38d）。

　　4）组装导向件。导向板 11 用定位键 12 定位装至基础角铁 3 上端，再在导向板 11 上装

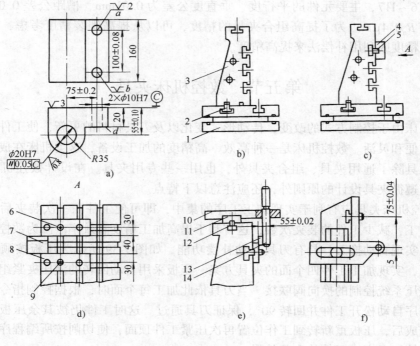

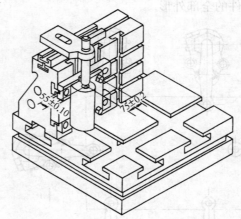

图 7-38 组装实例

1—基础板 2—T 形键 3—基础角铁 4、8—中孔钻模板 5、12—定位键
6—圆柱销 7、13—标准量块 9—销 10—钻模板 11—导向板 14—量棒

入 5mm 宽的腰形钻模板 10。在钻模板 10 的钻套孔中插入量棒 14，借助标准量块及百分表调整中心距 55mm ± 0.02mm 及 75mm ± 0.04mm（图 7-38e）。

5）组装压板。从基础角铁 3 上固定两块压板，作用在 d 面上，指向 C 面压紧。

6）检测。检测组装后的夹具精度。可根据工件的工序尺寸精度要求确定检测项目。

上例中，可检测 55mm ± 0.025mm、100mm ± 0.02mm、75mm ± 0.05mm 尺寸及中孔钻模板支承面对基础板 1 底平面的垂直度公差 0.013mm（夹具元件尺寸公差取工件公差的 1/4）。

组合夹具的精度由元件精度和组装精度两部分组成。组合夹具元件精度很高，配合面精

256

度一般为 IT6～IT7，主要元件的平行度、垂直度公差为 0.01mm，槽距公差 0.02mm，工作表面粗糙度 $R_a0.4\mu m$。为了提高组合夹具的精度，可以从提高组装精度考虑，利用元件互换法来提高精度或利用补偿法来提高精度。

第五节　数控机床夹具

数控机床由于控制方式的改变，传动形式变化以及刀具材料的更新，使工件的成形运动变得更为方便和灵活。数控机床是一种高效、高精度的加工设备，这类机床在成批大量生产时所用的夹具除了通用夹具、组合夹具外，也用一些专用夹具。在设计数控机床专用夹具时，除了应遵循夹具设计的原则外，还应注意以下特点。

1）数控机床夹具应有利于实现加工工序的集中，即可使工件在一次装夹后，能进行多个表面的加工，减少工件的装夹次数，这有利于提高加工精度和效率。因为数控机床的工艺范围广，可实现自动换刀，具有刀具自动补偿功能。如图 7-39 所示为压板按顺序松开和夹紧工件顶面，实现加工工件四个面的夹具方案。压板采用自动回转的液压夹紧组件，每个夹紧组件与液压系统控制的换向阀联接。当刀具依此加工每个面时，根据控制指令，被加工面上的压板循序自动松开工件并回转 90°，保证刀具通过。这时工件仍被其余压板压紧。当一个面加工完成后，压板重新转到工作位置再次压紧工件顶面，使切削按所编程序依次通过压板，保证连续加工完成工件的全部外形。

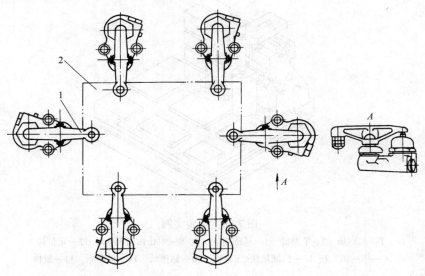

图 7-39　连续加工工件各面的夹具
1—压板　2—工件

2）数控机床夹具的夹紧应比普通机床夹具更牢固可靠，操作方便。因为数控机床通常可采用高速切削或强力切削，加工过程全自动化。通常采用机动夹紧装置，用液压或气压提供动力。如图 7-40 所示，工件安装在分度回转工作台上，进行多个表面加工，由于强力切削，为防止在很大的切削力作用下使得工件窜动，先用螺钉 4 将工件压紧在分度回转工作台上，用两个液压传动的压板 1 和 3 再从上面压紧工件。两个压板的基座 6 安装在工作台不转动部分7上。当工件一个面加工完成后，根据程序指令，压板自动松开工件，分度回转工作台带着工件回转90°后，压板再压紧工件，继续加工另一个面。

3) 夹具上应具有工件坐标原点及对刀点。因为数控机床有自己的机床坐标系，工件的位置尺寸是靠机床自动获得、确定和保证的。夹具的作用是把工件精确地安装入机床坐标系中，保证工件在机床坐标系中的确定位置。所以，必须建立夹具（工件）坐标系与机床坐标系的联系点。图7-41所示为钻床夹具钻模板上工件的坐标系，一般以其零件图上的设计基准作为工件原点。为简化夹具在机床上装夹，夹具的每个定位基面相对于机床的坐标原点都应有精确的、一定的坐标尺寸关系，以确定刀具相对于工件坐标系和机床坐标系之间的关连。对刀点可选在工件的孔中心，或在夹具上设置专用对刀装置。

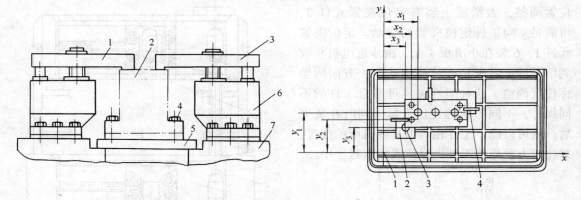

图7-40 连续加工工件四个侧面的夹具

1、3—压板 2—工件 4—螺钉 5—分度回转

工作台 6—压板基座 7—工作台

图7-41 工件在机床工作台上的坐标系

1—机床工作台零点 2—定位块

3—工件原点 4—支承件及压板

4) 各类数控机床夹具在设计时，还应考虑自身的加工工艺特点，注意结构合理性。

数控车床夹具应更注意夹紧力的可靠性及夹具的平衡。图7-42所示为数控车床液动三爪自定心夹具，为了保证夹紧可靠，利用平衡块在主轴高速旋转的离心力作用下，通过杠杆给卡爪一个附加夹紧力。卡爪的夹紧与松开，则由液压力的作用在楔槽轴4上，使之左右运动，卡爪实现夹紧与松开。夹具的平衡对数控车床夹具尤为重要，平衡不好，会引起工件振动，加工精度受影响。

数控铣床夹具通常可不设置对刀装置，由夹具坐标系原点与机床坐标系原点建立联系，通过对刀点的程序编制，采用试切法加工、刀具补偿功能、或采用机外对刀仪来保证工件与刀具的正确位置，位置精度由机床运动

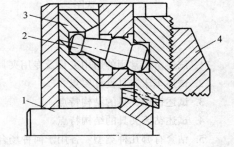

图7-42 液动三爪自动定心卡盘

1—卡爪 2—杠杆 3—平衡块

4—楔槽轴

精度保证。数控铣床通常采用通用夹具装夹工件，例如机床用平口虎钳、回转工作台等，对大型工件，常采用液压、气压作为夹紧动力源。

数控钻床夹具，一般可不用钻模，而对加工方法、选用刀具形式及工件装夹方式上采取一些措施，保证孔的位置和加工精度。可先用中心钻定孔位，然后用钻削刀具加工孔深，孔的位置由数控装置控制。当孔属于细长孔时，可利用程序控制采用往复排屑钻削方式如图

7-43 所示;再者，采用高速钻削，刀具的刚度及切削性能都比较好。这样的加工方式，孔的垂直度比较能保证。

随着技术的发展，数控机床夹具的柔性化程度也在不断提高。图 7-44 所示为数控铣镗床夹具，夹具主要由四个定位夹紧件构成。其中三个定位夹紧件可通过数控指令控制，控制其移动并确定坐标位置。当数控装置发出脉冲信号起动步进电动机 8 时，可通过丝杠 5 传至大滑板 3，使大滑板 3 作 y 向的坐标位置调整，大滑板上装有定位夹紧元件 2，可满足 y 向工件定位夹紧的变动。定位夹紧元件 1、6 装在小滑板 4 上，由步进电机 9 收到信号后，经齿轮、丝杠传动作 x 方向的坐标位置调整。这种柔性夹具可适合工件的不同尺寸、不同形状的定位夹紧，同时在装夹后，就可以确定工件相对刀具或机床的位置，并比较方便地把工件坐标位置编入程序中。

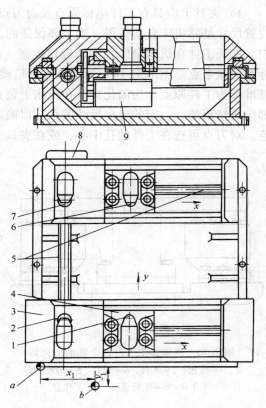

图 7-44 数控铣镗床夹具

1、2、6、7—定位夹紧元件 3—大滑板
4—小滑板 5—丝杠 8、9—步进电动机

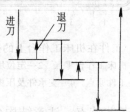

图 7-43 往复排屑
示意图

复习思考题

1. 试述车床常用的通用夹具及专用夹具的类型。
2. 试述车床夹具设计要点。
3. 试述铣床夹具的结构特点。
4. 试述钻床夹具的结构特点。
5. 钻套有哪几种类型？各用于何种场合？
6. 图 7-45 所示为安装在 CA6140 卧式车床上的夹具简图，试设计过渡盘。
7. 试述组合夹具的特点。T 形槽系组合夹具由哪几部分组成？各组成部分有何功用？
8. 试述数控机床夹具的特点。

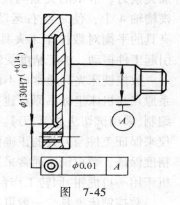

图 7-45

第八章 专用夹具的设计

前面主要介绍专用机床夹具的一些特点及组合夹具的应用。本章将较完整地介绍专用夹具的设计方法及夹具总图绘制时需要注意的问题。

第一节 夹具设计的基本要求和步骤

一、基本要求

对机床夹具的基本要求是保证工件加工工序的精度要求，提高劳动生产率，降低工件的制造成本，保证夹具有良好的工艺性和劳动条件。在这些基本要求中，有些是有矛盾的，例如，提高工序的精度，夹具的制造成本就要提高，随着工件制造精度的不断提高，对夹具本身也提出更高的精度要求，那末，工件制造成本也将提高。因此，必须综合考虑零件批量和制造成本，是否用夹具保证加工精度，或采用其他方法加工。

夹具设计所涉及知识面较广，对同一零件可有不同的设计方案，而且从设计构思到出图制造有一定周期。以前，结构修改、出图等多是人工的重复劳动。现在 CAD 夹具设计软件使许多人工劳动由电脑完成，而且修改、出图都能在很短的时间内完成，大大缩短了夹具设计周期。

二、设计步骤

（1）设计准备 首先应分析、研究工件的结构特点、工艺要求、工件的材料、生产批量以及本工序的技术要求。然后，了解所使用机床的规格、性能、精度及使用刀具、量具的规格，了解本厂工人的技术水平等。

（2）方案的确定 在经过设计准备阶段后，拟定设计方案。

1）确定夹具类型。

2）确定工件定位方案，选择相应的定位装置。

3）确定夹紧方式，选择夹紧装置。

4）确定刀具调整方案，选择合适的导向元件及对刀元件。

5）考虑各种装置、元件的布局，确定夹具的总体结构。

在设计时，同时构思几套方案，绘出草图，经过分析、比较选出最佳方案。

（3）夹具的精度分析 为保证夹具设计的正确性，必须对夹具精度进行分析，验证夹具公差≤（1/3 ~ 1/5）工件允许公差。

（4）绘制夹具总图 夹具总图应遵循国家制图标准来绘制，总图比例除特殊情况外，一般按1:1 绘制，以保证良好的直观性。主视图应取操作者实际工作时的位置，以作为装配夹具时的依据并供使用时参考。总图中的视图应尽量少，但必须能够清楚地表示出夹具的工作原理和整体结构，表示出各种装置、元件相互位置关系等。绘制总图的顺序一般可采用：

1）用双点划线绘出工件的轮廓外形，并显示出加工余量。

2）把工件轮廓线视为"透明体"，按照工件的形状及位置依次绘出定位、导向、夹紧及其他元件或装置。

3）绘出夹具体，形成一个夹具整体。

4）确定并标注有关尺寸和夹具技术要求。如标注轮廓尺寸，装配、检验尺寸及公差，主要元件、装置之间的相互位置精度要求等。

5）总图上标出夹具名称、零件编号，填写夹具零件明细表和标题栏。

（5）绘制夹具零件图　夹具总图中非标准零件都需绘制零件图。零件图上的尺寸、公差和技术要求都必须满足总图的要求。

第二节　夹具图上应有的标注

一、总图上应标注的尺寸

（1）夹具外形轮廓尺寸　这类尺寸表明夹具在机床上占据的空间尺寸大小和可动部分处于极限位置的活动范围，以便核查所设计的夹具是否会和机床、刀具等产生干涉现象。

（2）工件与定位元件之间的联系尺寸　如工件以孔在心轴或定位销上定位时，工件孔与定位元件之间必须按一定的精度配合，才能满足工件加工技术要求。这类尺寸不仅要标出基本尺寸，还需标注精度等级和配合种类，以控制工件的定位误差。

（3）夹具与刀具的联系尺寸　这类尺寸主要用于确定刀具或导向元件对定位元件之间的正确位置。例如铣床夹具中的对刀块与定位元件的位置尺寸及塞尺厚度尺寸，钻模的钻套导向尺寸等。这些尺寸影响刀具的调整误差。

（4）夹具与机床安装连接部分的有关尺寸　这类尺寸主要是确定夹具上的定位元件对机床安装面之间的正确位置，如铣床夹具的定向键与机床工作台 T 形槽的配合尺寸，车床夹具中的安装基面与主轴端部的配合尺寸等。这些尺寸会影响夹具的安装误差。

（5）其他装配尺寸　这类尺寸指夹具内部的零件配合尺寸，如定位销与夹具体的配合尺寸及代号，允许修配或调整尺寸等。

二、公差的确定

为满足加工精度的要求，夹具本身应比工件有较高的精度，一般按下列方式确定公差：

1）夹具上的线性尺寸及角度公差取（1/2 ~ 1/5）工件公差。

2）夹具上的位置公差取（1/2 ~ 1/3）工件位置公差。

3）当工件上尺寸和角度未注公差时，一般夹具上可取 ±0.1mm 和 ±10′。

4）未注形位公差的加工面，按 GB 1184—1980 中的 13 级精度规定选取。

没有特殊情况，一般应以工件的平均尺寸作为夹具相应的基本尺寸；有关公差都应在工件公差带的中间位置，即不管工件公差对称与否，都要将其化成对称公差，然后取其（1/2 ~ 1/5），确定夹具公差。如要求夹具具有一定使用寿命，生产零件批量较大，公差可取小些。常用夹具元件的公差配合，参见表 8-1。

三、技术要求

技术要求是指夹具在装配、制造、使用上的一些要求，如定位面对夹具安装基面的平行度、垂直度的装配要求；有关夹具的平衡、密封等制造上的要求；主要元件磨损范围、调整参数等使用要求。

表 8-1 夹具上常用配合的选择

配合形式	精度要求		应用
	一般精度	较高精度	
定位销与工件基准孔	$\dfrac{H7}{h6}$，$\dfrac{H7}{g6}$，$\dfrac{H7}{f7}$	$\dfrac{H6}{h5}$，$\dfrac{H6}{g5}$，$\dfrac{H6}{f5}$	定位元件与工件定位基准间
滑动定位件 刀具与导套	$\dfrac{H7}{h6}$，$\dfrac{H7}{g6}$，$\dfrac{H7}{f7}$ $\dfrac{H7}{h6}$，$\dfrac{G7}{h6}$，$\dfrac{F7}{h6}$	$\dfrac{H6}{h5}$，$\dfrac{H6}{g5}$，$\dfrac{H6}{f5}$ $\dfrac{H6}{h5}$，$\dfrac{G6}{h5}$，$\dfrac{F6}{h5}$	有引导作用，且有相对运动的元件间
滑动夹具底座板	$\dfrac{H7}{f9}$，$\dfrac{H9}{d9}$	$\dfrac{H7}{d8}$	无引导作用，但有相对运动的元件间
固定支承钉定位销	$\dfrac{H7}{n6}$，$\dfrac{H7}{p6}$，$\dfrac{H7}{r6}$，$\dfrac{H7}{s6}$，$\dfrac{H7}{u6}$，$\dfrac{H8}{t7}$ （无紧固件） $\dfrac{H7}{m6}$，$\dfrac{H7}{k6}$，$\dfrac{H7}{js6}$，$\dfrac{H7}{m7}$，$\dfrac{H8}{k7}$ （无紧固件）		没有相对运动的元件间

四、标注实例

1. 车床夹具

（1）工件的工序图 图 8-1 所示为壳体零件简图。加工 $\phi38H7$ 孔的主要技术要求为

1）孔距尺寸 60mm ± 0.02mm，（$\delta_{K1} = 0.04$mm）。

2）$\phi38H7$ 孔的轴线对 G 面的垂直度公差为 0.02mm（δ_{K2}）。

3）$\phi37H7$ 孔的轴线对 D 面的平行度公差为 0.02mm（δ_{K3}）。

（2）夹具图尺寸的标注 夹具的结构与标注如图 8-2 所示。

1）标注与加工尺寸 60mm ± 0.02mm 有关的尺寸及公差为：

①定位面至夹具体找正圆中心距尺寸 60mm ± 0.005mm （取 $\delta_{K1}/4$ = 0.01mm）。

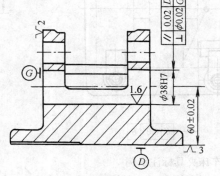
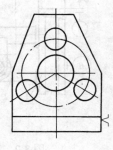

图 8-1 壳体零件简图

②夹具体对安装孔 $\phi50$mm 的同轴度公差，取 $\delta_{K1}/4 = 0.01$mm。

2）标注与工件垂直度有关的位置公差为：

①侧定位面 G 对夹具体基面 B 的平行度，公差取 $\delta_{K2}/2 = 0.01$mm。

②定位面 D 对夹具体基面 B 的垂直度，公差取 $\delta_{K2}/2 = 0.01$mm。

3）标注与工件平行度有关的位置公差为：

定位面 D 对夹具体基面的垂直度，公差取 $\delta_{K3}/2 = 0.01$mm。

2. 铣床夹具

（1）工件的工序图 图 8-3 所示为衬套零件简图，加工平口槽的主要技术要求为

1）槽的深度尺寸 40mm ± 0.05mm（$\delta_{K1} = 0.10$mm）。

2）槽平面对 $\phi100$mm ± 0.012mm 的轴线的平行度公差为 0.05mm/100mm（δ_{K2}）。

（2）夹具尺寸的标注　夹具的结构与尺寸标注如图 8-4 所示。

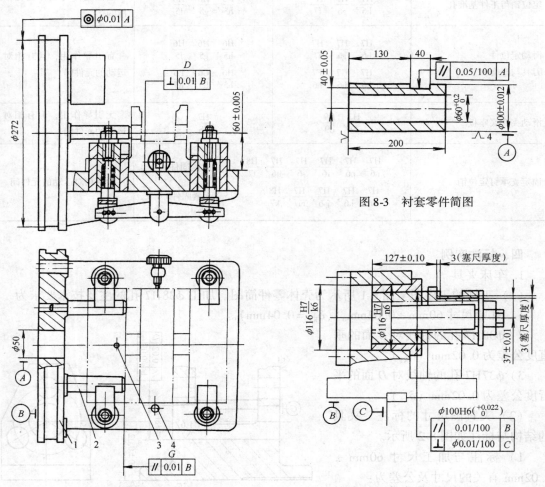

图 8-3　衬套零件简图

图 8-2　车床夹具标注示例

1—夹具体　2—支承钉　3、4—挡销

图 8-4　铣床夹具标注示例

1）标注与加工尺寸 40mm ± 0.05mm 有关的尺寸及公差为 37mm ± 0.01mm，其中对刀块尺寸公差取 $\delta_{K1}/5 = 0.02$mm，塞尺取 $3\,\text{mm}_{-0.014}^{0}$mm。

2）标注与加工尺寸 130mm 有关的尺寸为 127mm ± 0.10mm，塞尺取 $3\,\text{mm}_{-0.014}^{0}$mm，位置公差 $\phi100$mm ± 0.012mm，孔轴线对定位侧面 C 的垂直度公差 0.01mm/100mm。定位套内孔取 $100\,\text{mm}_{0}^{+0.022}$mm（H6）。

3）标注与工件平行度（$\delta_{K2} = 0.05$mm/100mm）有关的位置公差，即定位套 $\phi100$H6 孔的轴线对夹具体基面 B 的平行度公差取 $\delta_{K2}/5 = 0.01$mm。

第三节 夹具设计实例

图 8-5 所示为连杆的铣槽工序简图。本工序要求铣工件大孔两端面处的八个槽，槽宽 $10^{+0.2}_{\ 0}$mm，深 $3.2^{+0.4}_{\ 0}$mm，表面粗糙度值 $R_a3.2\mu$m。加工的工艺要求为槽的中心线与两孔连线成 $45°\pm30'$。上道工序已加工的表面作为本工序的定位基准，即厚度为 $14.3^{\ 0}_{-0.1}$mm 的两个端面及直径分别为 $\phi42.6^{+0.025}_{\ 0}$mm、$\phi15.3^{+0.027}_{\ 0}$mm 的两个孔，两孔中心距 57 ± 0.06mm。生产纲领为中批生产。

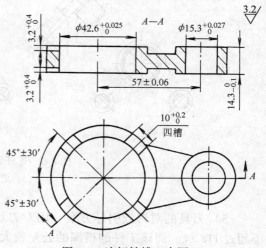

图 8-5 连杆铣槽工序图

（1）设计准备 根据工序图的加工要求，可选择卧式铣床，用三面刃盘铣刀完成加工。槽宽由铣刀保证，槽深及角度位置由夹具保证。

（2）工件的定位方案 根据连杆铣槽的工序尺寸、形状和位置精度要求，工件需完全定位。工件在槽深方向的工序基准是和槽相连的端面，若以此端面为主要定位基准，可以做到定位基准与工序基准重合。但这时夹具的定位势必要设计朝下，这会给工件定位、夹紧及装卸带来不便，夹具结构较复杂。如果选择与所加工槽相对的另一端面为定位基准，则引起基准不重合误差，其大小等于工件两端面的尺寸公差 0.1mm。由于槽深的公差为 0.4mm，估计可以保证精度要求。这样，可用两孔一面定位，操作方便。

槽的角度位置尺寸是 $45°30'$，工序基准是两孔的连心线，以两孔为定位基准，可以做到基准重合，而且操作方便。为了避免发生不必要的过定位现象，采用一个圆柱销和一个菱形销作定位元件。由于被加工槽的角度位置以大孔为基准的，槽的中心应通过大孔的中心，并与两孔连线成 $45°$ 角，因此将圆柱销放在大孔，菱形销放在小孔，如图 8-6 所示。加工八个槽，用四个工位，装夹四次完成加工。

（3）工件的夹紧方案 根据工件的定位方案，采用大孔端面为夹紧力的作用点，方向朝定位面。这样的夹紧点选择，接近被加工面，切削过程中不易产生振动，工件变形小。但对夹紧机构的高度要加以限制，以防止和铣刀刀杆相碰。

该工件较小，为使结构简单，采用手动螺旋压板夹紧。

（4）变换工位的方案 在拟定该夹具结构方案时，遇到的另一个问题就是工件每一面的两对槽将如何进行加工，在夹具结构上如何实现。可以有两种方案：一种采用分度装置，加工完一对槽后，将工件随分度盘一起转过 $90°$，再加工另一对槽；另一种方案是在夹具上装两个相差 $90°$ 的菱形销，加工完一对槽后，卸下工件，将工件转过 $90°$ 后套在另一个菱形销上，重新夹紧后加工另一对槽。显然，前一方案分度结构要复杂一些，后一种结构简单，但操作麻烦。考虑到该零件等分数不多，零件较小，角度公差较大，产品批量不很大，故采用后一种方案比较经济。

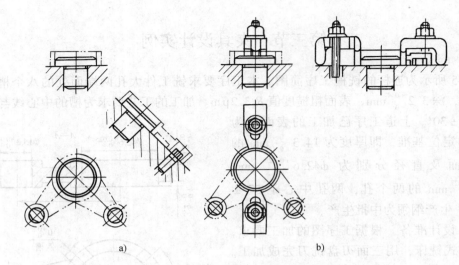

图 8-6　连杆铣槽夹具设计过程图

a）定位　b）夹紧

（5）刀具的对刀或引导方案　用对刀块调整刀具与夹具的相对位置，适用于加工精度不超过 IT8 级。而该工件的槽深的公差较大，故采用直角对刀块，用螺钉、销钉固定在夹具体上，用塞尺调刀。

（6）夹具在机床上的安装方式以及夹具的结构　本夹具通过定向键与铣床工作台的 T 形槽配合，夹具体上的耳座用螺栓与机床工作台紧固，保证夹具上的定位元件的工作表面对工作台的进给方向具有正确的相对位置。

（7）夹具的精度分析　本夹具采用两孔一面完全定位方式，定位元件的选择及定位误差分析如下：

1）两销中心距的尺寸及偏差。已知工件上两孔中心距尺寸为 57mm ± 0.06mm（δ_{LD} = 0.12），取 $\delta_{Ld} = \delta_{LD}/3 = 0.04$，则销距尺寸及偏差为 57mm ± 0.02mm。

2）确定圆柱销的直径及偏差。为了减少基准位移误差，考虑到定位销制造时的经济性，可取销径和偏差为

$$d_1 = 42.6g6 = 42.6^{-0.009}_{-0.025}mm$$

即连杆大孔与圆柱销间的最小配合间隙 $X_{1min} = 0.009mm$

3）确定菱形销的结构尺寸和偏差

菱形销必须满足中心距的补偿量，

$$补偿量\ a = \frac{\delta_{LD} + \delta_{Ld}}{2} = \frac{0.12 + 0.04}{2}mm = 0.08mm$$

根据 GB/T 2203—1991，查得直径为 $\phi15.3$ 的菱形销宽度 $b = 3mm$

$$菱形销定位的最小间隙\ \ X_{2min} = \frac{2ab}{D_{2min}} = \frac{2 \times 0.08 \times 3}{15.3}mm = 0.0314mm \approx 0.031mm$$

$$菱形销的直径\ \ \ d_{2max} = D_{2min} - X_{2min} = (15.3 - 0.031)mm = 15.269mm$$

取公差带为 h6　　　$$d_2 = 15.269^{0}_{-0.011}mm = 15.3^{-0.031}_{-0.042}mm$$

4）计算定位误差。槽深误差由基准不重合引起，由于槽深公差 0.4mm，工件两定位面公差为 0.1mm，所以用对刀块及塞尺调整刀具与工件的加工位置，保证槽深。

转角定位误差

$$\Delta\alpha = \arctan\frac{\delta_{D1} + \delta_{d1} + X_{1\min} + \delta_{D2} + \delta_{d2} + X_{2\min}}{2L}$$

$$= \arctan\frac{0.025 + 0.016 + 0.009 + 0.027 + 0.011 + 0.035}{2 \times 57}$$

$$= \arctan\frac{0.123}{114} = 0.0618° = 3.709' < \frac{1}{3}\delta_\alpha$$

$$\delta_\alpha = 2 \times 30' = 60'$$

结论：采用这种定位方式，可保证此工件加工满足要求。

（8）绘制夹具总图及技术要求　如图 8-7 所示为铣连杆的夹具总装图。

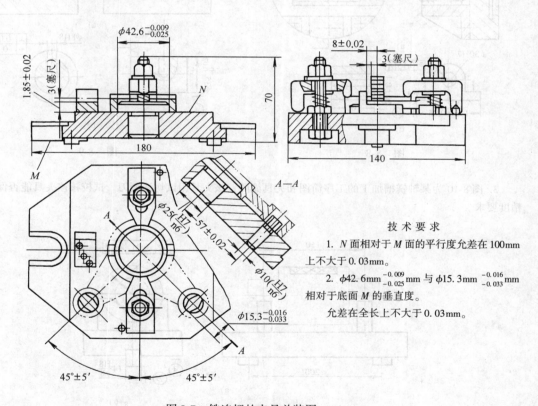

技术要求

1. N 面相对于 M 面的平行度允差在 100mm 上不大于 0.03mm。

2. $\phi 42.6\text{mm}_{-0.025}^{-0.009}$ 与 $\phi 15.3\text{mm}_{-0.033}^{-0.016}$ 相对于底面 M 的垂直度。

允差在全长上不大于 0.03mm。

图 8-7　铣连杆的夹具总装图

两定位销之间的距离尺寸公差取连杆相应尺寸公差的 1/3，即 57mm ± 0.02mm。定位平面 N 到对刀表面之间的尺寸，因夹具上该尺寸要按工件相应尺寸的平均值标注，而连杆上相应的这个尺寸是由 $3.2_{0}^{+0.4}$mm 和 $14.3_{-0.1}^{0}$mm 决定的。经计算可知为 $11.1_{-0.4}^{-0.1}$mm，化成对称公差 10.85mm ± 0.15mm，按平均尺寸 10.85 再减去塞尺厚度 3mm，则为 7.85mm，公差取 0.15/7，即标注为 7.85mm ± 0.02mm。角度公差按 1/6 的工件允许公差取为 ±5'，满足夹具精度分析。夹具体的外形尺寸必须标注。

复习思考题

1. 图 8-8 为某轴承座在车床上镗孔及车端面的夹具简图和工序简图。试根据工件的加工要求给夹具标注合适的尺寸及偏差、位置公差等（该夹具通过机床上的过渡盘与机床主轴联接，过渡盘止口尺寸为 $\phi206mm$，外圆尺寸为 $\phi250mm$）。

2. 图 8-9 为某小轴钻孔工序简图和所用夹具简图，试根据工件的加工要求给夹具标注合适的尺寸及偏差、位置公差等技术要求。

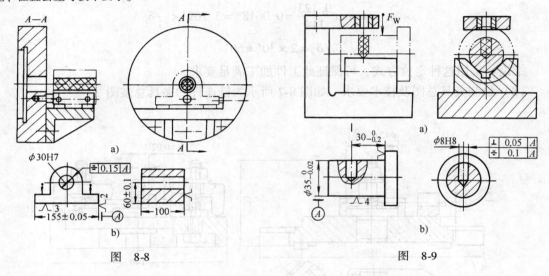

图 8-8   图 8-9

3. 图 8-10 为某轴铣槽加工的工序简图和夹具简图，该夹具用试切法调刀。试校核该夹具能否保证工序精度要求。

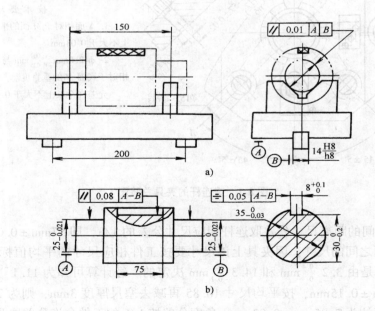

图 8-10

4. 按图 8-11 所示的工序加工要求，验证钻模总图所标注的有关技术要求能否保证加工要求。

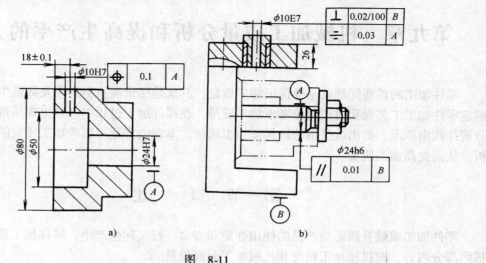

a)

b)

图 8-11

第九章　机械加工质量分析和提高生产率的方法

零件加工的首要问题就是要保证加工质量，其次是尽量提高生产率及降低生产成本。在制定零件加工工艺规程时应充分考虑加工质量，在零件加工过程中一旦出现质量问题，必须分析并找出原因，提出改进措施以保证加工质量。本章内容是对影响加工质量的因素进行分析，从而提高加工质量。

第一节　概　　述

零件加工质量直接影响产品的使用性能和寿命。在实际生产中，零件加工质量的概念包括两部分内容，即机械加工精度和机械加工表面质量。

一、机械加工精度

机械加工精度，指零件经加工后的尺寸、几何形状及各表面相互位置等参数的实际值与设计图样规定的理想值之间相符合（或相近似）的程度。而它们之间不符合（或相互差异）的程度则称为加工误差。加工精度在数值上通过加工误差的大小来表示，即精度越高，误差越小；精度越低，误差越大。所谓保证加工精度，即控制加工误差；提高加工精度，即减小加工误差。

二、机械加工表面质量

零件的加工质量，除加工精度外，还包括表面质量，它是指零件加工后的表面层状态。零件加工表面质量应包括：

1. 加工表面粗糙度

它是指已加工表面微观几何形状误差。国家标准规定用轮廓算术平均偏差 R_a 和微观不平度十点高度 R_z 作为表面粗糙度的评定指标。由于表面粗糙度对零件使用性能有很大的影响，所以零件设计图上都标注有表面粗糙度要求。在机械加工中也非常重视这一要求的保证。

2. 表面层物理力学性能

加工表面层物理力学性能包括三方面内容：

（1）表面层冷作硬化　它是指工件经切削加工后表面层的强度、硬度有提高的现象，也称表面层的冷硬或强化。加工硬化是由切削时的塑性变形引起的。

（2）表面层残余应力　机械加工中工件表面层组织发生变化时，在表面层及其与基体材料的交界处就会产生互相平衡的弹性应力。这种应力即为表面层的残余应力。表面残余应力由冷态塑性变形、热态塑性变形及金相组织变化所引起。

（3）表面层金相组织的变化　切削加工（特别是磨削）中的高温使工件表层金属的金相组织发生了变化，大大降低零件使用性能。

设计时，根据产品性能、工作条件、使用寿命和制造的经济性来规定零件的质量要求。表示加工精度的参数是零件各部分尺寸公差、各表面的几何形状公差和各表面间相互位置公差。表面质量的参数是表面粗糙度。而对于表面层物理力学性能，一般零件设计图上并不规定这方面的要求。可以认为，当表面粗糙度达到要求时，则表面层的物理力学性能也符合要求。但对一些重要零件，还应对表面层的物理力学性能提出要求，并在机械加工时加以控制。

本章的目的就是研究影响加工精度、表面质量的各种因素，弄清楚其影响规律，从而找出减少加工误差、提高加工质量的途径。

三、影响加工精度的原始误差

在机械加工中，零件的尺寸、几何形状和表面间相对位置的形成，归结到一点，就是取决于工件和刀具在切削运动过程中的相互位置关系及相对运动关系。而工件和刀具又安装在夹具和机床上，受到夹具与机床的约束。因此，在机械加工中，机床、夹具、刀具、工件构成了一个完整的工艺系统。工艺系统中的种种误差，在不同的具体条件下，以不同的程度反映为加工误差。加工精度问题也就牵涉到整个工艺系统的精度问题，工艺系统的误差是加工误差的起因和根源，因此，把工艺系统的误差称之为原始误差。而工件的加工误差则是由工艺系统的原始误差而产生的结果。

原始误差分为两大类。第一类是与工艺系统初始状态有关的原始误差。属于这一类的有工件相对于刀具处于静止状态下就已存在的原理误差（采用近似成形法加工造成的误差）、工件定位误差、夹具误差、调整误差、刀具误差等，以及刀具相对工件在运动状态下已存在的机床主轴回转误差、机床导轨导向误差、机床传动链的传动误差等。第二类是与工艺过程有关的原始误差。属于这一类的有工艺系统受力变形、受热变形、刀具磨损、测量误差以及可能出现的因内应力而引起的变形等。为了清晰起见，可将加工过程中可能出现的种种原始误差归纳列表如下：

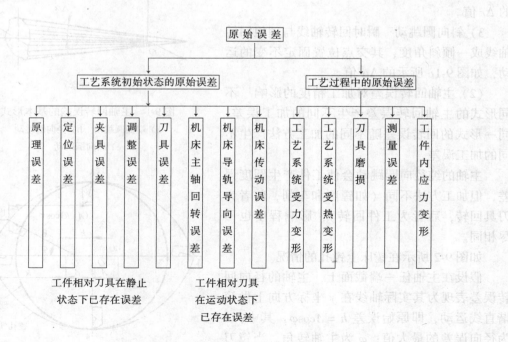

第二节　工艺系统初始状态原始误差对加工精度的影响

工艺系统的几何误差，就是机床、夹具、刀具和工件本身的原始制造误差以及机床、夹具和刀具在加工过程中的磨损。这些误差将影响工件的加工精度。

一、机床的原始误差

机床的原始误差是指在工件加工前，由于机床本身制造、磨损和安装误差引起的工件在加工中的误差，因此也称机床的几何误差。它是通过各种成形运动反映到加工表面上的。机床的成形运动最主要的有两大类，即主轴的回转运动和移动件的直线运动。因此，分析机床的几何误差主要就是分析回转运动、直线运动以及传动链的误差。

1. 主轴回转运动误差

机床主轴的回转误差，对工件的加工精度有直接影响。所谓主轴的回转误差，是指主轴的实际回转轴线相对其理想回转中心的变动量。

（1）主轴回转误差的基本形式

1）端面圆跳动　瞬时回转轴线沿理想回转轴线方向的轴向运动，如图 9-1a 所示的 Δy 值。

2）径向圆跳动　瞬时回转轴线始终平行于理想回转轴线方向的径向运动，如图 9-1b 所示的 Δr 值。

3）斜向圆跳动　瞬时回转轴线与理想回转轴线成一倾斜角度，其交点位置固定不变的运动，如图 9-1c 所示的 $\Delta \alpha$ 值。

（2）主轴回转误差对加工精度的影响　不同形式的主轴回转误差产生不同的加工误差，同一形式的回转误差随不同的加工方法产生不同的加工误差。

主轴的纯径向圆跳动会使工件产生圆度误差，但加工方法不同（如镗削和车削，前者为刀具回转，后者为工件回转），影响程度也不尽相同。

如图 9-2 所示在镗床上镗孔的情况。

假设在主轴任一端截面上，主轴的径向回转误差表现为其实际轴线在 y 坐标方向上做简谐直线运动，即原始误差 $h = A\cos\varphi$，其中：A 为径向误差的最大值；φ 为主轴转角。当镗刀回转进行镗孔到某一时刻（$\varphi = \varphi$），镗刀相应

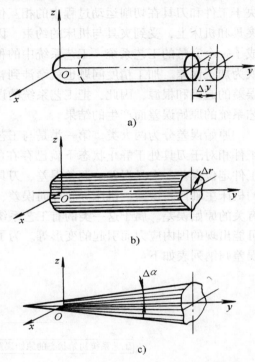

图 9-1　主轴回转误差的基本形式
a）端面圆跳动　b）径向圆跳动
c）斜向圆跳动

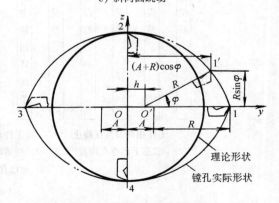

图 9-2　径向圆跳动对镗孔的影响

从位置 1（$\varphi = 0$）绕实际回转中心 O' 转到 $1'$，而 O' 偏离平均回转中心 O 的距离 $h = A\cos\varphi$。由于任一时刻，刀尖到主轴回转中心 O' 的距离 R 是定值，因此刀尖切到 $1'$ 时，$1'$ 所处的位置在固定直角坐标系（yOz）内，坐标为

$$z = R\sin\varphi,$$
$$y = h + R\cos\varphi = (A + R)\cos\varphi$$

将两式平方后相加得

$$\frac{y^2}{(R+A)^2} + \frac{z^2}{R^2} = 1$$

是个椭圆方程。说明镗刀镗出的孔是椭圆，圆度误差就是径向误差 A。

车削时，上述形式的主轴径向圆跳动对工件的圆度影响很小，这可据图 9-3 来说明。

此时，车刀刀尖到平均回转轴线 O 的距离是定值 R，实际回转轴线 O' 相对 O 的变动 $h = A\cos\varphi$。若车刀切在工件表面 1 处，切出的实际半径为 $R_1 = R - A$；当工件转过 φ 角后，处于 $1'$ 位置时，切出实际半径 $R_\varphi = R - h = R - A\cos\varphi$，则在固定坐标系中

$$
\begin{aligned}
y &= A + (R - h)\cos\varphi = A + (R - A\cos\varphi)\cos\varphi \\
&= A(1 - \cos^2\varphi) + R\cos\varphi \\
&= A\sin^2\varphi + R\cos\varphi \\
z &= (R - h)\sin\varphi = (R - A\cos\varphi)\sin\varphi \\
&= R\sin\varphi - A\sin\varphi\cos\varphi
\end{aligned}
$$

两式平方相加后得　　$y^2 + z^2 = R^2 + A^2\sin^2\varphi$

当误差 A 较小，略去二次误差 A^2，则得 $y^2 + z^2 = R^2$

这表明：车削出的工件表面接近正圆，只是其中圆心偏移至 O' 位置。

主轴的端面圆跳动对内外圆加工没有影响，但

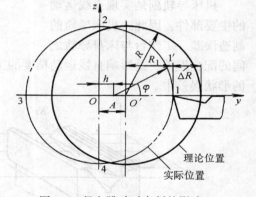

图 9-3　径向跳动对车削的影响

所加工的端面却与内外圆不垂直。主轴每转一周，就要沿轴向窜动一次，向前窜动的半周中形成右螺旋面，向后窜动的半周中形成左螺旋面。端面对轴心线的垂直度误差随切削半径的减小而增大，其关系式为

$$\tan\theta = A/R$$

式中　A——轴向窜动最大值；

　　　　R——车削端面半径；

　　　　θ——车削后垂直度的偏角，如图 9-4a 所示。当加工螺纹时，必然会产生螺距的小周期误差，如图 9-4b 所示。

主轴的斜向圆跳动主要影响工件的形状精度，车外圆时，会产生锥度，镗孔时，将使孔呈椭圆形。

实际上，主轴工作时，其回转轴线误差总是三种基本形式误差的合成，因此，不同横截面内轴心的误差运动轨迹既不相同，又不相似，既影响工件圆柱面的形状精度，又影响端面的形状精度。因此要尽量提高主轴的回转精度。

（3）提高主轴回转精度的途径

1）设计与制造高精度的主轴部件　获得高精度主轴部件的关键是提高轴承精度，目前

在滑动轴承方面已采用的静压轴承取得了较好的效果。

提高装配和调整质量，对于提高主轴回转精度有密切关系。例如，高精度机床的主轴轴承（c级）内环径向圆跳动为 $3 \sim 6\mu m$，而主轴组件装配后的径向圆跳动只允许在 $1 \sim 3\mu m$，这就要靠装配和调整来达到要求。

2）使回转精度不依赖于机床主轴 外圆磨削时，磨床的前后顶尖都不转动，只起定心作用，拨盘的转动带动工件传递扭矩。工件表面的几何形状误差和位置误差取决于顶尖和中心孔的定位误差，而与主轴回转误差无关。

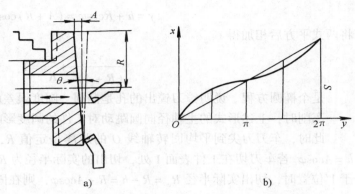

图 9-4 主轴的端面圆跳动
a) 工件端面与轴线不垂直 b) 螺距周期误差

2. 机床导轨误差

机床导轨副是实现直线运动的主要部件，因此，机床导轨的制造误差、工作台与床身导轨之间的配合误差，是影响直线运动精度的主要因素。导轨的各项误差将直接反映到被加工表面的形状误差中。

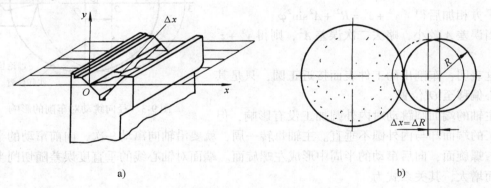

图 9-5 磨床导轨在水平面内的直线度误差

（1）磨床导轨在水平面内的直线度误差 如图 9-5a 所示。使导轨在 x 方向产生 Δx 误差，加工时使砂轮相对工件产生位移 Δx，从而引起被加工工件在半径方向的误差 ΔR，且 $\Delta R = \Delta x$，如图 9-5b 所示。由此可见，外圆磨床导轨在水平面内的直线度误差对工件加工精度影响较大，故此方向称加工误差敏感方向。当磨削长圆柱面时，其运动轨迹受导轨直线度误差的影响，造成工件的圆柱度误差。

（2）磨床导轨在垂直面内的直线度误差 磨床导轨在垂直面内的直线度误差使导轨在 y 方向产生直线度误差 Δy，加工时使砂轮相对工件产生位移 $h = \Delta y$，引起工件在半径方向的尺寸误差 ΔR，根据计算

$$\Delta R = \frac{h^2}{2R}$$

假设 $h=0.01\text{mm}$，$R=20\text{mm}$，$\Delta R=0.0000025\text{mm}$，可见其对外圆磨削加工精度的影响可以略去不计，如图 9-6 所示。此方向称为加工误差非敏感方向。但对平面磨削、龙门刨床及铣床等，导轨在垂直面内的直线度误差，会引起工件相对刀具的法向移动，其误差将直接反映到工件上，造成形状误差，因此导轨的垂直面内误差对此类加工来说为敏感方向。

（3）导轨面间的平行度误差 磨床两导轨的平行度误差（扭曲），如图 9-7 所示，使工作台移动时产生横向倾斜，工件中心变动，因而引起工件的形状误差。

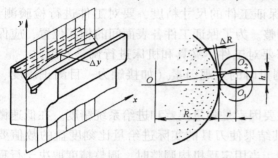 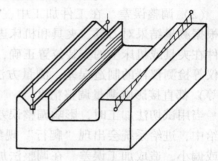

图 9-6　磨床导轨在垂直面内的直线度误差　　　　图 9-7　导轨面间的平行度误差

机床导轨的磨损对零件加工精度的影响很大，所以在机床的使用中应重视对机床导轨的保护与保养，以减少导轨磨损，延长导轨使用寿命，并定期检修，以保证机床的正常工作。

3. 机床传动链误差

对于某些表面，如螺纹表面、齿形面、蜗轮等的加工，必须保证工件与刀具具有严格的运动关系。这些成形运动间传动比关系都是通过一系列的内联系传动机构来实现的。传动机构的传动元件通常有齿轮、丝杆、螺母、蜗轮及蜗杆等。传动元件由于其制造、装配和使用过程中的磨损而产生误差，这些误差就构成了传动链误差。传动元件越多，传动路线越长，则传动误差也越大。为了减小这一误差，除了提高传动机构的制造精度和安装精度外，还可采用缩短传动路线或采用附加校正装置。

二、刀具、夹具的制造误差及磨损

一般刀具（如车刀、镗刀及铣刀等）的制造误差，对加工精度没有直接的影响。但定尺寸刀具（如钻头、铰刀、拉刀等）的尺寸误差，将直接影响工件的尺寸精度；成形刀具（如成形车刀、成形铣刀等）的制造误差主要影响被加工表面的形状精度。

夹具的制造误差一般指定位元件、导向元件及夹具体等零件的制造和装配误差，这些误差对工件的精度影响较大。所以在设计和制造夹具时，凡影响工件加工精度的尺寸都控制较严。

刀具的磨损在数控机床加工中是影响加工精度的重要因素。在数控加工零件编程时，要确定刀具相对于工件运动的起点，也称为对刀点。在加工中由于刀具磨损，会使刀具相对于工件运动的起点产生偏差，从而造成工件加工误差。所以在数控加工中，当机床精度确定时，则影响加工精度的因素主要来自于刀具的磨损。例如在钻孔和攻螺纹时，由于刀具磨损会造成攻螺纹时丝锥折断或螺纹质量不符要求。当加工工件的轮廓表面时，将产生工件的形状误差和尺寸误差。当刀具磨损使工件尺寸有误差时，可通过编程中的刀具补偿指令进行补偿。另外，在数控加工中应尽量选用耐磨性好的刀具材料，例如采用硬质合金钻头代替高速钢钻头，将大大减少刀具的磨损，提高刀具的耐用度，从而保证工件的加工精度。

夹具的磨损，尤其是定位元件和导向元件的磨损会造成工件的相互位置误差。所以，在加工过程中，上述两种磨损应引起足够的重视。

三、工艺系统的定位误差和调整误差

（1）定位误差　由于定位不正确而引起的误差称为定位误差。定位误差的计算已在第七章中详细论述，这里不再赘述。

（2）调整误差　在工件加工中，为了保证工件的尺寸精度，要对工件进行检验测量，再根据测量结果对刀具、夹具和机床进行调整。为了保证工件各表面间的相互位置，应保证工件在夹具或机床上的安装位置正确，也需要对工件、夹具和机床进行调整。因此，量具、量仪等检测仪器的制造误差，测量方法及测量时的主观因素（如接触力、目测正确度、温度等）都直接影响测量调整精度。

当用试切法加工时，影响调整误差的主要因素是测量误差和进给系统精度。在低速微量进给中，进给系统会出现"爬行"现象，其结果使刀具的实际进给量比刻度盘的数值要偏大或偏小，造成加工误差。在调整法加工中，当用定程机构调整时，调整精度取决于行程挡块、靠模及凸轮等机构的制造精度和刚度，以及与其配合使用的离合器、控制阀等的灵敏度。当用样件或样板调整时，调整精度取决于样件或样板的制造、安装和对刀精度。

第三节　工艺系统受力变形对加工精度的影响

在切削过程中，工艺系统会受到切削力、夹紧力、惯性力等的作用而产生变形，将影响工件的加工精度。

一、概述

工艺系统在切削力、传动力、惯性力、夹紧力以及重力等外力作用下，会产生变形，从而破坏刀具和工件之间已调整好的正确位置关系，使工件产生尺寸和形状误差。

例如，车削细长轴时，在切削力的作用下，工件因弹性变形而出现"让刀"现象。随着刀具的进给，在工件全长上切削时，背吃刀量会由大变小，再由小变大，使工件产生腰鼓形的圆柱度误差，如图9-8a所示；又如，内圆磨床以横向切入法磨孔时，由于内圆磨头主轴受力后因刚性不足产生弯曲变形，工件孔会出现带锥度的圆柱度误差，如图9-8b所示。所以说，工艺系统的受力变形是一项重要的原始误

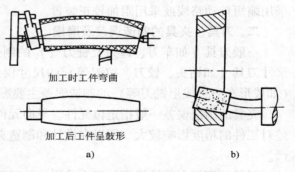

加工时工件弯曲

加工后工件呈鼓形

a)

b)

图9-8　工艺系统受力变形引起的加工误差

差，它严重影响加工精度和表面质量，也限制切削用量和生产率的提高。

从材料力学可知，任何一个受力物体，总要产生一些变形。一般来说，物体反抗变形的能力越大，则产生的加工误差越小。我们用刚度的概念来表达物体抵抗变形的能力，其表达式为

$$K = \frac{F}{y} \quad (\text{N/mm})$$

式中　K——静刚度（N/mm）；

　　　F——作用力（N）；

　　　y——沿作用力 F 方向的变形（mm）。

机械加工中，在各种外力作用下，工艺系统各部分将在各个受力方向产生相应的变形。工艺系统受力变形，主要研究误差敏感方向，即在通过刀尖的加工表面的法线方向的位移。因此工艺系统刚度定义为：工件加工表面法向分力 F_y 与刀具在切削力作用下，相对工件在该方向上位移 y_n 的比值，即

$$K_{xt} = \frac{F_y}{y_n} \quad (\text{N/mm})$$

法向分力 F_y 一般指切削力在工件径向的分力（如车削或磨削）。法向位移 y_n 一般应包括切削分力 F_y、F_z、F_x 在径向所引起的变形 y，如图9-9所示。F_y、F_z 都引起径向变形。法向位移 y_n 还包括由于零件间的配合间隙所造成的位移。

二、工件的刚度及其对加工精度的影响

工件的刚度较小时，在力的作用下引起的变形对加工精度的影响较大，其变形量可按材料力学公式进行计算。

以车床加工为例，当工件安装在卡盘中加工时，其最大变形量可按悬臂梁计算

$$y_{max} = \frac{F_y L^3}{3EI} \quad (\text{mm})$$

当工件安装在两顶尖之间加工时，其最大变形量可按两点支梁计算

$$y_{max} = \frac{F_y L^3}{48EI} \quad (\text{mm})$$

当工件安装在卡盘中，并用尾座顶尖支承工件时，其最大变形量按静不定公式计算

$$y_{max} = \frac{F_y L^3}{CEI} \quad (\text{mm})$$

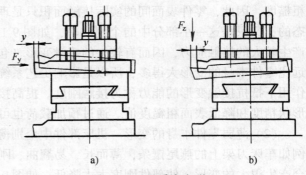

图9-9　刀具受力变形

式中　L——工件长度（mm）；

　　　E——材料弹性模量（N/mm²）；

　　　I——工件截面的惯性矩（mm⁴）；

　　　C——系数 90～100。

例1：在两顶尖间车削尺寸为 $\phi 30 \times 600$mm 的工件，设径向分力 P_y 为294N，$E = 1.96 \times 10^5$ N/mm²，则工件沿长度方向上各处的变形见表9-1。

表9-1　工件沿长度方向上各处的变形　　　　（单位：mm）

离主轴箱距离	0	(1/6) L	(1/3) L	(1/2) L	(2/3) L	(5/6) L	L（尾架处）
变形 y	0	0.052	0.132	0.17	0.132	0.052	0

由此可见，加工后工件的直径最大误差为 $0.17 \times 2 = 0.34$mm，即工件的圆柱度误差为 0.17mm，且呈腰鼓形。

三、机床部件的刚度及其对加工精度的影响

1. 机床刚度的测定

工艺系统中，机床结构比较复杂，是由许多零、部件装配而成。故其受力和变形关系较复杂，其刚度很难用一个数学式来描述，主要通过实验方法进行测定。图 9-10 为车床部件的单向静载测定装置。此法是在机床处于静止状态，模拟切削过程中起决定作用的力，对机床部件施加静载荷并测量其变形量，通过计算求出机床的静刚度。

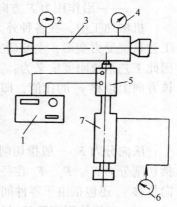

测定装置的工作原理是：在顶尖间安装一根刚性很大的短轴（其受力变形可略去不计）。在刀架上装一螺旋加力器 7，转动螺钉时，刀架与工件之间便产生作用力，其值可由数字测力仪 1 读出。当加力器作用于工件的中点时，主轴箱和尾座各受到 $F_y/2$ 的作用力。此时，主轴箱、尾座和刀架的变形可分别从百分表 2、4、6 读出。根据测量数据可计算出各部件的平均刚度。

这种静刚度测定法，简单易行，但与机床加工时的受力情况出入较大，故一般只用来比较机床部件刚度的高低。

采用三向静载测定法和生产状态测定法较单向静载测定法准确。详细论述可参阅有关书籍。

图 9-10　单向静载测定法

1—数字测力仪　2、4、6—百分表
3—短轴　5—传感器
7—螺旋加力器

2. 影响机床部件刚度的因素

根据试验研究已知，影响机床部件刚度的因素有以下几个方面。

（1）零件接触表面间的接触变形　机械加工后零件的表面总存在着几何形状误差和表面粗糙度，因此，零件表面间的实际接触面积只是理论接触面积的一部分，而真正处于接触状态的，又只是这一小部分中的个别凸峰，如图 9-11 所示。在受外力作用后，这些接触点处产生较大的接触应力，因而有较大的接触变形（包括弹性变形和局部塑性变形）。接触变形远比零件本身的变形大得多，所以是影响工艺系统刚度的一个重要因素。零件接触面在外力作用下抵抗接触变形的能力称为接触刚度。提高接触刚度的一般方法是提高零件表面的几何形状精度和降低表面粗糙度值。通过预加载荷也可以提高接触刚度。

（2）薄弱零件本身的变形　机床部件中个别薄弱零件的变形常使部件的刚度大为降低。例如车床刀架上的燕尾镶条，薄而长，易翘曲，刚度差，加上接触不良，在外力作用下，就会产生很大的变形，使部件刚度大大降低，如图 9-12 所示。

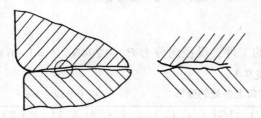

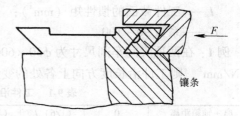

图 9-11　表面间的接触情况　　　　　　图 9-12　机床部件刚度薄弱环节

（3）间隙和摩擦的影响　零件结合面的间隙的影响，主要对载荷方向经常变化的镗床

和铣床的影响较大。当载荷方向改变时，间隙引起位移，从而引起部件刚度降低。如果载荷是单向的，在第一次加载消除间隙后，对加工精度影响较小；当机床承受双向载荷时，其间隙对机床刚度的影响则不可忽视。

零件接触面间的摩擦力对接触刚度的影响，当载荷变动时较为显著。加载时，摩擦力阻止变形增加；卸载时，摩擦力又阻止变形恢复。这样，由于变形的不均匀增减，进而影响加工精度。

3. 机床刚度对工件加工精度的影响

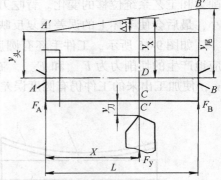

图 9-13　工艺系统变形随切削力位置变化而变化

以车床车削外圆为例，在车床两顶尖间车削短而粗的工件，因为工件刚度大，受力变形很小，可略去不计。工艺系统的变形主要是主轴箱、尾座和刀架的变形。在切削分力 F_y 的作用下，主轴箱位置从 A 移至 A'，尾座从 B 移至 B'，刀架从 C 移至 C'，其位移量分别为 $y_头$、$y_尾$、$y_刀$。此时工件轴心线 AB 移至 $A'B'$，车刀与工件接触处的工件轴心线移动了 y_x 的距离，如图 9-13 所示。

$$y_x = y_头 + \Delta x$$

由相似三角形求得

$$\Delta x = (y_尾 - y_头)\frac{x}{L}$$

故

$$y_x = y_头 + (y_尾 - y_头)(x/L)$$

由切削分力 F_y 所引起的在主轴箱及尾座处的作用力分别为 F_A 和 F_B

$$F_A = F_y \frac{L-x}{L} \qquad F_B = F_y \frac{x}{L}$$

主轴及尾架的变形量为

$$y_头 = \frac{F_A}{K_头} = \frac{F_y}{K_头}\left(\frac{L-x}{L}\right)$$

$$y_尾 = \frac{F_B}{K_尾} = \frac{F_y}{K_尾}\frac{x}{L}$$

代入上式得

$$y_x = \frac{F_y}{K_头}\left(\frac{L-x}{L}\right)^2 + \frac{F_y}{K_尾}\left(\frac{x}{L}\right)^2$$

机床的总位移为

$$y_机 = y_x + y_刀 = F_y\left[\frac{L}{K_刀} + \frac{L}{K_头}\left(\frac{L-x}{L}\right)^2 + \frac{L}{K_尾}\left(\frac{x}{L}\right)^2\right]$$

由上式可以看出，机床的刚度因车刀所处位置的不同而异。例如，通过试验测得机床各部件的刚度 $K_头 = 6 \times 10^4 \text{N/mm}$，$K_尾 = 5 \times 10^4 \text{N/mm}$，$K_刀 = 4 \times 10^4 \text{N/mm}$。

假设 $F_y = 300\text{N}$，工件长度 $L = 600\text{mm}$，工件刚度较大，则机床刚度不足引起的加工误差见表 9-2。

表 9-2　机床刚度不足引起的加工误差

x	0(主轴箱处)	(1/6)L	(1/3)L	(1/2)L	(2/3)L	(5/6)L	L(尾座处)
$y_机$/mm	0.0125	0.0111	0.0104	0.0103	0.0107	0.0118	0.0135

由表 9-2 中数值可知，工件的圆柱度误差为：$0.0135\text{mm} - 0.0103\text{mm} = 0.003\text{mm}$，且工件呈鞍形，如图 9-14 所示。

四、误差复映规律

在切削加工中，由于毛坯存在着形状和位置误差，致使背吃刀量发生变化，从而引起切削力和工艺系统位移的变化。背吃刀量大处，切削力大，造成工艺系统的位移也大，反之则小，最后会使毛坯上的误差重复反映到被加工的工件上去，这种现象称为"误差复映"。

如图 9-15 所示，工件毛坯有圆度误差，在车削中，背吃刀量在 a_{p1} 和 a_{p2} 之间变化，相应地产生的切削力为 F_{ymax} 和 F_{ymin}。在切削力的作用下，刀具的让刀（位移）分别为 y_1 和 y_2，使加工出来的工件仍有圆度误差。

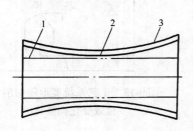

图 9-14　工件在顶尖上车削后的形状
1—机床不变形的理想情况　2—考虑主
轴箱和尾座变形的情况　3—包括
考虑刀架变形在内的情况

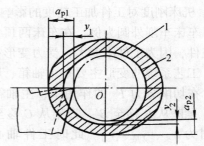

图 9-15　车削时的复映规律
1—机床不变形的理想情况　2—考虑
主轴箱和尾座变形的情况

误差复映的大小计算如下：

毛坯圆度误差

$$\Delta_{毛} = a_{p1} - a_{p2}$$

车削后工件的圆度误差

$$\Delta_{工} = y_1 - y_2$$

$$y_1 = \frac{F_{ymax}}{K_{xt}} \qquad y_2 = \frac{F_{ymin}}{K_{xt}}$$

$$F_y = \lambda C_{Fy} f^{0.75} a_{p1}$$

$$y_1 = \frac{\lambda C_{Fy} f^{0.75}}{K_{xt}} a_{p1} \qquad y_2 = \frac{\lambda C_{Fy} f^{0.75}}{K_{xt}} a_{p2}$$

两式相减得

$$y_1 - y_2 = \frac{\lambda C_{Fy} f^{0.75}}{K_{xt}} (a_{p1} - a_{p2})$$

即

$$\Delta_{工} = \frac{\lambda C_{Fy} f^{0.75}}{K_{xt}} \Delta_{毛}$$

$$\varepsilon = \frac{\Delta_{工}}{\Delta_{毛}} = \frac{\lambda C_{Fy} f^{0.75}}{K_{xt}}$$

式中　λ——F_y/F_z，一般取为 0.4；

C_{Fy}——是与工件材料和刀具几何角度有关的系数，可在有关手册中查得；

f——进给量（mm/r）；

K_{xt}——工艺系统刚度（N/mm）。

ε 表示工件加工误差与毛坯误差之间的比例，称之为"误差复映系数"从式中可以看出，工艺系统刚度越大，ε 就越小，反映到工件上的误差也越小。

当加工分成几次走刀时，多次走刀的 $\varepsilon_{总}$ 的计算如下：$\varepsilon_{总} = \varepsilon_1 \varepsilon_2 \cdots \cdots \varepsilon_n$，$\varepsilon_{总}$ 已降到很小。所以当毛坯误差较大或工件精度要求较高时，要采用多次走刀。

五、其他力引起的加工误差

（1）夹紧力引起的加工误差　工件在装夹过程中，由于刚度较低或着力点不当，都会引起工件的变形而造成加工误差。特别是薄壁套筒等薄壁零件更易引起加工误差。如图 9-16 所示，用三爪自定心卡盘夹持薄壁套筒，假定坯件是正圆形，夹紧后呈三棱形，但松开后套筒弹性恢复，使孔变成三棱形如图 9-16a。为了减少加工误差，可采用开口过渡环如图 9-16b，或采用卡爪如图 9-16c 使夹紧力均匀分布。

（2）重力引起的加工误差

工艺系统中，零部件的自重也会产生变形。如大型立式车床、龙门铣床刀架横梁，由于主轴箱或刀架的重力而产生变形，摇臂钻床的摇臂在主轴箱自重的影响下，产生变形，造成主轴轴线与工作台不垂直，从而影响工件的加工精度。

此外，在切削加工中，高速旋转的零部件（包括夹具、工件和刀具等）的不平衡，将产

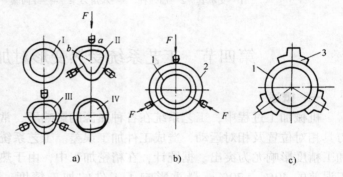

图 9-16　机床部件刚度薄弱环节
Ⅰ—毛坯　Ⅱ—夹紧后　Ⅲ—镗孔后　Ⅳ—松开后
1—工件　2—开口过渡环　3—专用卡爪

生离心力，离心力在每一转中不断地变更方向，造成刀具相对工件的位移变化，结果产生工件的圆度误差。

六、减小工艺系统受力变形的主要措施

减小工艺系统受力变形是保证加工精度的有效措施之一，根据生产实际，可采取以下措施：

（1）提高接触刚度　一般部件的接触刚度大大低于实体零件本身的刚度，所以提高接触刚度是提高工艺系统刚度的关键。常用的方法是改善工艺系统主要零件接触面的配合质量，如机床导轨副的刮研；配研顶尖锥体与主轴和尾座套筒锥孔的配合面；多次修研加工精密零件用的中心孔等。通过刮研改善了配合面的表面粗糙度和形状精度，使实际接触面积增加，接触变形减少，从而有效地提高了接触刚度。

提高接触刚度的另一措施是预加载荷，这样可消除配合件间隙，而且还能使零部件之间有较大的实际接触面积，减小受力后的变形。预加载荷法常用在各类轴承的调整中。

（2）提高工件或刀具刚度，减少受力变形　对刚度较低的工件，如薄壁套筒、细长轴等如何提高工件的刚度是提高加工精度的关键。对细长轴可安装跟刀架或中心架增加工件刚度；在薄壁套筒采用过渡套减小工件变形；在箱体孔系加工中，采用支承镗套增加镗杆刚度。

（3）提高机床部件刚度　加工中常采用一些辅助装置，提高机床部件刚度。图 9-17 为转塔车床采用增强刀架刚度的装置，这是提高机床部件刚度的一种方法。

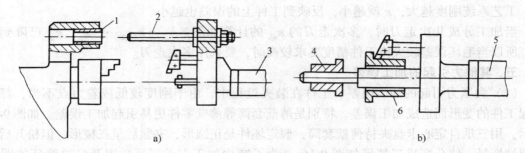

图 9-17　提高部件刚度的装置

1—支承套　2—加强杆　3—六角刀架　4—导向套　5—六角刀架　6—工件

第四节　工艺系统受热变形对加工精度的影响

一、概述

机械加工过程中，工艺系统在各种热源的影响下，常产生复杂的变形，从而破坏工件与刀具相对位置及相对运动，造成工件加工误差。工艺系统的热变形对精密零件及大型零件的加工精度影响尤为突出。据统计，在精密加工中，由于热变形所引起的加工误差，约占总加工误差的 40% ~ 70%，严重影响了工件的加工精度。例如，在螺纹磨床上磨削长度为 3000mm 的丝杠，每次进给后工件将升温 3℃，设钢的线膨胀系数是 $12 \times 10^{-6}/℃$，则工件的伸长量 $\Delta l = 3000 \times 12 \times 10^{-6} \times 3 = 0.10mm$，而 6 级精度丝杠的螺距累积误差，在全长上只允许 0.02mm。由此可以看出热变形的影响程度，热变形还严重影响机床效率。因此，工艺系统热变形问题已成为机械加工技术进一步发展中的重要研究课题。

引起工艺系统热变形的"热源"大体分为两类，即内部热源和外部热源。

内部热源主要指切削热和摩擦热。在车削加工中，大量切削热由切屑带走，传给工件的热量约为 10% ~ 30%，传给刀具的热量约为 1% ~ 5%。在钻、镗等加工中，大量切屑留在孔内，使大量的切削热传入工件，约占 50% 以上。在磨削加工中，由于磨屑带走的热量少，约占 4%，而大部分传给工件，约占 84%。由此可见，切削热对磨削加工的影响尤为严重。

摩擦热主要是机床和液压系统中的运动部件产生的，如电动机、轴承、齿轮、蜗轮等传动副、导轨副、液压泵、阀等运动部分产生的摩擦热。另外，动力源的能量损耗也转化为热，如电动机、液压马达的运转产生热。

外部热源主要是环境温度和辐射热（如阳光、照明灯、取暖设备等）。

二、机床热变形引起的误差

在机械加工中，机床中有相对运动的零部件因摩擦而发热，热量的一部分传给附近的零部件，使之受热而改变尺寸、形状和相互位置。由于热源分布的不均匀和机床结构的复杂性，使机床各部件发生不同程度的热变形，破坏了机床的几何精度，影响了刀具与工件的相互位置和相对运动，从而造成加工误差。

由于各类机床的结构和工作条件相差很大，所以引起机床热变形的热源和变形形式也各不相同。机床热变形对工件加工精度的影响，最主要的是主轴部件、床身导轨以及两者相对位置等方面的热变形影响。

车床类机床的主要热源是主轴箱轴承的摩擦热和主轴箱中油池的发热。这些热量使主轴箱和床身的温度上升，从而造成机床主轴的倾斜。图 9-18 表示一台车床空运转时，主轴的温度和位移的测量结果。主轴在水平方向的位移只有 $10\mu m$ 时，垂直方向的位移却高达 $180 \sim 200\mu m$。这种热变形对于刀具水平安装的普通车床影响甚微，但对于刀具垂直安装的自动车床和转塔车床来说，对工件加工精度的影响就不容忽视了。

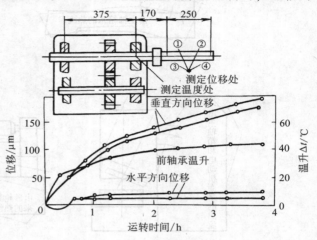

图 9-18　车床主轴箱热变形

对于大型机床如导轨磨床、外圆磨床、立式磨床、龙门铣床等的长床身部件，机床床身的热变形将是影响加工精度的主要因素。由于床身长，床身上表面与底面间的温度差将使床身产生弯曲变形，表面是中凸状，如图 9-19 所示。例如，一台长 12m，高 0.8m 的导轨磨床，床身导轨面与底面温差为 1℃ 时，其热变形的中凸量为 0.22mm，这样，床身导轨的直线度明显受到影响。另外，立柱和滑板也因床身的热变形而产生相应的位置变化。

数控机床（尤其是加工中心）是一种自动化高精度加工机床，零件一次定位装夹后，即可自动进行多工序（步）加工，包括粗加工、半精加工和精加工。由于连续加工时间较长，机床各部件产生的热变形将影响刀具相对工件的位置，从而产生工件加工误差。例如用卧式加工中心加工箱体两端的孔时，转台要回转 180° 镗削，此时的镗削精度取决于主轴中心线和转台回转中心的对中要求。当丝杠由于热伸长便会造成转台中心偏离主轴中心线，例如丝杠温度变化 1℃，在离丝杠固定端 400mm 处就可

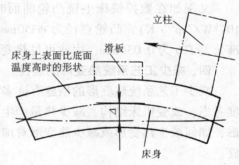

图 9-19　床身纵向温差热效应的影响

伸长 0.0089mm，回转 180° 后镗出的孔中心就要偏离 0.0178mm，这是一个不能忽视的误差。常见几种机床的热变形趋势如图 9-20 所示。

三、工件热变形引起的加工误差

切削加工中，工件的热变形主要是由切削热引起的。对于大型或精密工件，外部热源如环境温度、日光等辐射热的影响也不可忽视。

对于不同形状的工件和不同的加工方法，工件热变形的影响是不同的。

轴类零件在车削或磨削加工时，一般工件受热比较均匀，温度逐渐升高，其直径逐渐增大，增大部分将被刀具切去，故工件冷却后，形成形状和尺寸误差。

精密丝杠磨削时，工件的热伸长会引起螺距累积误差。

在磨削平面时，工件单面受热，由于受热不均匀，上下表面之间形成温差，导致工件上凸。切削时其凸起部分被磨削掉，冷却后工件呈下凹状，形成直线度误差。

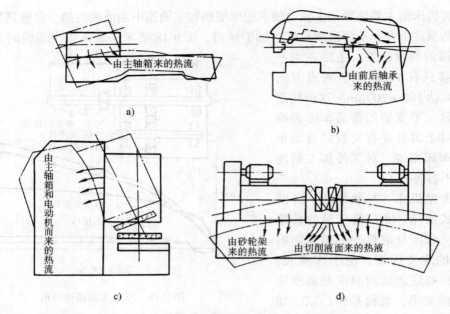

图 9-20　几种机床的热变形趋势
a) 车床　b) 铣床　c) 平面磨床　d) 双端面磨床

又例如在数控铣床上铣凸轮曲面时，工件上下温差达 11°C，如热传导系数为 $11.7 \times 10^{-6} W/(m^2 \cdot K)$，凸轮直径为 $\phi350mm$，则直径方向变形量为 0.045mm，而 $\phi350mm$ 的标准公差 IT6 为 0.036mm，由此可见热变形的严重性。

四、减少工艺系统热变形的途径

减少工艺系统热变形的措施有许多，主要可以通过两种途径来解决，一是从机床设计角度考虑，改变机床结构，减少热量产生或减少热变形对机床的影响；二是从加工工艺角度考虑，如何减少热变形或减少热变形对加工精度的影响。以下为减少工艺系统热变形的工艺措施。

1. 减少切削热或磨削热

通过控制切削用量，合理选择和使用刀具来减少切削热。当零件精度要求高时，还应注意将粗加工和精加工分开进行。例如，刨削大型龙门刨床床身导轨时，粗刨以后接着进行宽刃精刨。此时，粗加工后应停机一段时间，使工艺系统冷却，并将工件放松后再重新夹紧，以减少粗加工发热对加工精度的影响。

2. 加强散热能力

要完全消除热源发热是不可能的，但是，可以采用冷却与散热等措施将大量热量迅速带离工艺系统。

（1）使用大流量切削液或喷雾等方法冷却　可带走大量切削热或磨削热。在精密加工时，为增加冷却效果，控制切削液的温度是很必要的。如大型精密螺纹磨床采用恒温切削液淋浇工件，机床的空心传动丝杠也通入恒温油，以降低工件与传动丝杠的温度，提高加工精度的稳定性，见图 9-21。

（2）采用强制冷却来控制热变形　目前，大型数控机床、加工中心机床普遍用冷冻机对润滑油、切削液进行强制冷却，机床主轴和齿轮箱中产生的热量可由恒温的切削液迅速带走。

（3）保持工艺系统的热平衡 由热变形规律可知，机床刚开始运转的一段时间内（预热期），温升较快，热变形大，当达到热平衡后，热变形逐渐趋于稳定。所以对于精密机床，特别是大型机床，缩短预热期，加速达到热平衡状态，加工精度才易保证。常用的方法一是加工前，让机床高速空运转，使机床迅速达到热平衡。二是可人为给机床局部加热，使其加速达到热平衡。精密加工不仅应在达到热平衡才开始进行，而且应注意连续加工，尽量避免中途停车。

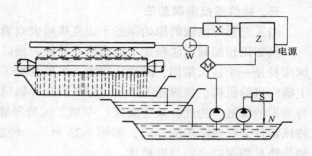

图 9-21　螺纹磨床工件淋浴恒温控制系统

（4）控制环境温度 对于精密机床，一般应安装在恒温车间。如坐标镗床、数控机床等恒温精度一般控制在 ±1°C 以内，精密级 ±0.5°C，超精密级 ±0.01°C。恒温室的平均温度可按季节适当加以调整。如春、秋季为 20°C，夏季为 23°C，冬季为 18°C，这样，对加工质量影响很小，可以节省投资和能源消耗，还有利于工人的健康。

第五节　提高加工精度的措施

机械加工误差是由工艺系统的原始误差引起的。要提高零件的加工精度，可通过采取一定的工艺措施来减少或消除这些误差对加工精度的影响。

一、直接减小或消除误差法

这种方法是生产中应用最广的一种基本方法。它是在查明产生加工误差的主要因素之后，设法对其直接进行消除或减弱。

例如，细长轴的车削加工，因工件刚度低，容易产生弯曲变形和振动。为了减少因切削抗力使工件弯曲变形而产生加工误差，可采用跟刀架或中心架以提高工件的刚度。还可采用反向进给的切削方法，如图 9-22 所示。使 F_x 对细长轴起拉伸作用，同时应用弹性的尾座顶尖，避免将工件压弯。

二、误差转移法

这种方法是采取措施将误差因素转移到不影响加工精度的方面去。

例如，当机床精度达不到加工要求时，常常不是一味提高机床精度，而是在工艺上或夹具上想办法，创造条件，使机床的几何误差转移到不影响加工精度的方向去。如在箱体的孔系加工中，常用镗模夹具来保证工件的位置精度，这

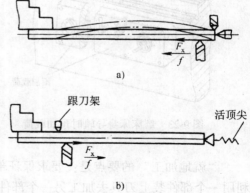

图 9-22　顺向进给和反向进给
车削细长轴的比较
a）顺向进给　b）反向进给

样工件的加工精度就与机床的精度关系不大，而完全取决于镗杆和镗模的制造精度。由于镗模的结构比整台机床简单，制造也相对容易，这样就可以在一般精度的机床上加工出高精度的零件来。

三、补偿或抵消误差法

当工艺系统出现的原始误差不能直接减少或消除时，可采用补偿或抵消的方法。

例如用预加载荷法精加工磨床床身导轨，藉以补偿装配后受部件自重而产生的变形。磨床床身是一个狭长结构，刚度比较差。虽然在加工时床身导轨的三项精度都能达到，但在装上横向进给机构、操纵箱等以后，往往发现导轨精度超差。这是因为这些部件的自重引起床身变形的缘故。为此，某些磨床厂在加工床身导轨时采用"配重"代替部件重量，或者先将该部件装好再磨削的办法，如图 9-23 所示。使加工、装配和使用条件一致。这样，可以使导轨长期保持高的导向精度。

四、就地加工法

在加工和装配中，有些精度问题牵涉到零部件间的关系相当复杂，如果一味地提高零部件本身的精度，有时不仅困难，甚至不可能。若采用"就地加工"的方法，就可能很快地解决看起来非常困难的精度问题。

例如，转塔车床制造中，转塔上六个安装刀架的大孔，其轴心线必须保证和主轴旋转中心重合，而六个面又必须和主轴中心线垂直。如果转塔作为单独零件，加工出这些表面后再装配，要达到上述两项要求是很困难的，因为它包含了很复杂的尺寸链关系。因而实际生产中采用了"就地加工"法。

"就地加工"的办法是，这些表面在装配前不进行精加工，等装配到机床上以后，在主轴上装上镗刀杆和能做径向进给的小刀架，镗六个大孔和车削端面，从而保证了精度，如示意图 9-24 所示。

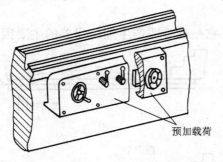

图 9-23　磨床床身导轨时预加载荷

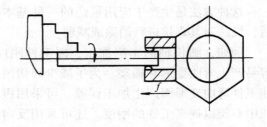

图 9-24　就地加工法

"就地加工"的要点是：要求保证部件间什么样的位置关系，就在这样的位置关系上利用一个部件装上刀具去加工另一个部件。其实质是消除了装配误差等因素对精度的影响。

第六节　机械加工表面质量

零件的机械加工表面质量包含了零件加工后的微观几何形状误差，即表面粗糙度值，以及表面层力学物理性能，即加工硬化、残余应力和金相组织的变化。其质量将影响零件或产品的使用性能和使用寿命，主要表现为耐磨性、接触刚度、配合性质、抗疲劳强度、耐腐蚀性能等方面。

一、表面质量对零件使用性能的影响

（1）表面质量对零件耐磨性的影响　零件的耐磨性与摩擦副的材料、润滑条件和表面质量等因素有关。特别是在前两个条件已确定的前提下，零件表面质量就起着决定性的作用。

当两个零件的表面接触时，其表面凸峰顶部先接触，因而表面愈粗糙，实际接触面积就愈小，凸峰处单位面积压力就会增大，表面磨损更容易。即使在有润滑油的条件下，也会因接触处压强超过油膜张力的临界值，破坏了油膜的形成而加剧表面层的磨损。

表面粗糙度值虽然对摩擦面影响很大，但并不是表面粗糙度数值愈小愈耐磨。从图 9-25 实验曲线可知，表面粗糙度值 R_{a1} 及 R_{a2} 是初期磨损量的一个最佳值。重载时的 R_{a2} 比轻载时的 R_{a1} 值大。表面粗糙度值过大，零件磨损加剧的情况是显而易见的，但当零件表面粗糙度值过小时，紧密接触的两个光滑表面间贮油能力很差，一旦润滑条件恶化，则两表面金属分子间产生较大亲合力，因粘合现象而使表面产生"咬焊"，导致磨损加剧。因此，零件摩擦表面的粗糙度值偏离最佳值太大，无论是过小还是过大，都是不利的，一般 $R_a 0.4 \sim 1.6 \mu m$。

表面层的加工硬化使零件的表面硬度提高，从而表面层处的弹性和塑性变形减小，磨损减小，使零件的表面层金属变脆，甚至出现剥落现象，所以，零件的表面硬化层必须控制在一定范围内。

（2）表面质量对零件抗疲劳强度的影响　表面粗糙度对零件抗疲劳强度有较大的影响。由于表面的微观不平的凹谷处，在交变载荷作用下，容易形成应力集中，产生和加剧疲劳裂纹以至疲劳破坏。实验证明，表面粗糙度值从 $R_a 0.02 \mu m$ 增大到 $R_a 0.2 \mu m$，其抗疲劳强度下降约为 25%。

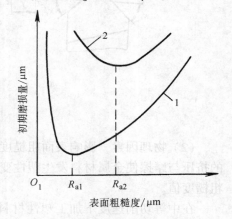

图 9-25　初期磨损量与表面粗糙度
1—轻载荷　2—重载荷

表面层的残余应力对零件抗疲劳强度影响显著，当表面层为残余压应力时，能延缓疲劳裂纹的扩展，提高零件的抗疲劳强度，当表面层为残余拉应力时，容易使零件表面产生裂纹而降低其抗疲劳强度。

加工硬化能提高零件的抗疲劳强度，它不仅能阻止已有裂纹的扩展，而且能防止疲劳裂纹的产生。但硬化过度反使零件的抗疲劳强度降低。

（3）表面质量对零件耐腐蚀性能的影响　表面粗糙度值对零件耐腐蚀性能有很大影响，表面层的凹谷处，容易积聚腐蚀性物质，加速零件的腐蚀作用。因此减小零件表面粗糙度值，可以提高零件的耐腐蚀性能。

表面层残余压应力有助于封闭表面微小的裂纹，使零件的耐腐蚀性增强；而表面残余拉应力则降低零件耐腐蚀性。

（4）表面质量对零件配合性质的影响　表面粗糙度值太大时，对于间隙配合表面，因初期磨损严重，使配合间隙增大，影响了配合精度。对于过盈配合，由于表面上的凸峰被挤平，使配合过盈量减小，同样影响配合精度。

除此之外，表面质量会影响密封零件的密封性和相对运动零件运动的灵活性。

总之，提高表面质量，对保证零件的使用性能，提高零件的寿命是很重要的。

二、影响表面质量的因素

1. 影响表面粗糙度的因素

影响表面粗糙度的因素主要有几何因素和物理因素两个方面以及机床——刀具——工件系统的振动。本节主要阐述几何因素和物理因素的影响。

（1）几何因素　影响表面粗糙度的几何因素是刀具相对工件作进给运动时，在表面遗留下来的切削层残留面积，见图 9-26。切削层残留面积愈大，表面粗糙度值愈大。减小切削层残留面积可通过减小进给量 f，减小刀具的主、副偏角 κ_r、$\kappa_{r'}$，增大刀尖半径 r_e 来实现。此外，提高刀具的刃磨质量，避免刃口的粗糙度在工作表面"复映"，也是降低表面粗糙度值的有效措施。

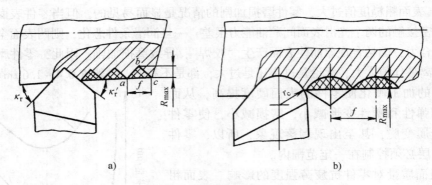

图 9-26　表面残留面积

（2）物理因素　影响表面粗糙度的物理因素是由于在切削过程中刀具的刃口圆角及后面的挤压与摩擦使金属材料发生塑性变形而使理想残留面积挤歪或沟纹加深，因而增大了表面粗糙度值。

在中等切削速度下加工塑性材料（如低碳钢、不锈钢等）时，常常易出现积屑瘤与鳞刺，使加工表面粗糙度值增大。

从物理因素看，要降低表面粗糙度值，主要应采取措施减少加工时的塑性变形，避免产生刀瘤和鳞刺。对此影响最大的是切削速度和被加工材料的性质以及刀具材料。

对于塑性材料，一般情况下，低速（$v_c < 5\text{m/min}$）或高速切削（$v_c > 100\text{m/min}$）时，因不会产生积屑瘤，故加工表面粗糙度值都较小。但在中等切削速度下，塑性材料由于容易产生积屑瘤与鳞刺，且塑性变形较大，因此，加工表面粗糙度值会变大，其变化过程如图 9-27 所示。

对于脆性材料，加工表面粗糙度主要是由于脆性挤裂碎裂而成，与切削速度关系较小。

刀具材料与被加工材料分子的亲和力大时，易生成积屑瘤。实践表明，在切削条件相同时，用硬质合金刀具加工的工件表面粗糙度

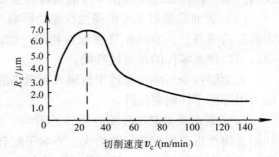

图 9-27　加工塑性材料

比用高速钢刀具为细。用金刚石刀具、立方氮化硼刀具则优于硬质合金。

以上为影响切削加工表面粗糙度的两个主要因素，实际加工中究竟以哪个因素为主，需要根据加工方法进行具体分析。例如，在高速精镗、精车时，如果采用锋利的尖刀及小进给量，加工后表面粗糙度的轮廓曲线很有规律，说明粗糙度主要由几何因素形成；拉孔时产生粗糙度通常是物理因素，可采取相应措施以降低表面粗糙度值。

2. 磨削影响表面粗糙度的因素

磨削表面是由砂轮上大量的磨粒刻划出的无数极细的沟槽形成的。每单位面积上刻痕愈多，即通过每单位面积的磨粒数愈多，刻痕的等高性愈好，则表面粗糙度愈细。

在磨削过程中，由于磨粒大多具有很大的负前角，所以产生了比切削加工大得多的塑性变形，磨粒磨削时，金属材料沿着磨粒侧面流动，形成沟槽的隆起现象，因而增大了表面粗糙度值，如图 9-28 所示。

因此，影响磨削表面粗糙度的主要因素是：

（1）砂轮的粒度　砂轮的粒度愈细，则砂轮单位面积上的磨粒数愈多，因而在工件上的刻痕也愈密而细，所以表面粗糙度值愈低。

（2）砂轮的修整　用金刚石修整砂轮，相当于在砂轮上车出一道螺纹，使磨削的微刃趋于等高。采用修整的砂轮磨削时，可使工件表面的刻痕密而细，则工件表面的粗糙度就愈细。

（3）砂轮速度　提高砂轮速度可增加在工件单位面积上的刻痕，同时，塑性变形造成的隆起的量随着 v 的增大而下降，原因是高速

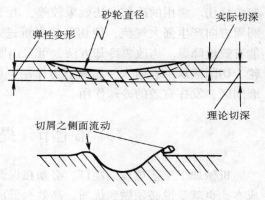

图 9-28　磨粒在工件上的刻痕

下塑性变形的传播速度小于磨削速度，材料来不及变形所致，因而表面粗糙度值可以显著降低。

（4）磨削深度与工件速度　增大磨削深度 a_p 和工件速度 $v_{\text{工}}$，将增大塑性变形的程度，从而增大粗糙度值。所以在磨削后期采用较小的磨削深度或进行无进给磨削，可使磨削表面粗糙度值减小。

工件材料的硬度、切削液的选择等也会影响表面粗糙度。

3. 加工表面的金相组织变化——磨削烧伤

一般的切削加工，切削热大部分被切屑带走，加工表面温升不高，故不影响工件表面层的金相组织。而磨削时，磨粒在高速（一般是 35m/s）下以很大的负前角切削薄层金属，在工件表面引起很大的摩擦和塑性变形，其单位切削功率消耗远远大于一般切削加工。由于消耗的功率大部分转化为热能，故工件表面温升很高，有时高达 1000°C 左右，引起表面层金相组织发生变化，使表面硬度下降，并伴随出现残余应力甚至产生细微裂纹，大大降低零件的物理和力学性能，这种现象称为磨削烧伤。

磨削烧伤时，表面会出现彩色的氧化膜，根据不同的颜色可知烧伤的程度，并非无色就等于没有烧伤。有时通过多次光磨，虽磨掉了表面烧伤的氧化膜，却并未完全去除烧伤层，给工件带来隐患。

影响磨削烧伤的因素和改善措施：

（1）控制磨削用量　减小磨削深度可以减少工件表面的温升，故有利于减轻烧伤。

增加工件进给速度。由于热源作用时间减少，使金相组织来不及变化，因而能减轻烧伤，但会导致表面粗糙度值增加，一般采用提高砂轮速度和较宽的砂轮来弥补。实践证明，同时提高工件速度和砂轮速度可减轻工件表面烧伤。

（2）合理选择砂轮并及时修整　砂轮的粒度愈细，硬度愈高时，自砺性差，则磨削温度增高。砂轮组织太紧密时，磨屑堵塞砂轮，容易出现烧伤。

砂轮钝化时，大多数磨粒只在加工表面挤压和摩擦而不起切削作用，使磨削温度增高，故应及时修整砂轮。

（3）改善冷却方法　采用切削液可带走磨削区的热量，避免烧伤。常用的冷却方法效果较差，由于砂轮高速旋转时，圆周方向产生强大气流，使切削液很难进入磨削区，因此不能有效地降温。为改善冷却方法，可采用图9-29的内冷却砂轮。切削液从中心通入，靠离心力作用，切削液可直接浸入磨削区，发挥有效的冷却作用。

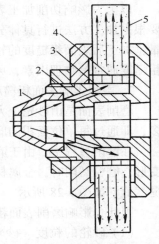

图9-29　内冷却砂轮结构
1—锥形盖　2—切削液通孔
3—砂轮中心腔　4—有径向
小孔的薄壁套　5—砂轮

第七节　提高生产率的途径

机械加工工艺规程的制订，必须在保证零件质量要求的前提下，提高劳动生产率和降低成本。也就是说必须做到优质、高效、低成本。

劳动生产率是指一个工人在单位时间内生产出的合格产品的数量，或者指用于制造单件产品所消耗的劳动时间。提高生产率是企业的一项根本任务，它涉及到企业的生产管理和组织，同时也涉及到设备、工艺、材料等机械制造技术问题。本节仅讨论与机械加工有关的提高劳动生产率的途径。

一、缩短单件时间定额

在零件机械加工中，完成一个零件一道加工工序所需的时间，主要由两部分组成：一是基本时间 T_j，通常是指从工件上切去金属层所消耗的时间；二是辅助时间 T_f，通常是指装卸工件、操作机床、改变切削用量、试切和测量工件等所消耗的时间。所以要提高劳动生产率，就应尽量缩短基本时间与辅助时间。

1. 缩短基本时间

缩短基本时间的主要措施有：

（1）提高切削用量。基本时间可以用公式来计算。以车削为例：

$$T_{基} = \frac{L}{nf} \times \frac{h}{a_p} = \frac{\pi D L}{1000 v f} \times \frac{h}{a_p}$$

式中　L——切削长度（mm）；

　　　D——切削直径（mm）；

　　　h——加工余量（mm）；

　　　v——切削速度（m/min）；

f——进给量（mm/r）；

a_p——背吃刀量（mm）。

由此可见,提高切削速度、进给量和背吃刀量都可以缩短基本时间,这是广泛采用的有效方法。

刀具材料的发明和发展,使切削速度可大大提高,例如:高速滚齿机的切削速度为每分钟300多米;磨削速度可达每秒100m以上;在高速的插齿机上,一个齿轮的加工时间仅几十秒。

在高功率与高刚度的切削机床上,一次背吃刀量可达十几毫米,使生产率大大提高。

（2）采用多刀多件加工 利用几把刀具或复合刀具对工件的几个表面同时加工,可大大减少基本时间。多件加工常见于滚齿、插齿加工和平面磨削、铣削、刨削等。图9-30所示为多件加工示意图。

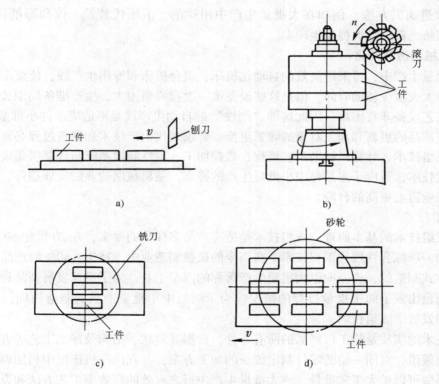

图9-30 多件加工示意图
a）刨削 b）滚齿 c）铣削 d）磨削

2. 缩短辅助时间

缩短辅助时间常见的工艺措施有：

（1）采用先进夹具 采用先进夹具不仅能保证加工质量,同时大大节省工件的装卸找正时间。在大批量生产中应采用高效率的气动、液压快速夹具;单件小批生产中,应该实行成组工艺,采用成组夹具或通用可调夹具。

（2）采用各种快速换刀、自动换刀装置 例如钻、镗床上不需停车即可装卸钻头的快换夹头;车床、铣床上广泛采用不重磨硬质合金刀片;机外对刀的快换刀夹及数控机床上采用的自动换刀装置等,可节省刀具的装卸、刃磨和对刀的辅助时间。

（3）采用自动测量装置 自动测量装置能在加工过程中测量工件的实际尺寸,并能由测量结果控制机床的自动循环，从而节约了停机测量的时间，不仅提高了生产率，同时也有利于提高加工精度。

二、采用先进工艺方法

采用先进工艺或新工艺可成倍地、甚至十几倍地提高生产率。

（1）特种加工应用　电火花加工、线切割加工、电解加工等特种加工方法对于难加工材料及复杂型面的加工能极大地提高生产率。

（2）采用毛坯制造新工艺　在毛坯制造中采用冷挤压、粉末冶金、压力铸造、精锻等新工艺，能大大提高毛坯精度，能减少大部分切削劳动量，提高生产率效果十分明显，同时节省了大量金属材料。

（3）改进加工方法　例如在大批量生产中用拉削、滚压代替铣、铰和磨削；用精刨、精磨代替刮研，都可大大提高生产率。

三、机械制造自动化

在大批量生产中，可采用高效的自动化机床、组合机床和专用生产线，使整个加工过程自动进行，大大减少辅助时间。但是这些设备第一次投资费用大，生产准备周期长，经常更改与调整工艺设备非常困难。因此这种"刚性"的自动生产线是不适应单件小批量生产的。

为适应产品的更新和加工对象的频繁更换，要求现代生产技术和制造过程必须拥有较高的柔性。成组技术、计算机辅助工艺规程、数控加工、柔性制造系统与计算机集成制造系统等现代制造技术，适应了多品种中小批量生产的特点，是机械制造业的发展趋势，它将推动我国机械工业迈上更高的台阶。

1. 成组技术

（1）成组技术的基本原理　成组技术是适应产品多样化的要求，在20世纪50年代迅速发展起来的一项综合性现代工程技术。在当今的机械制造业中，75%～80%的产品是以中小批量生产方式制造的，连一向以大批量生产著称的汽车工业，为了迅速发展新品种，提高竞争力，目前也出现了向中批量过渡的情况。为了缩短中小批量产品的制造周期，提高生产率，产生和发展了成组技术。

成组技术的实质是将工厂产品的所有零件，根据其形状、结构及加工工艺等方面的相似性进行分类编组，对同一组的零件制定统一的加工方案，并在同一机床组中稍加调整后加工出来。这样做可以扩大工艺批量，使大批量生产中行之有效的高效率工艺方法和设备可以应用到中小批生产中去，从而提高中小批生产企业的劳动生产率。图9-31为结构相似性零件。

随着计算机技术和数控技术的发展，成组技术与之相结合，大大推动了中小批量生产的自动化进程。成组技术成了进一步发展计算机辅助设计、计算机辅助工艺规程编制和计算机辅助制造

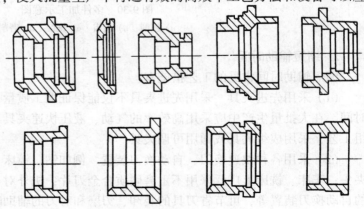

图9-31　结构相似的零件组

等方面的重要基础。

（2）零件分类编码系统　零件分类编码是实施成组技术的重要手段。它是用数字表示零件的形状特征和工艺特征，以便采用一定数列的字码来表示这些零件。目前，国内外的分类编码系统很多，常用的有德国的奥匹兹零件分类编码系统，我国制订了"机械工业成组技术零件分类编码系统"（JLBM-1系统）。

JLBM-1系统结构如图9-32所示。采用15个码位表示，由名称、类别、形状与加工和辅码部分组成。提供了零件的功能、几何形状要素、尺寸、材料毛坯、热处理、精度和部分加工信息。

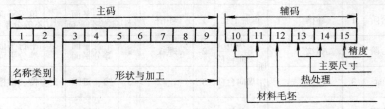

图9-32　JLBM系统的基本结构

该系统的名称类别主要反映零件的功能和主要形状，由1、2码位构成，分回转类零件和非回转类零件两大类。第3～9位表示零件的形状与加工特征，用来说明零件外部形状及加工；内部形状及加工；平面端面和辅助加工。辅码用第10～15位六个码位，表示零件的材料、毛坯、热处理、主要尺寸和精度等级等有关信息。其中第15位精度码主要反映不加工、低精度、高精度和超精度四档。

表9-3至表9-7为JLBM-1系统编码分类表。

表9-3　各种类别矩阵表（第一～二位）

第一位		第二位 0	1	2	3	4	5	6	7	8	9	
0	回转类零件	轮盘类	盘、盖	防护盖	法兰盘	带轮	手轮捏手	离合器体	分度盘刻度盘环	滚轮	活塞	其他	0
1		环套类	垫圈片	环、套	螺母	衬套轴套	外螺纹套直管接头	法兰套	半联轴节	油缸气缸		其他	1
2		销、杆、轴类	销、堵、短圆柱	圆杆圆管	螺杆螺栓螺钉	阀杆阀芯活塞杆	短轴	长轴	蜗杆丝杠	手把手柄操纵杆		其他	2
3		齿轮类	圆柱外齿轮	圆柱内齿轮	锥齿轮	蜗轮	链轮棘轮	螺旋锥齿轮	复合齿轮	圆柱齿条		其他	3
4		异形件	异形盘套	弯管接头弯头	偏心件	扇形件弓形件	叉形接头叉轴	凸轮凸轮轴	阀体			其他	4
5		专用件										其他	5
6	非回转类零件	杆条类	杆、条	杠杆摆杆	连杆	撑杆拉杆	板手	键镶（压）条	梁	齿条	拨叉	其他	6
7		板块类	板、块	防护板盖板门板	支承板垫板	压板连接板	定位块棘爪	导向块滑块板	阀块分油器	凸轮板		其他	7
8		座架类	轴承座	支座	弯板	底座机架	支架					其他	8
9		箱壳体类	罩、盖	容器	壳体	箱体	立柱	机身	工作台			其他	9

表 9-4 回转类零件分类表（第三～九位）

码位	三	四	五	六	七	八	九	
特征	外部形状及加工		内部形状及加工		平面、曲面加工		辅助加工（非同轴线孔、成形、刻线）	
项号	基本形状	功能要素	基本形状	功能要素	外（端）面	内面		
0	光滑	0 无	0 无轴线孔	0 无	0 无	0 无	0	无
1	单向台阶	1 环槽	1 非加工孔	1 环槽	1 单一平面 不等分平面	1 单一平面 不等分平面	1 均布孔	轴向
2	单一轴线 双向台阶	2 螺纹	2 光滑 单向台阶	2 螺纹	2 平行平面 等分平面	2 平行平面 等分平面	2	径向
3	球、面	3 1+2	3 通孔盲孔 双向台阶	3 1+2	3 槽、键槽	3 槽、键槽	3 非均布孔	轴向
4	正多边形	4 锥面	4 单侧	4 锥面	4 花键	4 花键	4	径向
5	非圆对称截面	5 1+4	5 双侧	5 1+4	5 齿形	5 齿形	5	倾斜孔
6	弓、扇形或4、5以外	6 2+4	6 球、曲面	6 2+4	6 2+5	6 3+5	6	各种孔组合
7	多轴线 平行轴线	7 1+2+4	7 深孔	7 1+2+4	7 3+5或4+5	7 4+5	7	成形
8	弯曲、相交轴线	8 传动螺纹	8 相交孔平行孔	8 传动螺纹	8 曲面	8 曲面	8	机械刻线
9	其他	9 其他	9 其他	9 其他	9 其他	9 其他	9	

表 9-5 材料、毛坯、热处理分类表（第十～十二位）

代码	十	十一	十二
项目	材料	毛坯原始形状	热处理
0	灰铸铁	棒材	无
1	特殊铸铁	冷拉材	发蓝
2	普通碳钢	管材（异形管）	退火、正火及时效
3	优质碳钢	型材	调质
4	合金钢	板材	淬火
5	铜和铜合金	铸件	高、中、工频淬火
6	铝和铝合金	锻件	渗碳+4或5
7	其他有色金属及其合金	铆焊件	渗氮处理
8	非金属	铸塑成型件	电镀
9	其他	其他	其他

表9-6 非回转体零件分类表（第三~九位）

码位	三		四		五		六		七		八		九	
	外部形状及加工								主孔、内部形状及加工				辅助加工（辅助孔、成形）	
	总体形状		平面加工		曲面加工		外形要素加工		主孔及要素加工		内部平面加工			
0	轮廓边缘由直线组成	0	无	0	无	0	无	0	无	0	无	0	无	0
1	（无弯曲）轮廓边缘由直线和曲线组成	1	一侧平面及台阶平面	1	回转面加工	1	外部一般直线沟槽	1	（无螺纹）光滑、单向台阶或单向盲孔	1	单一轴向沟槽	1	（单方向均布孔）圆周排列的孔	1
2	板或条与圆柱体组合	2	二侧平行平面及台阶平面	2	回转定位槽	2	直线定位导向槽	2	双向台阶双向盲孔	2	多个轴向沟槽	2	直线排列的孔	2
3	（条·有弯曲）轮廓边缘由直线或直线+曲线组成	3	（双向平面）直交面	3	一般曲线沟槽	3	直线定位导向凸起	3	（主轴线）多平行轴线	3	内花键	3	二个方向配置孔	3
4	板或条与圆柱体组合	4	斜交面	4	简单曲面	4	1+2	4	垂直或相交轴线	4	内等分平面	4	多个方向配置孔	4
6	（块）形状	5	二个二侧平行平面（即四面需加工）	5	复合曲面	5	2+3	5	（有螺纹·主孔内）单一轴线	5	1+3	5	（非均匀布成形）单个方向排列的孔	5
7	（箱壳座架·无分离面）有分离面	6	（多向平面）2+3或3+5	6	1+4	6	1+3或1+2+3	6	多轴线	6	2+3	6	多个方向排列的孔	6
8	矩形体组合	7	六个平面需加工	7	2+4	7	齿形齿纹	7	有其他功能单一轴线（功能锥、功能槽、球面、曲面等）	7	定形孔	7	无辅助孔	7
9	（有分离面）矩形体与圆柱体组合	8	斜交面	8	3+4	8	刻线	8	多轴线	8	内腔平面及窗口平面加工	8	有辅助孔	8
9	其他	9	其他	9	其他	9	其他	9	其他	9	其他	9	其他	9

零件可根据上述系统分类表进行编码。下面举例说明：

例2 回转类零件编码，如图9-33所示。

例3 非回转类零件编码，如图9-34所示。

（3）成组工艺过程分析 成组工艺是为一组零件设计的，因此该工艺过程应具有高质量和覆盖性，目前常用的成组工艺设计方案有以下两种。

1）复合零件法 复合零件法，顾名思义是利用一种所谓的复合零件来设计成组工艺的方法。复合零件既可以是一个从零件组中实际存在的某个具体零件，也可以是一个实际上并不存在而纯属人为虚拟的假想零件。无论如何，作为复合零件都必须拥有同组零件的全部待加工的表面要素。所以按复合零件设计的成组工艺，自然便能据此加工零件组内所有的零件，只是需要从成组工艺中删除不为某一零件所用的工序或工步内容，便形成该零件的加工工艺。

复合零件法一般适用于回转体零件，图9-35即成组工艺中的各同组零件及其复合零件。

对于非回转体零件来说，因其形状极不规则，复合零件很难建立，常采用复合路线法。

表 9-7　主要尺寸、精度分类表（第十三～十五位）

十三			十四			十五		
	主　要　尺　寸							
项目	直径或宽度（D 或 B）/mm			长度（L 或 A）/mm			项目	精　度	
	大型	中型	小型	大型	中型	小型			
0	≤14	≤8	≤3	≤50	≤18	≤10	0	低精度	
1	>14~20	>8~14	>3~6	>50~120	>18~30	>10~16	1	中等精度	内外回转面加工
2	>20~58	>14~20	>6~10	>120~250	>30~50	>16~25	2		平面加工
3	>58~90	>20~30	>10~18	>250~500	>50~120	>25~40	3		1+2
4	>90~160	>30~58	>18~30	>500~800	>120~250	>40~60	4	高精度	外回转面加工
5	>160~400	>58~90	>30~45	>800~1250	>250~500	>60~85	5		内回转面加工
6	>400~630	>90~160	>45~65	>1250~2000	>500~800	>85~120	6		4+5
7	>630~1000	>160~440	>65~90	>2000~3150	>800~1250	>120~160	7		平面加工
8	>1000~1600	>440~630	>90~120	>3150~5000	>1250~2000	>160~200	8		4 或 5、或 6 加 7
9	>1600	>630	>120	>5000	>200	>200	9		超高精度

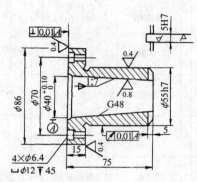

名称：锥度套　　材料：45锻件

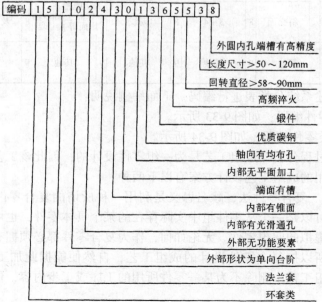

图 9-33　回转类零件

295

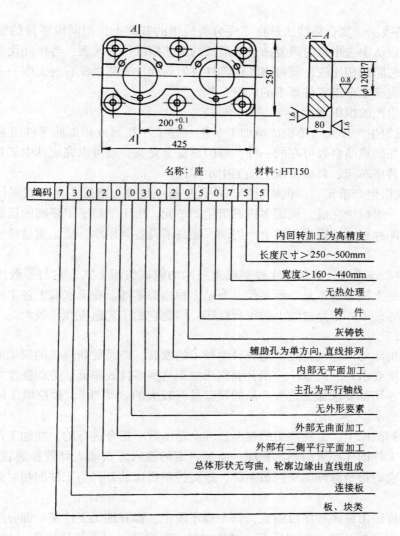

名称：座　　　材料：HT150

编码	7	3	0	2	0	0	3	0	2	0	5	0	7	5	5

内回转加工为高精度

长度尺寸＞250～500mm

宽度＞160～440mm

无热处理

铸件

灰铸铁

辅助孔为单方向，直线排列

内部无平面加工

主孔为平行轴线

无外形要素

外部无曲面加工

外部有二侧平行平面加工

总体形状无弯曲，轮廓边缘由直线组成

连接板

板、块类

图 9-34　非回转类零件

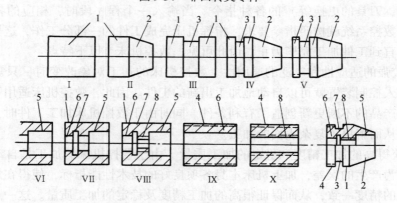

图 9-35　复合零件的确定

1—外圆柱表面　2—外圆锥表面　3—外凹槽　4—外螺纹
5—内圆柱　6—圆柱孔　7—内沟槽　8—内螺纹

2）复合路线法　复合路线法是在零件分类成组的基础上，把同组零件的工艺过程卡收集在一起，然后从中选出组内最复杂也即最长的工艺路线作为代表，再将此代表路线与组内其他零件的工艺路线相比较，便可将其他零件有的而此代表路线没有的工序一一添入，这样便可最终得出能满足全组零件要求的成组工艺。

（4）成组生产的组织形式

1）单机成组生产单元　单机成组加工是把一些工序相同或相似的零件组进行加工。它的特点是从毛坯到成品多数可在同一种类型的设备上完成，也可以完成其中某几道工序的加工。例如，在转塔车床、自动车床上加工中小零件。

2）多机成组生产单元　多机成组生产单元是指一组或几组工艺上相似零件的全部工艺过程由相应的一组机床完成。采用多机成组生产单元，由于缩短了工序间的运输距离，从而减少在制品的库存量，缩短零件的生产周期，提高了设备利用率，加工质量稳定，生产效率显著提高。

3）成组生产流水线　成组流水线是成组技术的较高组织形式。它与一般流水线的主要区别在于生产线上流动的不是一种零件，而是多种相似零件。在流水线上各工序的节拍基本一致，每一种零件不一定经过线上的每台机床，因此它的工艺适应性比较大。

2. 数控加工

（1）数控机床的产生及特点　随着科学技术的发展，产品更新换代的周期缩短，形状日趋复杂，且精度要求高、批量小。用普通机床加工这些零件效率低、劳动强度大，有时甚至难以加工。这一切都要求加工这些产品的设备具有较大的"柔性"，数控机床的产生与发展即满足了这些要求。

在数字控制机床上，工件加工的整个过程全是由数字指令进行的。在加工前要用指定的数字代码按照工件图样要求编制出程序，通过一定的输入方式输入到数控装置，经过译码、运算，输出相应的指令脉冲驱动伺服系统，进而控制机床的刀具与工件的相对运动，加工出所需要的工件。

零件加工程序由许多程序段组成，每个程序段中，都有加工工件某一部分所需的各种数据信息（加工段的长度、切削速度、进给方向、进给量）以及机床操作（如主轴的开停、切削液的通断、刀具的更换等）的各种指令。当输入一个程序段时，相应的各种数据就进入数控系统，数控系统就按照指令要求，指挥机床完成工件的一部分工作，这样一步步自动地进行加工，直到工件加工完毕为止。由此可见，数控机床有以下特点：

1）具有较强的适应性和广泛的通用性　数控机床的加工对象改变时，只需重新编制相应的程序，输入控制装置就可以自动地加工出新的工件。因此，数控机床适用于加工零件品种的转换，对产品的不断更新创造了有利条件。同时由于数控机床加工工件时，可以实现几个坐标联动，从而解决了复杂表面的加工。

2）能够获得高的加工精度和稳定的加工质量　由于数控机床的加工是自动进行的，消除了操作者人为产生的误差，加上机床本身各项良好的技术性能指标，使得在加工一批零件时，保证零件的精度一致，从而保证很高的加工精度及稳定的加工质量。这一点对于大批量生产来说尤为重要。所以目前数控机床不仅适用于多品种小批量零件的加工，在大批量生产（如汽车零件制造）的专用设备中也广泛应用了数控加工，大大提高了零件加工质量的稳定性，从而保证了产品质量稳定可靠。

3）具有较高的生产率　数控机床的功率和机床刚度都比普通机床高，允许进行大切削用量的强力切削，主轴和进给大都采用无级变速，可以达到切削用量的最佳值，这就有效地缩短了机动时间。

数控机床在程序指令控制下，已毋须停车，即可以自动换刀、自动变换切削用量、快速进退等，因而大大缩短了辅助时间。在数控加工过程中，由于可以自动控制工件的加工尺寸和精度，一般只需作首件检验或工序间关键尺寸的抽样检验，因而可减少停机检验时间。

在具有自动换刀装置的加工中心机床上，一次装夹可以完成大部分加工工序，有效地提高了生产率。

4）减轻工人劳动强度，改善劳动条件　数控机床加工是自动进行的，加工过程中不需要人工干预，加工完毕即自动停车，使工人的劳动条件大为改善。

5）便于现代化的生产管理　数控机床使用数字信号与标准代码作为输入信号，适于与计算机连接。所以它为计算机控制与管理生产创造了条件。数控机床已成为计算机辅助设计、制造和管理一体化的基础。

（2）数控机床的加工过程　数控机床加工零件的主要步骤是：

1）根据工件工作图中所规定的零件的形状、尺寸、材料及技术要求等，进行程序设计。

2）使用数控装置所能识别的文字和数字代码，编制程序单。

3）通过一定的输入方式将数控指令或设定参数送入数控装置。

4）数控装置根据数字信号，进行一系列运算和控制处理，将结果以脉冲信号形式送往机床的伺服机构（如步进电机、直流伺服电机、电液脉冲马达等）。

5）伺服机构驱动机床的运动部件，按规定的顺序、速度和位移量进行加工，制造出符合图样要求的零件。

（3）数控机床加工程序的编制　程序编制，就是根据加工零件图样要求，用规定的代码和程序格式，把工件的全部工艺过程、工艺参数、刀具位移量及其他辅助动作，编制成加工程序清单，并将其全部内容记录在信息载体上的全过程。将编制的程序输入数控装置的方式可有三种：一是按所编程序清单制作穿孔纸带，通过光电读带机输入；二是直接通过数控机床上的键盘输入程序；三是将程序存储在磁盘上，通过与数控机床连接的计算机调用输入。

程序编制的方法有手工编程和计算机辅助自动编程两种。

手工编程即从零件工艺过程编制、工艺参数的选择、加工轨迹中各坐标点的计算、填写程序单及穿孔等工作，全由人工完成。由于在编程中需进行繁重复杂的运算，因而手工编程的效率低，而且在编程过程中很容易产生人为的错误，同时检查、修改程序不方便，故应用于形状简单的零件。

自动编程是利用计算机及相应软件来完成的。自动编程中编程人员根据零件图样和工艺过程用规定的易记语言，手工编写一个零件的源程序输给计算机，计算机经过翻译处理和刀具运动轨迹计算，即可确定刀具位置的一系列数据，再经过软件后置处理生成符合数控机床所要求的零件加工程序代码。所编的程序可通过屏幕进行静态或动态图形模拟、检查程序的正确与否。若有错误，只需重新调出零件的源程序进行编辑修改，直至结果满足图样要求为止。采用交互式 CAD/CAM 系统软件，计算机可直接根据辅助设计（CAD）后零件的各参数，通过简单的人机对话，自动生成数控加工程序。

至于有关详细编程的指令、方法及介质制作等，在有关数控加工的教材中将会详细论述。

3. 计算机辅助工艺设计

（1）计算机辅助工艺设计的概念

工艺设计主要是在分析和处理大量信息的基础上进行选择（加工方法、机床、刀具、加工顺序等）、计算（加工余量、工序尺寸、公差、切削参数、时间定额等）、绘图（工序图）以及编制工艺文件等。而计算机能有效地管理大量的数据，进行快速、准确的计算，进行各种形式的比较和选择，能自动绘图和编制表格文件等。这些功能恰恰能适应工艺设计的需要，于是出现了计算机辅助工艺设计（Computer Aided Process Planning），简称 CAPP。CAPP 不仅能实现工艺设计自动化，还能把生产实践中行之有效的若干工艺设计原则及方法转换成工艺设计决策模型，并建立科学的决策逻辑，从而编制出最优的制造方案。

（2）CAPP 的结构及功能

1）CAPP 的结构。一个比较完整的 CAPP 系统的组成，大约包括 6 个模块和若干个库，见图 9-36。

①输入模块　零件的信息可以来自人工输入或者来自现有 CAD 转换信息接口或直接来自集成环境下统一的产品数据模型。

②生成工艺规程模块。包括生成表头表尾、毛坯选择、加工方法选择、工序安排、机床及刀夹量具的选择、工序图生成及尺寸链计算、刀具加工轨迹生成、NC 指令生成、时间与成本计算等子模块。

③输出模块。可以输出工艺流程卡、工艺规程、时间定额、刀具轨迹模拟显示、NC 加工指令、工序图以及其他工艺文件。

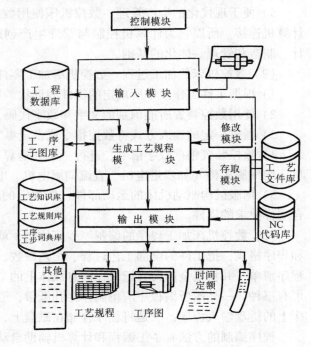

图 9-36　CAPP 系统基本结构框图

④修改模块。进行现有工艺规程的修改。

⑤存取模块。再现已有工艺规程与存储新工艺规程。

⑥控制模块。控制和管理整个系统。

⑦各类库存信息。有工程数据库（包括材料、加工方法、机床、刀具、装夹方法、切削条件等）、工序工步词典库、工序子图库、工艺知识库、工艺规则库、工艺文件库、NC代码库等。

完整的 CAPP 系统，还涉及 CAPP 需要的所有库存信息、应用模块、控制机制与全部功能。由于在任何生产环境下，不同的阶段产生不同的工艺设计功能，并不一定所有的 CAPP 系统都必须包括上述内容，可以包含其中的一部分或大部分库存信息与功能模块，完成一部分或大部分功能。

2）CAPP 的功能　从国内外已经发表的 CAPP 系统可以看出，它们主要具有以下功能：

①接收输入或生成零件图上的几何信息、工艺信息和测量信息。

②检索标准工艺文件。

③选择加工方法。

④安排加工路线。

⑤选择机床、刀具、夹具等。

⑥选择切削用量。

⑦计算切削参数、加工时间和加工费用等。

⑧进行工艺流程的优化及多工序、单工序切削用量的优化。

⑨确定工序尺寸和公差及选择毛坯等。

⑩绘制工序图。

⑪产生刀具运动轨迹，自动进行 NC 编程。

⑫模拟加工过程，显示刀具运动轨迹。

其中有些功能是所有的 CAPP 系统都具备的，而有些功能则是部分系统所具备的。

（3）CAPP 系统的工作原理　国内外已经开发和正在研究的 CAPP 系统，其基本原理可分为三类：派生法、创成法和混合法。

1）派生法　这种工艺设计系统是利用零件的工艺相似性，通过检索和修改标准工艺（典型工艺）来制定相应的工艺，所以也称之为检索式或变异式工艺设计系统。

建立这类系统时，要对现有零件按相似性原则进行分组，形成零件族，建立零件族特征矩阵，为每个零件族制定标准（典型）工艺和相应的检索方法与逻辑，这些信息数据均预先存入计算机数据库中。

当为某一个零件进行工艺设计时，就运行该 CAPP 程序。首先人机交互输入零件的几何和工艺特征信息，计算机通过对零件族特征矩阵的检索，查明此零件所属零件族，并调出相应的标准（典型）工艺，然后再根据具体的加工要求，对标准（典型）工艺进行选择、删除和编辑，以获得具体零件的工艺规程。

2）创成法　这种工艺设计系统是利用输入的几何和工艺等信息与一定的决策规则相结合，按逻辑推理方式实现工艺设计。其要点如下：

①预先将与零件工艺设计有关的工艺决策规则，存储于计算机系统数据库或知识库中。

②输入零件图形及其加工要求等信息。

③计算机进行逻辑判断，自动生成零件工艺。

④根据有关输入数据，计算机计算工序尺寸、加工余量、切削用量、时间定额等。

⑤实现工艺过程的优化。

3）混合法　这种工艺设计系统沿用以派生法为主的检索-编辑原理，当零件不能归入系统已存在的零件族时，则转向创成式的决策逻辑原理。

4. 柔性制造系统（FMS）和计算机集成制造系统（CIMS）

（1）柔性制造系统（FMS）　柔性制造系统是计算机辅助制造发展到现阶段出现的一种先进的机械加工系统。在柔性制造系统中的各种加工设备可在装置不变的情况下，通过计算机程序控制，同时加工各种不同的零件。因此，它具有较大程度的柔性（加工可变性），使多品种、小批量生产实现自动化成为可能。

柔性制造系统由加工、物流和信息流三个系统组成，如图 9-37 所示。

加工系统实施对产品零件的加工，在 FMS 上大多采用可以自动换刀的加工中心或其他数控机床。

物流系统主要完成毛坯、夹具、工件等的出入库和装卸工件。物流系统所需设备主要是机器人、自动小车、随行夹具系统和传送带等。

信息流实施对整个 FMS 的控制和监督。实际是由中央管理计算机对各设备实现控制。

（2）计算机集成制造系统（CIMS） 计算机集成制造系统是在自动化技术、信息技术基础上，通过计算机及其软件科学，将工厂企业内部生产活动所需的各自分散的自动化系统有机地集成起来，从而成为适用于多品种、中小批量生产的高效益、高柔性的智能制造系统。也是一种最新的生产模式。

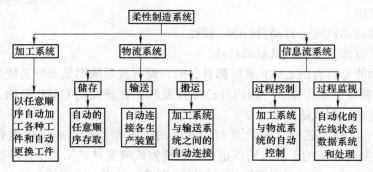

图 9-37 柔性制造系统组成框图

复习思考题

1. 零件的加工精度应包括哪些内容？加工精度的获得取决于哪些因素？

2. 机床主轴的回转误差有哪几种形式？举例说明各种误差因素如何影响工件加工精度？

3. 机床导轨误差有哪几种形式？为什么对普通卧式车床床身导轨在水平面的直线度要求高于在垂直面的直线度要求？而对平面磨床的床身导轨其要求则相反？对镗床导轨的直线度的要求如何？

4. 在车床上加工圆盘件的端面时，有时会出现圆锥面（中凸或中凹）、或端面凸轮似的形状（如螺旋面），试从机床几何误差的影响，分析造成图 9-38 所示端面几何形状误差的原因是什么？

5. 在车床上用两顶尖安装工件，车削细长轴时，出现图 9-39a、b、c 所示的误差是什么原因？并指出分别采用什么办法加以消除或减少？

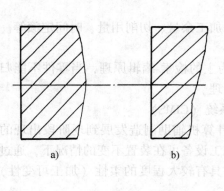

图 9-38

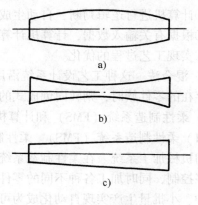

图 9-39

6. 加工外圆、内孔与平面时，机床传动链误差对加工精度有否影响？在怎样的加工场合下，需考虑机床传动链误差对加工精度的影响？

7. 简述工艺系统受力变形和热变形对零件加工精度的影响。

8. 在车床上加工心轴（图9-40）时，粗、精车外圆 A 及肩台面 B，经检测发现 A 有圆柱度误差，B 对 A 有垂直度误差。试从机床几何误差的影响，分析产生以上误差的主要原因有哪些？

9. 在卧式铣床上铣削键槽（图9-41），经测量发现靠工件两端深度大于中间，且都比调整的深度尺寸小，试分析产生这一现象的原因。

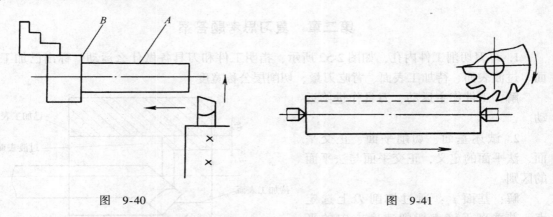

图 9-40   图 9-41

10. 机械加工表面质量的含义包括哪些主要内容？试举例说明机器零件的表面质量对其使用寿命及工作精度的影响。

11. 为什么会产生磨削烧伤？它们对零件的使用性能有何影响？试举例说明减少磨削烧伤的办法有哪些？

12. 切削加工中减小表面粗糙度的工艺措施有哪些？

13. 磨削时减小表面粗糙度的工艺措施有哪些？

14. 数控加工时影响加工精度有哪些因素，应采取什么措施？

15. 何谓数控加工？简述数控加工的工作原理。

16. 对大批量生产和中小批量生产如何实现加工自动化？它们之间有何区别？

17. 简述计算机辅助工艺规程编制（CAPP）的工作原理和应用。

附录　复习思考题答案

第一章　复习思考题答案（略）

第二章　复习思考题答案

1. 车刀切削工件内孔，如图 2-52 所示，指明工件和刀具各做什么运动？标出已加工表面、过渡表面、待加工表面、背吃刀量、切削层公称宽度。

解：工件作主运动，刀具作进给运动。

2. 试述基面、切削平面、正交平面、法平面的定义，正交平面与法平面的区别。

解：基面 p_r：通过切削刃上选定点，并垂直于该点切削速度方向的平面。

切削平面 p_s：通过切削刃上选定点，与切削刃相切并垂直于基面的平面。

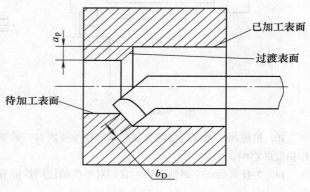

题1图　答案图

正交平面 p_o：通过切削刃上选定点，并同时垂直于基面和切削平面的平面。

法平面 p_n：通过切削刃上选定点，并垂直于切削刃的平面。

正交平面始终垂直于基面和切削平面，只有当切削刃与基面平行时，正交平面才垂直于切削刃。

法平面始终垂直于切削刃，只有当切削刃与基面平行时，法平面才垂直于基面。

3. 正交平面参考系中有哪几个静止参考平面？它们之间的关系如何？

解：正交平面参考系中由基面、切削平面、正交平面组成。这三个平面是互相垂直的。

4. 车刀切削部分在正交平面参考系中定义的几何角度共有哪些？哪些角度是基本角度？哪些角度是派生角度？

解：几何角度有：1）基本角度：主偏角 κ_r；副偏角 κ_r'；前角 γ_o；后角 α_o；副后角 α_o'；刃倾角 λ_s。

2）派生角度：刀尖角 ε_r；楔角 β_o；副前角 γ_o'。

5. 什么是刀具的工作角度？哪些因素影响刀具的工作角度？

解：刀具工作角度是指刀具在工作时的实际切削角度。

当刀具安装位置的过高或过低，刀柄中心线与进给运动方向不垂直，刀具有横向进给运动以及刀具进给运动速度较快时都会影响刀具的工作角度。

6. 刀具材料必须具备的性能有哪些？目前，常用的刀具材料有哪几类？

解：刀具材料必须具备的性能：高的硬度、高的耐磨性、足够的强度和韧性、高的耐热性、良好的工艺性。

目前常用的刀具材料有高速钢、硬质合金钢、涂层刀具材料、超硬刀具材料。

7. 试比较高速钢、硬质合金的性能及用途。

解：1）高速钢是指含较多钨、铬、钼、钒等合金元素的高合金工具钢。高速钢有高的硬度（63～66HRC）、高的耐磨性、高的耐热性（600～660℃）；有足够的强度和韧性；有较好的工艺性。目前，高速钢已作为主要的刀具材料之一，广泛用于制造形状复杂的铣刀、钻头、拉刀和齿轮刀具等。

2）硬质合金：由高硬度、高熔点的金属碳化物和金属粘结剂用粉末冶金的方法制成的。硬质合金的硬度高（89～93HRA），耐热性高（800～1000℃）。硬质合金与高速钢相比，硬度高，耐磨性好，耐热性高。允许的切削速度是高速钢的5～10倍。但是，硬质合金的抗弯强度只有高速钢的1/2～1/4，冲击韧度比高速钢低数倍至数十倍，制造工艺性差。但硬质合金有许多其他刀具材料不可比的长处。因此，目前硬质合金用于制造刀片已被广泛地应用于金属切削加工之中。

8. 试比较 YG 类和 YT 类硬质合金的性能、用途。

解：YG 钨钴类硬质合金中含钴 Co 量越多，则其韧度越大，抗弯强度越高，越不怕冲击，但其硬度和耐热性将下降。钨钴类硬质合金适用于加工铸铁、青铜等脆性材料。

YT 钨钛钴类硬质合金中含钛 TiC 量越多，则其抗弯强度、冲击韧度下降，但是，其硬度、耐热性、耐磨性、抗氧化能力提高。钨钛钴类硬质合金适用于加工碳钢、合金钢等塑性材料。

9. 试述涂层刀具的特点及种类。

解：涂层刀具是指硬质合金或高速钢刀具通过化学或物理方法在其表面上涂覆一层耐磨性好、难熔解的金属化合物，这样，既能提高刀具的耐磨性、硬度、耐热性、化学稳定性，又不降低其韧度。

常用的涂覆层材料种类有：TiC、TiN、Al_2O_3 等。

10. 金属切削过程的实质是什么？

解：金属切削过程的实质是指金属切削层在刀具挤压作用下，产生塑性剪切滑移变形的过程。

11. 切削过程的三个变形区各有何特点？它们之间有什么关系？

解：第一变形区：工件材料开始产生塑性变形、滑移变形，切应力逐渐增大到最大值，切屑开始形成。这一变形区消耗大部分切削功率，产生大量的热量。

第二变形区：金属切削层经过第一变形区后绝大部分开始成为切屑，切屑沿着刀具的前面流出，由于受刀具前面的挤压和摩擦作用，切屑将继续发生强烈的变形，使刀屑接触面附近温度升高，影响到刀具的磨损。

第三变形区：金属切削层经过第一变形区后一部分进入第三变形区，由于这部分金属切削层首先受刀具刃口的挤压，接着受刀具后面的挤压和摩擦，使其产生塑性变形，最终形成已加工表面。第三变形区会造成已加工表面的加工硬化和产生残余应力，影响已加工表面质量。

金属切削过程中的三个变形区，虽然各自有其特点，但是，三个变形区之间有着紧密的互相联系和互相影响。

12. 试述切屑的类型、特点，各种类型切屑互相转换的条件？

解：带状切屑：切屑连续呈较长的带状，底面光滑，背面无明显裂纹，呈微小锯齿形（切削塑性材料具有的切屑类型）。

节状切屑：切屑背面有时有较深的裂纹，呈较大的锯齿形（切削塑性材料具有的切屑类型）。

粒状切屑：切屑裂纹贯穿整个切屑断面，切屑成梯形粒状（切削塑性材料具有的切屑类型）。

崩碎切屑：切屑呈不规则的碎块状（切削脆性材料具有的切屑类型）。

各种类型切屑互相转换的条件：

增大刀具前角：可使粒状切屑→节状切屑→带状切屑

增大切削速度：可使粒状切屑→节状切屑→带状切屑

减小进给量：可使粒状切屑→节状切屑→带状切屑

13. 什么是积屑瘤？积屑瘤的作用是什么？简述控制积屑瘤的措施。

解：在一定的切削速度范围内切削塑性金属材料时，往往会在刀具切削刃及刀具部分前面上粘结堆积一楔状或鼻状的高硬度金属块，这金属块称为积屑瘤。积屑瘤的作用如下：

1）增大刀具实际工作前角。

2）代替刀具切削刃进行切削，具有保护切削刃的作用。

3）增大切削厚度，不利于加工尺寸的精度。

4）积屑瘤的不断破裂、脱落，会严重擦伤刀面，使刀具寿命下降。

5）降低工件表面质量。

控制积屑瘤的措施如下：

1）降低工件材料塑性。

2）控制切削速度，取 $v_c < 5\mathrm{m/min}$ 的低切削速度，或取 $v_c > 100\mathrm{m/min}$ 的高切削速度。

3）增大刀具前角。

4）合理使用切削液。

14. 什么是鳞刺？简述鳞刺形成的过程，如何控制鳞刺？

解：鳞刺是在已加工表面上呈鳞片状有裂口的毛刺。

鳞刺形成的过程可以分为四个阶段：抹拭阶段、开裂阶段、层积阶段、刮成阶段。

控制鳞刺的措施：

在低的切削速度（$v_c \approx 10\mathrm{m/min}$）时，减小进给量，增大刀具前角，采用润滑性能好的切削液。

在较高的切削速度（$v_c \approx 30\mathrm{m/min}$）时，工件材料调质处理，减小刀具前角。

在高速切削时，切削温度达 500℃ 以上，便不会产生鳞刺。

15. 切削力是怎样产生的？为什么将切削力分解为三个相互垂直的分力？

解：切削加工时，在刀具的作用下，切削层、切屑和工件都要产生弹性变形和塑性变形。这些变形产生的力，将转变为正压力和摩擦力，且分别作用于刀具的前面和后面。把这些正压力和摩擦力合成在一起，就称为切削力（总切削力）。

根据生产实际需要及测量方便，通常将切削力分解为三个相互垂直的分力，即主切削力

F_c，背向力 F_p，进给力 F_f。

16. 在 C6140 卧式车床上车削工件的外圆表面，工件材料为 45 钢，$\sigma_b = 0.735\text{GPa}$，选择 $a_p = 6\text{mm}$，$f = 0.6\text{mm/r}$，$v_c = 160\text{m/min}$，刀具几何角度：$\gamma_o = 10°$，$\kappa_r = 75°$，$\lambda_s = 0$，刀具材料选用 YT15，求切削力、切削功率和所需机床功率（机床传动效率 $0.75 \sim 0.85$）。若车削时发生闷车（即主轴停止转动），这是何故？应采取什么措施？（设刀尖圆弧半径 $\gamma_\varepsilon = 0.5$）

解： 查表 2-3（σ_b 取表中接近值 $\sigma_b = 0.637\text{GPa}$），得

$C_{F_c} = 270$	$C_{F_p} = 199$	$C_{F_f} = 294$
$x_{F_c} = 1$	$x_{F_p} = 0.9$	$x_{F_f} = 1$
$y_{F_c} = 0.75$	$y_{F_p} = 0.6$	$y_{F_f} = 0.5$
$n_{F_c} = -0.15$	$n_{F_p} = -0.3$	$n_{F_f} = -0.4$

查表 2-4 得 $K_{mF_c} = \left(\dfrac{\sigma_b}{0.637}\right)^{n_{F_c}} = \left(\dfrac{0.735}{0.637}\right)^{0.75} = 1.113$

$$K_{mF_p} = \left(\frac{0.735}{0.637}\right)^{1.35} = 1.213$$

$$K_{mF_f} = \left(\frac{0.735}{0.637}\right)^{1} = 1.154$$

查表 2-5 得

$K_{r_oF_c} = 1$	$K_{r_oF_p} = 1$	$K_{r_oF_f} = 1$
$K_{\kappa_rF_c} = 0.92$	$K_{\kappa_rF_p} = 0.62$	$K_{\kappa_rF_f} = 1.13$
$K_{\lambda_sF_c} = 1$	$K_{\lambda_sF_p} = 1$	$K_{\lambda_sF_f} = 1$

（近似取高速钢刀尖圆弧半径值）

$K_{r_\varepsilon F_c} = 0.87$	$K_{r_\varepsilon F_p} = 0.66$	$K_{r_\varepsilon F_f} = 1$

查表 2-4、表 2-5 所得数值代入下式

$$K_{F_c} = K_{mF_c}K_{\gamma_oF_c}K_{\kappa_rF_c}K_{\lambda_sF_c}K_{\gamma_\varepsilon F_c} = 1.113 \times 1 \times 0.92 \times 1 \times 0.87 = 0.89$$

$$K_{F_p} = K_{mF_p}K_{\gamma_oF_p}K_{\kappa_rF_p}K_{\lambda_sF_p}K_{\gamma_\varepsilon F_p} = 1.213 \times 1 \times 0.62 \times 1 \times 0.66 = 0.496$$

$$K_{F_f} = K_{mF_f}K_{\gamma_oF_f}K_{\kappa_rF_f}K_{\lambda_sF_f}K_{\gamma_\varepsilon F_f} = 1.154 \times 1 \times 1.13 \times 1 \times 1 = 1.304$$

各切削分力为

$$F_c = 9.81C_{F_c}a_p^{x_{F_c}}f^{y_{F_c}}v_c^{n_{F_c}}K_{F_c} = 9.81 \times 270 \times 6^1 \times 0.6^{0.75} \times 160^{-0.15} \times 0.89\text{N} = 4504\text{N}$$

$$F_p = 9.81C_{F_p}a_p^{x_{F_p}}f^{y_{F_p}}v_c^{n_{F_p}}K_{F_p} = 9.81 \times 199 \times 6^{0.9} \times 0.6^{0.6} \times 160^{-0.3} \times 0.496\text{N} = 778\text{N}$$

$$F_f = 9.81C_{F_f}a_p^{x_{F_f}}f^{y_{F_f}}v_c^{n_{F_f}}K_{F_f} = 9.81 \times 294 \times 6^1 \times 0.6^{0.5} \times 160^{-0.4} \times 1.304\text{N} = 2290\text{N}$$

切削功率

$$P_c = \frac{F_cv_c}{60000} = \frac{4504 \times 160}{60000}\text{kW} = 12\text{kW}$$

所需机床功率

$$P_E = P_c/\eta_m = 12\text{kW}/0.8 = 15\text{kW}$$

若车削时发生闷车现象，其原因是：所需机床功率 $P_E >$ 机床具有功率。

防止闷车现象的措施：主要通过减小 a_p、f；增大刀具前角，合理使用切削液等措施，来减小 F_c，从而减小 P_c、P_E，达到防止闷车现象的产生。

17. 影响切削力的因素有哪些？

解：（1）工件材料的影响：工件材料强度、硬度越高，则切削力越大。两种工件材料在硬度相近的情况下，哪一种工件材料塑性好、冲击韧度大，则哪一种工件材料所需的切削力大。

（2）切削用量的影响：背吃刀量 a_p 增大，主切削力 F_c 也增大。a_p 增大 1 倍时，则 F_c 增大约 1 倍。进给量 f 增大，主切削力 F_c 也增大，f 增大 1 倍时，则 F_c 增大 75% 左右。

（3）刀具几何参数的影响：刀具前角增大，则切削力下降。当刀具主偏角 $\kappa_\gamma < 60° \sim 75°$ 时，随着 κ_γ 增大，主切削力 F_c 减小；当 $\kappa_\gamma = 60° \sim 75°$ 时，F_c 减小至最小；当 $\kappa_\gamma > 60° \sim 75°$ 时，随着 κ_γ 增大，F_c 增大。刀具主偏角 κ_γ 增大，则背向力 F_p 减小，进给 F_f 增大。刀具刃倾角 λ_s 增大时，主切削力 F_c 变化不大，背向力 F_p 减小，进给力 F_f 增大。刀尖圆弧半径增大，则切削力增大。

（4）切削液的影响：在切削加工时，合理使用切削液，可使切削力下降。

18. 在 $a_{p1}f_1 = a_{p2}f_2$ 的情况下，当 $f_2 > f_1$ 时，哪组主切削力要大些？这一规律对生产有什么积极意义？

解：因为 $a_{p1}f_1 = a_{p2}f_2$，当 $f_2 > f_1$ 时，根据 a_p 增大 1 倍，F_c 增大约 1 倍，f 增大 1 倍，F_c 增大 75% 左右。

故 $a_{p1}f_1$ 这组所需主切削力要大。这一规律对生产的指导意义是：改变 a_p 对切削力的影响大。例如，当机床发生闷车现象时，减小 a_p，可使切削力大大下降。

19. 切削塑性较好的钢材时，刀具上最高切削温度在何处？切削铸铁时，刀具上最高切削温度在何处？

解：切削塑性较好的钢材时，最高温度在离切削刃一段距离的刀具前面上。切削铸铁时，最高温度在切削刃附近的刀具前面上。

20. 切削用量对切削温度的影响规律如何？试说明理由。

解：切削用量对切削温度的影响规律是：v_c 的变化，对切削温度变化的影响最大，f 的影响次之，a_p 的影响最小。

当 a_p 增大 1 倍时，切削宽度 b_D 增大 1 倍，使刀具主切削刃与切削层的接触长度也增大 1 倍。从而，改善了刀尖的散热条件，所以，a_p 对切削温度的影响很小。

当 f 增大 1 倍时，切削宽度 b_D 不变，使刀具主切削刃与切削层的接触长度未增加，从而，使刀尖的散热条件没有改善，所以，f 对切削温度有影响。

当 v_c 增大时，在单位时间内切除的工件余量增多，产生的切削热也增多，但是，切削宽度 b_D、切削厚度 h_D 没有变化，使刀具和切削的散热能力没有提高。所以，v_c 对切削温度有明显的影响。

21. 试述刀具磨损方式和磨损的原因。

解：刀具磨损方式有两种：一种是前面磨损，指在刀具的前面上距切削刃一定距离处出现月牙洼的磨损现象。另一种是后面磨损，指在刀具的后面上出现后角为零度的小棱面的磨损现象。

刀具磨损的原因有二类：一类是机械作用的磨损；另一类是化学作用的磨损，包括粘结磨损、氧化磨损、扩散磨损、相变磨损等。

刀具磨损与切削温度有密切关系，温度越高，刀具磨损越快。

22. 什么是刀具磨损限度？

解：刀具磨损限度（又称刀具磨钝标准）：把刀具磨损达到正常磨损阶段结束（对应于磨损曲线上的 C 点）前的后面磨损量 VB 值作为刀具磨损限度。

23. 切削用量对刀具磨损限度的影响规律如何？

解：切削速度 v_c 对刀具磨损限度的影响最大，进给量 f 次之，背吃刀量 a_p 影响最小。

24. 刀具几何参数包括哪些内容？

解：刀具几何参数的内容是：（1）刃形：如直线刃、圆弧刃、折线刃等。（2）切削刃的剖面形式：如刃带、消振棱、倒棱等。（3）刀面型式：如卷屑槽、断屑台等。（4）刀具角度：如前角、后角、刃倾角等。

25. 试述前角、后角、主偏角的作用。

解：前角的作用：增大前角 γ_o 使刀具锋利，切削变形减小，切削力减小，切削温度降低，刀具磨损减缓，加工工件表面质量提高。但是，前角过大，反而使切削刃强度和散热能力下降，容易引起崩刃现象。

后角的作用：适当增大后角 α_o 使刀具后面与工件表面之间的摩擦减小，降低刀具磨损，提高加工工件表面质量；使切削刃钝圆半径 γ_n 减小，刃口锋利；使刀具磨损所需磨掉后面的金属体积大（当刀具磨损限度 VB 值一定时），减缓了刀具磨损。但是，后角过大，反而使楔角减小，散热体积减小，刀具强度下降。

主偏角的作用：减小主偏角 κ_r 使刀尖强度提高，散热条件改善，切削宽度增大，使切削刃单位长度上的切削载荷减小。刀具磨损减缓，加工工件表面质量提高，进给力 F_f 减小，背向力 F_p 增大。

26. 减小加工工件表面粗糙度与刀具上哪些几何角度有直接关系？且各角度的大小怎样确定？

解：（1）副偏角 κ_r'：减小副偏角，使工件加工残留面积高度降低，从而使加工工件表面粗糙度质量提高。

（2）后角 α_o：增大后角，使刀具后面与工件加工表面的摩擦减小，有利于提高加工工件表面粗糙度质量。

27. 试述粗加工切削用量选择原则，精加工切削用量选择原则。

解：粗加工切削用量的选择应以保证刀具磨损限度足够为主要依据。粗加工切削用量选择原则：首先采用大的背吃刀量，其次采用较大的进给量，最后根据刀具磨损限度合理选择切削速度。

精加工切削用量的选择应以保证加工工件质量为主要依据。精加工切削用量选择原则：采用较小的背吃刀量和进给量，在保证刀具磨损限度的条件下，尽可能采用大的切削速度。

28. 已知：工件材料 45 钢，187HBW，$\sigma_s = 0.598\text{GPa}$，毛坯尺寸 $\phi70\text{mm} \times 370\text{mm}$；加工要求：车削工件外圆至 $\phi62\text{mm} \times 350\text{mm}$，表面粗糙度 $R_a1.6\mu\text{m}$；所用机床：CA6140 卧式车床，电动机功率 7.5kW；所用刀具：可转位式车刀，刀片材料为 YT15，刀杆截面尺寸为 $16\text{mm} \times 25\text{mm}$；刀具角度：$\gamma_o = 15°$，$\alpha_o = 5°$，$\kappa_r = 75°$，$\kappa_r' = 15°$，$\lambda_s = -5°$，$r_\varepsilon = 0.5\text{mm}$。求：切削用量。

解：因工件表面粗糙度要求达到 $R_a1.6\mu m$，所以应分粗车和半精车两道工序进行切削。

（1）粗车时的切削用量：

1）背吃刀量：单边加工余量 $z = \dfrac{70mm - 62mm}{2} = 4mm$，粗车取 $a_{p粗} = 3.5mm$；半精车取 $a_{p精} = 0.5mm$。

2）进给量：查表 2-15，得 $f = 0.5 \sim 0.7mm/r$，取 $f = 0.5mm/r$。

3）切削速度：查表 2-17，得 $v_c = 115 \sim 125m/min$，取 $v_c = 120m/min$。

4）机床功率校验：

切削力：$F_c = 9.81 C_{F_c} a_p^{x_{F_c}} f^{y_{F_c}} v_c^{n_{F_c}} K$

根据已知条件查表 2-3、2-4、2-5 得

$$F_c = 9.81 \times 270 \times 3.5^1 \times 0.5^{0.75} \times 120^{-0.15} \times 0.72N = 1890N$$

切削功率：

$$P_c = \frac{F_c v_c}{60000} = \frac{1890 \times 120}{60000}kW = 3.78kW$$

车床有效功率：$P_E = 7.5 \times 0.8kW = 6kW$（取机床传动效率 $\eta_m = 0.8$）

因为 $P'_E = 6 > P_c = 3.78$，所以机床功率足够。

粗车的切削用量：$a_p = 3.5mm$，$f = 0.5mm/r$，$v_c = 120m/min$

（2）半精车的切削用量

1）背吃刀量：$a_p = 0.5mm$

2）进给量：查表 2-18，由于刀具材料是硬质合金，所以取表中的切削速度 $v_c > 50m/min$，得 $f = 0.25 \sim 0.30mm/r$，取 $f = 0.25mm/r$

3）切削速度，查表 2-17，得 $v_c = 150 \sim 160m/min$，取 $v_c = 160m/min$，半精车的切削用量：$a_p = 0.5mm$，$f = 0.25mm/r$，$v_c = 160m/min$

29. 数控机床加工的切削用量选择原则是什么？

解：数控机床加工的切削用量选择原则与非数控机床加工的切削用量选择原则相同。在具体选择时，还应考虑刀具、数控机床的特点等因素。

第三章　复习思考题答案

1. 车刀按用途可分为哪几种？按结构可分为哪几种？

解：车刀按用途可分为：车槽刀，内孔车槽刀，内螺纹车刀，45°弯头车刀，90°车刀，75°车刀，外螺纹车刀，成形车刀，90°左外圆车刀等。

车刀按结构可分为：整体式车刀，焊接式车刀，机夹车刀，可转位式车刀，成形车刀。

2. 试述焊接式车刀的特点。

解：焊接式车刀的特点：

（1）结构简单，紧凑。

（2）刚性好，抗振性能强。

（3）制造容易，刃磨方便。

（4）刀片经过高温焊接，强度、硬度降低，且刀片产生内应力，容易出现裂纹等缺陷。

（5）刀柄不能重复使用，浪费材料。

（6）对刀和换刀时间较长，不适用于自动车床和数控车床。

3. 试述机夹式车刀的特点。

解：机夹式车刀的特点：（1）刀片不需焊接，避免了因焊接高温而引起的刀片内应力，因此，提高了刀片的寿命。

（2）刀柄可重复多次使用，节约了刀柄材料。

（3）刀片用钝后，仍需重新刃磨。因此，刀片仍有可能产生裂纹。

（4）有些压紧刀片的压板可起断屑作用。

4. 试述机夹式车刀夹紧结构的种类。

解：机夹式车刀夹紧结构的种类有多种，如上压式、侧压式、弹性力夹紧式、切削力夹紧式等。机夹式车刀夹紧结构可根据生产实际需要，自己设计出一些夹紧结构形式。

5. 试述可转位式车刀的特点。

解：可转位式车刀的特点：

（1）寿命长，刀片不需焊接和刃磨，完全避免了因高温引起的刀具材料内应力和裂纹等的缺陷。

（2）加工质量稳定，由于刀片、刀柄是专业化生产的，因此，刀具的几何参数稳定可靠，刀片调整，更换重复定位精度较高。

（3）生产率高，当一条切削刃或一片刀片用钝后，只需转换切削刃或更换刀片即可继续切削，减少了调整、换刀的时间。

（4）有利于推进新技术、新工艺；有利于推广使用涂层、陶瓷等新型刀具材料；有利于推广使用先进的数控机床。

（5）有利于降低刀具成本，刀柄可重复使用，刀具库存量可减少。

6. 试述可转位式刀片的型号是怎样规定的？

解：国家对硬质合金可转位式刀片型号制定了专门的标准 GB/T 2076—1987，刀片型号由一组字母和数字按一定顺序位置排列所组成，从左到右共设有 10 个号位：

号位 1：表示刀片形状。

号位 2：表示刀片后角。

号位 3：表示刀片偏差等级。

号位 4：表示刀片结构类型。

号位 5、6：分别表示刀片的切削刃长度和厚度。

号位 7：表示刀片的刀尖圆弧半径。

号位 8：表示刀片刃口形状。

号位 9：表示刀片切削方向。

号位 10：表示刀片断屑槽槽型和槽宽。

7. 试述可转位式车刀夹紧结构的种类。

解：可转位式车刀夹紧结构的种类有多种，如偏心式、杠杆式、楔块式、上压式等。可转位式车刀夹紧结构随着生产的发展，还会出现一些新的夹紧结构形式。

8. 什么是成形车刀？成形车刀的特点有哪些？

解：成形车刀是指加工回转体成形表面的专用刀具。其切削刃形是根据工件廓形设计的，可用在各类车床上加工出回转体的内、外成形表面。

成形车刀的特点：

（1）加工质量稳定：加工工件具有较好的互换性，加工尺寸精度可达 IT8～IT10，表面粗糙度值可达 R_a3.2～6.3μm

（2）生产率高：成形车刀同时参加切削的刀刃长度较长，且一次切削成形，节约了加工时间。

（3）刀具寿命长：成型车刀可经多次重磨，仍能保持刃形不变。

（4）刀具成本较高：成型车刀的设计和制造较复杂。

9. 试述成形车刀的种类，各种成形车刀的优缺点。

解：成形车刀的种类:按结构形状可分为平体成形车刀、棱体成形车刀、圆体成形车刀。

（1）平体成形车刀。优点：结构简单，装夹方便，制造容易，成本低。缺点：重磨次数少，刚性较差。

（2）棱体成形车刀。优点：切削刃强度高，散热条件好，固定可靠，刚性好，重磨次数比平体成形车刀多。缺点：只能加工外成形表面，制造较复杂。

（3）圆体成形车刀。优点：重磨次数最多，可加工内、外成形表面，制造较容易。缺点：切削刃强度较低，散热条件差，加工精度比棱体成形车刀差。

10. 棱体和圆体成形车刀的名义前角、后角定义在哪一个静止平面内？并在切削刃上哪一个位置？

解：在假定工作平面（即垂直于工件轴线的平面）p_f 内，将切削刃上最外点（离工件中心最近点）处的前角和后角，定义为该成形车刀的名义前角和后角，分别用 γ_f 和 α_f 表示。

11. 简述棱体和圆体成形车刀的前角、后角、楔角变化规律。

解：棱体成形车刀：切削刃上离最外点（即离工件中心）越远的点，前角越小，后角越大，楔角不变。

圆体成形车刀：切削刃上离最外点越远（即离工件中心）的点，前角越小，后角越大，楔角越小。

12. 孔加工刀具包括哪些类型？

解：孔加工刀具有两大类，一类是在实体材料上加工出孔，如麻花钻、中心钻、扁钻等。另一类是在有孔的材料上进行扩孔加工，如铰刀、扩孔钻、镗刀等。

13. 试述孔加工刀具的特点。

解：孔加工刀具的特点是：

（1）大部分孔加工刀具为定尺寸刀具。

（2）由于受被加工孔直径的限制，孔加工刀具的横截面尺寸较小。所以，刀具往往刚性较差，切削不稳定，易产生振动。

（3）孔加工刀具切削时，是封闭或半封闭状态。因此，排屑困难，切削液不易进入切削区，对工件质量、刀具寿命都将产生不利的影响。

（4）孔加工刀具种类多，规格多。

14. 试述普通麻花钻的各组成部分及功用。

解：

（1）工作部分：①切削部分主要起切削作用；②导向部分主要起导向、排屑、切削后备作用。

（2）柄部：起夹持钻头、传递转矩的作用。

（3）颈部：起标记打印的作用，以及磨削工作部分和柄部时便于砂轮的退刀。

15. 试述普通麻花钻的各参考面。

解：（1）基面 p_r：通过切削刃上某选定点，并垂直于该点切削速度方向的平面，也是通过该点又包含钻头轴线的平面。

（2）切削平面 p_s：通过切削刃上某选定点，并与该点切削速度方向重合的平面。

（3）正交平面 p_o：通过切削刃上某选定点，并同时与基面、切削平面互相垂直的平面。

（4）端平面 p_t：是与钻头轴线垂直的平面。

（5）中剖面 p_c：是通过钻头轴线并与主切削刃平行的平面。

（6）柱剖面 p_z：通过切削刃上某选定点，并在该点作平行与钻头轴线的直线，直线绕钻头轴线旋转一圈，所得的圆柱面。

（7）假定工作平面 p_f：通过切削刃上某选定点，与钻头进给运动方向平行，且垂直于基面的平面。

16. 绘图表示普通麻花钻下列各角度：2ϕ、κ_{rx}、λ_{tx}、γ_{ox}、α_{fx}、ψ、γ_ψ、α_ψ。

解：如题16图所示。

17. 普通麻花钻的几何角度哪些是制造时确定的？哪些是使用者刃磨时确定的？哪些是制造和刃磨两个因素确定的？

解：制造时确定的角度：螺旋角。

刃磨时确定的角度：顶角、后角、横刃斜角。

制造和刃磨两个因素确定的角度：主偏角、端面刃倾角、前角。

18. 普通麻花钻的结构存在哪些缺陷，应怎样改进？

解：普通麻花钻的结构存在的缺陷是：

（1）主切削刃上前角分布不合理。外缘处前角过大，刀刃强度较差；靠近钻心处前角又太小，钻削时挤压严重。

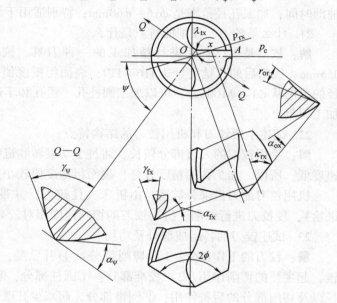

题16 图

（2）横刃较长，且有很大的横刃负前角。

（3）主切削刃太长，使切削宽度增大，切屑占有较大空间，排屑不顺利。

（4）在主、副切削刃的交汇处，刃口强度最低，切削速度最高，且副后角为 0°，从而使该处的摩擦严重，热量骤增，磨损迅速。

改进措施：修磨麻花钻，采用群钻。

19. 基本型群钻的结构特征是什么？与普通麻花钻相比有哪些优点？

解：基本型群钻的结构特征是：切削刃由七条构成：即内直刃（两条）、圆弧刃（两条），外直刃（两条）、横刃（一条）；钻尖三个：即原来的钻尖（称中心钻尖），圆弧刃和外直刃的交点（两点）；分屑槽在一侧的外直刃上磨出，或在两侧外直刃上交错地磨出；中心钻尖的横刃低、窄、尖。

基本型群钻的优点：

（1）圆弧刃、内直刃和横刃上的前角增大，使切削刃上的前角分布趋向合理。

（2）横刃的长度缩短，横刃高度降低，而且有三个钻尖，使轴向力降低，使定心、导向作用明显增强。

（3）磨损减缓，钻削时轻快省力，生产率高。

20. 试述硬质合金可转位浅孔钻的结构及性能特点。

解：硬质合金可转位浅孔钻的钻体为合金钢，在钻体上开有两条螺旋槽或直槽。在槽的前端装夹两块硬质合金可转位刀片，或涂层刀片。两块刀片径向位置相互错开，以便切除孔底全部金属。

硬质合金可转位浅孔钻的特点是：切削速度高，$v_c = 150 \sim 300\text{m/min}$，是高速钢钻头的 $3 \sim 10$ 倍；切削性能好，主要是可以采用先进的刀具材料；更换调整刀片方便，大大节约了辅助时间；加工孔径范围是 $\phi16 \sim \phi60\text{mm}$；特别适用于数控机床和加工中心上使用。

21. 什么是铰刀？铰削的特点是什么？

解：铰刀是对已有孔进行精加工的一种刀具。铰削切除余量很小，一般只有 $0.1 \sim 0.5\text{mm}$。铰削后的孔精度可达 IT6 ~ IT9，表面粗糙度值可达 $R_a 0.4 \sim 1.6\mu\text{m}$。铰刀加工孔直径的范围从 $\phi1 \sim \phi100\text{mm}$，可以加工圆柱孔、通孔和不通孔。铰刀是一种应用十分普遍的孔加工刀具。

22. 试述手用铰刀和机用铰刀的结构特点。

解：手用铰刀的刀齿部分较长，通过手动旋转和进给，使铰刀进行切削。手用铰刀切削速度低。所以，加工孔的精度较好，表面粗糙度值较小。

机用铰刀的刀齿部分较短，由机床夹住铰刀，并带动旋转和进给（或工件旋转，铰刀进给），使铰刀进行切削，机用铰刀的切削速度相对较高。所以，生产效率高。

23. 试述铰刀的各组成部分及功用。

解：铰刀的工作部分：1）切削部分：①引导锥，使铰刀能方便进入预制孔；②切削锥，起主要的切削作用。2）校准部分：①圆柱部分，起修光孔壁、校准孔径、测量铰刀直径以及切削部分的后备作用；②倒锥部分，起减少孔壁摩擦、防止铰刀退刀时孔径扩大的作用。

铰刀的柄部：起夹持铰刀、传递动力的作用。

铰刀的颈部：是工作部分与柄部的连接部位，用于标注打印刀具尺寸。

24. 引起被铰孔直径扩张或收缩的原因是什么？

解：引起被铰孔直径扩张的原因是：铰刀安装偏离机床旋转中心，刀齿径向圆跳动较大，切削余量不均匀，机床主轴间隙过大。

引起被铰孔直径收缩的原因是：当铰削薄壁工件，硬质合金铰刀高速铰削时，由于弹性变形和热变形，被铰孔直径会收缩。

25. 铰刀的刀齿数量对铰削质量有何影响？

解：一般而言，齿数多，则每齿切削载荷小，工件平稳，导向性好，铰孔精度提高，表面粗糙度值减小；但齿数太多，反而使刀齿强度下降，容屑空间减小，排屑不畅。

26. 铰刀的刀齿在圆周上的分布有几种形式？各种形式的特点是什么？

解：等齿距铰刀：齿间角 W 均相等，制造容易，测量方便，应用广泛。

不等齿距铰刀：齿间角 W 不相等，但对顶角相等，加工质量明显提高。但制造、测量不方便。

27. 试述铰刀主偏角、前角、后角在铰削过程中的作用。

解：主偏角 κ_r：主偏角对铰削时的导向性、轴向力、铰刀切入切出孔的时间等有影响。当主偏角较小时，铰刀的导向性好，轴向力小，铰削平稳，有利于被铰孔的精度提高，表面粗糙度值减小，但铰刀切入切出孔的时间增加，不利于生产率的提高，难以铰出孔的全长。

前角 γ_p：前角在铰削过程中的主要作用是切削，由于铰削余量很小，前角的大小对切削变形影响不明显，为了制造方便，前角一般取 $\gamma_p = 0°$。

后角 α_p：铰削时，铰刀磨损主要发生在后面上，由于铰削余量很小，铰刀又是定尺寸刀具，为了提高铰刀的使用寿命，铰刀后角在切削部分一般取 $6° \sim 10°$，校正部分略大些，取 $10° \sim 15°$。

28. 什么是铣刀？铣刀的特点是什么？

解：铣刀是一种在回转体表面上或端面上分布有多个刀齿的多刃刀具。

铣刀加工工件生产率高。目前，铣刀是属于粗加工和半精加工刀具，其加工精度为 IT8 ~IT9，表面粗糙度值为 $R_a 1.6 \sim 6.3 \mu m$，铣刀的种类多，在铣床上可以加工平面、台阶面、沟槽、齿轮和成形表面等还可以进行切断。

29. 绘图表示圆柱铣刀的下列角度：γ_n，α_o，β。

解：如题 29 图所示。

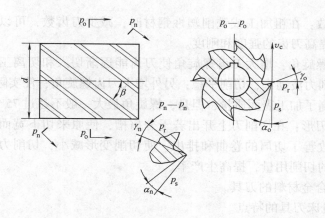

题 29 图

30. 试述铣刀前角、后角的选择原则。

解：铣刀前角的选择原则：工件材料软，塑性高，前角取大些；工件材料强度硬度高，前角取小些；刀具材料是硬质合金，前角取小些；刀具材料是高速钢，前角取大些。

铣刀后角的选择原则：工件材料软，后角取大值；工件材料硬，后角取小值；粗齿铣刀，后角取小值；细齿铣刀，后角取大值。

31. 铣刀按用途大致可分为几种?

解：铣刀按用途大致可分为：圆柱铣刀、面铣刀、立铣刀、键槽铣刀、三面刃铣刀、角度铣刀、模具铣刀。

32. 面铣刀的用途是什么? 面铣刀按结构可以分为几种? 简述各种面铣刀的特点。

解：面铣刀主要用于在立式铣床上加工平面、台阶面等。

面铣刀按结构可分为：

(1) 整体式面铣刀：该铣刀往往是采用高速钢材料，使其切削速度，进给量等都受到限制。刀齿损坏后，很难修复。

(2) 硬质合金整体焊接式面铣刀：其结构紧凑，切削效率高，制造较方便，刀齿损坏后，难修复。

(3) 硬质合金机夹焊接式面铣刀：该铣刀切削效率高，刀头损坏后，只要更换新刀头即可。延长了刀体的使用寿命。

(4) 硬质合金可转位式面铣刀：该铣刀加工质量稳定，切削效率高，刀具寿命长，刀片调整，更换方便，刀片重复定位精度高，适合于数控铣床或加工中心上使用，是目前生产上应用最广泛的刀具之一。

33. 简述模具铣刀的用途。模具铣刀为什么能加工三维成形表面?

解：模具铣刀主要用于立式铣床上加工模具型腔、三维成形表面等。

模具铣刀的球头与工件接触往往为一点，这样，该铣刀在数控铣床的控制下，就能加工出各种复杂的三维成形表面。

34. 铣刀的改进措施有哪些?

解：为了提高工件加工质量，提高切削效率，延长刀具寿命，铣刀的改进可以从以下几方面进行。

(1) 减少刀齿数：在粗加工或铣削塑性钢材时，减少刀齿数，可以增大容屑空间，使排屑通畅，还可以提高刀齿的强度和刚度。

(2) 增大刀齿螺旋角：增大刀齿螺旋角使刀齿能逐渐切入和切离工件，且同时工作的刀齿数增多，使切削力波动小，切削平稳；另外增大刀齿螺旋角，使实际工作前角增大，使铣刀变得锋利，提高了加工表面质量，但是，螺旋角最大一般不超过75°。

(3) 改善切削刃形：在切削刃上开出若干分屑槽，使原来切下宽而薄的切屑变成若干条窄而厚的切屑，改善了切屑的卷曲和排出，使切削变形减小，切削力和切削热降低，从而，可以采用较大的切削用量，提高生产率。

(4) 采用硬质合金材料的刀具。

35. 试述数控机床刀具的特点。

解：(1) 具有良好，稳定的切削性能。

(2) 刀具有较高的寿命。

(3) 刀具有较高的精度。

(4) 刀具有可靠的卷屑，断屑性能。

(5) 刀具能快速，自动更换。

(6) 刀具有调整尺寸的功能。

(7) 刀具能实现标准化、系列化、模块化。

36. 数控机床（铣镗床）上经常使用哪些刀具和高效刀具？

解：目前，我国数控机床上经常使用的通用标准刀具有麻花钻、铰刀、立铣刀、面铣刀、键槽铣刀等。高效刀具有高刚性麻花钻、硬质合金可转位浅孔钻、硬质合金可转位式螺旋立铣刀、机夹硬质合金单刃铰刀、球头铣刀、复合刀具等。

37. 试述数控刀具常用的四种快换方式。

解：（1）更换刀片：刀片小，更换轻便，换刀精度主要取决于刀片精度和刀片的定位精度。

（2）更换刀具：换刀精度较高，换刀轻便、迅速，但是需要在数控机床外用对刀装置预先调好刀具尺寸。

（3）更换刀夹：换刀精度高，能实现自动换刀，刀夹在同类型机床上可以通用，但是需要在数控机床外用对刀装置预先调好刀具尺寸。

（4）更换刀柄：能实现自动换刀，能使用标准刀具，刀柄在同类机床上可以通用，但是需要在数控机床外用对刀装置预先调好刀具尺寸。

38. 什么是数控刀具的预调？常用的对刀装置有哪几种？

解：为实现刀具的快换，一般要求在数控机床外预先调好刀具尺寸，预调刀具尺寸主要是指轴向尺寸（长度），径向尺寸（直径），切削刃的形状和位置公差等的内容。这样，在换刀时不需作任何附加调整，换刀后即可进行加工，并能保证加工出合格的零件尺寸。

常用的对刀装置有：

（1）自制的简单对刀装置。

（2）自制的多工位对刀装置。

（3）对刀仪。

39. 什么是数控机床的工具系统？整体式和模块式工具系统的优缺点如何？

解：数控机床工具系统：指连接机床和刀具的一系列工具，由刀柄、连接杆、连接套、夹头等组成。

整体式：TSG82 是我国已经实行标准化的整体式工具系统，该系统结构简单，使用方便，装卸灵活，更换迅速，但是，该系统中各种工具的品种，规格繁多，共有 12 个类，45 个品种，674 个规格，给生产、使用和管理都带来不便。

模块式：模块式工具系统能以最少的工具数量来满足不同零件的加工需要，能增加工具系统的柔性，目前应用较普遍。

40. 镗铣类模块式工具系统由几个基本模块组成？各基本模块的作用？

解：镗铣类模块式工具系统的基本模块组成：

主柄模块：主要功能是其柄部与机床主轴相连接，起到刀具定位和传递主轴的力、扭矩和运动的作用，另外，主柄模块还起自动换刀被夹持、提供切削液通道等的作用。

中间模块：主要功能是在主柄模块和工作模块、专用工具之间起适配和安装的作用。

工作模块：主要功能是安装刀具。

41. 砂轮结构三要素是什么？

解：砂轮结构三要素是：

（1）磨粒：磨粒的形状呈不规则的多面体，起着切削的作用。

（2）结合剂：起着粘固无数磨粒的作用。

（3）气孔：起着容纳磨屑和散热的作用。

42. 砂轮特性五要素是什么？

解：（1）磨料：磨料是硬度极高的非金属晶体，是砂轮的主要成分。磨料必须具有高的硬度、耐磨性、耐热性，适当的韧性和较锋利的形状等的性能。

（2）粒度：粒度是指磨料颗粒的大小。

（3）结合剂：结合剂是指粘固磨料颗粒成为砂轮的物质。

（4）硬质：硬质是指在磨削力的作用下，磨粒从砂轮表面脱落的难易程度。

（5）组织：组织是指砂轮中磨料、结合剂、气孔三者的体积比例，也就是砂轮内部结构的松紧程度。

43. 人造磨料分哪几类？试述棕刚玉、白刚玉、铬刚玉、绿色碳化硅的特性、应用和代号。

解：棕刚玉（A）：棕褐色，硬度较低，韧性较好，价格便宜，适用磨削一般钢材、可锻铸铁和硬青铜等。

白刚玉（WA）：白色，较棕刚玉硬而脆，棱角锋利，适用磨削淬硬钢、高速钢、易热变形的零件和成形零件。

铬刚玉（PA）：玫瑰红或紫红色，韧性比白刚玉高，磨削粗糙度小，适用磨削淬硬钢、高速钢、高精度和小粗糙度的零件。

绿色碳化硅（GC）：绿色有光泽，比黑碳化硅硬而脆，导热性好，适用磨削硬质合金、宝石、陶瓷、玻璃等硬而脆的材料。

44. 试述陶瓷、橡胶、树脂结合剂的特性、应用和代号。

解：陶瓷（V）：耐热，耐腐蚀，气孔率大，易保持砂轮廓形，但弹性差，不耐冲击。耐水，耐油，耐酸碱，应用最广。

橡胶（R）：强度及弹性好，能吸振，但耐热性很差，不耐油，气孔率小。它常被用于制作薄片砂轮、精磨及抛光用砂轮。

树脂（B）：弹性及强度好，耐热及耐腐蚀性差，适用制作高速及耐冲击砂轮、薄片砂轮。

45. 什么叫砂轮的硬度？

解：砂轮的硬度：是指在磨削力的作用下，磨料颗粒从砂轮表面脱落的难易程度，磨料颗粒越容易从砂轮表面脱落，就说明该砂轮的硬度越软，反之，就说明该砂轮的硬度越硬。

46. 什么叫砂轮的组织？

解：砂轮的组织：是指砂轮中的磨粒、结合剂、气孔三者的体积比例，也就是砂轮内部结构的松紧程度，磨粒占砂轮的体积百分数越大，则砂轮的组织越紧密；反之，砂轮的组织越疏松。

47. 说明下列砂轮牌号的含义：（1）1 400×50×203A80L5B35；（2）1 400×150×203WA120K5V35。

解：（1）1 400×50×203A80L5B35

平形砂轮，砂轮外径 ϕ400，砂轮厚度 50，砂轮内径 ϕ203，砂轮磨料：棕刚玉（A），砂轮粒度号：80，砂轮硬度：中软 2（L），砂轮组织号：中等（5），砂轮结合剂：树脂（B），砂轮最高工作线速度：35m/s。

（2）1 400×150×203WA120K5V35。

答：平形砂轮，砂轮外径 $\phi400$，砂轮厚度 150，砂轮内径 $\phi203$，砂轮磨料：白刚玉，砂轮粒度号：120，砂轮硬度：中软 1，砂轮组织号：中等，砂轮结合剂：陶瓷，砂轮最高工作线速度：35m/s。

48. 试述磨削的特点。

解：（1）磨削的过程，是砂轮对工件表面进行切削、刻划和抛光的综合过程。

（2）磨粒的硬度极高，可以磨削用其他刀具难以加工的硬材料。

（3）砂轮的磨削速度很高，对提高工件的表面质量很有意义。

（4）磨削能获得高的尺寸精度和小的表面粗糙度值。一般尺寸精度可达 IT6 ~ IT5，表面粗糙度值可达 $R_a0.75 \sim 1.25\mu m$。

（5）砂轮在磨削时具有"自励性"。

第四章　复习思考题答案

1. 卧式车床加工的工艺范围与车削加工中心加工的工艺范围有何不同？

解：在普通卧式车床上可以完成对外圆、内孔和端面的加工，还可以用于车削螺纹、成形表面、球面等。车削加工中心除了具有卧式车床的加工功能外，由于其采用了自驱刀架，即自带动力的刀具，使其加工范围扩展。例如，可在工件圆周表面或端面规定位置上钻孔、攻螺纹、铣槽，以及加工圆周表面上的轮廓等。

2. 研磨、超精磨、细粗糙度磨削各有什么特点？外圆的精密加工方法有什么共同特征？

解：研磨方式可以提高尺寸、形状精度，减小表面粗糙度值，但不能提高相互位置精度，特别适合精密配合的零件加工，生产率较低。

超精磨加工属于低速磨削加工，主要用于减小表面粗糙度值，纠正尺寸、形状误差能力较差，不能提高位置精度。

细粗糙度磨削与普通磨削原理相同，由于砂轮经过精细修整，可以得到很高的尺寸精度和小的表面粗糙度值，还可修整形状误差，且生产率高。

精密加工方法一般指尺寸精度在 IT6 级以上，表面粗糙度值在 $R_a0.2\mu m$ 以下，加工余量小且均匀。故精密加工方法主要用于减小表面粗糙度值，也可提高尺寸精度，但基本不用于提高位置精度。

3. 总结各种内孔加工方法的特点及其适用范围。

解：钻孔：采用钻头在实心材料上加工孔，属于粗加工，由于钻头刚性差，容易造成孔中心线的歪斜或偏移，故在钻孔时应采取一定的措施防止钻偏。

扩孔：对已钻出的孔进一步加工，属于半精加工，可纠正孔的中心线偏斜，作为精加工前的预加工，但对于孔径大于 100mm 的孔加工应用较少。

镗孔：镗孔可在车床、镗床、数控镗铣床上加工，应用范围广，可用于粗加工，也可用于精加工，适合大直径孔、非标准孔及深孔等加工。由于镗刀结构简单，刃磨方便，加工成本低，但生产率较低，适合单件小批生产。镗孔能修正前道工序加工后造成孔的轴线歪斜，获得较高的位置精度，适合箱体、机座等大型零件上尺寸精度较高、有位置精度要求的孔系，但不宜加工淬硬钢和硬度过高的材料。

铰孔：属于孔的精加工方法，适合中小尺寸零件加工，不能加工淬硬钢和硬度过高的材料。铰削加工容易保证孔的尺寸精度和形状精度，生产率较高，成批生产时采用铰削加工较

318

为经济。由于铰刀采用浮动连接方式，不能纠正孔的位置误差，不适合加工短孔、深孔和断续孔。

磨孔：孔的精加工方法，加工范围广，适合位置精度高的精密短孔，特别适合淬硬钢、硬质合金等高硬度材料，但不适合加工韧性好的有色金属，因为易粘结砂轮。

4. 无心磨削和中心磨削有何异同？

解：无心磨削和中心磨削都属于普通磨削加工，可用于工件的外圆磨削，获得高的尺寸、形状精度和小的表面粗糙度值。两种磨削方式对工件的装夹不同，中心磨削采用两顶尖定位，定位精度高，可获得很高的位置精度。无心磨削工件不用装夹，生产率高，适合大批量或自动线加工，但不能提高位置精度，不适合加工有轴向平面和键槽的轴。

5. 珩磨与一般磨削内孔有什么不同？

解：珩磨属于低速大面积接触的磨削加工，磨削速度低，不易烧伤，故表面质量高，可得到高的尺寸、形状精度，是一种生产率高的孔的精密加工方法，但不能提高相互位置精度。

6. 试分析图 4-24 中各种类型零件上的孔适宜采用的加工方法。

解：a）箱体零件上 $\phi80H7$、$\phi60H7$ 孔：采用粗镗→半精镗→精镗。

b）连杆零件 $\phi32H7$、$\phi20H7$ 孔：采用（钻孔）→扩孔→粗铰→精铰（如毛坯孔锻出，则直接采用扩孔）。

c）轴承座 $\phi50^{+0.027}_{0}$ 孔：采用粗车→半精车→磨削（内孔和端面一起磨出）。$3 \times \phi17$ 小孔：采用钻孔。

d）轴承座 $\phi25^{+0.02}_{0}$ 孔：钻孔→扩孔→铰孔；

7. 常用平面加工有哪几种方法？试述各自的特点及适用范围。

解：常用平面加工方法有铣削、刨削、磨削。

铣削：主要用于平面的粗加工和半精加工，生产率高，铣刀结构复杂，刃磨调整困难，故加工成本较高，适合成批大量生产。

刨削：主要用于平面的粗加工和半精加工，与铣削相比，刨刀刃磨方便，调整容易，经济性好，但刨削生产率低，适合单件、小批生产。

磨削：可获得高加工精度和小的表面粗糙度值，主要用于淬硬平面或未淬硬平面的精加工。

8. 磨削平面有哪几种方式？各有什么特点？

解：磨削平面有端面磨和圆周磨两种方式。

端面磨削：磨削精度较低，磨头刚性好，生产率高，适合于粗磨。

圆周磨削：磨削精度高，生产率低，适合于精磨。

9. 成形表面加工有哪几种方式？试述数控加工成形表面的原理及特点。

解：成形表面的加工方法有：1）按划线加工；2）仿形加工；3）数控机床加工。

数控加工成形表面的原理：将成形表面的工艺参数编制程序，输入数控装置，机床按加工指令自动完成加工。

10. 常用齿形加工方法有哪几种？试比较滚齿与插齿加工的特点。

解：常用齿形加工方法有滚齿、插齿、剃齿、磨齿等。

滚齿与插齿都属于直接在圆柱齿坯上切出齿形。从加工精度比较，滚齿加工后齿轮传动精度应高于插齿，但齿形精度插齿高，表面粗糙度值插齿小。从生产率比较，滚齿因为连续切削，所以生产率高于插齿，但加工薄齿轮或小模数齿轮插齿生产率并不低于滚齿。从加工范围比较，滚刀通用性好，特别适合螺旋齿轮加工；插齿加工范围广，能加工内齿轮，扇形齿轮，双联齿轮中的小齿轮、齿条等，但插齿加工螺旋齿轮不如滚齿方便。

第五章　复习思考题答案

1. 名词解释：生产过程、工艺过程、工艺规程、工艺流程、工序、工步、进给、安装、工位、生产纲领、经济精度、结构工艺性、粗基面、精基面、基准重合、基准统一、自为基准、互为基准、工序集中、工序分散、加工余量、双边余量、尺寸链、封闭环、增环、减环。

解：

生产过程：将原材料转变为成品的各有关劳动过程的总和，包括工艺过程与辅助过程。

工艺过程：把原材料变成成品直接有关的过程。机械加工艺过程是直接改变毛坯的尺寸、形状、位置、表面质量或材质，使之变成成品的过程。

工艺规程：把工艺过程以文字的形式规定下来所形成的工艺文件。

工艺流程：零件依次通过的全部加工过程。

工序：一个（或一组）工人，在一台机床（或一固定工作地），对一个（或几个）工件所连续完成的那一部分工艺过程。

工步：是工序中一个部分，是指当加工表面、切削刀具和切削用量中的转速与进给量均保持不变时所完成的那一部分工序。

进给：是工步中一个部分，每切除一层材料称一次进给。

安装：是工序中的一个部分，把工件在夹具或机床中定位与夹紧的过程。

工位：是安装中的一个部分，在一次安装中工件在夹具或机床中所占据的每一个确定的位置称工位。

生产纲领：指包括成品率和废品率在内的该产品的年产量。

经济精度：任何加工方法所能达到的加工精度与表面质量都有一个相当大的范围，但只有某一段范围内加工才是最经济的，这种一定范围加工精度称经济精度。

结构工艺性：在保证使用要求的前提下，是否能以较高的生产率，最低成本，方便地制造出来的特性。

粗基面：采用未加工过的毛坯表面作为定位基面。

精基面：采用已加工过的表面作为定位基面。

基准重合：把设计基准作为定位基准。

基准统一：选用同一个定位基准加工各表面。

自为基准：加工表面作为定位基面。

互为基准：加工表面与定位基面反复轮换使用。

工序集中：零件加工工步内容集中在少数工序内完成。

工序分散：零件加工工步内容分散在多个工序内完成。

加工余量：加工过程中从加工表面切除的材料层厚度。

双边余量：实际切除的材料层厚度为工序余量之半。

尺寸链：尺寸系统中尺寸首尾相连形成封闭的形式。

封闭环：加工或装配到最后自然形成而间接获得的派生尺寸。

增环：其他尺寸不变，某一组成环尺寸增大引起封闭环尺寸也随之增大的环。

减环：其他尺寸不变，某一组成环尺寸增大引起封闭环尺寸随之减小的环。

2. 图 5-32 所示零件，单件小批生产，毛坯为长棒料，直径 $\phi 32mm$。工艺过程：车端面 *B*，车削外圆至 $\phi 30mm$，车削外圆至 $\phi 14mm$，车削 M12 外圆，倒角 C2，车槽 3mm × 2mm，车端面 *A*，车削螺纹 M12，切断，车削平面 *C*，倒角 C2，铣削两侧面 *D*，已知：车削时最大背吃刀量为 4mm。试确定其工艺组成且填入下表。

解：按其过程及单件小批生产

工序号	安装号	工步号	走刀	工位号	加工内容
10	A	1	2	1	车削端面 *B*
		2	1	1	车中心孔
	B	3	2	1	车削外圆至 $\phi 30mm$
		4	3 ~ 4	1	车削外圆至 $\phi 14mm$
		5	2	1	车削 M12 的外圆
		6	1	1	倒角 C2
		7	1	1	车槽 3mm × 2mm
		8	1	1	车端面 *A*
		9	5 ~ 6	1	车削 M12 螺纹
		10	1	1	割断
20	A	1	1	1	车削平面 *C*
		2	1	1	倒角 C2
30	A	1	1	2	铣削两侧面

3. 生产类型分哪几类型？各有何特点？

解：生产类型分成：单件小批生产、成批生产、大批大量生产。

特点：单件小批生产：采用钳工修配法装配，木模手工造型，毛坯精度低；采用通用设备、工具、夹具、量具、模具。

成批生产：采用互换性装配、采用部分金属模、锻模，毛坯精度中等；采用通用设备及部分专用设备，采用专用夹具、量具。

大批大量生产：全部互换性，部分有分组选配法，金属模机器造型或锻模；采用高效专用机床或自动机床和专用工具、夹具、量具。

4. 为何要制订工艺规程？常用的工艺卡片有哪几种？各适用在何场合？

解：制订工艺规程是指导生产的主要的技术文件，是组织生产与计划管理的重要资料，是新建与扩建工厂车间的基本依据，并能方便交流与推广先进的经验。

常用工艺卡片有：机械加工工艺过程卡片、机械加工工艺卡片、机械加工工序卡片三种。

工艺过程卡片：用于生产管理、生产调度及制订其他工艺文件的基础，不能直接指导工人操作，单件小批生产仅有此卡片。

工艺卡片：指导工人生产及掌握零件加工过程的一种技术文件，用于成批生产中。

工序卡片：具体指导工人操作的工艺文件，适用大批大量生产中。

5. 工艺规程制订的原则、方法是什么？包括哪些内容？

解：制订工艺规程的原则：在现有的生产条件下，能以最少的劳动量，最快的速度，最低的成本，可靠地加工出符合图样要求的零件。

方法：收集研究原始资料，深入现场调查研究集思广益，采用新工艺，作新工艺试验。

步骤：①零件分析及工艺审查。

②确定毛坯。

③选择定位基准，拟定工艺路线。

④确定各工序尺寸及公差。

⑤确定各工序所采用的设备及工装。

⑥确定各工序间的技术要求及检验方法。

⑦确定各工序的切削用量及工时定额。

⑧工艺过程的技术经济分析。

⑨填写工艺文件。

6. 零件图的工艺分析、工艺审查应包括哪些内容？

解：包括：零件的结构工艺性分析、零件的技术条件分析与审查（包括零件材料）

7. 试指出图 5-33 所示各图中结构工艺性不合理的地方并提出改进措施。

解：a）锥销过定位。

b）轴承无法拆卸。

c）无越程槽。

d）螺纹无攻螺纹越程槽。

e）钻头切入面与轴承线不垂直，易引偏。

f）两键槽应同一方向。

g）割刀槽尽可能大小一致。

h）切削面尽可能在一个平面上。

i）内孔尺寸大于刀具进入孔尺寸，加工不便。

j）车槽时无越程槽。

8. 毛坯有哪些类型？如何选择？

解：毛坯种类有：铸件，锻件，型材，组合件

选择：①零件材料的工艺特性与零件对材料性能要求而定。

铸铁、青铜、铝等——铸件

钢质材料有良好力学性能时——锻件

低碳钢良好电焊性可用于电焊连接组成组合件

②毛坯选择根据零件的结构、形状与外形尺寸大小确定。

台阶直径相差不大——型材

台阶直径相差不大，但要求良好力学性能或台阶直径相差大时——锻件

非旋转体板条零件——板材或锻件，抗拉强度不大时——铸件

9. 粗、精基面选择时应考虑的重点时什么？如何选择？

解：（1）粗基面选择时应考虑的重点是：保证各加工表面有足够的余量，保证不加工表面的尺寸位置符合图样要求。①当有不加工表面时，应选择不加工表面作为粗基面。有较

多不加工表面时，应选择与加工表面关系密切的那个不加工表面为粗基面。②具有较多的加工表面时，应选择加工余量最小的面为粗基面，对一些重要表面，要求切除的余量少而均匀时，就应选择该表面为粗基面。粗基面应选择面积最大，形状复杂的表面为粗基面。③粗基面在同一尺寸方向上只允许使用一次。④粗基面应平整，无浇冒口与飞边等缺陷。

（2）精基面选择重点：减少定位误差提高定位精度。

选择规则：①基准重合的原则：避免基准不重合而产生的定位误差。②基准统一的原则：最大限度保证各加工表面间位置精度。③自为基准的原则：保证加工表面去除的余量小而均匀。④互为基准的原则：使加工表面与定位表面间保持较高位置精度与形状精度。⑤要便于工件安装定位，使夹具简单稳定可靠。

10. 试分析图 5-34 中平面 2、镗孔 4 时的设计基准、定位基准及测量基准。

解：平面 2 的设计基准——平面 3；定位基准——平面 1；测量基准——平面 1

镗孔 4 的设计基准孔——孔 5；定位基准——平面 1；测量基准孔——孔 5 轴线。

11. 试选择图 5-35 所示加工时的粗、精基面？

解：a）粗基面 $\phi60$ 外圆，精基面 $\phi40H7$。

b）粗基面 $\phi62$，精基面底平面 $\overset{12.5}{\diagdown}$ 的平面。

c）粗基面 $\phi80$，精基面 $\phi50^{+0.03}_{0}$。

12. 试分析下列加工时的定位基准：（1）拉齿坯内孔时。（2）无心磨削小轴外圆时。（3）磨削床身导轨时。（4）铰刀铰孔时。

解：（1）拉齿坯内孔时，以内孔及端面定位基准。

（2）无心磨削小轴外圆时，以小轴外圆为定位基准。

（3）磨削床身导轨时，以床身导轨为定位基准。

（4）铰刀铰孔时，以孔为定位基准。

13. 怎样确定零件的加工方法？

解：零件加工方法确定原则：能保证加工表面的精度与粗糙度值要求。

加工方法确定与零件的材料和热处理要求相适应。

加工方法选择要考虑零件的生产纲领。

加工方法选择要考虑到本企业现存的生产设备。

14. 零件的加工可划分为哪几个阶段？划分加工阶段的原因是什么？

解：零件的加工可划分为四个阶段：①粗加工阶段；②半精加工阶段；③精加工阶段；④光整加工阶段

划分原因：保证加工质量，合理使用设备，便于安排热处理。

粗加工在前，可及早发现毛坯缺陷便于修补或终止加工；精加工在后，可防止或减少主要表面的磕碰伤。

15. 工序集中与工序分散各有哪些特点？

解：工序集中特点：有利于采用高效率的专用设备及工艺设备，有利于缩短工艺路线，简化生产计划，减少设备数量、操作者及生产用场地。减少工件安装次数缩短辅助时间，但设备、工装复杂，机床调整维修费时，投资大。

工序分散特点：设备、工装简单，调整维修方便，投资少，可采用最合理的切削用量。

但工艺路线长，设备工装多，占用生产场地大。

16. 零件的切削加工顺序安排的原则是什么？

解：切削顺序安排的原则：先粗后精，先主后次，先面后孔，基面先行。

17. 常用的热处理工序如何安排？

解：热处理工序安排：退火、正火，粗加工之前；调质，粗加工之后（或半精加工之前）；淬火、回火，精加工之前；时效处理，粗加前后可各一次（高精度铸件）。

18. 基本余量和最大、最小加工余量如何计算？

解：基本余量：$Z_b = a - b(轴)(或 b - a 孔)$

$$Z_{bmax} = a_{max} - b_{min}(或 b_{max} - a_{min}) = Z_b + T_b$$

$$Z_{bmin} = a_{min} - b_{max}(或 b_{min} - a_{max}) = Z_b - T_a$$

19. 影响最小余量的因素有哪些？余量确定的方法有哪几种？

解：影响 Z_{bmin} 的因素：①前工序的表面粗糙度值及缺陷层；②前工序的位置误差；③本工序的安装误差。

Z_b 的确定方法：查表修正法，经验估算法，分析计算法。

20. 某零件上有一孔，已知：$\phi 80^{+0.03}_{0}$ mm，表面粗糙度 $R_a 1.6\mu m$，孔长 60mm（通孔），材料 45 钢，热处理要求 42HRC，毛坯为锻件。试确定其工艺过程，并计算其各工序的工序尺寸，极限偏差及最大、最小加工余量。

解：$\phi 80^{+0.03}_{0}$ 孔，$R_a = 1.6\mu m$，42HRC，锻件的孔长 60mm

工艺过程：$\phi 80^{+0.03}_{0} \rightarrow \phi 80 IT7$

	粗镗→	半精镗→	磨	
公差等级	IT12	IT10	IT7	
基本余量	7.7mm	1mm	0.3mm	毛坯：9mm±3mm
工序尺寸	$\phi 78.7$mm	$\phi 79.7$mm	$\phi 80$mm	毛坯：$\phi 71$mm
公差值	0.30mm	0.12mm	0.03mm	
工序尺寸偏差	$\phi 78.7^{+0.03}_{0}$ mm	$\phi 79.7^{+0.12}_{0}$ mm	$\phi 80^{+0.03}_{0}$ mm	毛坯：$\phi 71$mm±3mm

粗镗：$Z_{bmax} = (78.7 + 0.30)$mm $- (71 - 3)$mm $= 11$mm

$\qquad Z_{bmin} = 78.7$mm $- (71 + 3)$mm $= 4.7$mm

半精镗：$Z_{bmax} = (79.7 + 0.12)$mm $- 78.7$mm $= 1.12$mm

$\qquad Z_{bmin} = 79.7$mm $- (78.7 + 0.30)$mm $= 0.7$mm

磨削：$Z_{bmax} = 80.03$mm $- 79.7$mm $= 0.33$mm

$\qquad Z_{bmin} = 80$mm $- (79.7 + 0.12)$mm $= 0.18$mm

21. 试计算某小轴直径，毛坯：$\phi 28^{0}_{-0.013}$ mm，长度 45mm，表面粗糙度值为 $R_a 1.6\mu m$；其加工工艺过程为下料→车端面、钻中心孔→粗车→半精车→热处理→磨削；已知，毛坯为棒料，余量为 6.2mm，极限偏差为 ±2mm，精车余量为 1.1mm，磨削余量为 0.3mm。试求毛坯、粗车、精车、磨削时的工序尺寸，上、下偏差及最大、最小加工余量。

解：$\phi(28 + 6.2)$mm ±2mm $= \phi 34.2$mm ±2mm

粗车：余量 6.2mm $- 1.1$mm $- 0.3$mm $= 4.8$mm $\qquad\qquad \phi 28^{0}_{-0.013} \rightarrow \phi 28 IT6$

	粗车→	半精车→	磨削	
	IT11	IT7	IT6	
余量	4.8mm	1.1mm	0.3mm	
工序尺寸	$\phi29.4$mm	$\phi28.3$mm	$\phi28$mm	毛坯：34.2mm±2mm
公差	0.13mm	0.021mm	0.013mm	
工序尺寸极限偏差	$\phi29.4^{+0.13}_{0}$mm	$\phi28.3^{+0.021}_{0}$mm	$\phi28^{+0.013}_{0}$mm	

粗车：$Z_{bmax} = (34.2+2)$mm -29.4mm $= 6.8$mm

$\qquad Z_{bmin} = (34.2-2)$mm $-(29.4+0.13)$mm $= 2.67$mm

半精车：$Z_{bmax} = (29.4+0.13)$mm -28.3mm $= 1.23$mm

$\qquad Z_{bmin} = 29.4$mm $-(28.3+0.021)$mm $= 1.079$mm

磨削：$Z_{bmax} = (28.3+0.021)$mm -28mm $= 0.321$mm

$\qquad Z_{bmin} = 28.3$mm $-(28+0.013)$mm $= 0.287$mm

22. 设备及工装选择的原则是什么？

解：原则：设备与工装的经济精度与零件加工精度相适应。设备与工装的尺寸规格与零件的外廓尺寸形状相适应。设备与工装的生产效率与零件的生产类型相适应。

23. 试判别图 5-36 所示尺寸链中的增、减环。

解：增环：A_1、A_2、A_3、A_6、A_7、A_9、A_{10}、A_{15}、A_{16}、A_{19}

减环：A_4、A_5、A_8、A_{11}、A_{12}、A_{13}、A_{14}、A_{17}、A_{18}、A_{20}、A_{21}

24. 图 5-37 为轴套类零件，在车床上已加工好外圆、内孔及各端面，现需在铣床铣出右端槽并保证 $5^{0}_{-0.06}$mm 及 26mm±0.2mm 的尺寸，求试切调刀时的度量尺寸 H、A 尺寸及上下偏差。

解：1）封闭环：26mm±0.2mm；增环：$50^{0}_{-0.05}$mm、A；减环：10mm±0.05mm、20mm±0.05mm

环	基本尺寸/mm	上偏差/mm	下偏差/mm
增环 A/mm	6	+0.1	-0.05
增环 $50^{0}_{-0.05}$	50	0	-0.05
减环 10±0.05	-(10)	-(-0.05)	-(+0.05)
减环 20±0.05	-(20)	-(-0.05)	-(+0.05)
封闭环：26±0.2	26	+0.2	-0.2

则：$A = 6^{+0.1}_{-0.05}$mm $\Rightarrow 6.1^{0}_{-0.15}$mm

2）封闭环：$5^{0}_{-0.06}$mm；增环：H；减环：$\dfrac{\phi40^{0}_{-0.04}}{2}$mm

环/mm	基本尺寸/mm	上偏差/mm	下偏差/mm
增环 H	25	-0.02	-0.06
减环 $\dfrac{\phi40^{0}_{-0.04}}{2}$	-(20)	-(-0.02)	0
封闭环：$5^{0}_{-0.06}$	5	0	-0.06

则：$H = 25\,_{-0.06}^{-0.02}\,\text{mm} \Rightarrow 24.98\,_{-0.04}^{0}\,\text{mm}$

25. 图 5-38，加工主轴时，要保证键槽深度 $t = 4\,_{0}^{+0.16}\,\text{mm}$，有关工艺过程如下：（1）车削外圆至 $A_1 = \phi28.5\,_{-0.1}^{0}\,\text{mm}$，（2）铣键槽，尺寸为 H_{ei}^{es}，（3）热处理，（4）磨外圆至 $A_2 = \phi28\,_{+0.008}^{+0.024}\,\text{mm}$，并保证 $t = 4\,_{0}^{+0.16}\,\text{mm}$，试求工序尺寸 H_{ei}^{es}。

解：图 5-38，封闭环：t；增环：H，$\dfrac{A_2}{2}$；减环：$\dfrac{A_1}{2}$

环/mm	基本尺寸/mm	上偏差/mm	下偏差/mm
增环 H	4.25	+0.098	-0.004
增环 $\dfrac{A_2}{2}$	14	+0.012	+0.004
减环 $\dfrac{A_1}{2}$	- (14.25)	- (-0.05)	0
封闭环 t	4	+0.16	0

则：$H = 4.25\,_{-0.004}^{+0.098}\,\text{mm} \Rightarrow 4.348\,_{-0.102}^{0}\,\text{mm}$

26. 设零件材料为 2Cr13，其内孔的加工工艺过程为：（1）车内孔至 $A_1 = \phi31.8\,_{0}^{+0.14}\,\text{mm}$，（2）液体碳氮共渗，其深度为 $A_2 = t_{ei}^{es}$，（3）磨内孔至 $A_3 = \phi32\,_{+0.010}^{+0.035}\,\text{mm}$，要求保证液体碳氮共渗层深度为 $A_4 = 0.1 \sim 0.3\,\text{mm}$。试求液体碳氮共渗工序时的液体碳氮共渗层深度 A_2。

解：封闭环 A_4：增环 A_2，$\dfrac{A_1}{2}$；减环：$\dfrac{A_3}{2}$，$A_4 = 0.3\,_{-0.2}^{0}\,\text{mm}$

环/mm	基本尺寸/mm	上偏差/mm	下偏差/mm
增环 $\dfrac{A_1}{2}$	15.9	+0.07	0
增环 A_2	0.4	-0.065	-0.1825
减环 $\dfrac{A_3}{2}$	- (16)	- (+0.005)	- (+0.0175)
封闭环 A_4	0.3	0	-0.2

则：$A_2 = 0.4\,_{-0.1825}^{-0.065}\,\text{mm} \Rightarrow 0.335\,_{-0.1175}^{0}\,\text{mm}$

27. 图 5-39 为盘形工件上铣三个圆槽，已知：槽的半径 $R = 5\,_{0}^{+0.3}\,\text{mm}$，槽的中心落在外圆 $\phi50\,_{-0.1}^{0}\,\text{mm}$ 以外的 $0.3 \sim 0.8\,\text{mm}$ 处。试选取合理的检测方法并计算其工序尺寸及上、下偏差。

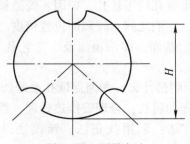

题 27 图　测量方法

解：测量方法（见题 27 图）：

封闭环：$t = 0.8_{-0.5}^{~0}$ mm，（即：t 为 0.3 ~ 0.8mm）；增环 $R5$，H；减环：$\phi50$mm

环/mm	基本尺寸/mm	上偏差/mm	下偏差/mm
增环 $R5$	5	+0.3	0
增环 H	45.8	-0.4	-0.5
减环 $\phi50$	-(50)	-(-0.1)	0
封闭环 t	0.8	0	-0.5

$$则：H = 45.8_{-0.5}^{-0.4}\text{mm} = 45.4_{-0.1}^{~0}\text{mm}$$

28. 主轴加工时，其定位基准是如何选择的？

解：主轴加工时，定位基准：双顶尖孔为轴类零件的定位基面。粗加工时：外圆及一顶尖孔为定位基面（一夹一顶）。

深孔加工时：外圆为定位基面（一夹一托）。

莫氏锥孔加工时：以支承轴颈为定位基面。

29. 主轴加工顺序是如何安排的？为什么？

解：主轴加工顺序安排：深孔加工安排在调质之后。原因：钻孔后不再切削。

加工深孔时要放在调质之前进行，深孔易弯曲变形，影响动平衡。深孔加工属粗加工，安排在外圆粗车之后能有一个良好的定位基面使其孔壁厚均匀。

外圆加工顺序，先大直径后小直径，以免一开始加工就降低工件的刚度。

次要表面如键槽等放在外圆精车或粗磨之后进行，以免精车时由于断续切削产生振动，刀具损坏，尺寸也难控制。

主轴螺纹加工（一般需淬硬时）放在淬火后加工，以保证其同轴度精度。

锥孔磨削加工应放在支承轴颈精加工之后进行，保证有良好的定位精度，保证两者的同轴度要求。

30. 主轴加工中为什么要修研中心孔？如何修研？

解：主轴修研中心孔能保证精加工时有良好的定位精度，因为中心孔的形状位置误差会影响到主轴外圆的精度。

修研方法：（1）用油石和橡胶砂轮修研。（2）用铸铁顶尖修研。（3）用硬质合金顶尖刮研。（4）用中心孔磨床磨削。

31. 箱体零件的粗、精基准是如何选择的？为什么？

解：箱体零件的粗基面：重要孔的毛坯孔。原因：铸造箱体毛坯时，重要孔、其他孔及箱体内壁的泥蕊是整体放入的，它们之间有较高的位置精度。

精基面：以一面二孔为定位基面，即箱顶面及二工艺孔为定位基面，这样能提高生产率。

32. 箱体加工顺序安排的原则是什么？如何保证孔系的加工精度？

解：箱体加工顺序安排：先面后孔，合理安排热处理，粗精加工分开的原则。

箱体孔系加工精度保证方法：采用找正法、镗模法及坐标法，其中坐标法精度最高。

第六章　复习思考题答案

1. 机床夹具的功能是什么？

答： 使工件在安装加工过程中有一个正确的位置，保证零件的尺寸。

2. 定位与夹紧有何区别？

答： 定位：占据一个正确的位置。夹紧：在加工过程中，保证这一正确位置。

3. 六点定位规则是什么？什么是完全定位、不完全定位、过定位和欠定位？

答： 合理分布六个支承点，限制加工零件的六个自由度；把加工零件的六个自由度完全限制住；根据加工零件尺寸需要，可以把一个或几个自由度不限制；加工零件的某个自由度重复限制；加工零件需限制的自由度而没限制。

4. 欠定位和过定位对工件加工有何影响？

答： 欠定位会影响工件的加工尺寸精度及几何精度，这是加工中所不允许的。过定位会影响工件的正确定位，但当定位基准有精度保证时，过定位允许存在，但应尽量避免。过定位可提高加工零件的刚度。

5. 分析图 6-66 中的定位元件（编号 1、2、3）限制工件哪几个自由度？分析有无过定位现象？如何改正？

答： a）三爪自定心卡盘，相当于长圆柱套，限制移动 x、z 转动 x、z。

b）三爪自定心卡盘，相当于短圆柱套，限制移动 x、z。

c）菱形销 1，限制移动 y；大平面 2，限制移动 x，转动 y、z；大平面 3，限制移动 z，转动 x、y。产生过定位，大平面 3 改为沿 y 方向分布的线定位。

d）V 形块 1，限制移动 y、z；V 形块 2，限制移动 x、z；V 形块 3，限制移动 z；三块 V 形块组合，限制转动 x、y、z。产生过定位，V 形块 1 改为浮动支承钉。

e）V 形块 1，限制移动 x、y；V 形块 2，限制移动 x，V 形块 1，2 组合限制转动 x、z；平面 3，限制移动 z，转动 x、y。产生过定位，V 形块 2 改为 x、y 两方向的浮动。

f）锥销 1，限制移动 x、y、z；平面 2，限制移动 z，转动 y、x。产生过定位，锥销改为活动锥销。

g）短心轴 1，限制移动 x、y；平面 2，限制移动 z，转动 x、z。

6. 辅助支承有何作用？试分析如图 6-67 加工梯形工件的 A 面，以已加工表面 B、C 定位，要求保证 A 面与 B 面平行度为 100:0.55 两种定位方案的定位误差。已知 $L = 100\,\text{mm}$，$h = 15^{+0.5}_{0}\,\text{mm}$。

答： a）不影响平行度，C 面为辅助支承，不限制自由度。

b）基准不重合误差，$\Delta_B = 0$；基准位移误差 $\Delta_Y = 0.5$，当平行度误差 0.55/100 时，则定位误差为 0.5/100，小于允许误差。

7. 图 6-68 所示工件采用三轴钻及钻模同时加工孔 O_1、O_2、O_3，比较三种定位方案哪种较优？

答： 在 V 形块上定位，则认为基准位移误差为 $\Delta_Y = \dfrac{\delta_d}{2\sin\dfrac{\alpha}{2}}$，定位基准为工件的圆心。

O_1 孔的基准不重合误差：$\Delta_B = 0$，基准位移误差 $\Delta_Y = \dfrac{\delta_d}{2\sin\dfrac{\alpha}{2}} = \dfrac{0.17}{2\sin\dfrac{\alpha}{2}}$，

定位误差：$\Delta_D = \Delta_Y = \dfrac{0.17}{2\sin\dfrac{\alpha}{2}}$

O_2 孔：$\Delta_B = \dfrac{\delta_d}{2}$，$\Delta_Y = \dfrac{\delta_d}{2\sin\dfrac{\alpha}{2}}$，$\Delta_D = \Delta_Y + \Delta_B = \dfrac{\delta_d}{2}\left(\dfrac{1}{\sin\dfrac{\alpha}{2}} + 1\right)$

O_3 孔：$\Delta_B = \dfrac{\delta_d}{2}$，$\Delta_Y = \dfrac{\delta_d}{2\sin\dfrac{\alpha}{2}}$，$\Delta_D = \Delta_Y - \Delta_B = \dfrac{\delta_d}{2}\left(\dfrac{1}{\sin\dfrac{\alpha}{2}} - 1\right)$

按图 6-68b 放置时，O_2 孔的公差小于 O_3 孔公差，而定位误差 O_2 孔大于 O_3 孔，应按图 6-68c 放置。而图 6-68d 放置最有利，只影响 O_1 孔的圆柱度，与 O_2，O_3 位置无关，因为 V 形块定位认为对中性好。

8. 图 6-69 所示套筒工件上铣键槽，要求保证尺寸 $73_{-0.2}^{\ 0}$mm 及对称度 0.02mm，试分析三种定位方案的定位误差，并验证能否保证加工精度（要求定位误差不得大于工件允许误差的 1/2）。

答：图 6-69b 用心轴定位

基准不重合误差：$\Delta_B = \dfrac{1}{2}\delta_{d_1} = \dfrac{0.04\text{mm}}{2} = 0.02\text{mm}$

基准位移误差：$\Delta_y = \dfrac{1}{2}(\delta_D + \delta_{d_0}) = \dfrac{1}{2}[0.025 + (0.09 - 0.025)]\text{mm} = \dfrac{1}{2}(0.025 +$

$0.065)\text{mm} = \dfrac{1}{2}(0.09)\text{mm} = 0.045\text{mm}$

定位误差：$\Delta_D = \Delta_B + \Delta_Y = 0.02\text{mm} + 0.045\text{mm} = 0.065\text{mm}$

允许误差 0.2，$\Delta_D < \dfrac{0.2}{2} = 0.1$，满足要求。

图 6-69c 用 V 形块定位 $\Delta_B = 0$，$\Delta_y = \dfrac{\delta_{d_1}}{2} = 0.02\text{mm}$，$\Delta_D = 0.02\text{mm} < 0.1\text{mm}$ 满足。

图 6-69d 用 V 形块 $\Delta_B \neq 0$，$\Delta_B = \dfrac{\delta_{d_1}}{2} = 0.02\text{mm}$

$$\Delta_y = \dfrac{\delta_{d_1}}{2\sin\dfrac{\alpha}{2}} = \dfrac{0.02\text{mm}}{\sin 45°} = 0.02828\text{mm}$$

$\Delta_D = \Delta_y - \Delta_B = 0.02828 - 0.02 = 0.00828 < 0.1$，满足要求。

9. 有一批连杆如图 6-70 所示，其端面和 $\phi 20_{\ 0}^{+0.021}$mm 及 $\phi 10_{\ 0}^{+0.025}$mm 两孔均已加工合格，今采用两孔一面定位方案加工孔 $\phi 8_{\ 0}^{+0.056}$mm，要求此孔的轴线通过 $\phi 20_{\ 0}^{+0.021}$mm 孔的中心，其偏移量不大于 0.16mm，且 $\phi 8$mm 孔轴线与两孔连心线成 75°±50′夹角。试确定：

（1）夹具上两定位销中心距尺寸及偏差。

（2）圆柱销和菱形销直径尺寸及偏差。

（3）若加工孔轴心线与两定位销连心线的夹角误差为 $\pm 10'$，此定位方案能否保证本工序的加工精度？

答：两销中心距 L_d 及公差 δ_{Ld}，$L_d = L_D$，取 $\delta_{Ld} = \dfrac{1}{4}\delta_{LD} = 0.015\text{mm}$

$L_D = 50^{+0.1}_{0}\text{mm}$ 化成对称公差 $L_D = 50.05\text{mm} \pm 0.05\text{mm}$

$L_d = 50.05\text{mm} \pm 0.015\text{mm} = 50^{+0.065}_{+0.035}\text{mm}$

圆柱销尺寸及公差：圆柱销以基孔制选 g6 或 f7

基本尺寸为孔的最小极限尺寸：$\phi 20$g6

查国家相关标准确定：菱形销尺寸及公差，确定 b 的宽度，查表，$b = 4\text{mm}$

装拆补偿量 $a = \dfrac{\delta_{LD} + \delta_{Ld}}{2} = \dfrac{1}{2}(0.1 + 0.03)\text{mm} = 0.065\text{mm}$

最小配合间隙 $X_{2\min} = \dfrac{2 \times 0.065 \times 4}{20}\text{mm} = 0.026\text{mm}$

菱形销的最大直径：$d_{2\max} = D_{2\min} - X_{2\min} = 10\text{mm} - 0.026\text{mm} = 9.974\text{mm}$

公差取 h6，即 $d_2 = 9.974$ h6

计算误差：$\tan\alpha = \dfrac{\delta_{D1} + \delta_{d1} + X_{1\min} + \delta_{D2} + \delta_{d2} + X_{2\min}}{2L}$

$= \dfrac{0.021 + 0.013 + 0 + 0.025 + 0.009 + 0.026}{2 \times 50} = 0.00094$

$\alpha = 0.05385° = 3.23'$，满足要求。

圆柱销定位误差：$\Delta_D = \Delta_Y = \dfrac{1}{2}(\delta_{D1} + \delta_{d1}) = \dfrac{1}{2}(0.021 + 0.013)\text{mm} = 0.017\text{mm} < 0.16\text{mm}$

10. 如图 6-71 所示工件，其余表面均已加工合格，今欲加工 A、B 面。以底面 C、侧面 D 和 $\phi 20^{+0.021}_{0}\text{mm}$ 孔作为定位基准。试确定：

（1）$\phi 20^{+0.021}_{0}\text{mm}$ 孔的定位元件的结构形式。

（2）$\phi 20^{+0.021}_{0}\text{mm}$ 孔的定位元件基本尺寸及配合公差带。

（3）绘制定位草图。

（4）校核定位精度。

解：（1）$\phi 20^{+0.021}_{0}\text{mm}$ 孔的定位元件的结构形式是菱形销（短）。

（2）与 $\phi 20^{+0.021}_{0}\text{mm}$ 孔相配的定位元件菱形销的外圆直径及配合公差带为 $\phi 20$f7（$\phi 20^{-0.020}_{-0.041}\text{mm}$）。

（3）定位方案如题 10 图所示。

定位面 1 限制三个自由度；定位面 2 限制二个自由度；定位面 3 限制一个自由度。

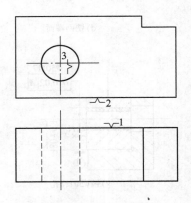

题 10 图　定位方案

（4）定位误差 $\Delta_D = \Delta_B + \Delta_Y = \Delta_B + \delta_D + \delta_{do} + X_{min} = 0\text{mm} + 0.021\text{mm} + 0.021\text{mm} + 0.02\text{mm}$ $= 0.062\text{mm}$。定位误差 Δ_D 小于工件 80mm ± 0.13mm 尺寸公差的三分之一，因此，所选菱形销 ϕ20f7 尺寸及配合公差符合要求。

11. 按图 6-72 所示要求，试作加工 $\phi23^{+0.023}_{0}$ mm 两孔的定位方案设计，并绘出草图。

解：定位方案如题 11 图所示。

A 基准面限制三个自由度；菱形销与短圆柱销限制三个自由度

12. 分析图 6-73 所示的夹紧力方向和作用点是否合理，若不合理应如何改进？

解：改进方案如题 12 图所示。

［注］在钻孔图 c 中，V 形压块 F_W 位置改为 F_1' 处，在铣平面图 f 中，刀具旋转方向改为 n'。

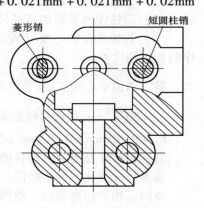

题 11 图　定位方案

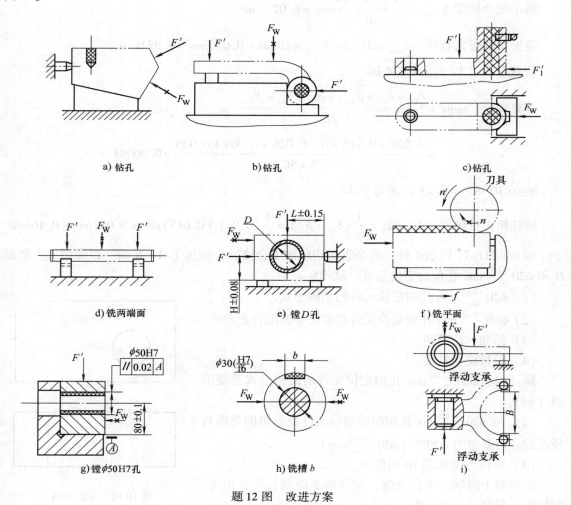

a) 钻孔　　　b) 钻孔　　　c) 钻孔

d) 铣两端面　　　e) 镗 D 孔　　　f) 铣平面

g) 镗 ϕ50H7 孔　　　h) 铣槽 *b*　　　i)

题 12 图　改进方案

13. 指出图 6-74 所示夹紧机构的不妥或错误之处，并指出改进意见。

解：改进意见如题 13 图所示。

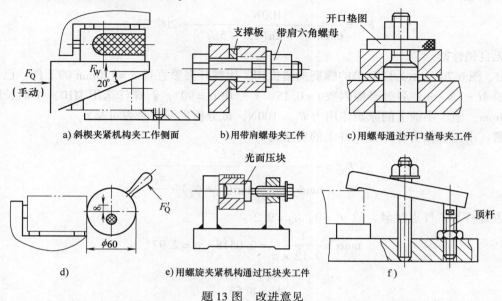

a) 斜楔夹紧机构夹工作侧面   b) 用带肩螺母夹工件   c) 用螺母通过开口垫母夹工件

d)   e) 用螺旋夹紧机构通过压块夹工件   f)

题 13 图　改进意见

图 a 中：斜楔升角 20°错，应改为 6°~10°。斜楔及斜楔下面的垫板位置错，两者在图示位置应旋转 180°。

图 b 中：带肩六角螺母直接与工件接触，工件容易拉毛，把带肩六角螺母改为垫圈和螺母。支承板的外径一般大于工件外径。

图 c 中：改进意见如图所示。

图 d 中：偏心轴位置及 F_Q 外力方向错，改进如图示。

图 e 中：光面压块，摩擦力小，且光面容易拉毛。

图 f 中：顶杆短，顶杆的高度应与工件高度一样。

14. 一手动斜楔夹紧机构，已知参数如表所列，试求工件的夹紧力 F_W，并分析其自锁性能（见图 6-75）。

斜楔升角 $\alpha/°$	各面间摩擦因数 f	原始作用力 F_Q/N	加紧力 F_W/N	自锁性能
6	0.1	100		
8	0.1	100		
15	0.1	100		

解：（1）已知：$\alpha = 6°$，$f = 0.1$，$F_Q = 100\text{N}$，有自锁性能应满足 $\phi_1 + \phi_2 > \alpha$

因 ϕ_1、ϕ_2 一般都很小，故 $\tan\phi_1 \approx \tan\phi_2 \approx f = 0.1$，$\phi_1 \approx \phi_2 \approx 5.7°$

$$F_W = \frac{F_Q}{\tan\phi_1 + \tan(\alpha + \phi_2)} = \frac{100\text{N}}{\tan5.7° + \tan(6° + 5.7°)} = \frac{100\text{N}}{0.1 + 0.207} \approx 325.73\text{N}$$

自锁性能好。

（2）已知：$\alpha = 8°$，$f = 0.1$，$F_Q = 100\text{N}$

$$F_W = \frac{100\text{N}}{\tan5.7° + \tan(8° + 5.7°)} \approx 290.7\text{N}$$

332

具有自锁性。

（3）已知：$\alpha = 15°$，$f = 0.1$，$F_Q = 100\text{N}$

$$F_W = \frac{100\text{N}}{\tan 5.7° + \tan(15° + 5.7°)} \approx 209.2\text{N}$$

无自锁性能。

15. 图 6-76 所示为以简单的螺旋夹紧机构，用螺杆夹紧直径 $d = 120\text{mm}$ 的工件。已知切削力矩 $M = 7\text{N} \cdot \text{m}$，各处摩擦因数 $f = 0.15$，V 形块 $\alpha = 90°$，若螺杆选用 M10，手柄长度 $d' = 100\text{mm}$，施于手柄上的原始作用力 $F_Q = 100\text{N}$，试分析夹紧力是否可靠？

解：求由原始力作用在工件上的夹紧力为

$$F_W = \frac{F_Q \cdot L}{\tan \phi_1 \cdot \gamma' + \tan(\alpha + \phi_2) \cdot \dfrac{d_0}{2}}$$

因螺杆与工件点接触，故 $\gamma' = 0$，$d_0 = 9.2$

$$\tan \alpha = \frac{1.5}{9.12 \times \pi} = 0.0518 \quad \alpha = 2.97°$$

$$\tan \phi_2 = 0.15$$

$$\phi_2 = 8.53°$$

因为

$$F_W = \frac{100 \times 50}{\tan(2.97° + 8.53°) \times \dfrac{9.2}{2}}\text{N} = \frac{100 \times 50 \times 2}{0.2034 \times 9.2}\text{N} = 5343.9\text{N}$$

用压板和 V 形块夹紧工件时的夹紧力计算公式为

$$F_{WK} = \frac{2KM}{df} \frac{\sin \dfrac{\alpha}{2}}{1 + \sin \dfrac{\alpha}{2}}$$

式中　F_{WK}——所需的夹紧力（N）；

　　　K——安全系数取 8；

　　　M——切削力矩（N·m）；

　　　d——工件直径（mm）；

　　　f——摩擦因数；

　　　α——V 形块的夹角（°）。

$$F_{WK} = \frac{2KM}{df} \frac{\sin \dfrac{\alpha}{2}}{1 + \sin \dfrac{\alpha}{2}} = \frac{2 \times 8 \times 7 \times 10^3}{120 \times 0.15} \frac{\sin 45°}{1 + \sin 45°}\text{N} = 2577.5\text{N}$$

因 $F_W > F_{WK}$，故夹紧力足够。

16. 用图 6-77 所示分离式气缸经传动装置夹紧工件，已知气缸活塞直径 $D = 40\text{mm}$，气压 $P_o = 0.5\text{MPa}$，求压板的夹紧力 F_W。为保证使用安全，应采取什么措施？

解：A 点受力：$F_A = p_o \times A = 0.5 \times \pi \times \dfrac{40^2}{4}\text{N} = 628\text{N}$

B 点受力：$F_A \times 25 = F_B \times 10$，解得 $F_B = 1570\text{N}$

C 点受力：$F_C = F_B = 1570\text{N}$

D 点受力：$F_D \times 20 = F_C \times 20$，解得 $F_D = 1570\text{N}$

E 点受力：$F_E = F_D \times 1/\tan 15° = 1570 \times 1/\tan 15°\text{N} = 5859.3\text{N}$

F 点受力就等于压板夹紧力 F_W。因 $F_W \times 15 = F_E \times 30$，解得 $F_W = 11718.6\text{N}$

为保证安全，气缸有保压锁紧装置。

第七章　复习思考题答案

1. 试述车床常用的通用夹具及专用夹具的类型。

解：车床通用夹具：三爪自定心卡盘、四爪单动卡盘、花盘、顶尖等。

专用夹具：安装在车床主轴上的夹具：心轴类角铁式夹具。安装在车床床身上的夹具：靠模等。

2. 试述车床夹具的设计要点。

解：①车床夹具结构紧凑，轮廓尺寸尽可能小，重量轻。

②车床夹具有平衡措施，以消除回转运动不平衡产生的振动。

③车床夹具的夹紧机构应安全、耐用、可靠。

④车床夹具与机床的联接应准确、可靠、减小安装误差。

3. 试述铣床夹具的结构特点。

解：①铣床夹具的结构有足够的强度、刚度和夹紧力

②铣床夹具一般有对刀装置。

③铣床夹具一般有定位键。

④铣床夹具上一般设置耳座，以保证夹具与铣床工作台的可靠固定。

4. 试述钻床夹具的结构特点。

解：①钻床夹具的结构中有特殊元件，例：钻套，根据用途不同，钻套有不同的类型。

②钻床夹具的结构中有钻模板，钻模板用于安装钻套，保证钻套在钻模上的正确位置。

5. 钻套有哪几种类型？各用于何种场合？

解：①固定钻套：适用于中小批量生产的钻夹具。

②可换钻套：适用于大批量生产的钻夹具。

③快换钻套：适用于对同一孔的多道工序加工。

④特殊钻套：适用于工件结构、形状，或被加工孔的位置特殊或标准钻套不能满足使用要求。

6. 图 7-45 所示为安装在 CA6140 卧式车床上的夹具简图，试设计过渡盘。

解：如图所示：

过渡盘上 D 尺寸与夹具中 $\phi130\text{H}7$ 相配合。

7. 试述组合夹具的特点。T 形槽系组合夹具由哪几部分组成？各组成部分有何功用？

解：组合夹具的特点：

①万能性好，适用范围广。

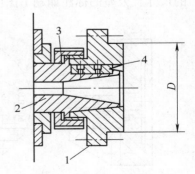

题 6 图　设计的过渡盘

1—过渡盘　2—车床主轴

3—螺母　4—键

②可大幅度缩短夹具生产周期。

③可降低夹具的成本，组合夹具各元件可重复使用。

④刚度较差。

⑤一次投资成本大。

T形槽系组合夹具的组成及功用：

①基础件：是各类元件组装的基础，是组合夹具中最大的元件。

②支承件：起承上启下的作用，是组合夹具中的骨架元件。

③定位件：用于确定组合元件之间的相对位置及工件的定位。

④导向件：用于确定刀具和工件的相对位置，并起引导刀具的作用。

⑤夹紧件：用于夹紧工件。

⑥紧固件：用于联接各元件及紧固工件。

⑦其他件：起各种辅助用途。

⑧合件：由若干个零件装配而成的，在组装时不拆散使用的独立部件。合件能使组合夹具在组装时更省时省力。

8. 试述数控机床夹具的特点。

答：数控机床夹具除了应遵循夹具设计的原则外，还应注意以下特点：

①数控机床夹具应有利于实现加工工序的集中，即工件在一次装夹后，应能进行多个表面的加工。

②数控机床夹具的夹紧应比普通机床夹具更牢固、更可靠，通常可采用气动、液动夹紧装置。

③数控机床夹具应具有工件坐标原点及对刀点。

第八章 复习思考题答案

1. 图 8-8 为某轴承座在车床上镗孔及车端面的夹具简图和工序简图。试根据工件的加工要求给夹具标注合适的尺寸及极限偏差、位置公差等（该夹具通过机床上的过渡盘与机床主轴联接，过渡盘止口尺寸为 $\phi 206\,mm$，外圆尺寸为 $\phi 250\,mm$）。

解：根据夹具中的定位误差值一般控制在工件公差的 1/3 ~ 1/5 的原则，车夹具简图中的尺寸、公差的标注如题 1 图所示。

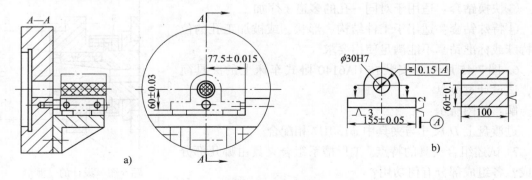

题 1 图 答案图

a) 夹具简图 b) 工序简图

2. 图 8-9 为某小轴钻孔工序简图和所用夹具简图，试根据工件的加工要求给夹具标注合适的尺寸及偏差、位置公差等技术要求。

解：如题 2 图所示。

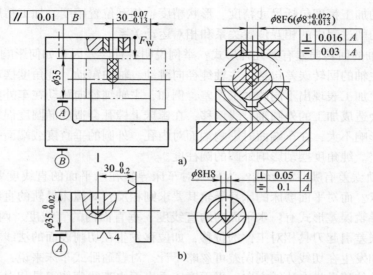

题 2 图　答案图
a) 夹具简图　b) 工序简图

3. 按图 8-11 所示的工序加工要求，验证钻模总图所标注的有关技术要求能否保证加工要求。

解：如题 3 图所示。

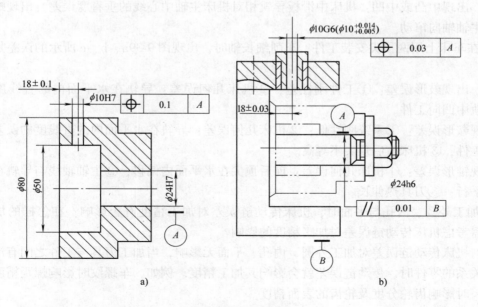

题 3 图　答案图
a) 工序简图　b) 夹具简图

第九章 复习思考题

1. 零件的加工精度包括哪些内容？加工精度的获得取决于哪些因素？

解：零件的加工精度包括尺寸精度、形状精度、相互位置精度。加工精度的获得取决于刀具和工件在切削过程中的相互位置关系和相对运动关系。

2. 机床主轴的回转误差有哪几种形式？举例说明各种误差因素如何影响工件加工精度？

解：机床主轴的回转误差包括：主轴纯径向跳动、轴向窜动、纯角度摆动。各种回转误差在不同机床上加工表现出不同的加工误差，例如，主轴纯径向跳动在车外圆时对圆度误差影响不大，但会造成加工的外圆轴心线偏移；在镗床上镗孔会造成椭圆度误差。轴向窜动对车外圆、内孔影响不大，在车端面时影响端面对内孔、外圆的垂直度或端面平面度；车螺纹时影响螺距误差。纯角度摆动影响外圆的圆柱度。

3. 机床导轨误差有哪几种形式？为什么对车床导轨在水平面的直线度要求高于在垂直面的直线度要求？而对平面磨床的床身导轨其要求则相反？对镗床导轨的直线度要求如何？

解：机床导轨误差形式有：水平面内的直线度、垂直面内的直线度、两导轨的平行度。导轨的直线度误差引起刀具相对工件的位移，如位移发生在切削表面的法线方向对加工精度的影响很大，如发生在切线方向则误差可忽略不计。对普通卧式车床来说，水平面内直线度使刀具相对工件位移发生在法线方向；平面磨床垂直面内直线度使刀具相对工件位移发生在法线方向；镗床由于刀具相对工件作回转运动，两个方向的导轨直线度误差对加工精度都有影响，所以，镗床导轨在水平面和垂直面内的直线度都有较高要求。

4. 在车床上加工圆盘零件的端面时，有时会出现圆锥面（中凸或中凹），或端面凸轮似的形状（如螺旋面），试从机床几何误差的影响分析造成如图 9-38 所示端面几何形状误差的原因是什么？

解：出现中凸或中凹：机床中滑板导轨相对机床主轴中心线的垂直度误差。出现螺旋面误差：主轴轴向窜动。

5. 在车床上用两顶尖安装工件，车削细长轴时，出现图 9-39a、b、c 所示的误差是什么原因？

解：出现鼓形误差：①工件刚性差；②机床几何误差：导轨在水平面内的直线度的误差，导轨中凹向工件。

出现鞍形误差：①系统刚性低；②机床几何误差：导轨在水平面内的直线度的误差，且中凸向工件；③机床前后顶尖不等高。

出现锥形误差：①机床几何误差：前后顶尖在水平面内偏移；②主轴轴线与导轨在水平面内不平行；③刀具热伸长。

6. 加工外圆、内孔与平面时，机床传动链误差对加工精度有否影响？在怎样的加工场合下，需考虑机床传动链误差对加工精度的影响？

解：机床传动链误差对加工外圆、内孔、平面无影响，当加工刀具与工件之间有严格的传动比关系的零件时，传动链误差就会影响其加工精度。例如，车螺纹时影响螺距精度，滚齿、插齿时影响齿轮分度及轮齿的表面精度。

8. 车床上加工心轴（见图 9-40）时，粗、精车外圆 A 及肩面 B，经检测发现 A 面有圆柱度误差，B 面对 A 面有垂直度误差。试从机床几何误差的影响分析产生以上误差的主要原因有哪些？

解：产生 A 面圆柱度误差的原因：

1）床身导轨在水平面内的直线度误差。

2）床身导轨与主轴回转轴线在水平面内不平行。

3）床身导轨的扭曲（两导轨不平行）。

4）主轴回转轴线的纯角度摆动。

产生 B 面对 A 面垂直度误差的原因：

1）主轴回转轴线的轴向窜动。

2）刀架中滑板导轨与主轴回转轴线不垂直。

9. 在卧式铣床上铣削键槽（见图 9-41），经检测发现靠工件两端深度大于中间，且都比调整的深度尺寸小，试分析产生这一现象的原因。

解：产生两端深度大于中间的原因：由于工件刚性差，造成切削受力变形，且中间的变形最大。

产生比调整的深度尺寸小的原因：切削时刀杆受切削力影响产生变形，造成刀具相对工件的位移。

10. 机械加工表面质量的含义包括哪些内容？试举例说明机器零件的表面质量对其使用寿命及工作精度的影响。

解：机械加工表面质量包括零件加工后的微观几何形状误差（即表面粗糙度）以及表面层力学物理性能（包括表面加工硬化、残余应力、金相组织变化）。表面质量将影响产品使用性能和使用寿命，主要表现为影响零件的耐磨性、接触刚度、配合性质及配合精度、抗疲劳强度、耐腐蚀性能等方面。

参 考 文 献

[1] 国家自然科学基金委员会. 机械制造科学（冷加工）[M]. 北京：科学出版社，1994.

[2] 国家自然科学基金委员会. 机械制造科学（热加工）[M]. 北京：科学出版社，1995.

[3] 国家自然科学基金委员会. 自动化科学与技术——自然科学学科发展战略调研报告 [M]. 北京：科学出版社，1995.

[4] 谢国章. 微机械的制造和应用 [M]. 北京：电子工业出版社，1991.

[5] （日）中山秀太郎. 世界机械发展史 [M]. 石玉良译. 北京：机械工业出版社，1986.

[6] 国家自然科学基金委员会工程与材料科学部. 机械工程科学技术前沿 [M]. 北京：机械工业出版社，1996.

[7] 赵保经. 大规模和超大规模集成电路 [M]. 北京：科技文献出版社，1984.

[8] 张根保，等. 先进制造技术 [M]. 重庆：重庆大学出版社，1996.

[9] 高声达，等. 近现代技术史简编 [M]. 北京：科学出版社，1994.

[10] 卢庆熊，等. 机械加工自动化 [M]. 北京：机械工业出版社，1990.

[11] 龚才元. 金属切削原理与刀具 [M]. 北京：航空工业出版社，1991.

[12] 黄鹤汀，吴善元. 机械制造技术 [M]. 北京：机械工业出版社，1997.

[13] 吴林禅. 金属切削原理与刀具 [M]. 北京：机械工业出版社，1998.

[14] 刘源灿. 金属切削原理 [M]. 上海：上海科技文献出版社，1985.

[15] 许先绪，崔永茂. 金属切削刀具 [M]. 上海：上海科技文献出版社，1985.

[16] 机械工程手册编辑委员会. 机械工程手册. 第 8 卷. 机械制造工艺及设备卷（二）[M]. 2 版. 北京：机械工业出版社，1997.

[17] 太原市金属切削刀具协会编. 金属切削实用刀具技术 [M]. 北京：机械工业出版社，1993.

[18] 机械加工工艺装备设计手册编委会. 机械加工工艺装备设计手册 [M]. 北京：机械工业出版社，1998.

[19] 劳动人事部培训就业局. 磨工工艺学 [M]. 北京：劳动人事出版社，1987.

[20] 赵志修. 机械制造工艺学 [M]. 北京：机械工业出版社，1985.

[21] 上海市大专院校机械制造工艺学协作组. 机械制造工艺学 [M]. 福建：福建科技出版社，1996.

[22] 卓迪仕. 数控技术及应用 [M]. 北京：国防工业出版社，1997.

[23] 李华. 机械制造技术 [M]. 北京：机械工业出版社，1996.

[24] 赵元吉. 机械制造工艺学 [M]. 北京：机械工业出版社，1998.

[25] 范崇洛，谢黎明. 机械加工工艺学 [M]. 南京：东南大学出版社，1995.

[26] 毕毓杰. 机床数控技术 [M]. 北京：机械工业出版社，1995.

[27] 杨岳，等. CAM 技术与应用 [M]. 北京：机械工业出版社，1995.

[28] 李庆寿. 机床夹具设计 [M]. 北京：机械工业出版社，1984.

[29] 薛源顺. 机床夹具设计 [M]. 北京：机械工业出版社，1998.

[30] 哈尔滨工业大学，上海工业大学. 机床夹具设计 [M]. 2 版. 上海：上海科技出版社，1989.